소부장 국산화를 위한

5축가공 실무

이상태·황종대·황승국 지음

도서출판 GS인터비전

머리말

부품·장비 가공기술은 오랜 시간 축적된 기술력이 필요하며 공급망의 문제 발생 시 제조업 전반으로 영향이 확산되고 신속히 해결하기 어려움. 특히 가공기술은 반도체, 디스플레이 등 다양한 산업 분야에 활용되는 핵심 기술로써 산업에 미치는 영향력이 크다고 할 수 있다. 업계는 향후 공작기계 시장의 수요가 자동차 외에 항공·의료·조선 등으로 확대될 것으로 전망하고 있으며, 이에 따라 복합기 및 5축 가공기 등의 새로운 수요 확장이 있을 것으로 기대해오고 있다. 기술적 측면에서 한국 공작기계 산업은 샌드위치 상황으로 기술력이 우선되는 제품은 독일, 일본 등의 선진국이 우위를 점하고 있고, 가격 경쟁력을 갖춘 제품의 경우 중국이 우위를 점하고 있는 상황이다.

한국 공작기계 분야의 기술 수준은 그 시작이 제조기술 위주로 출발하여 핵심 원천기술에 대한 연구와 기술 축적이 다소 미흡한 부분이 있다. 기계 업계에 따르면 일본의 국내 공작기계 시장 점유율은 25% 수준이지만 CNC는 일본의 대표적 기계업체인 화낙(FANUC)이 90% 이상을 점유하고 있음을 알 수 있다. 일본의 수출규제 조치에 대응 및 안보 측면에서 부품·장비 기술 확보 시급하며, 일본 의존도가 높은 부품·장비 공급이 차질을 빚으면 반도체, 디스플레이, 이차전지와 같은 IT 부품산업 생산이 영향을 받고있다.

따라서 본 교육용 교재는 공작기계 활용 고급인력 양성을 통한 생산 품질 고도화와 국산 장비 저변확대 및 산업구조 디지털화 기반을 마련하고, 공공연, 앵커기업 내 테스트베드를 활용한 교육 프로그램 제공으로 실무형 인력을 양성을 위해 CNC선반가공 및 프로그램, 머시닝센터 및 5축가공의 실무적인 내용을 포함하고 있다.

교재의 핵심 목표인 재직자 공작기계 가공능력 향상 및 고급 가공인력 확보, 가공데이터 분석을 통한 스마트 정밀가공 운용인력 양성, 선진정밀가공 /소재 /AI관련 기술 습득을 통한 기술 선도국 기반 마련, 기업 재직자 대상 교육을 위한 내용을 담고 있다.

2023년 저자 일동

차례

Chapter Ⅰ.

머시닝센터

수치제어(NC) 란?

Numerical Control의 약자로서 "공작물에 대한 공구의 위치를 그것에 대응하는 수치정보로 지령하는 제어"를 말한다. 즉, 가공물의 형상이나 가공조건의 정보를 펀치한 지령테이프를 만들고 이것을 정보처리회로가 읽어들여 지령 펄스를 발생시켜 서보기구를 구동시킴으로써 지령한 대로 가공을 자동적으로 실행하는 제어방식이다.

NC 제어 방식

NC공작기계가 일을 하기 위해선 공구와 가공물이 움직여야 하는데 위치결정 제어, 직선절삭 제어, 윤관절삭 제어 3가지 방식으로 구분할 수 있다.

위치결정 제어	이동 중 속도제어 없이 최종 위치만을 찾아 제어하는 방식이다. 필요한 위치에 도달하기만 하므로 PTP(point to point)제어라고도 하며, 주로 드릴링 머신, 스폿 용접기, 펀치 프레스 등에 적용된다.
직선절삭 제어	이동 중 속도제어 없이 최종 위치만을 찾아 제어하는 방식이다. 필요한 위치에 도달하기만 하므로 PTP(point to point)제어라고도 하며, 주로 드릴링 머신, 스폿 용접기, 펀치 프레스 등에 적용된다.
윤곽절삭 제어	2개 이상의 서보모터를 연동시켜 위치와 속도를 제어하는 방식이다. 대각선 경로, S자 형 경로, 원형 경로 등 자유자재로 공구를 이동시켜 연속 절삭을 할 수 있으므로, 동시에 2축(선반), 3축(밀링) 을 제어하면 3차원 형상을 가공할 수 있어 대부분의 CNC 공작기계에 적용된다.

1.1 프로그램의 구성

<table>
<tr><th>기능</th><th colspan="6">주소 (address)</th><th>의미</th></tr>
<tr><td>프로그램 번호</td><td colspan="6">O</td><td>프로그램 번호</td></tr>
<tr><td>전개 번호</td><td colspan="6">N</td><td>전개 번호 (작업순서)</td></tr>
<tr><td>준비 기능</td><td colspan="6">G</td><td>이동 형태 (직선, 곡선, 원호 등)</td></tr>
<tr><td rowspan="4">좌표어</td><td colspan="2">X</td><td colspan="2">Y</td><td colspan="2">Z</td><td>각 축의 이동 위치 지정 (절대 방식)</td></tr>
<tr><td colspan="2">U</td><td colspan="2">V</td><td colspan="2">W</td><td>각 축의 이동 거리와 방향 지정 (증분 방식)</td></tr>
<tr><td colspan="2">A</td><td colspan="2">B</td><td colspan="2">C</td><td>부가축의 이동 명령</td></tr>
<tr><td colspan="2">I</td><td colspan="2">J</td><td colspan="2">K</td><td>원호 중심의 각 축 성분, 모떼기, 모 깍기 등</td></tr>
<tr><td>이송 기능</td><td colspan="3">F</td><td colspan="3">E</td><td>이송속도, 나사리드</td></tr>
<tr><td>보조 기능</td><td colspan="6">M</td><td>기계 각부위 지령</td></tr>
<tr><td>주축 기능</td><td colspan="6">S</td><td>주축 속도</td></tr>
<tr><td>공구 기능</td><td colspan="6">T</td><td>공구 번호 및 공구 보정</td></tr>
<tr><td>휴지</td><td colspan="2">X</td><td colspan="2">P</td><td colspan="2">U</td><td>휴지 시간 (dwell)</td></tr>
<tr><td>프로그램 번호</td><td colspan="6">P</td><td>보조 프로그램 호출 번호</td></tr>
<tr><td>전개 번호 지정</td><td colspan="3">P</td><td colspan="3">Q</td><td>복합반복사이클의 시작과 종료 번호</td></tr>
<tr><td>반복 횟수</td><td colspan="6">L</td><td>보조 프로그램 반복 횟수</td></tr>
<tr><td>매개변수</td><td colspan="2">D</td><td colspan="2">I</td><td colspan="2">K</td><td>주기에서의 파라미터 (절입량, 횟수 등)</td></tr>
</table>

◆ 수치 (Data)

수치는 주소의 기능에 따라 2자리, 4자리의 수치를 사용했으나, 근래에는 확장되는 추세이다. 수치값의 처음에 나오는 0과 소수점 다음의 마지막에 나오는 0은 생략할 수 있다.

ex)

G00, G01 G02 G03 -> G0, G1, G2, G3

T0100 -> T1

X100.150 -> X100.15

X100000 -> X100.000 -> X100. (소수점 위치 중요)

소수점의 사용

소수점은 거리와 시간, 속도의 단위를 갖는 것에 사용되는 주소의 데이터에만 사용 가능하다. (X, Y, Z, A, B, C, I, J, K, R, F)
단, 파라미터 설정에 따라 소수점 없이 사용할 수도 있다.
소수점의 사용 예
X10. = 10mm
X100 = 0.1mm (최소 지령단위가 0.001mm이므로 수수점이 없으면 뒤쪽에서 3번째에 소수점이 있는 것으로 간주한다.)

◆ 워드 (Word)

NC 프로그램의 기본 단위이다. 주소(Address)와 수치(Data)로 구성되며 주소는 알파벳(A~Z) 중 1개를 사용하고, 주소 다음에 수치를 지령한다.
(X [주소] + 200.0 [수치] -> 워드)

◆ 블록 (Block)

몇 개의 워드가 모여 구성된 한 개의 지령단위를 블록이라고 한다.
블록과 블록은 EOB (end of block)로 구분되고, 제작사에 따라 ";", "#"과 같은 부호로 간단하게 표시한다. 한 블록에 사용되는 워드의 수는 제한이 없다.

N(전개번호) G(준비기능) X(좌표어) F(이송기능) S(주축기능) T(공구기능) M(보조기능) ;(EOB)

1.2 주요 어드레스

◆ 프로그램 번호 (O)

NC기계의 제어장치는 여러개의 프로그램을 메모리에 저장할 수 있다. 저장된 프로그램을 구분하기 위해, 서로 다른 프로그램 번호를 붙이는데 프로그램 번호는 주소 영문자 "O" 다음에 4자리 숫자를 임의로 지정한다.(0001 ~ 9999)
ex) O0001 ~ O9999

◆ 전개 번호 (N) [sequence number]

블록의 순서를 지정하는 것으로 영문자 "N" 다음에 숫자로 번호를 표시한다. 매 지령마다 붙이지 않아도 되며, 생략하더라도 프로그램의 수행에는 지장이 없다. 하지만 복합 반복 사이클을 사용할 경우 전개번호로 특정 블록을 탐색하고자 할 때에는 반드시 필요하다.

◆ 준비기능 (G) [Preparation fiuction]

준비기능은 제어장치의 기능을 동작하기 위해 준비하는 기능으로, 영문자 "G"와 두자리의 숫자로 구성되어 있다.

구분	의미	구별
1회 유효 G코드 (one shot G-code)	지령된 블록에서만 유효한 기능	"00"그룹
연속 유효 G코드 (modal G-code)	동일 그룹의 다른 G코드가 지령될 때 까지 유효한 기능	"00" 이외의 그룹

◆ 주축기능 (S) [Spindle speed function]

주축의 회전속도를 지령하는 기능으로 영문자 "S"를 사용한다.
G96(절삭속도 일정제어) 또는 G97(주축 회전수 일정제어)과 함께 지령하여야 한다.
G96(절삭속도 일정제어)는 가공물 또는 공구의 지름에 영향을 받으므로, 프로그램 내에서 가공물이나 공구의 지름을 알 수 있는 조건일 경우 사용하는 것이 바람직 하므로 가공조건에 따라 맞는 기능을 사용하여야 한다.

ex)
G96 S100 M03 ; (주축속도 100m/min 으로 주축 시계방향으로 일정하게 회전
G97 S1000 M03 ; (주축 1000rpm 으로 시계방향 회전)

◆ 이송속도 (F) [Feed function]

이송속도를 지정하는 기능으로, 영문자 "F"를 사용한다. 회전당 이송(mm/rev) 또는 분당 이송(mm/min) 지령과 함께 사용하여야 하며 일반적으로 전원을 공급할 때 CNC선반에서는 회전당 이송을, 머시닝센터에서는 분당이송을 초기 설정하여 사용한다.

CNC 선반		머시닝센터	
G98	분당 이송(mm/min)	G94	분당 이송(mm/min)
G99	회전당 이송(mm/rev)	G95	회전당 이송(mm/rev)

◆ 공구 기능 (T) [Tool function]

공구를 선택하는 기능으로 영문자 "T"를 사용한다. 선반계와 밀링계에서 사용하는 방법은 다소 차이가 있으며, CNC선반에서는 공구의 선택과 보정번호를 선택하는 기능을 하고, 머시닝 센터에서는 공구를 선택하는 기능을 한다.

CNC선반	T□□■■	□□:공구 선택번호 ■■:공구 보정번호
머시닝센터	T□□ M06 ;	□□번 공구를 선택하여 변경(M06)한다.

머시닝센터의 G코드 일람표

G코드	그룹	기　능	지령 방법	관련기능	비　고
G00	01	급속위치결정	G00 $\left\{\begin{matrix}G90\\G91\end{matrix}\right.$ X_ Y_ Z_ ;		
G01		직선보간(절삭)	G01 $\left\{\begin{matrix}G90\\G91\end{matrix}\right.$ X_ Y_ Z_ F_ ;	G94, G95	
G02		원호보간(시계방향)	G02 $\left\{\begin{matrix}G90X\_Y\_Z\_R\_I\_J\_K\_F\_;\\G91I\_J\_K\_\end{matrix}\right.$	G17, G18, G19	
G03		원호보관(반시계방향)	G03 $\left\{\begin{matrix}G90X\_Y\_Z\_R\_I\_J\_K\_F\_;\\G91I\_J\_K\_\end{matrix}\right.$		
G04	00	Dwell(휴지)	G04 $\left\{\begin{matrix}X\_;\\P\_;\end{matrix}\right.$	P는 소수점사용 불가	
G09		Exact stop	G09 (지령블록 종점에서만 유효)	G01, G02, G03	
G10		데이터 설정	G10 $\left\{\begin{matrix}G90X\_Y\_Z\_R\_I\_J\_K\_F\_;\\G91I\_J\_K\_\end{matrix}\right.$	L2=G45 ~G49 보정량 입력	
G15	17	극좌표지령 취소	G15 X0. Y0. Z0. ;		
G16		극좌표지령	G16 G90 X_ Y_ Z_ ;	고정 사이클	
G17	02	X-Y 평면	G17	원호보간, 공구지름보정, 좌표회전, 고정사이클	
G18		Z-X 평면	G18		
G19		Y-Z 평면	G19		
G20	06	Inch 입력	G20		단독블록으로 지정
G21		Metric 입력	G21		
G22	04	금지영역 설정	G22 X_ Y_ Z_ I_ J_ K_ ;	파라미터	
G23		금지영역 설정취소	G23		
G27	00	원점복귀 Check	G27 $\left\{\begin{matrix}G90\\G91\end{matrix}\right.$ X_ Y_ Z_ ;		
G28		자동원점복귀	G28 $\left\{\begin{matrix}G90\\G91\end{matrix}\right.$ X_ Y_ Z_ ;		
G30		제2, 3, 4 원점복귀	G30 $\left\{\begin{matrix}G90\\G91\end{matrix}\right.$ X_ Y_ Z_ ;	파라미터	P3=제3원점 P4=제4원점
G31		Skip 기능	G31 $\left\{\begin{matrix}G90\\G91\end{matrix}\right.$ P_ X_ Y_ Z_ F_ ;		
G33	01	나사절삭	G33 Z_ F_ ;		
G37	00	자동 공구길이 측정	G37 G90 Z_ ;	공구보정	
G40	07	공구지름 보정 취소	G40	G00, G01	
G41		공구지름 보정 좌측	G41 D_ 급속 또는 직선보간;	G00, G01	D:보정번호
G42		공구지름 보정 우측	G42 D_ 급속 또는 직선보간;	G00, G01	D:보정번호
G43	08	공구길이 보정 "+"	G43 Z_ H_ ;		
G44		공구길이 보정 "-"	G44 Z_ H_ ;		
G49		공구길이 보정 취소	G49 Z_ ;		
G50		스케일링, 미러 무시	G50		
G51		스케일링, 미러기능	G51 $\left\{\begin{matrix}X\_\ Y\_\ Z\_\ P\_;\\X\_\ Y\_\ Z\_\ I\_\ J\_\ K\_;\end{matrix}\right.$	I, J, K "-"지령 시 미러기능 (단독 블록)	

G코드	그룹	기 능	지령 방법	관련 기능	비 고
G52	00	로컬좌표계 설정	G52 G90 X_ Y_ Z_ ;	G52, X0, Y0, Z0 ; 로컬좌표계 취소	
G53		기계좌표계 선택	G53 G90 X_ Y_ Z_ ;	G00	
G54	14	공작물좌표계 1번 선택	G54 G90 X_ Y_ Z_ ;		
G55		공작물좌표계 2번 선택	G55 G90 X_ Y_ Z_ ;		
G56		공작물좌표계 3번 선택	G56 G90 X_ Y_ Z_ ;		
G57		공작물좌표계 4번 선택	G57 G90 X_ Y_ Z_ ;		
G58		공작물좌표계 5번 선택	G58 G90 X_ Y_ Z_ ;		
G59		공작물좌표계 6번 선택	G59 G90 X_ Y_ Z_ ;		
G60	00	한방향 위치결정	G60$\{{G90 \atop G91}\}$ X_ Y_ Z_ ;	G00	
G61	15	Exact stop 모드	G61 절삭지령 ;	절삭기능	
G62		자동 코너 오버라이드	G62 절삭지령 ;	내측 G02, G03	
G64		연속절삭 모드	G64 절삭지령 ;	절삭기능	
G65	00	매크로 호출	G65 P_ ;	P=프로그램번호	
G66	12	매크로 모달호출	G66 P_ ;	P=프로그램번호	
G67		매크로 모달호출 취소	G67 ;		
G68	16	좌표회전	G68 X_ Y_ Z_ ;	G17, G18, G19	R=회전각도
G69		좌표회전 취소	G69 ;		단독블록으로 지정
G73	09	고속 심공 드릴 사이클	G73$\{{G90 \atop G91}\}\{{G98 \atop G99}\}$X_Y_Z_R_Q_F_L_ ;	G17, G18, G19	
G74		왼나사 탭 사이클	G74$\{{G90 \atop G91}\}\{{G98 \atop G99}\}$X_Y_Z_R_F_L_ ;	G17, G18, G19	
G76		정밀보링 사이클	G76$\{{G90 \atop G91}\}\{{G98 \atop G99}\}$X_Y_Z_R_Q_F_L_ ;	G17, G18, G19	
G80		고정사이클 취소	G80 ;		R=R점 P=휴지시간 Q=1회절입량 L=반복횟수 (1회 반복지령 생략)
G81		드릴 사이클	G81$\{{G90 \atop G91}\}\{{G98 \atop G99}\}$X_Y_Z_R_F_L_ ;	G17, G18, G19	
G82		카운터 보링 사이클	G82$\{{G90 \atop G91}\}\{{G98 \atop G99}\}$X_Y_Z_R_P_F_L_ ;	G17, G18, G19	
G83		심공 드릴 사이클	G83$\{{G90 \atop G91}\}\{{G98 \atop G99}\}$X_Y_Z_R_Q_F_L_ ;	G17, G18, G19	
G84		탭 사이클	G84$\{{G90 \atop G91}\}\{{G98 \atop G99}\}$X_Y_Z_R_F_L_ ;	G17, G18, G19	
G85		보링 사이클	G85$\{{G90 \atop G91}\}\{{G98 \atop G99}\}$X_Y_Z_R_F_L_ ;	G17, G18, G19	
G86		보링 사이클	G86$\{{G90 \atop G91}\}\{{G98 \atop G99}\}$X_Y_Z_R_F_L_ ;	G17, G18, G19	0M에서는 L대신 K를 사용
G87		백보링 사이클	G87$\{{G90 \atop G91}\}\{{G98 \atop G99}\}$X_Y_Z_R_Q_F_L_ ;	G17, G18, G19	
G88		보링 사이클	G88$\{{G90 \atop G91}\}\{{G98 \atop G99}\}$X_Y_Z_R_P_F_L_ ;	G17, G18, G19	
G89		보링 사이클	G89$\{{G90 \atop G91}\}\{{G98 \atop G99}\}$X_Y_Z_R_P_F_L_ ;	G17, G18, G19	

G코드	그룹	기 능	지령 방법	관련 기능	비 고
G90	03	절대 지령	G90 이동지령 ;		
G91		증분 지령	G91 이동지령 ;		
G92	00	공작물좌표계 설정	G92 G90 X_ Y_ Z_ ;		
G94	05	분당 이송 (mm/min)	G94 이동지령 ;	G01, G02, G03, G33 고정사이클	
G95		회전당 이송 (mm/rev)	G95 이동지령 ;	G01, G02, G03, G33 고정사이클	
G96	13	주축 속도 일정제어	G96 S_ ;	M03, M04	
G97		주축 회전수 일정제어	G97 S_ ;	M03, M04	
G98		고정사이클 초기점 복귀	G고정사이클 기능 G98고정사이클 데이터	G73 - G89	
G99		고정사이클 R점 복귀	G고정사이클 기능 G99고정사이클 데이터	G73 - G89	

◆ 보조 기능 (M) [Miscellaneous function]

보조기능은 스핀들 모터를 비롯한 기계의 각종 기능을 수행하는데 필요한 보조장치를 수행하는 기능으로, 영문자 “M”를 사용한다.

M-코드	기 능
M00	프로그램 정지 (실행중인 프로그램을 일시 정지 시킨다)
M01	선택 프로그램 정지 (Optional stop) (조작판의 M01 스위치가 ON인 경우 정지)
M02	프로그램 끝
M03	주축 정회전
M04	주축 역회전
M05	주축 정지
M06	주축 교환
M08	절삭유 ON
M09	절삭유 OFF
M19	주축 정위치 정지 (Spindle oriention)
M30	프로그램 끝 & Rewind
M98	보조 프로그램 호출 1) 0 M의 경우 M98P○○○○ △△△△ ○ : 반복횟수 (생략하면 1회) △ : 보조 프로그램 번호 2) 11 M의 경우 M98P△△△△ L○○○○ ○ : 반복횟수 (생략하면 1회) △ : 보조 프로그램 번호
M99	주 프로그램 호출 (보조 프로그램에서 주 프로그램으로 돌아간다)

1.3 공작물 좌표계 설정

공작물이 제품과 같은 모양으로 가공되려면 프로그램을 할 때 지정한 좌표의 기준점과 공작물에서의 좌표 기준점이 일치되어야 한다. 이를 위해 프로그램의 원점과 시작점 위치 관계를 NC상에 알려주어 프로그램상의 좌표 기준점과 공작물 좌표의 기준점을 일치시키는 것을 공작물 좌표계 설정이라고 한다.

■ 기계 원점 복귀

NC공작기계는 각 이송축마다 고유의 기계원점(Reference point)을 가지고 있으며 기계원점은 기계 의 기준점으로 공구교환의 위치, 프로그램에서 지시하는 수치를 결정하는 기준이 된다.
기계에 전원을 공급하여 처음 운전을 하거나, 운전 중 비상정지 스위치를 눌렀을 때에는 반드시 기계 원점 복귀를 시켜주어야 한다.

◆ 자동 원점 복귀 (G28)

```
G28 X_ Y_ Z_ ;
```

원점복귀는 급속이송 속도로 움직이므로 공작물과의 충돌을 피하기 위새 중간 경유점을 거쳐 복귀하는 것이 좋다. 경유점 위치를 지정할 때는 증분지령 G91으로 설정하는 것도 충돌을 피하는 방법 중 하나이다.

◆ 제2, 제3, 제4 원점복귀 (G30)

```
G30 P_ X_ Y_ Z_ ;
```

P2, P3, P4는 제2, 제3, 제4 원점이며, G28의 지령 방법과 동일하다. P 생략 시 제2 원점으로 자동 선택된다.
(원점 복귀를 실행 할 때에는 공구길이 보정이 취소된 상태에서 하여야 한다.)

◆ 원점복귀 확인 (G27)

```
G27 G91 X_ Y_ Z_ ;
```

수동 원점복귀 후 정확하게 원점에 복귀했는지를 확인하는 기능이다. 이때 지령된 위치가 기계워넘이면 원점복귀 램프가 점등되고, 원점 위치에 맞지 않으면 알람이 발생한다.

◆ 원점으로부터 자동복귀 (G29)

```
G29 X_ Y_ Z_ ;
```

G28, G30으로 원점복귀시킨 경우 원점복귀할 때에 지령한 중간 경유점을 경유하여 G29 다음에 지령한 좌표값으로 위치결정 한다. 이 기능은 공구 교환 후 필요한 위치로 이동시킬 때 편리하다.

■ 좌표의 지령방법

공구의 이동량을 지령하는 방법에는 절대(Absolute)지령과 증분(Incremental)지령 2가지 방법이 있다.

◆ 절대지령 (G90)

프로그램 원점을 기준으로 직교 좌표계의 좌표값을 입력하는 방식으로 G90)과 함께 X, Y, Z의 끝점의 위치를 지령한다.

◆ 증분지령 (G91)

현재의 공구위치를 기준으로 끝점까지의 X, Y, Z의 증분값을 입력하는 방식으로 G91과 함께 X, Y, Z의 증분값을 지령한다.

<지령의 예>

A점에서 B점으로 이동할 때
1) 절대지령 : G00 G90 X30.0 Y20.0 ;
2) 증분지령 : G00 G91 X20.0 Y10.0 ;

B점에서 A점으로 이동할 때
1) 절대지령 : G00 G90 X10.0 Y10.0 ;
2) 증분지령 : G00 G91 X-20.0 Y-10.0 ;

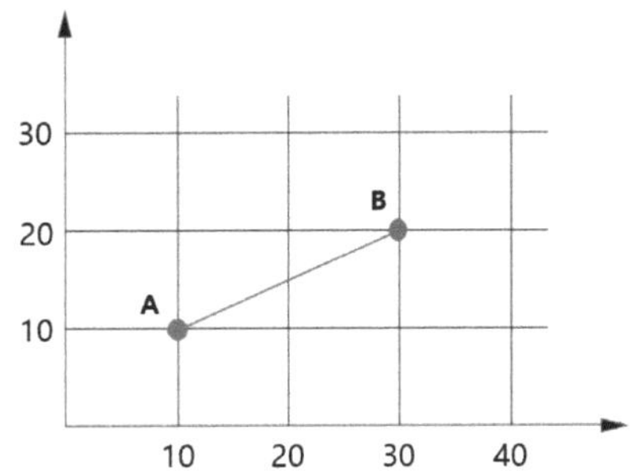

◆ 극좌표 지령 (G16)

끝점의 좌표치를 반경과 각도의 극좌표로 입력할 수 있다. 각도는 극좌표 지령을 하는 평면 제1축의 +방향으로부터 반시계 반향이 정(+), 시계방향이 부(-)가 된다. 반경과 각도는 절대지령, 증분지령 어떤 방법으로도 지령하 수 있다.

■ 준비기능 (G 기능)

준비 기능은 제어장치의 기능을 동작하기 위해 준비하는 기능으로, 영문자 "G"와 두 자리의 숫자로 구성되어 있다. 지령된 블록에서만 유효한 1회 유효 G코드(one shot G-code)와 한번 지령하면 동일 그룹의 다른 G코드가 지령될 때 까지 유효한 연속 유효 G코드(model G-code)가 있다.

◆ 위치 결정 [급속이송] (G00)

위치결정은 가공을 하기 위하여 공구를 일정한 위치로 이동하는 지령을 말하며, 파라미터에서 지저오딘 급속이송 속도로 빠르게 윱직이므로 공구와 가공물 또는 기계에 충동하지 않도록 주의가 필요하다.

G00 $\left\{ \begin{matrix} G90 \\ G91 \end{matrix} \right.$ X_ Y_ Z_ ;

여기서 G90, G91 : 절대, 증분지령 (2개 중 하나만 지령)

◆ 직선보간 (G01)

지령된 지점으로 F의 이송속도로 직선 이동하며 가공할 때 사용한다.

$$\text{G01} \left\{ \begin{matrix} G90 \\ G91 \end{matrix} \right. \text{X\_ Y\_ Z\_ F\_ ;}$$

이송속도의 지령은 분당 이송(G94)과 회전당 이송(G95)으로 지령할 수 있으나 머시닝센터의 경우에는 분당 이송으로 선택되도록 파라미터에 설정하여 사용한다.

◆ 원호보간 (G02, G03)

지령된 시작점에서 끝점까지 반지름 R로 시계방향(G02)과 반시계방향(G03)으로 원호 가공할 때 사용한다.

$$\begin{matrix} G17 \\ G18 \\ G19 \end{matrix} \left\{ \begin{matrix} G02 \\ G03 \end{matrix} \right\} \left\{ \begin{matrix} G90 \\ G91 \end{matrix} \right\} \text{X\_ Y\_ Z\_} \left\{ \begin{matrix} R\_ \\ I\_ J\_ K\_ \end{matrix} \right\} \text{F\_ ;}$$

G17, G18, G19 : 작업 평면
R 또는 I, J, K : 원호반지름 또는 시작점에서 원호 중심까지의 벡터량을 입력한다.
I, J, K의 값 중에서 0의 값은 생략할 수 있다.
(I : X축 벡터량, J : Y축 벡터량, K : Z축 벡터량)

- 작업평면의 선택 -

원호가공의 경우 가공물의 형상에 맞는 작업평면을 선택하고 회전방향을 지령하여야 하는데, 수직형 머시닝센터의 경우에는 가장 많이 사용하는 평면인 XY평면이 초기에 설정되도록 파라미터에 지정하여 사용하므로 X-Y평면이 아닌 다른 평면을 선택할 때에만 지정하면 된다.

작업평면 선택	
G17	X-Y 평면
G18	Z-X 평면
G19	Y-Z 평면

◆ 휴지 (G04)

```
G04 X(P)_ ;
```

지령한 시간 동안 이송이 정지되는 기능을 휴지(Dwell : 일시정지)기능 이라고 한다. 머시닝센터에서는 모서리 부분의 치수를 정확히 가공하거나, 드릴 작업, 카운터 싱킹, 카운터 보링, 스폿 페이싱 등에서 목표에 도달한 후 즉시 후퇴할 때 생기는 단차를 제거하여 깨끗한 표면을 얻기 위하여 사용한다.

1.4 공구 보정

■ 공구 보정의 의미

머시닝센터에 공구를 장착하는 방법은 스핀들에 수동으로 장착하고 공구교환 지령을 통하여 매거진에 장착한 뒤, 사용할 공구는 프로그램에 공구교환 지령 블록을 넣어 자동으로 교환하여 사용한다.

◆ 공구 지름 보정 (G40, G41, G42)

```
G90(G91) G00(G01) X_ Y_ Z_ G41(G42) D_ ;
```

D : 공구지름 보정값을 입력한 번호

가공물을 반지름의 R인 공구로 절삭할 경우, 공구 중심의 통로는 가공물로부터 R만큼 떨어진 외곽으로 이동된다.

공구중심으로부터 떨어진 거리를 옵셋(offset)이라 하며, 이와 같이 공구를 가공형상으로부터 일정 거리만큼 떨어지게 하는 것을 "공구지름 보정" 이라고 한다.

공구지름 보정 G-코드		공구 이동 경로
G40	공구지름 보정 취소	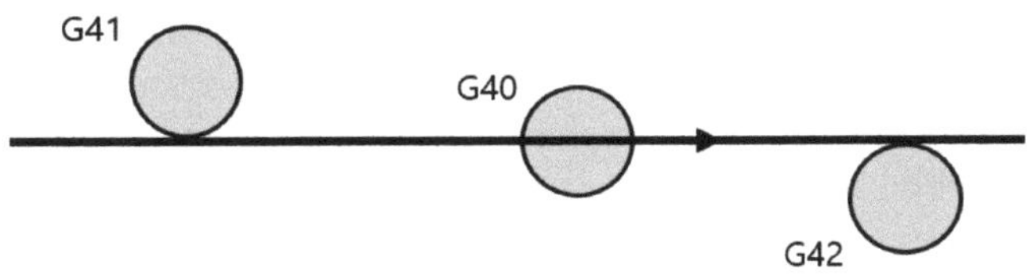
G41	공구지름 좌측 보정	
G42	공구지름 우측 보정	

공구지름 보정 시 공구 이동 경로

◆ 공구 길이 보정(G43, G44, G49)

```
G90(G91) G00(G01) Z_ G43(G44) H_ ;
```

H : 보정화면에 공구길이 보정값을 입력한 번호

머시닝센터에 사용되는 공구는 길이가 각각 다르므로, 기준이 되는 공구와 각각의 공구 길이 차이를 공구 길이 보정 란(옵셋 화면)에 입력 한 뒤, 프로그램에서 각 공구의 보정 값을 불러들여 보정 뒤 사용하므로 공구 길이의 차이를 해결할 수 있도록 하는 것을 공구 길이 보정이라고 한다.

공구 길이 보정방법에는 (+)방향 보정(G43)과 (-)방향 보정(G44)의 두 가지가 있다.

보통 G43을 주로 사용하며 기준 공구보다 짧은 경우 보정 값 앞에 (-)부호를 붙여 사용한다.

공구길이 보정 G-코드	
G43	+방향 공구길이 보정 (+방향으로 이동)
G44	-방향 공구길이 보정 (-방향으로 이동)
G49	공구 길이 보정 취소

1.5 고정 사이클의 종류

고정 사이클의 일람표

G코드	드릴링 동작 (-Z 방향)	구멍바닥에서 동작	구멍에서 나오는 동작 (+Z 방향)	용도
G73	간헐이송	-	급속이송	고속 팩 드릴링 사이클
G74	절삭이송	주축정회전	절삭이송	역 태핑 사이클
G76	절삭이송	주축정지	급속이송	정밀보링(고정 사이클 2)
G80	-	-	-	고정 사이클 취소
G81	절삭이송	-	급속이송	드릴링 사이클 (스폿 드릴링)
G82	절삭이송	드웰	급속이송	드릴링 사이클 (카운터보링 사이클)
G83	단속이송	-	급속이송	팩 드릴링 사이클
G84	절삭이송	주축역회전	절삭이송	태핑 사이클
G85	절삭이송	-	절삭이송	보링 사이클
G86	절삭이송	주축정지	급속이송	보링 사이클
G87	절삭이송	주축정지	절삭이송 또는 급속이송	보링 사이클 백보링 사이클
G88	절삭이송	드웰, 주축정지	수동이동 또는 급속이송	보링 사이클
G89	절삭이송	드웰	절삭이송	보링 사이클

◆ 고속 팩 드릴링 사이클 (G73)

G73 $\{ {G90 \atop G91} \}$ $\{ {G98 \atop G99} \}$ X_ Y_ Z_ Q_ R_ F_ ;

Z방향의 간헐 이송으로 깊은 구멍을 절삭할 때 칩 배출이 용이하고 후퇴량을 설정할 수 있으므로 고능률적인 가공을 할 수 있다. 후퇴량 d값은 파라미터로 설정한다. 매회 이송량 Q는 부호 없이 증분값으로 지령한다.

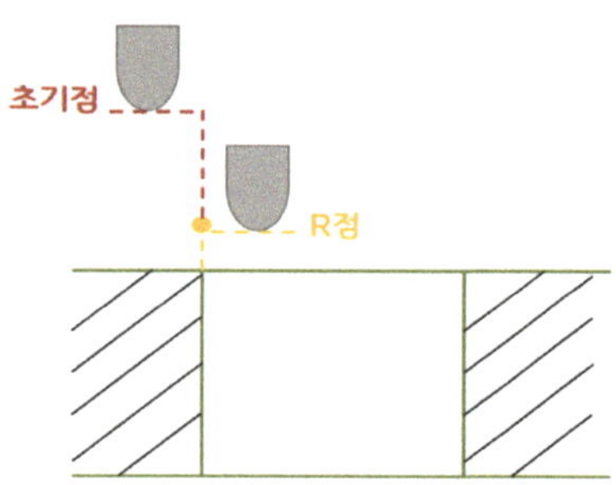

G98 : 초기점 복귀

G99 : R점 복귀

Q : 도피량

지정된 값으로 도피시킨다.

해당 값을 생략하면 도피하지 않는다.

◆ 역 태핑 사이클 (G74)

G74 $\{\genfrac{}{}{0pt}{}{G90}{G91}\}$ $\{\genfrac{}{}{0pt}{}{G98}{G99}\}$ X_ Y_ Z_ R_ F_ ;

왼나사를 가공하는 기능으로 주축은 역회전으로 Z점까지 들어가고, 빠져 나올 때는 정회전 한다. G74 동작 중 이송 오버드라이브는 무시되며, 이송정지를 작동해도 복귀동작이 완료될때까지 정지하지 않는다.

◆ 정밀 보링 사이클 (G76)

G76 $\{\genfrac{}{}{0pt}{}{G90}{G91}\}$ $\{\genfrac{}{}{0pt}{}{G98}{G99}\}$ X_ Y_ Z_ Q_ R_ F_ ;

보링작업을 할 때 구멍바닥에서 주축을 정위치에 정지시키고, 공구를 인선 반대방향으로 Q에 지정된 값만큼 도피시켜, 가공면에 손상없이 빼내므로 고정도 및 고능률적인 가공을 할 수 있다. (Q값을 생략하면 도피하지 않음)

◆ 고정 사이클 취소 (G80)

고정 사이클을 취소하고 다음 블록부터 정상적인 작동을 하게 된다.

◆ 드릴링, 스폿 드릴링 사이클 (G81)

G81 $\{\genfrac{}{}{0pt}{}{G90}{G91}\}$ $\{\genfrac{}{}{0pt}{}{G98}{G99}\}$ X_ Y_ Z_ R_ F_ ;

일반 드릴링 사이클이며 스폿 드릴링에 사용된다.

◆ 드릴링, 카운터 보링 사이클 (G82)

G82 $\{\genfrac{}{}{0pt}{}{G90}{G91}\}$ $\{\genfrac{}{}{0pt}{}{G98}{G99}\}$ X_ Y_ Z_ Q_ R_ F_ ;

G81과 기능은 같지만 구멍 바닥에서 휴지한 후 복귀되므로 구멍의 정밀도가 향상된다.

◆ 팩 드릴링 사이클 (G83)

G83 $\{\genfrac{}{}{0pt}{}{G90}{G91}\}$ $\{\genfrac{}{}{0pt}{}{G98}{G99}\}$ X_ Y_ Z_ Q_ R_ F_ ;

절입 후 매번 R점까지 복귀한뒤 다시 절삭지점으로 급속 이송한 다음 가공하기에 칩 배출이 용이하다.

깊은 구멍가공으로 적합하며, d값은 파라미터로 설정하여 Q는 "+" 값으로 지정한다.

◆ 보링 사이클 (G85)

G85 $\{\genfrac{}{}{0pt}{}{G90}{G91}\}$ $\{\genfrac{}{}{0pt}{}{G98}{G99}\}$ X_ Y_ Z_ R_ F_ ;

리머 작업에 많이 사용하는 기능으로, G84의 지령과 같지만 구멍바닥에서 역회전을 하지 않는다. 공구가 바닥에서 빠져 나올 때 잔여량을 절삭하며 나오게 된다.

◆ 보링 사이클 (G86)

G85 와 지령이 같지만 공구가 바닥에서 빠져 나올 때 주축이 정지하여 급속 이송으로 나온다. 가공시간은 단축 가능하지만 G85에 비해 가공면의 정도가 떨어진다.

◆ 보링 사이클, 백 보링 사이클 (G87)

G87 $\{{G90 \atop G91}\}$ $\{{G98 \atop G99}\}$ X_ Y_ Z_ Q_ R_ F_ ;

*** 고정사이클 (보링)**

- 바닥에서 주축을 정지한 후 수동으로 모드를 변환시켜 공구를 귀환한다.
- 메모리 운전에 의하여 가공을 재개할 때는 가공 초기점이나 R점에 놓고 주축을 정회전 시켜 가공한다.

*** 고정사이클 (백 보링)**

- 구멍 밑면이나 2단으로 된 구멍가공에서 아래쪽이 더 큰 경우 주축을 정위치에 정지시켜 공구 인선과 반대 방향으로 이동시킨뒤 급속으로 구멍 바닥 R점에 위치결정을 한다.

◆ 보링 사이클 (G88)

G88 $\{{G90 \atop G91}\}$ $\{{G98 \atop G99}\}$ X_ Y_ Z_ Q_ R_ P_ F_ ;

구멍바닥에서 일정 시간 드웰(Dwell)한 후 주축이 정지한다. Z점에서 R점까지 수동으로 공구를 빼내면, 초기점으로 급속이송하며 주축이 정회전 한다.

◆ 보링사이클 (G89)

G89 $\{{G90 \atop G91}\}$ $\{{G98 \atop G99}\}$ X_ Y_ Z_ Q_ R_ P_ F_ ;

G85의 기능과 동일하나, 구멍의 바닥에서 일정시간을 드웰(Dwell)한다.

* 절삭속도, 절삭시간, 소요동력 계산 공식

기 종	내 용	계 산 공 식	
밀링	절삭속도 (m/min)	$V = \frac{\pi \times D \times N}{1000}$	V = 절삭속도 (m/min) π = 3.14 (원주율) D = 공구 직경 (mm) N = 회전수 (rpm)
	이송속도	$F = f \times Z \times N$ $\quad (f = \frac{F}{N \times Z})$	F = 분당이송 (mm/min) f = 회전당이송 (mm/rev) Z = 날수 N = 회전수 $(rpm$
	소요동력 (kw)	$HP = \frac{W}{0.75}$ $W = \frac{Q \times Ks}{60 \times 10 \times \eta}$ $Q = \frac{L \times F \times d}{1000}$	HP = 소요마력 Q = 칩(Xp)의 체적 (cm^3) L = 절삭 폭 (mm) F = 분당이송 (mm/min) d = 절삭 깊이 (mm) η = 기계효율 $(0.5 \sim 0.75)$ Ks = 피삭재비절삭저항 (Kg/mm^2)
	절삭시간 (sec)	$T = \frac{L}{F} \times 60$	T = 절삭시간 (sec) L = 공작물 절삭길이 (mm) F = 분당이송 (mm/min)
드릴	절삭속도 (m/min)	$V = \frac{\pi \times D \times N}{1000}$	V = 절삭속도 (m/min) π = 3.14 (원주율) D = 공구 직경 (mm) N = 회전수 (rpm)
	소요동력 (kw)	$HP = \frac{d \times f \times Ks \times V}{610}(1 - \frac{d}{D})$	d = 공구반경 $(D$: 공구경$)$ f = 회전당이송 (mm/rev) Ks = 피삭재비절삭저항 (Kg/mm^2) V = 절삭속도 (m/min)
	절삭시간 (sec)	$T = \frac{\pi \times D \times L}{1000 \times V \times f} \times 60$	π = 3.14 (원주율) D = 공구 직경 (mm) L = 공작물 절삭길이 (mm) V = 절삭속도 (m/min) f = 회전당이송 (mm/rev)

* 피삭재별 비절삭저항 (Ks)

피삭재		경도 (HB)	비절삭저항 (Ks)	피삭재		경도 (HB)	비절삭저항(Ks)
강	탄소강	100~150	220	주물	회주철 (저)	150~225	115
		120~180	250		(고)	200~300	150
		200~250	275		가단주철	110~250	175
	합금강	120~200	265				
		250~300	300		구상흑연 (연)	125~200	125
		300~350	350		(경)	200~300	190
	고속도강	150~250	290		칠드주철	HRc40~60	400
	스텐레스강	150~200	325				
		175~225	300	비철	알루미늄	(주조)	100
	탄소강	225	215			(압연)	140
	합금강	150~250	230		동합금 (연)		140
	스텐레스강	150~300	265		(중)		210
	고경도강	HRc50이상	560				

1.6 수기 프로그램 작성

[예제 1]

공구 사용 계획				
공구 명	절삭조건		공구 번호	보정 번호
	주축 회전수 (rpm)	이송속도 (mm/min)		
ø10 엔드밀	1000	200	T02	D02, H02

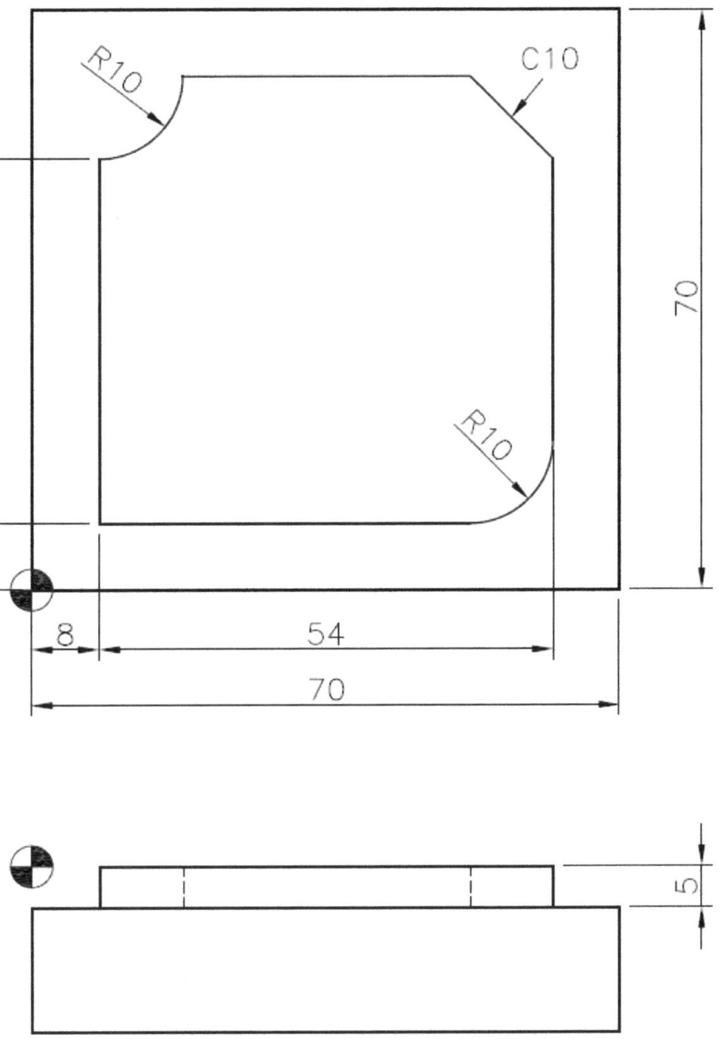
R10
C10
70
44
R10
8
8
54
70
5

O0001 ;	- 프로그램 번호
G40 G49 G80 ;	- 지름보정 취소, 길이보정 취소, 고정 사이클 취소
G28 G91 Z0. ;	- Z축 원점 복귀
G28 G91 X0. Y0. ;	- X축, Y축 원점 복귀
;	- ; 를 입력하여 가공 공정 구분
T02 M06 ;	- 2번 공구 교환
G54 G90 G00 X-10. Y-10. S1000 M03 ;	- 공작물좌표계 지정, 절대 지령 X축, Y축 이동 스핀들 1000rpm 정회전
G43 H02 Z100. ;	- 2번 공구 길이보정, Z100. 으로 이동
Z10. M08 ;	- Z10. 까지 이송, 절삭유 ON
G01 Z-5. F200 ;	- Z-5. 까지 이송속도 200mm/min 직선절삭
G41 D02 X7. ;	- 2번 공구 좌측보정, X7. 까지 절삭
Y63. ;	- Y63. 까지 직선절삭
X63. ;	- X63. 까지 직선절삭
Y7. ;	- Y7. 까지 직선절삭
X8. ;	- X8. 까지 직선절삭
Y52. ;	- Y52. 까지 직선절삭
G03 X18. Y62. R10. ;	- X18. Y62. 까지 R10. 으로 반시계방향 원호절삭
G01 X52. ;	- X52. 까지 직선절삭
X62. Y52. ;	- X62. Y52. 까지 직선절삭
Y18. ;	- Y18. 까지 직선절삭
G02 X52. Y8. R10. ;	- X52. Y8. 까지 R10. 으로 시계방향 원호절삭
G01 X-10. ;	- X-10. 까지 직선절삭
Z10. M09 ;	- Z10. 까지 이송, 절삭유 OFF
G40 G49 G00 Z100. M05 ;	- 지름보정 취소, Z100. 까지 급속이송, 스핀들 정지
G28 G91 Z0. ;	- Z축 원점복귀
G28 G91 Y0.	- Y축 원점복귀
M02 ;	- 프로그램 종료

[예제 2]

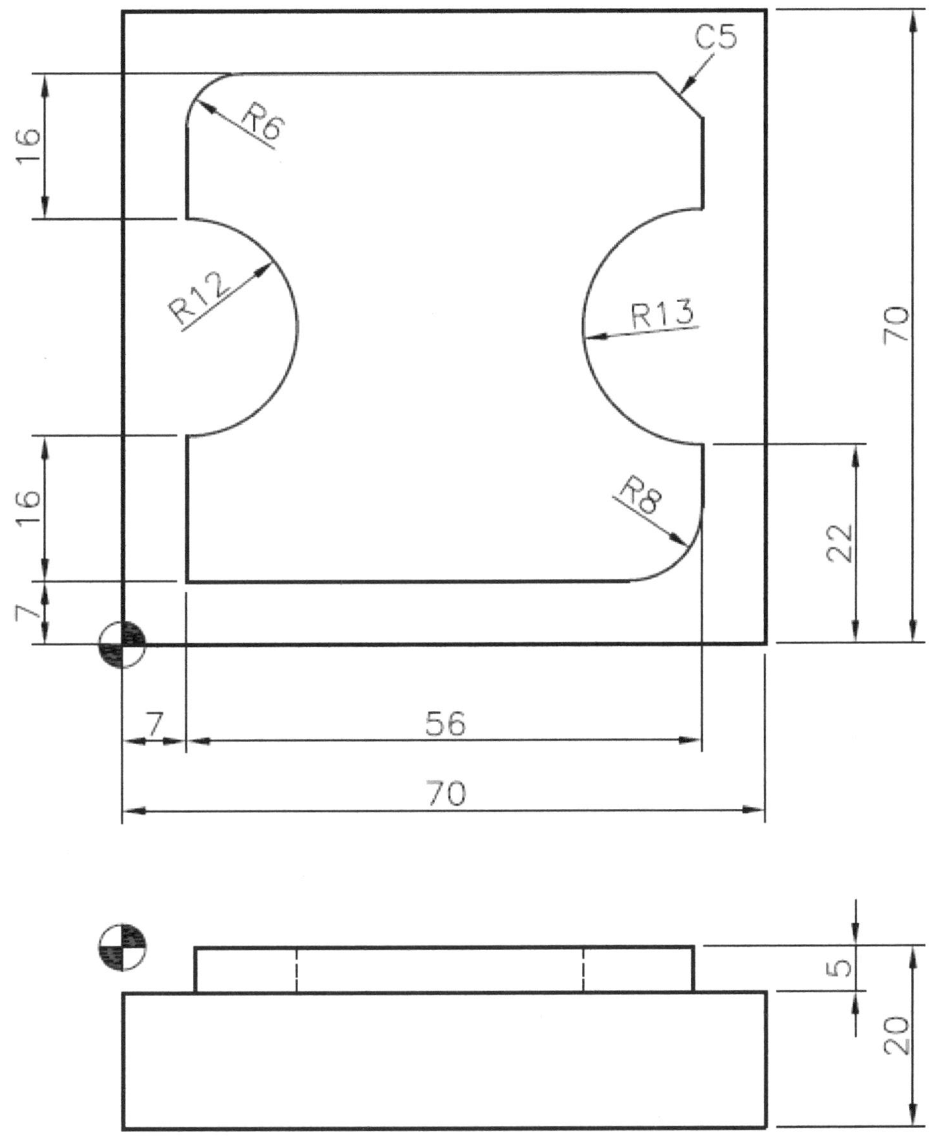

공구 사용 계획				
공구 명	절삭조건		공구 번호	보정 번호
	주축 회전수 (rpm)	이송속도 (mm/min)		
ø16 엔드밀	1000	100	T02	D02, H02

O0002 ;	- 프로그램 번호
G40 G49 G80 ;	- 지름보정 취소, 길이보정 취소, 고정 사이클 취소
G28 G91 Z0. ;	- Z축 원점 복귀
G28 G91 X0. Y0. ;	- X축, Y축 원점 복귀
;	- ; 를 입력하여 가공 공정 구분
T02 M06 ;	- 2번 공구 교환
G54 G90 G00 X-20. Y-20. S1500 M03 ;	- 공작물좌표계 지정, 절대 지령 X축, Y축 이동 스핀들 1500rpm 정회전
G43 H02 Z100. ;	- 2번 공구 길이보정, Z100. 으로 이동
Z10. M08 ;	- Z10. 까지 이송, 절삭유 ON
G01 Z-5. F100 ;	- Z-5. 까지 이송속도 100mm/min 직선절삭
G41 D02 X6. ;	- 2번 공구 좌측보정, X6. 까지
Y64. ;	- Y64. 까지 직선절삭
X64. ;	- X64. 까지 직선절삭
Y6. ;	- Y6. 까지 직선절삭
X7. ;	- X7. 까지 직선절삭
Y23. ;	- Y23. 까지 직선절삭
G03 Y47. R12. ;	- Y47. 까지 R12. 로 반시계방향 원호절삭
G01 Y57. ;	- X57. 까지 직선절삭
G02 X13. Y63. R6. ;	- X13. Y63. 까지 R6. 으로 시계방향 원호절삭
G01 X58. ;	- X58. 까지 직선절삭
X63. Y58. ;	- X63. Y58. 까지 직선절삭
Y48. ;	- Y48. 까지 직선절삭
G03 Y22. R13. ;	- Y22. 까지 R8. 으로 반시계방향 원호절삭
G01 Y15. ;	- Y15. 까지 직선절삭
G02 X55. Y7. R8. ;	- X55. Y7. 까지 R8. 로 시계방향 원호절삭
G01 X-10. ;	- X-10. 까지 직선절삭
Z10. M09 ;	- Z10. 까지 이송, 절삭유 OFF
G40 G49 G00 Z100. M05 ;	- 지름보정 취소, Z100. 까지 급속이송, 스핀들 정지
G28 G91 Z0. ;	- Z축 원점복귀
G28 G91 Y0.	- Y축 원점복귀
M02 ;	- 프로그램 종료

[예제 3]

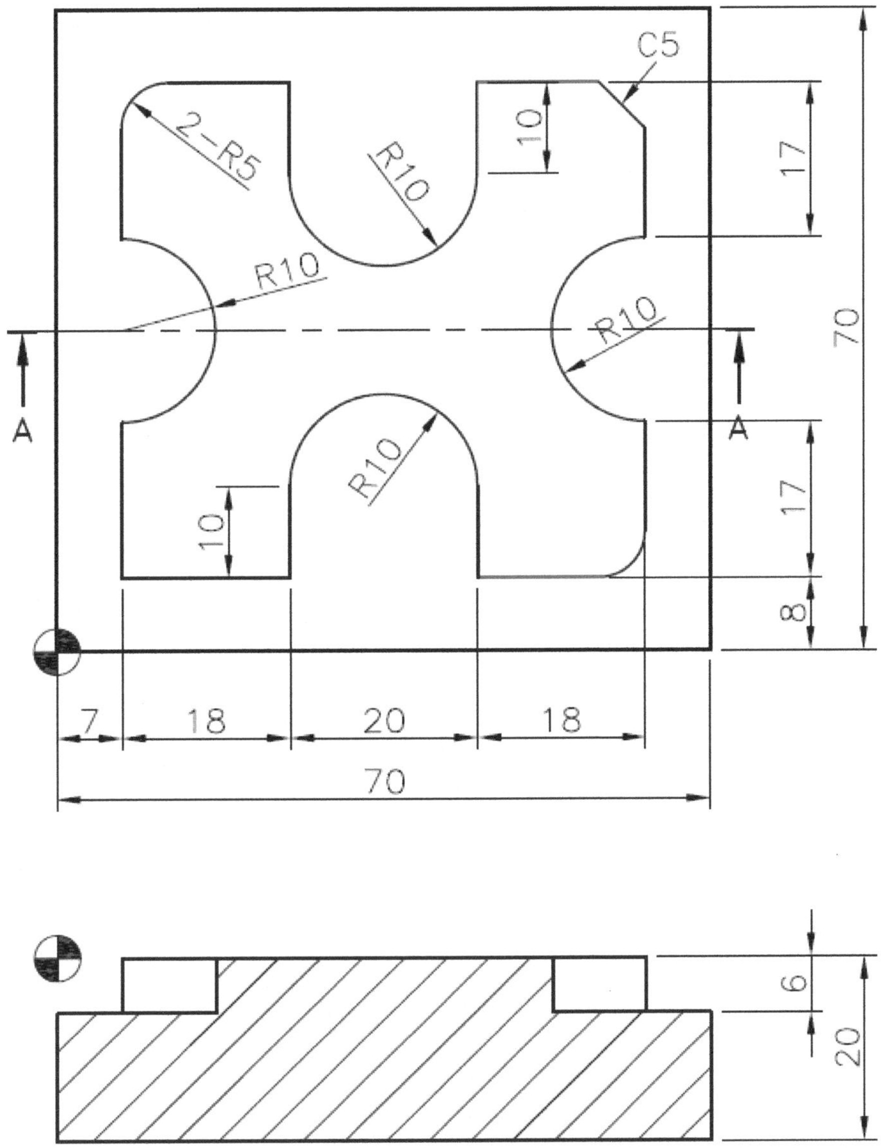

공구 사용 계획				
공구 명	절삭조건		공구 번호	보정 번호
	주축 회전수 (rpm)	이송속도 (mm/min)		
ø12 엔드밀	1200	200	T03	D03, H03

O0003 ;	- 프로그램 번호
G40 G49 G80 ;	- 지름보정 취소, 길이보정 취소, 고정 사이클 취소
G28 G91 Z0. ;	- Z축 원점 복귀
G28 G91 X0. Y0. ;	- X축, Y축 원점 복귀
;	- ; 를 입력하여 가공 공정 구분
T03 M06 ;	- 3번 공구 교환
G54 G90 G00 X-15. Y-15. S1200 M03 ;	- 공작물좌표계 지정, 절대 지령 X축, Y축 이동 스핀들 1200rpm 정회전
G43 H03 Z100. ;	- 2번 공구 길이보정, Z100 으로 이동
Z10. M08 ;	- Z10. 까지 이송, 절삭유 ON
G01 Z-6. F200 ;	- Z-6. 까지 이송속도 200mm/min 직선절삭
G41 D03 X6. ;	- 3번 공구 좌측보정, X6. 까지 절삭
Y63. ;	- Y63. 까지 직선절삭
X64. ;	- X64. 까지 직선절삭
Y7. ;	- Y7. 까지 직선절삭
X7. ;	- X7. 까지 직선절삭
Y25. ;	- Y25. 까지 직선절삭
G03 Y45. R10. ;	- Y45. 까지 R10. 으로 반시계방향 원호가공
G01 Y57. ;	- Y57. 까지 직선절삭
G02 X12. Y62. R5. ;	- X12. Y62. 까지 R5. 으로 시계방향 원호가공
G01 X25. ;	- X25. 까지 직선절삭
Y52. ;	- Y52. 까지 직선절삭
G03 X45. R10. ;	- X45. 까지 R10. 으로 반시계방향 원호가공
G01 Y62. ;	- Y62. 까지 직선절삭
X58. ;	- X58. 까지 직선절삭
X63. Y57. ;	- X63. Y57. 까지 직선절삭
Y45. ;	- Y45. 까지 직선절삭
G03 Y25. R10. ;	- Y25. 까지 R10. 으로 반시계방향 원호가공
G01 Y13. ;	- Y13. 까지 직선절삭
G02 X58. Y8. R5. ;	- X58. Y8. 까지 R5. 으로 시계방향 원호가공
G01 X45. ;	- X45. 까지 직선절삭
Y18. ;	- Y18. 까지 직선절삭
G03 X25. R10. ;	- X25. 까지 R10. 으로 반시계방향 원호가공
G01 Y8. ;	- Y8. 까지 직선절삭
X-15. ;	- X-15. 까지 직선절삭
Z10. M09 ;	- Z10. 까지 이송, 절삭유 OFF
G40 G49 G00 Z100. M05 ;	- 지름보정 취소, Z100. 까지 급속이송, 스핀들 정지
G28 G91 Z0. ;	- Z축 원점복귀
G28 G91 Y0.	- Y축 원점복귀
M02 ;	- 프로그램 종료

[예제 4]

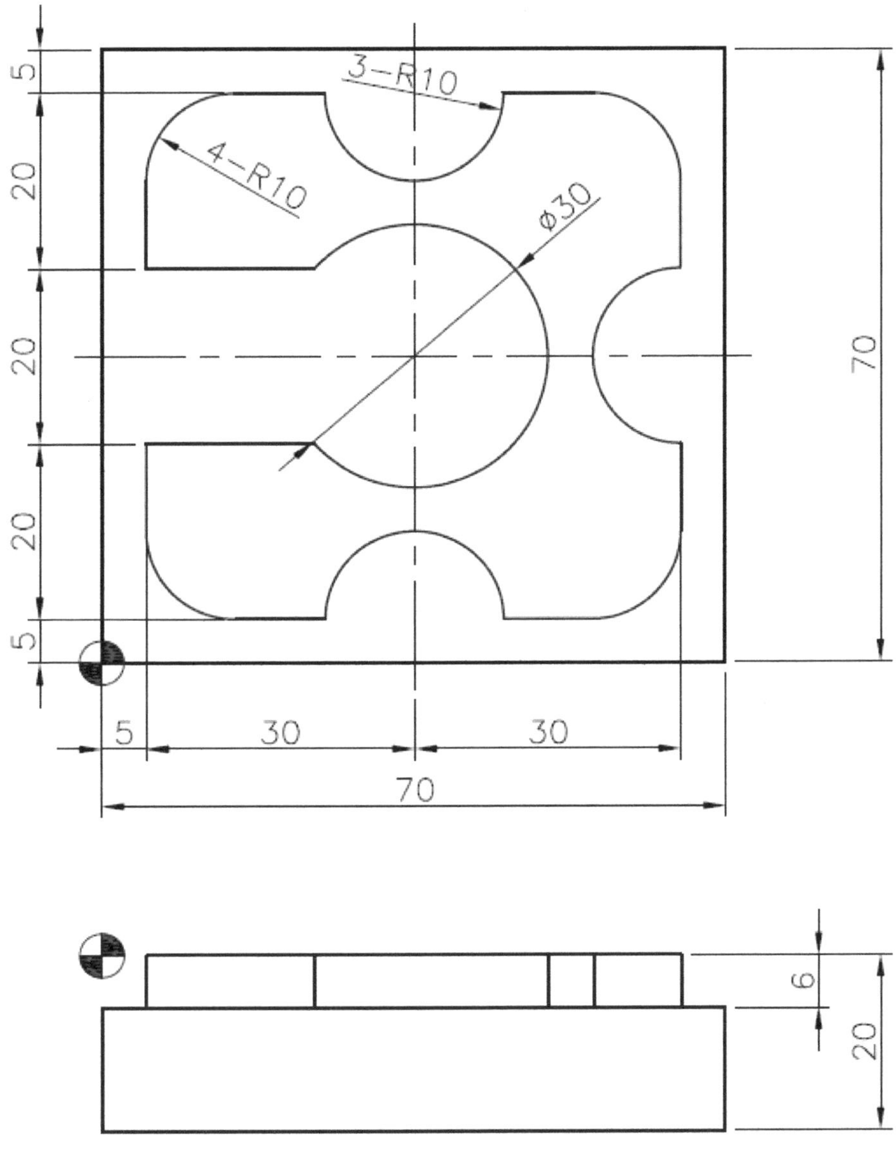

공구 사용 계획				
공구 명	절삭조건		공구 번호	보정 번호
	주축 회전수 (rpm)	이송속도 (mm/min)		
ø14 엔드밀	1500	300	T01	D01, H01

O0004 ;	- 프로그램 번호
G40 G49 G80 ;	- 지름보정 취소, 길이보정 취소, 고정 사이클 취소
G28 G91 Z0. ;	- Z축 원점 복귀
G28 G91 X0. Y0. ;	- X축, Y축 원점 복귀
;	- ; 를 입력하여 가공 공정 구분
T01 M06 ;	- 2번 공구 교환
G54 G90 G00 X-20. Y-20. S1500 M03 ;	- 공작물좌표계 지정, 절대 지령 X축, Y축 이동 스핀들 1500rpm 정회전
G43 H01 Z100. ;	- 1번 공구 길이보정, Z100. 으로 이동
Z10. M08 ;	- Z10. 까지 급속이송, 절삭유 ON
G01 Z-6. F300 ;	- Z-6. 까지 이송속도 300mm/min 직선절삭
G41 X4. D01 ;	- 1번 공구 좌측보정, X4. 까지 절삭
Y66. ;	- Y66. 까지 직선절삭
X66. ;	- X66. 까지 직선절삭
Y4. ;	- Y4. 까지 직선절삭
X5. ;	- X5. 까지 직선절삭
Y25. ;	- Y25. 까지 직선절삭
X30. ;	- X30. 까지 직선절삭
G03 Y45. R10. ;	- Y45. 까지 R10. 으로 반시계방향 원호 가공
G01 X5. ;	- X5. 까지 직선절삭
Y55. ;	- Y55. 까지 직선절삭
G02 X15. Y65. R10. ;	- X15. Y65. 까지 R10. 으로 시계방향 원호가공
G01 X25. ;	- X25. 까지 직선절삭
G03 X45. R10. ;	- X45. 까지 R10. 으로 반시계방향 원호가공
G01 X55. ;	- Y55. 까지 직선절삭
G02 X65. Y55. R10. ;	- X65. Y55. 까지 R10. 으로 시계방향 원호가공
G01 Y45. ;	- Y45. 까지 직선절삭
G03 Y25. R10. ;	- Y25. 까지 R10. 으로 반시계방향 원호가공
G01 Y15. ;	- Y15. 까지 직선절삭
G02 X55. Y5. R10. ;	- X55. Y5. 까지 R10. 으로 시계방향 원호가공
G01 X45. ;	- X45. 까지 직선절삭
G03 X25. R10. ;	- X25. 까지 R10. 으로 반시계방향 원호가공
G01 X15. ;	- X15. 까지 직선절삭
G02 X5. Y15. R10. ;	- X5. Y15. 까지 R10. 으로 시계방향 원호가공
G01 Y35. ;	- Y30. 까지 직선절삭
X-20. ;	- X-20. 까지 직선절삭
G01 Z10. ;	- Z10. 까지 이송
G40 G00 X35. Y35. ;	- 공구경보정 취소, X35.0 Y35.0 까지 급속이송
G01 Z-6. F300 ;	- Z-6. 까지 300mm/min 으로 직선절삭

G41 X20. D01 ;	- 공구 좌측 보정, X20. 까지 직선절삭
G03 I15. ;	- I15. 로 반시계방향 원호가공
G01 Z10. M09 ;	- Z10. 까지 이송, 절삭유 OFF
G40 G49 G00 Z100. M05 ;	- 지름보정 취소, Z100. 까지 급속이송, 스핀들 정지
G28 G91 Z0. ;	- Z축 원점복귀
G28 G91 Y0.	- Y축 원점복귀
M02 ;	- 프로그램 종료

[예제 5]

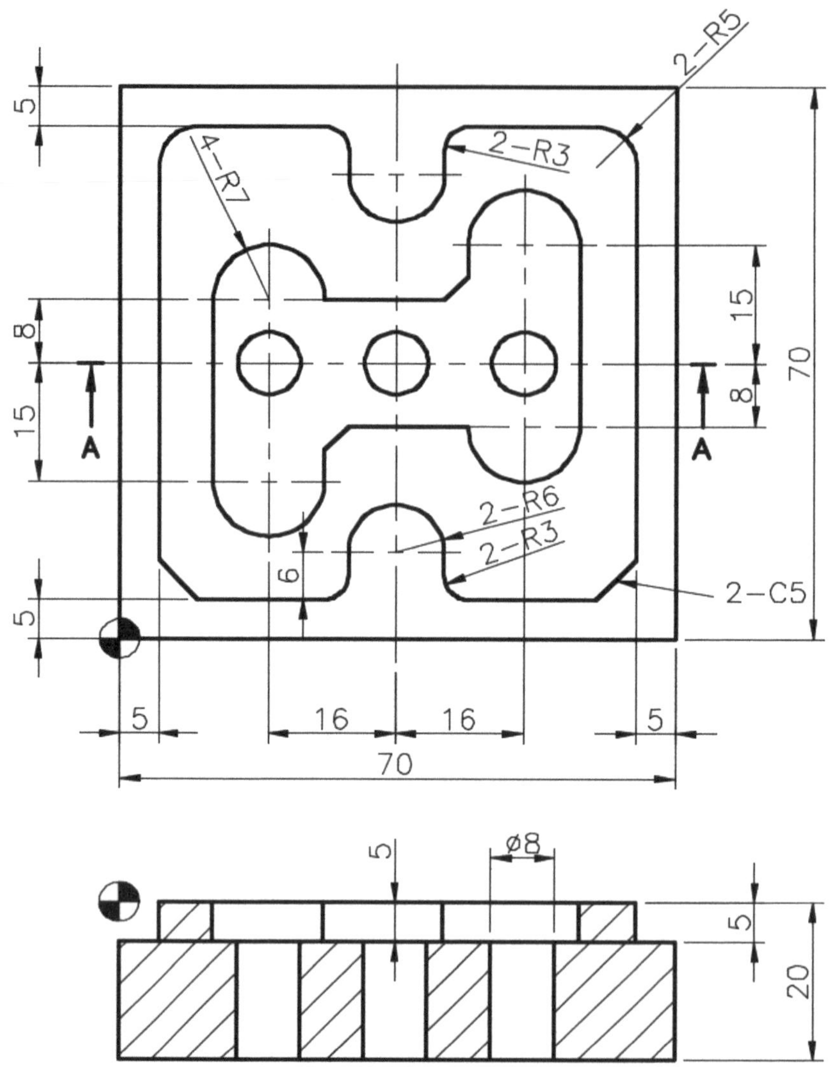

● 도시되고 지시없는 모따기 C3

공구 사용 계획

공구 명	절삭조건		공구 번호	보정 번호
	주축 회전수 (rpm)	이송속도 (mm/min)		
ø10 엔드밀	1300	300	T02	H02
ø2.5 센터드릴	1000	200	T06	H06
ø8.0 드릴	800	100	T08	H08

G40 G49 G80 ;	- 지름보정 취소, 길이보정 취소, 고정 사이클 취소
G28 G91 Z0. ;	- Z축 원점 복귀
G28 G91 X0. Y0. ;	- X축, Y축 원점 복귀
;	- ; 를 입력하여 가공 공정 구분
T06 M06 ;	- 6번 공구 교환
G54 G90 G00 X35. Y35. S1000 M03 ;	- 공작물좌표계 지정, 절대 지령 X축, Y축 이동 스핀들 1000rpm 정회전
G43 H06 Z100. ;	- 6번 공구 길이보정, Z100. 으로 이동
Z10. M08 ;	- Z10. 까지 급속이송, 절삭유 ON
G98 G81 Z-3. R5. F200 ;	- 고정사이클 초기점 복귀, Z-3. 까지 R5.0에서 200mm/min 드릴 가공
X19. ;	- X19.0 과 X51.0 좌표에 상단 사이클 적용
X51. ;	
G80 ;	- 고정사이클 취소
G49 G00 Z100. M09 ;	- 공구 길이보정 취소, Z100. 까지 급속이송, 절삭유 OFF
M05 ;	- 주축 정지
G31 G91 Z0. M19 ;	- 공구교환위치 이동, 주축 정위치 정지
;	- ; 를 입력하여 가공 공정 구분
T08 M06 ;	- 8번 공구 교환
G54 G90 G00 X35. Y35. S800 M03 ;	- 공작물좌표계 지정, 절대 지령 X축, Y축 이동 스핀들 800rpm 정회전
G43 H08 Z100. ;	- 8번 공구 길이보정, Z100. 으로 이동
Z10. M08 ;	- Z10 까지 급속이송, 절삭유 ON
G98 G83 Z-23. Q5. R5. F100 ;	- 고정사이클 초기점 복귀, Z-23. 까지 R5. 에서 Q5. 씩 100mm/min 심공 드릴 가공
X19. ;	- X19.0 과 X51.0 좌표에 상단 사이클 적용
X51. ;	
G80 ;	- 고정사이클 취소
G49 G00 Z100. M09 ;	- 공구 길이보정 취소, Z100. 까지 급속이송, 절삭유 OFF
M05 ;	- 주축 정지
G31 G91 Z0. M19 ;	- 공구교환위치 이동, 주축 정위치 정지
;	- ; 를 입력하여 가공 공정 구분
T02 M06 ;	- 2번 공구 교환
G54 G90 G00 X-10. Y-10. S1300 M03 ;	- 공작물좌표계 지정, 절대 지령 X축, Y축 이동 스핀들 1300rpm 정회전
G43 H02 Z100. ;	- 2번 공구 길이보정, Z100. 으로 이동
Z10. M08 ;	- Z10. 까지 급속이송, 절삭유 ON
G01 Z-5. F300 ;	- Z-5. 까지 이송속도 300mm/min 직선절삭
G41 X4. D02 ;	- 2번 공구 좌측보정, X5. 까지 절삭 이송

Y66. ;	- Y66. 까지 직선절삭
X66. ;	- X66. 까지 직선절삭
Y4. ;	- Y4. 까지 직선절삭
X5. ;	- X5. 까지 직선절삭
Y60. ;	- Y60. 까지 직선절삭
G02 X10. Y65. R5. ;	- X10. Y65. 까지 R5. 으로 시계방향 원호가공
G01 X26. ;	- X26. 까지 직선절삭
G02 X29. Y62. R3. ;	- X29. Y62. 까지 R3. 으로 시계방향 원호가공
G01 Y59. ;	- Y59. 까지 직선절삭
G03 X41. R6. ;	- X41. 까지 R6. 으로 반시계방향 원호가공
G01 Y62. ;	- Y62. 까지 직선절삭
G02 X44. Y65. R3. ;	- X44. Y65. 까지 R3. 으로 시계방향 원호가공
G01 X60. ;	- X60. 까지 직선절삭
G02 X65. Y60. R5. ;	- X65. Y60. 까지 R5. 으로 시계방향 원호가공
G01 Y10. ;	- Y10. 까지 직선절삭
X60. Y5. ;	- X60. Y5. 까지 직선절삭
X44. ;	- X44. 까지 직선절삭
G02 X41. Y8. R3. ;	- X41. Y8. 까지 R3. 으로 시계방향 원호가공
G01 Y11. ;	- Y11. 까지 직선절삭
G03 X29. R6. ;	- X29. 까지 R6. 으로 반시계방향 원호가공
G01 Y8. ;	- Y8. 까지 직선절삭
G02 X26. Y5. R3. ;	- X26. Y5. 까지 R3. 으로 시계방향 원호가공
G01 X10. ;	- X10. 까지 직선절삭
X5. Y10. ;	- X5. Y10. 까지 직선절삭
Y16. ;	- Y16. 까지 직선절삭
X-10. ;	- X-20. 까지 직선절삭
Z10. ;	- Z10. 까지 절삭 이송
G00 G40 X19. Y35. ;	- 공구경 보정 취소, X19. Y35. 까지 급속이송
G01 Z-5. ;	- Z-5. 까지 직선절삭
G41 D02 X58. ;	- 2번 공구 좌측보정, X58. 까지 직선 절삭
Y50. ;	- Y50. 까지 직선절삭
G03 X44. R7. ;	- X44. 까지 R7. 으로 반시계방향 원호가공
G01 Y46. ;	- Y46. 까지 직선절삭
X41. Y43. ;	- X41. Y43. 까지 직선절삭
X26. ;	- X26. 까지 직선절삭
G03 X12. R7. ;	- X12. 까지 R7. 으로 반시계방향 원호가공
G01 Y20. ;	- Y20. 까지 직선절삭
G03 X26. R7. ;	- X26. 까지 R7. 으로 반시계방향 원호가공
G01 Y24. ;	- Y24. 까지 직선절삭
X29. Y27. ;	- X29. Y27. 까지 직선절삭

X44. ;	- X44. 까지 직선절삭
G03 X58. R7. ;	- X58. 까지 R7. 으로 반시계방향 원호가공
G01 Y40. ;	- Y40. 까지 직선절삭
Z10. M09 ;	- Z10. 까지 절삭 이송 속도로 후퇴
G40 G49 G00 Z100. M05 ;	- 공구경, 공구길이 보정 취소, Z100. 까지 급속 이송, 주축정지
G28 G91 Z0. ;	- Z 축 원점 복귀
G28 G91 Y0. ;	- Y축 원점 복귀
M02 ;	- 프로그램 종료

[예제 6]

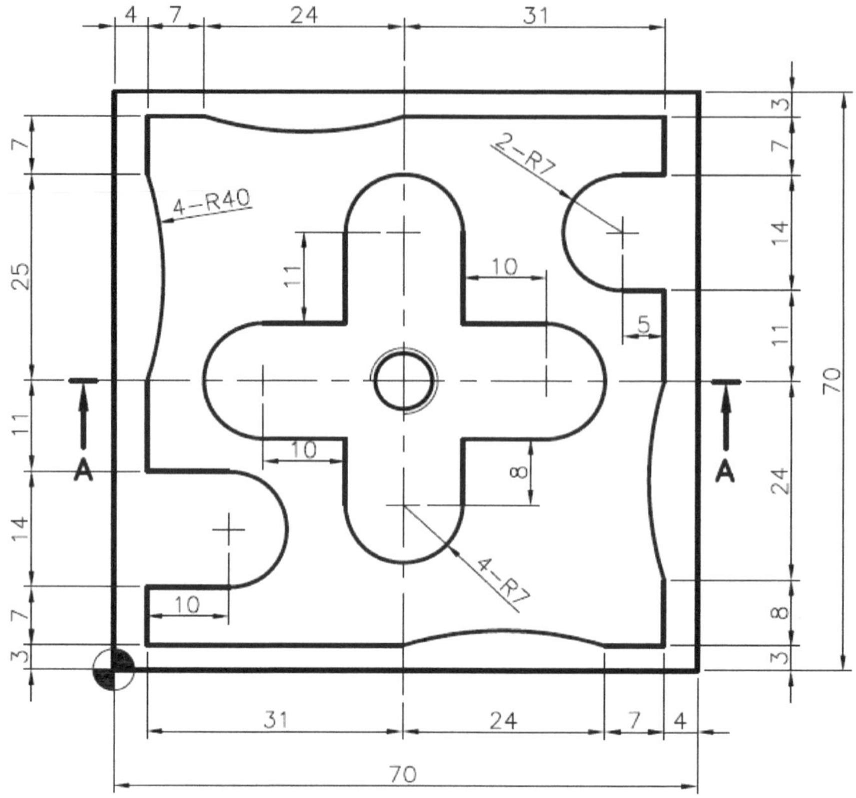

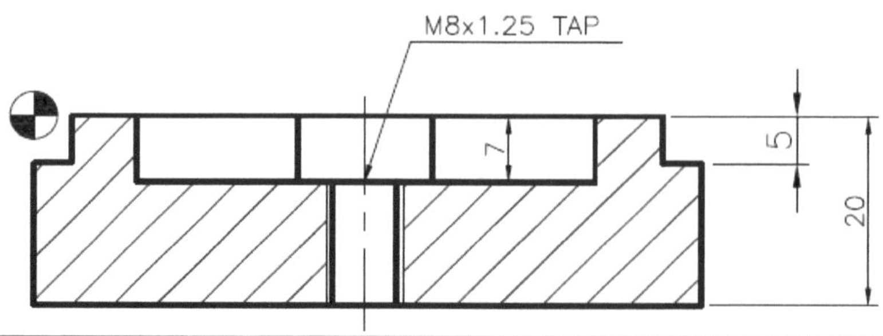

공구 사용 계획				
공구 명	절삭조건		공구 번호	보정 번호
	주축 회전수 (rpm)	이송속도 (mm/min)		
∅10 엔드밀	1000	100	T02	H02
∅3 센터드릴	800	80	T04	H04
∅6.8 드릴	800	80	T06	H06
M8×1.25 TAP	200	250	T8	H8

G40 G49 G80 ;	- 지름보정 취소, 길이보정 취소, 고정 사이클 취소
G28 G91 Z0. ;	- Z축 원점 복귀
G28 G91 X0. Y0. ;	- X축, Y축 원점 복귀
;	- ; 를 입력하여 가공 공정 구분
T04 M06 ;	- 4번 공구 교환
G54 G90 G00 X35. Y35. S800 M03 ;	- 공작물좌표계 지정, 절대 지령 X축, Y축 이동 스핀들 800rpm 정회전
G43 H04 Z100. ;	- 4번 공구 길이보정, Z100. 으로 이동
Z10. M08 ;	- Z10. 까지 급속이송, 절삭유 ON
G98 G81 Z-3. R5. F80 ;	- 고정사이클 초기점 복귀, Z-3. 까지 R5.0에서 80mm/min 드릴 가공
G80 ;	- 고정사이클 취소
G49 G00 Z100. M09 ;	- 공구 길이보정 취소, Z100. 까지 급속이송, 절삭유 OFF
M05 ;	- 주축 정지
G31 G91 Z0. M19 ;	- 공구교환위치 이동, 주축 정위치 정지
;	- ; 를 입력하여 가공 공정 구분
T06 M06 ;	- 6번 공구 교환
G54 G90 G00 X35. Y35. S800 M03 ;	- 공작물좌표계 지정, 절대 지령 X축, Y축 이동 스핀들 800rpm 정회전
G43 H06 Z100. ;	- 8번 공구 길이보정, Z100. 으로 이동
Z10. M08 ;	- Z10. 까지 급속이송, 절삭유 ON
G98 G83 Z-23. Q5. R5. F80 ;	- 고정사이클 초기점 복귀, Z-23. 까지 R5에서 Q5. 씩 80mm/min 심공 드릴 가공
G80 ;	- 고정사이클 취소
G49 G00 Z100. M09 ;	- 공구 길이보정 취소, Z100. 까지 급속이송, 절삭유 OFF
M05 ;	- 주축 정지
G31 G91 Z0. M19 ;	- 공구교환위치 이동, 주축 정위치 정지
;	- ; 를 입력하여 가공 공정 구분
T08 M06 ;	- 8번 공구 교환
G54 G90 G00 X35. Y35. S200 M03 ;	- 공작물좌표계 지정, 절대 지령 X축, Y축 이동 스핀들 200rpm 정회전
G43 H08 Z100. ;	- 8번 공구 길이보정, Z100. 으로 이동
Z10. M08 ;	- Z10. 까지 급속이송, 절삭유 ON
G98 G84 Z-23. R3. F250 ;	- 고정사이클 초기점 복귀, Z-23.0 까지 R3.0에서 250mm/min 태핑 가공
G80 ;	- 고정사이클 취소
G49 G00 Z100. M09 ;	- 공구 길이보정 취소, Z100. 까지 급속이송, 절삭유 OFF

M05 ;	- 주축 정지
G31 G91 Z0. M19 ;	- 공구교환위치 이동, 주축 정위치 정지
;	- ; 를 입력하여 가공 공정 구분
T02 M06 ;	- 2번 공구 교환
G54 G90 G00 X-10. Y-10. S1000 M03 ;	- 공작물좌표계 지정, 절대 지령 X축, Y축 이동 스핀들 1000rpm 정회전
G43 H02 Z100. ;	- 2번 공구 길이보정, Z100. 으로 이동
Z10. M08 ;	- Z10. 까지 급속이송, 절삭유 ON
G01 Z-5. F100 ;	- Z-5. 까지 이송속도 100mm/min 직선절삭
G41 X3. D02 ;	- 2번 공구 좌측보정, X3. 까지 절삭 이송
Y68. ;	- Y68. 까지 직선절삭
X67. ;	- X67. 까지 직선절삭
Y2. ;	- Y2. 까지 직선절삭
X4. ;	- X4. 까지 직선절삭
Y10.;	- Y10. 까지 직선절삭
X14. ;	- X14. 까지 직선절삭
G03 Y24. R7. ;	- Y24. 까지 R7. 으로 반시계방향 원호가공
G01 X4. ;	- X4. 까지 직선절삭
Y35.;	- Y35. 까지 직선절삭
G03 Y60. R40.;	- Y60. 까지 R40. 으로 반시계방향 원호가공
G01 Y67. ;	- Y67. 까지 직선절삭
X11. ;	- X11. 까지 직선절삭
G03 X35. R40. ;	- X35. 까지 R40. 으로 반시계방향 원호가공
G01 X66. ;	- X66. 까지 직선절삭
Y60. ;	- Y60. 까지 직선절삭
X61. ;	- X61. 까지 직선절삭
G03 Y46. R7. ;	- Y46. 까지 R7. 으로 반시계방향 원호가공
G01 X66. ;	- X66. 까지 직선절삭
Y35. ;	- Y35. 까지 직선절삭
G03 Y11. R40. ;	- Y11. 까지 R40. 으로 반시계방향 원호가공
G01 Y3. ;	- Y3.0 까지 직선절삭
X59. ;	- X59. 까지 직선절삭
G03 X35. R40. ;	- X35. 까지 R40. 으로 반시계방향 원호가공
G01 X-10. ;	- X-10. 까지 직선절삭
Z10. ;	- Z10. 까지 절삭 이송
G00 G40 X35. Y35. ;	- 공구경보정 취소, X35. Y35. 까지 급속이송
G01 Z-7. ;	- Z-7. 직선절삭
G41 D02 Y28. ;	- 2번 공구 좌측보정, Y28. 까지 직선절삭
X52. ;	- X52. 까지 직선절삭
G03 Y42. R7. ;	- Y42. 까지 R7. 으로 반시계방향 원호가공
G01 X42. ;	- X42. 까지 직선절삭

Y53. ;	- Y53. 까지 직선절삭
G03 X28. R7. ;	- X28. 까지 R7. 반시계방향 원호가공
G01 Y42. ;	- Y42. 까지 직선절삭
X18. ;	- X18. 까지 직선절삭
G03 Y28. R7. ;	- Y28. 까지 R7. 으로 반시계방향 원호가공
G01 X28. ;	- X28. 까지 직선절삭
Y20. ;	- Y20. 까지 직선절삭
G03 X42. R7. ;	- X42. 까지 R7. 으로 반시계방향 원호가공
G01 Y35. ;	- Z35. 까지 직선절삭
Z10. M09 ;	- Z10. 까지 절삭 이송 속도로 후퇴
G40 G49 G00 Z100. M05 ;	- 공구경/공구길이 보정 취소, Z100. 까지 급속 이송, 주축정지
G28 G91 Z0. ;	- Z 축 원점 복귀
G28 G91 Y0. ;	- Y축 원점 복귀
M02 ;	- 프로그램 종료

[응용 문제 1]

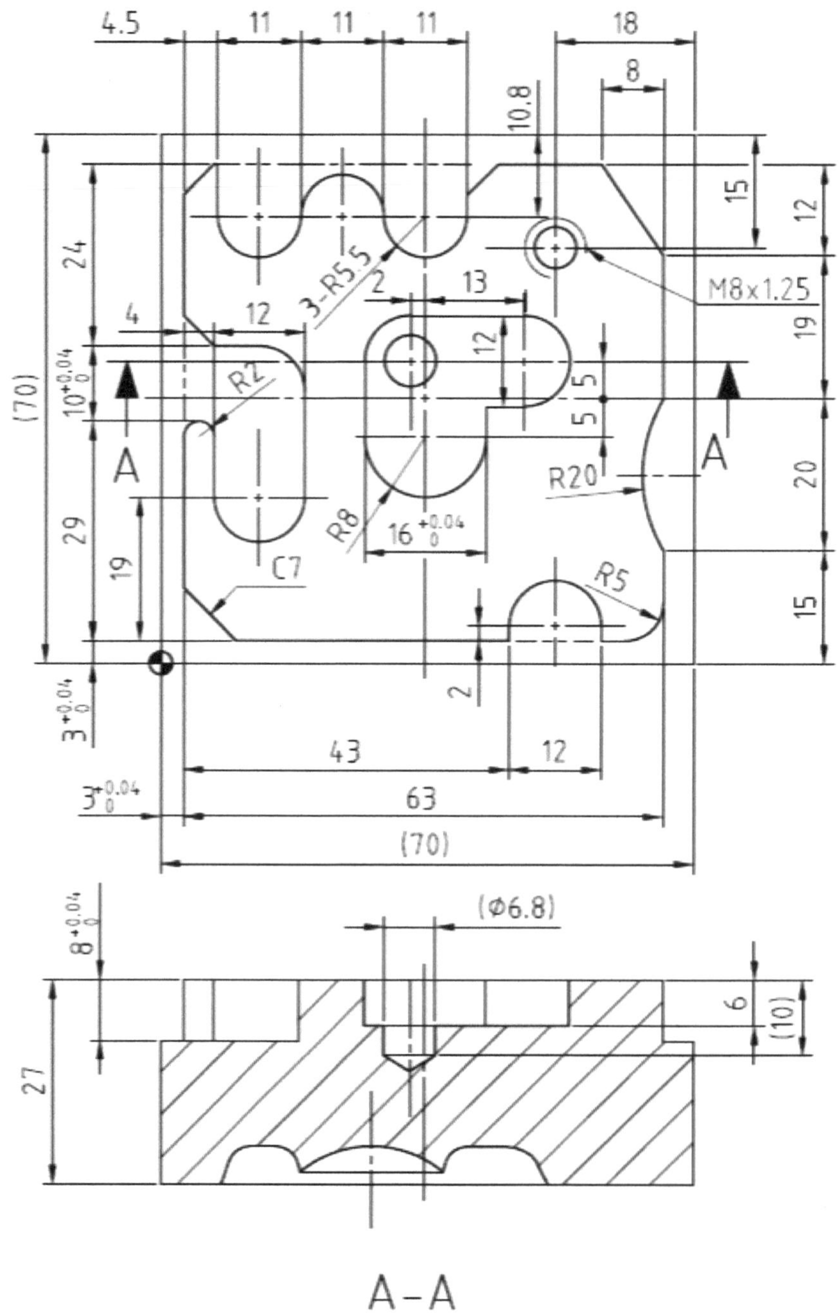

주서

1. 도시되고 지시없는 모따기 및 라운드 C4, R6
2. 일반 모따기 C0.2~0.3
3. 나사 탭 M8x1.25 관통

출처 : 큐넷 공개도면

공구 사용 계획

공구명	절삭조건		공구 번호	보정 번호	
	주축 회전수 (rpm)	이송속도 (mm/min)			
ø10 엔드밀	1000	100	T02	D02	H02
ø3 센터드릴	800	80	T06	-	H06
ø6.8 드릴	800	80	T07	-	H07
M8×1.25 TAP	200	250	T10	-	H10

※ 시험장에 따라 공구번호는 다르므로 공구번호, 보정번호는 반드시 확인!!

O0001 ;	- 프로그램 번호
G40 G49 G80 ;	- 지름보정 취소, 길이보정 취소, 고정 사이클 취소
G28 G91 Z0. ;	- Z축 원점 복귀
G28 G91 X0. Y0. ;	- X축, Y축 원점 복귀
;	- ; 를 입력하여 가공 공정 구분
T06 M06 ;	- 6번 공구 교환
G54 G90 G00 X33. Y40. S800 M03 ;	- 공작물좌표계 지정, 절대 지령 X축, Y축 이동 스핀들 800rpm 정회전
G43 H06 Z100. ;	- 6번 공구 길이보정, Z100. 으로 이동
Z10. M08 ;	- Z10. 으로 이동, 절삭유 ON
G98 G81 Z-3. R5. F80 ;	- 고정사이클 초기점 복귀, Z-3. 까지 R5. 에서 80mm/min 드릴 가공
X52. Y55. ;	- X52. Y55. 좌표 이동 후 사이클 반복
G80 M09 ;	- 고정사이클 취소, 절삭유 OFF
G49 G00 Z100. M05 ;	- 공구길이보정 취소, Z100. 으로 이동, 주축 정지
G30 G91 Z0. M19 ;	- 공구 교환 위치 이동, 주축 오리엔테이션
;	- ; 를 입력하여 가공 공정 구분
T08 M06 ;	- 8번 공구 교환
G54 G90 G00 X33. Y40. S800 M03 ;	- 공작물좌표계 지정, 절대 지령 X축, Y축 이동 스핀들 800rpm 정회전
G43 H08 Z100. ;	- 8번 공구 길이보정, Z100.0 으로 이동
Z10. M08 ;	- Z10. 으로 이동, 절삭유 ON
G98 G83 Z-12. R3. Q5. F80 ;	- 고정사이클 초기점 복귀, Z-12. 까지 R5.에서 Q5. 씩 80mm/min 심공 드릴 가공
X52. Y55. Z-31. ;	- 좌표 이동 후 Z-31.까지 심공 드릴 가공
G80 M09 ;	- 고정사이클 취소, 절삭유 OFF

G49 G00 Z100. M05 ;	- 공구길이보정 취소, Z100. 으로 이동, 주축 정지
G30 G91 Z0. M19 ;	- 공구 교환 위치 이동, 주축 오리엔테이션
;	- ; 를 입력하여 가공 공정 구분
T10 M06 ;	- 10번 공구 교환
G54 G90 G00 X52. Y55. S200 M03 ;	- 공작물좌표계 지정, 절대 지령 X축, Y축 이동 스핀들 200rpm 정회전
G43 H10 Z100. ;	- 10번 공구 길이보정, Z100. 으로 이동
Z10. M08 ;	- Z10. 으로 이동, 절삭유 ON
G98 G84 Z-30. R5. F250 ;	- 고정사이클 초기점 복귀, Z-30. 까지 R5. 에서 250mm/min 태핑 가공
G80 M09 ;	- 고정사이클 취소, 절삭유 OFF
G49 G00 Z100. M05 ;	- 공구길이보정 취소, Z100. 으로 이동, 주축 정지
G30 G91 Z0. M19 ;	- 공구 교환 위치 이동, 주축 오리엔테이션
;	- ; 를 입력하여 가공 공정 구분
T02 M06 ;	- 2번 공구 교환
G54 G90 G00 X-10. Y-10.	- 공작물좌표계 지정, 절대 지령 X축, Y축 이동
S1000 M03 ;	- 스핀들 1000rpm 정회전
G43 H02 Z100. ;	- 2번 공구 길이보정, Z100. 으로 이동
Z10. M08 ;	- Z10. 으로 이동, 절삭유 ON
G01 Z-8. F100 ;	- Z-8. 까지 이송속도 200mm/min 직선절삭
G41 D02 X2. ;	- 2번 공구 좌측 보정, X2. 까지 절삭이송
Y67. ;	황삭가공 (정삭여유1mm)
X67. ;	
Y2. ;	
X3. ;	
Y30. ;	- Y30. 까지 직선 가공
G02 X7. R2. ;	- R2. 시계방향 원호 가공
G01 Y22. ;	- 직선 가공(원호 가공 후 직선 가공 G01 입력)
G03 X19. R6. ;	- R6. 반시계방향 원호 가공
G01 Y36. ;	- 직선 가공
G03 X13. Y42. R6. ;	- R6. 반시계 방향 원호 가공
G01 X7. ;	- 직선 가공
X3. Y46. ;	- 직선 가공
Y62. ;	- 직선 가공
X7. Y66. ;	- 직선 가공
X7.5 ;	- 직선 가공
Y59.2 ;	- 직선 가공
G03 X18.5 R5.5 ;	- R5.5 반시계 방향 원호 가공
G02 X29.5 R5.5 ;	- R5.5 시계 방향 원호 가공
G03 X40.5 R5.5 ;	- R5.5 반시계 방향 원호 가공
G01 Y62. ;	- 직선 가공

X44.5 Y66. ;	- 직선 가공
X58. ;	- 직선 가공
X66. Y54. ;	- 직선 가공
Y35. ;	- 직선 가공
G03 Y15. R20. ;	- R20. 반시계 방향 원호 가공
G01 Y8. ;	- 직선 가공
G02 X61. Y3. R5. ;	- R5. 시계 방향 원호 가공
G01 X58. ;	- 직선 가공
Y5. ;	- 직선 가공
G03 X46. R6. ;	- R5. 반시계 방향 원호 가공
G01 Y3. ;	- 직선 가공
X10. ;	- 직선 가공
X3. Y10. ;	- 직선 가공
Y16. ;	- 직선 가공(BERR 제거를 위한 추가 절삭 이동)
X-10. ;	- Z축 이동을 위한 소재와 간섭없는 위치로 이동
Z10. ;	- Z10. 까지 절삭속도로 이동
G40 G00 X33. Y40. ;	- 공구경 보정 취소, 급속 이송으로 좌표 이동
G01 Z-6. ;	- Z-6. 까지 직선 가공
G41 D02 X43. ;	- 공구 좌측 보정, X43. 까지 절삭이송
Y46. ;	- 직선 가공
X33. ;	- 직선 가공
G03 X27. Y40. R6. ;	- R6. 반시계 방향 원호 가공
G01 Y30. ;	- 직선 가공
G03 X43. R8. ;	- R8. 반시계 방향 원호 가공
G01 Y34. ;	- 직선 가공
X48. ;	- 직선 가공
G03 Y46. R6. ;	- R6. 반시계 방향 원호 가공
G01 X35. ;	- 직선 가공
Z10. M09 ;	- Z10. 까지 절삭 이송 속도로 후퇴
G40 G49 G00 Z100. M05 ;	- 공구경, 공구길이 보정 취소, Z100. 까지 급속 이송, 주축정지
G28 G91 Z0. ;	- Z 축 원점 복귀
G28 G91 Y0. ;	- Y축 원점 복귀
M02 ;	- 프로그램 종료

[응용 문제 2]

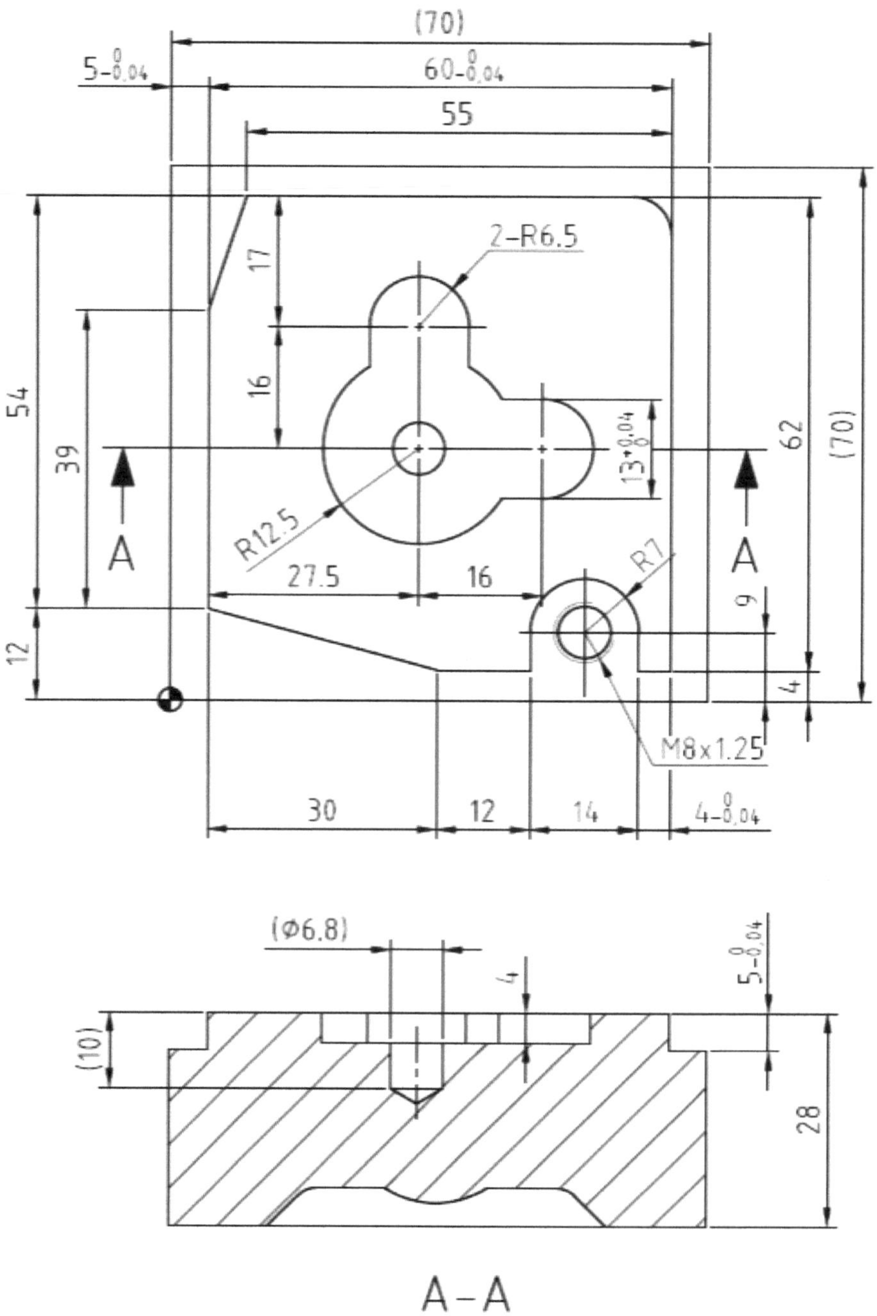

주서

4. 도시되고 지시없는 모따기 및 라운드 C4, R6
5. 일반 모따기 C0.2~0.3
6. 나사 탭 M8x1.25 관통

출처 : 큐넷 공개도면

공구 사용 계획

공구명	절삭조건		공구 번호	보정 번호	
	주축 회전수 (rpm)	이송속도 (mm/min)			
ϕ10 엔드밀	1000	100	T02	D02	H02
ϕ3 센터드릴	800	80	T06	-	H06
ϕ6.8 드릴	800	80	T07	-	H07
M8×1.25 TAP	200	250	T10	-	H10

※ 시험장에 따라 공구번호는 다르므로 공구번호, 보정번호는 반드시 확인!!

O0002 ;	- 프로그램 번호
G40 G49 G80 ;	- 지름보정 취소, 길이보정 취소, 고정 사이클 취소
G28 G91 Z0. ;	- Z축 원점 복귀
G28 G91 X0. Y0. ;	- X축, Y축 원점 복귀
;	- ; 를 입력하여 가공 공정 구분
T06 M06 ;	- 6번 공구 교환
G54 G90 G00 X32.5 Y33. S800 M03 ;	- 공작물좌표계 지정, 절대 지령 X축, Y축 이동 스핀들 800rpm 정회전
G43 H06 Z100. ;	- 6번 공구 길이보정, Z100 으로 이동
Z10. M08 ;	- Z10 으로 이동, 절삭유 ON
G98 G81 Z-3. R5. F80 ;	- 고정사이클 초기점 복귀, Z-3 까지 R5 에서 80mm/min 드릴 가공
X54. Y9. ;	- X52, Y55 좌표 이동 후 사이클 반복
G80 M09 ;	- 고정사이클 취소, 절삭유 OFF
G49 G00 Z100. M05 ;	- 공구길이보정 취소, Z100 으로 이동, 주축 정지
G30 G91 Z0. M19 ;	- 공구 교환 위치 이동, 주축 오리엔테이션
;	- ; 를 입력하여 가공 공정 구분
T08 M06 ;	- 8번 공구 교환
G54 G90 G00 X32.5 Y33. S800 M03 ;	- 공작물좌표계 지정, 절대 지령 X축, Y축 이동 스핀들 800rpm 정회전
G43 H08 Z100. ;	- 8번 공구 길이보정, Z100.0 으로 이동
Z10. M08 ;	- Z10 으로 이동, 절삭유 ON
G98 G83 Z-12. R3. Q5. F80 ;	- 고정사이클 초기점 복귀, Z-12 까지 R5에서 Q5씩 80mm/min 심공 드릴 가공
X54. Y9. Z-31. ;	- 좌표 이동 후 Z-31까지 심공 드릴 가공
G80 M09 ;	- 고정사이클 취소, 절삭유 OFF

G49 G00 Z100. M05 ;	- 공구길이보정 취소, Z100 으로 이동, 주축 정지
G30 G91 Z0. M19 ;	- 공구 교환 위치 이동, 주축 오리엔테이션
;	- ; 를 입력하여 가공 공정 구분
T10 M06 ;	- 10번 공구 교환
G54 G90 G00 X54. Y9. S200 M03 ;	- 공작물좌표계 지정, 절대 지령 X축, Y축 이동 스핀들 200rpm 정회전
G43 H10 Z100. ;	- 10번 공구 길이보정, Z100 으로 이동
Z10. M08 ;	- Z10 으로 이동, 절삭유 ON
G98 G84 Z-30. R5. F250 ;	- 고정사이클 초기점 복귀, Z-30 까지 R5 에서 250mm/min 태핑 가공
G80 M09 ;	- 고정사이클 취소, 절삭유 OFF
G49 G00 Z100. M05 ;	- 공구길이보정 취소, Z100 으로 이동, 주축 정지
G30 G91 Z0. M19 ;	- 공구 교환 위치 이동, 주축 오리엔테이션
;	- ; 를 입력하여 가공 공정 구분
T02 M06 ;	- 2번 공구 교환
G54 G90 G00 X-10. Y-10.	- 공작물좌표계 지정, 절대 지령 X축, Y축 이동
S1000 M03 ;	- 스핀들 1000rpm 정회전
G43 H02 Z100. ;	- 2번 공구 길이보정, Z100 으로 이동
Z10. M08 ;	- Z10 으로 이동, 절삭유 ON
G01 Z-5. F100 ;	- Z-8 까지 이송속도 200mm/min 직선절삭
G41 D02 X4. ;	- 2번 공구 좌측 보정, X4 까지 절삭이송
Y67. ;	황삭가공 (정삭여유1mm)
X66. ;	
Y3. ;	
X5. ;	
Y51. ;	- Y51 까지 직선 가공
X10. Y66. ;	- 직선 가공
X60. ;	- 직선 가공
G02 X65. Y61. R5. ;	- R5 시계 방향 원호 가공
G01 Y4. ;	- 직선 가공
X61. ;	- 직선 가공
Y9. ;	- 직선 가공
G03 X47. R7. ;	- R7 반시계 방향 원호 가공
G01 Y4. ;	- 직선 가공
X35. ;	- 직선 가공
X5. Y12. ;	- 직선 가공
Y18. ;	- 직선 가공
X-10. ;	- 직선 가공
Z10. ;	- Z10 까지 절삭 속도로 이동
G40 G00 X32.5 Y33. ;	- 공구경 보정 취소, 급속 이송으로 좌표 이동
G01 Z-4. ;	- Z-4 까지 직선 가공

Y25.5 ;	- Y25.5 까지 절삭이송
G03 J7.5 ;	- R12.5 반시계방향 원호 가공
G03 J7.5 ;	- R12.5 반시계방향 원호 가공
G01 Y33.	- 직선 가공
G41 G01 D02 X39. ;	- 2번 공구 좌측 보정, 직선 가공
Y49. ;	- 직선 가공
G03 X26. R6.5 ;	- R6.5 반시계방향 원호 가공
G01 Y33. ;	- 직선 가공
G01 Z5.	- Z5. 까지 절삭이동
G40 X32.5 Y33.	- 2번 공구 보정 해제, 좌표로 이동
G01 Z-4.	- Z-4. 까지 직선 가공
G41 G01 D02 Y26.5	- 2번 공구 좌측 보정, 직선 가공
G01 X48.5 ;	- 직선 가공
G03 Y39.5 R6.5	- R6.5 반시계방향 원호 가공
G01 X32.5	- 직선 가공
Z10. M09 ;	- Z10. 까지 절삭 속도로 이동
G40 G49 G00 Z100. M05 ;	- 공구경, 공구길이 보정 취소, Z100 까지 급속 이송, 주축정지
G28 G91 Z0. ;	- Z 축 원점 복귀
G28 G91 Y0. ;	- Y축 원점 복귀
;	
M02 ;	- 프로그램 종료

[응용 문제 3]

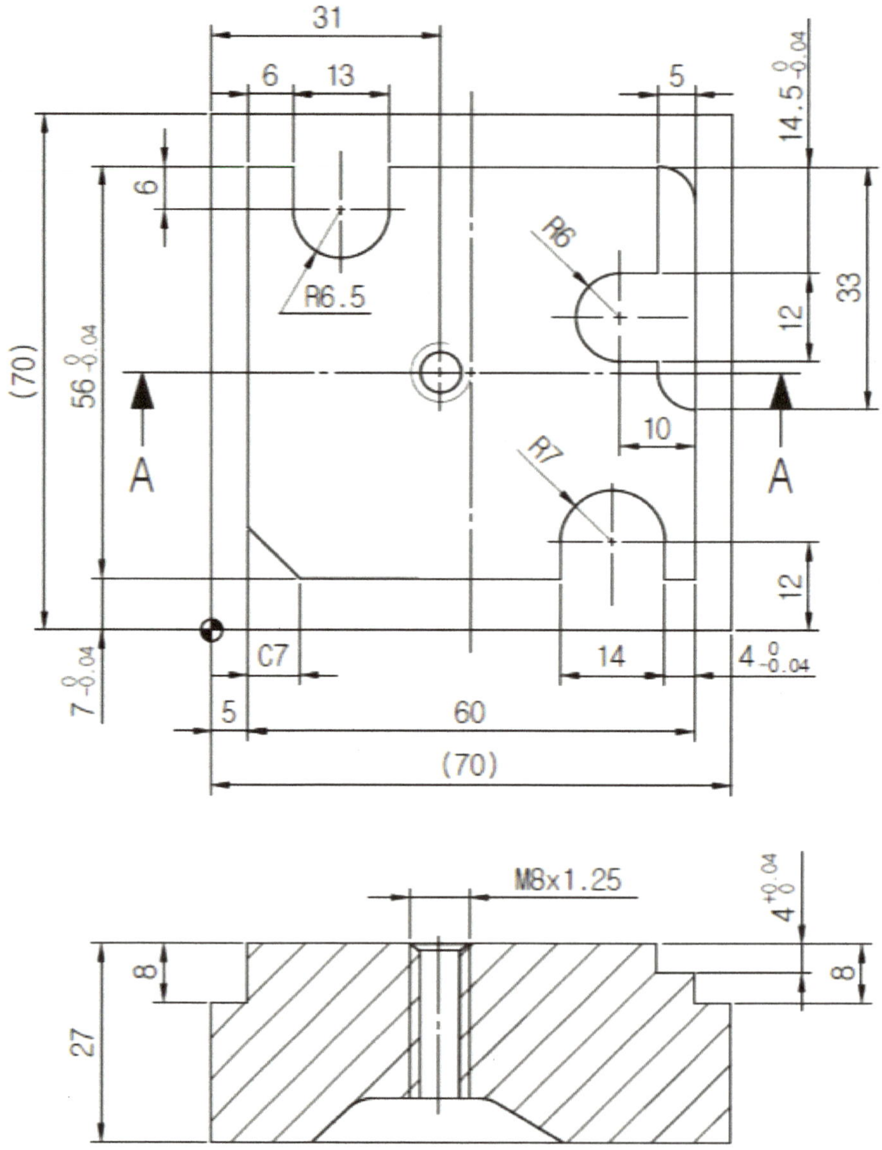

A-A

주서

7. 도시되고 지시없는 모따기 및 라운드 C4, R6
8. 일반 모따기 C0.2~0.3
9. 나사 탭 M8x1.25 관통

출처 : 큐넷 공개도면

공구 사용 계획

공구명	절삭조건		공구 번호	보정 번호	
	주축 회전수 (rpm)	이송속도 (mm/min)			
ø10 엔드밀	1000	200	T02	D02	H02
ø6 챔퍼밀	1000	200	T03	D03	H03
ø3 센터드릴	800	80	T06	-	H06
ø6.8 드릴	800	80	T07	-	H07
M8×1.25 TAP	200	250	T10	-	H10

※ 시험장에 따라 공구번호는 다르므로 공구번호, 보정번호는 반드시 확인!!

O0001 ;	- 프로그램 번호 입력
G40 G49 G80 ;	- 지름보정 취소, 길이보정 취소, 고정 사이클 취소
G28 G91 X0. Y0. ;	- X축, Y축 원점 복귀
G28 G91 Z0. ;	- Z축 원점 복귀
;	- ; 를 입력하여 가공 공정 구분
T06 M06 ;	- 6번 공구 교환
G54 G90 G00 X31. Y35. S800 M03 ;	- 공작물좌표계 지정, 절대 지령 X축, Y축 이동 스핀들 800rpm 정회전
G43 H06 Z20. M08 ;	- 6번 공구 길이보정, Z20 으로 이동, 절삭유 ON
G98 G81 Z-3. R5. F200 ;	- 드릴사이클, R위치로 이동, Z-3 까지 200mm/min 로 절삭이송, 초기점(Z20) 복귀
G80 M09 ;	- 고정사이클 취소, 절삭유 OFF
G28 G91 Z0. M05 ;	- Z축 원점복귀, 스핀들 정지
M01 ;	- 선택 프로그램 정지 (Optional stop)
;	
T07 M06 ;	- 7번 공구 교환
G54 G90 G00 X31. Y35. S800 M03 ;	- 공작물좌표계 지정, 절대 지령 X축, Y축 이동 스핀들 800rpm 정회전
G43 H07 Z20. M08 ;	- 7번 공구 길이보정, Z20 으로 이동, 절삭유 ON
G98 G83 Z-30. R5. Q5. F80 ;	- 심공드릴 사이클, R위치로 이동, Z-30 까지 깊이 Q(5mm)씩 80mm/min 절삭이송, 초기점(Z20) 복귀
G80 M09 ;	- 고정사이클 취소, 절삭유 OFF
G28 G91 Z0. M05 ;	- Z축 원점복귀, 스핀들 정지
M01 ;	- 선택 프로그램 정지 (Optional stop)
;	- ; 를 입력하여 가공 공정 구분
T10 M06 ;	- 10번 공구 교환
G54 G90 G00 X31. Y35. S100 M03 ;	- 공작물좌표계 지정, 절대 지령 X축, Y축 이동 스핀들 100rpm 정회전
G43 H10 Z20. M08 ;	- 10번 공구 길이보정, Z20 으로 이동, 절삭유 ON
G98 G84 Z-32. R5. F125 ;	- 탭핑 사이클, R위치로 이동, Z-32 까지 125mm/min 탭 가공, 초기점(Z20) 복귀
G80 M09 ;	- 고정사이클 취소, 절삭유 OFF
G28 G91 Z0. M05 ;	- Z축 원점복귀, 스핀들 정지
M01 ;	- 선택 프로그램 정지 (Optional stop)
;	- ; 를 입력하여 가공 공정 구분
T02 M06 ;	- 2번 공구 교환
G54 G90 G00 X-10. Y-10. S1000 M03 ;	- 공작물좌표계 지정, 절대 지령 X축, Y축 이동 스핀들 1000rpm 정회전
G43 H02 Z100. M08 ;	- 2번 공구 길이보정, Z100 으로 이동, 절삭유 ON
Z10. ;	- Z10 까지 급속이송

G01 Z-8. F200 ;	- Z-8.0 까지 이송속도 200mm/min 직선절삭
X0. ;	- 직선가공
Y70. ;	- 직선가공
X70. ;	- 직선가공
Y0. ;	- 직선가공
X-10. ;	- 직선가공
G41 X5. D02 ;	- 2번 공구 좌측보정, X5.0 까지 200mm/min 절삭
Y63. ;	- 직선가공
X11. ;	- 직선가공
Y57. ;	- 직선가공
G03 X24. R6.5 ;	- R6.5 반시계방향 원호가공
G01 Y63. ;	- 원호 가공 후 직선가공 G01 누락주의
X60. ;	- 직선가공
G02 X65. Y58. R5. ;	- R5 시계방향 원호가공
G01 Y7. ;	- 원호 가공 후 직선가공 G01 누락주의
X61. ;	- 직선가공
Y12. ;	- 직선가공
G03 X47. R7. ;	- R7 반시계방향 원호가공
G01 Y7. ;	- 원호 가공 후 직선가공 G01 누락주의
X12. ;	- 직선가공
X5. Y14. ;	- 직선가공
Y20. ;	- Burr 제거를 위한 추가 이동
Z10. ;	- 안전높이로 이동
G00 G40 X70. Y70. ;	- 공구경보정 취소, 깊이4mm 가공을 위한 이동
G01 Z-4. F200 ;	- Z-4.0 까지 이송속도 200mm/min 직선절삭
G41 X60. D02 ;	- 공구 좌측보정, X60. 까지 직선가공
Y48.5 ;	- 직선가공
X55. ;	- 직선가공
G03 Y36.5 R6. ;	- R6 반시계방향 원호가공
G01 X60. ;	- 직선가공
Y35. ;	- 직선가공
G03 X65. Y30. R5. ;	- R5 반시계방향 원호가공
G01 X80. ;	- 원호 가공 후 직선가공 G01 누락주의
Z10. M09 ;	- Z10 까지 이동, 절삭유 OFF
G28 G00 G91 Z0. M05 ;	- Z축 원점복귀, 스핀들 정지
M01 ;	- 선택 프로그램 정지 (Optional stop)
;	- ; 를 입력하여 가공 공정 구분
T03 M06 ;	- 3번 공구 교환
G54 G90 X0. Y0. S1000 M03 ;	- 공작물좌표계 지정, 절대 지령 X축, Y축 이동
G43 H03 Z100. M08 ;	스핀들 1000rpm 정회전
Z10. ;	- 안전높이로 이동

```
G01 Z-1.3 F200 ;          - Z-1.3 까지 이송속도 200mm/min 직선절삭
G41 X5. D03 ;             - 공구 좌측보정, X5. 까지 직선가공
Y63. ;                    - 직선가공
X11. ;                    - 직선가공
Y57. ;                    - 직선가공
G03 X24. R6.5 ;           - R6.5 반시계방향 원호가공
G01 Y63. ;                - 원호 가공 후 직선가공 G01 누락주의
X60. ;                    - 직선가공
G02 X65. Y58. R5. ;       - R5. 반시계방향 원호가공
G01 Y7. ;                 - 원호 가공 후 직선가공 G01 누락주의
X61. ;                    - 직선가공
Y12. ;                    - 직선가공
G03 X47. R7. ;            - R7. 반시계방향 원호가공
G01 Y7. ;                 - 원호 가공 후 직선가공 G01 누락주의
X12. ;                    - 직선가공
X5. Y14. ;                - 직선가공
Y20. ;                    - 직선가공
Z10. ;                    - 안전높이로 이동
G00 G40 X70. Y70. ;       - 공구경보정 취소, 가공을 위한 이동
G01 Z-1.3 F200 ;          - Z-1.3 까지 이송속도 200mm/min 직선절삭
G41 X60. D03 ;            - 공구 좌측보정, X60. 까지 직선가공
Y48.5 ;                   - 직선가공
X55. ;                    - 직선가공
G03 Y36.5 R6. ;           - R6 반시계방향 원호가공
G01 X60. ;                - 직선가공
Y35. ;                    - 직선가공
G03 X65. Y30. R5. ;       - R5 반시계방향 원호가공
G01 X80. ;                - 원호 가공 후 직선가공 G01 누락주의
Z10. M09 ;                - Z10 까지 이동, 절삭유 OFF

G28 G00 G91 Z0. M05 ;     - Z축 원점복귀, 스핀들 정지
M02 ;                     - 프로그램 정지
```

*주의
챔퍼밀 공구이동경로를 ø10 엔드밀의 공구 경로를 참조하기 위해 공구경보정값(D03)은 1.0을 입력. 절입깊이는 -1.3으로 입력.

[응용 문제 4]

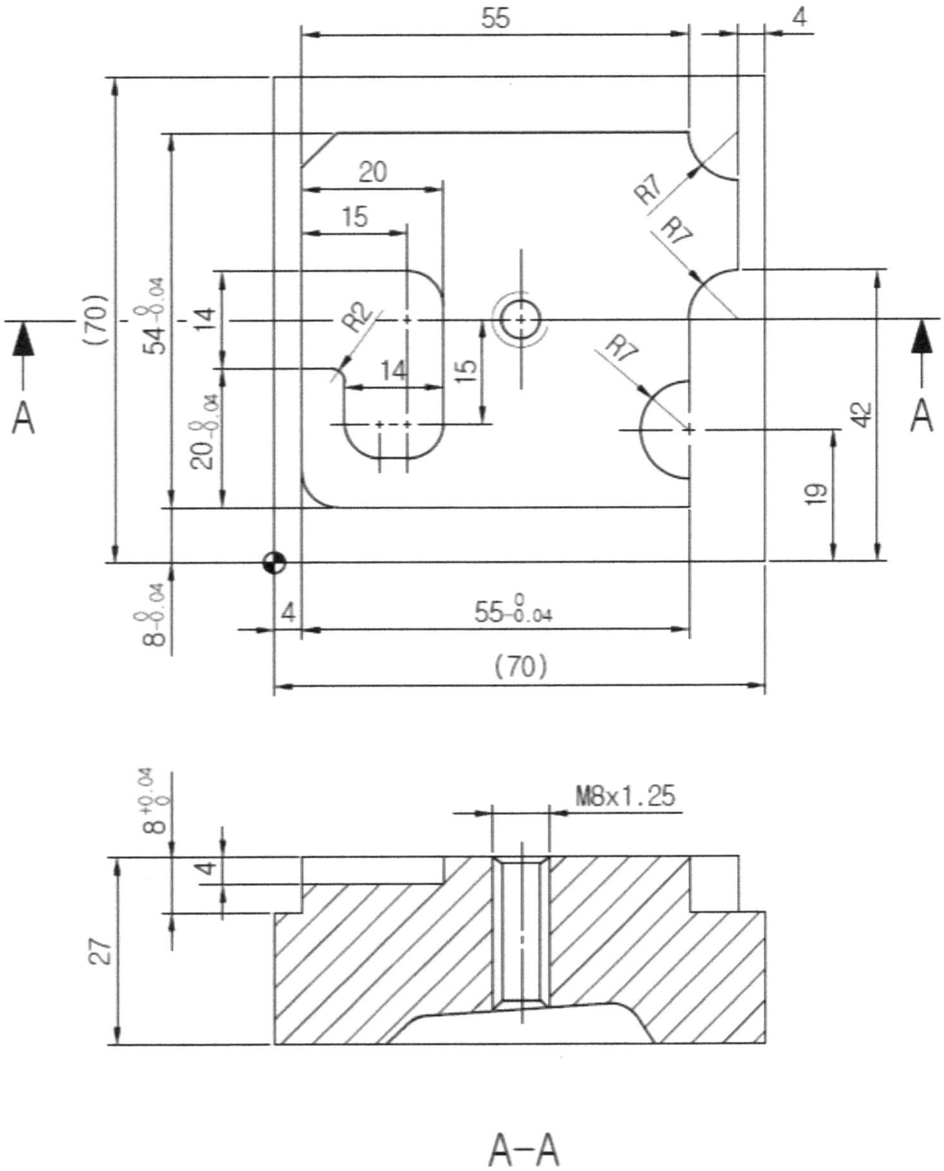

주서

10. 도시되고 지시없는 모따기 및 라운드 C4, R6
11. 일반 모따기 C0.2~0.3
12. 나사 탭 M8x1.25 관통

출처 : 큐넷 공개도면

공구 사용 계획

공구명	절삭조건		공구 번호	보정 번호	
	주축 회전수 (rpm)	이송속도 (mm/min)			
ø10 엔드밀	1000	200	T02	D02	H02
ø6 챔퍼밀	1000	200	T03	D03	H03
ø3 센터드릴	800	80	T06	-	H06
ø6.8 드릴	800	80	T07	-	H07
M8×1.25 TAP	100	125	T10	-	H10

※ 시험장에 따라 공구번호는 다르므로 공구번호, 보정번호는 반드시 확인!!

프로그램	설명
O0002 ;	- 프로그램 번호 입력
G40 G49 G80 ;	- 지름보정 취소, 길이보정 취소, 고정 사이클 취소
G28 G91 X0. Y0. ;	- X축, Y축 원점 복귀
G28 G91 Z0. ;	- Z축 원점 복귀
;	
T06 M06 ;	- 6번 공구 교환
G54 G90 G00 X35. Y35. S800 M03 ;	- 공작물좌표계 지정, 절대 지령 X축, Y축 이동 스핀들 800rpm 정회전
G43 H06 Z20. M08 ;	- 6번 공구 길이보정, Z20 으로 이동, 절삭유 ON
G98 G81 Z-3. R5. F200 ;	- 드릴사이클, R위치로 이동, Z-3 까지 200mm/min 로 절삭이송, 초기점(Z20) 복귀
G80 M09 ;	- 고정사이클 취소, 절삭유 OFF
G28 G91 Z0. M05 ;	- Z축 원점복귀, 스핀들 정지
M01 ;	- 선택 프로그램 정지 (Optional stop)
;	
T07 M06 ;	- 7번 공구 교환
G54 G90 G00 X35. Y35. S800 M03 ;	- 공작물좌표계 지정, 절대 지령 X축, Y축 이동 스핀들 800rpm 정회전
G43 H07 Z20. M08 ;	- 7번 공구 길이보정, Z20 으로 이동, 절삭유 ON
G98 G83 Z-30. R5. Q5. F80 ;	- 심공드릴 사이클, R위치로 이동, Z-30 까지 깊이 Q(5mm)씩 80mm/min 절삭이송, 초기점(Z20) 복귀

G80 M09 ;	- 고정사이클 취소, 절삭유 OFF
G28 G91 Z0. M05 ;	- Z축 원점복귀, 스핀들 정지
M01 ;	- 선택 프로그램 정지 (Optional stop)
;	
T10 M06 ;	- 10번 공구 교환
G54 G90 G00 X35. Y35. S100 M03 ;	- 공작물좌표계 지정, 절대 지령 X축, Y축 이동 스핀들 100rpm 정회전
G43 H10 Z20. M08 ;	- 10번 공구 길이보정, Z20 으로 이동, 절삭유 ON
G98 G84 Z-32. R5. F125 ;	- 탭핑 사이클, R위치로 이동, Z-32 까지 125mm/min 탭 가공, 초기점(Z20) 복귀
G80 M09 ;	- 고정사이클 취소, 절삭유 OFF
G28 G91 Z0. M05 ;	- Z축 원점복귀, 스핀들 정지
M01 ;	- 선택 프로그램 정지 (Optional stop)
;	
T02 M06 ;	- 2번 공구 교환
G54 G90 G00 X-10. Y-10. S1000 M03 ;	- 공작물좌표계 지정, 절대 지령 X축, Y축 이동 스핀들 1000rpm 정회전
G43 H02 Z100. M08 ;	- 2번 공구 길이보정, Z100 으로 이동, 절삭유 ON
Z10. ;	- Z10 까지 급속이송
G01 Z-8. F200 ;	- Z-8 까지 이송속도 200mm/min 직선가공
G41 X3. D02 ;	- 2번 공구 좌측보정, X4 까지 200mm/min 절삭
Y63. ;	- 직선가공 ┐
X67. ;	- 직선가공 │ 황삭가공
Y7. ;	- 직선가공 │ (정삭여유1mm)
X4. ;	- 직선가공 ┘
Y57. ;	- 직선가공
X11. Y62. ;	- 직선가공
X59.	- 직선가공
G03 X66. Y55. R7. ;	- R7 반시계방향 원호가공
G01 Y42. ;	- 원호 가공 후 직선가공 G01 누락주의
G03 X59. Y35. R7. ;	- R7 반시계방향 원호가공
G01 Y26. ;	- 원호 가공 후 직선가공 G01 누락주의
G03 Y12. R7. ;	- R7 반시계방향 원호가공
G01 Y8. ;	- 원호 가공 후 직선가공 G01 누락주의
G01 X10. ;	- 직선가공
G02 X4. Y14. R6. ;	- R6 시계방향 원호가공
G01 Y25. ;	- Burr 제거를 위한 추가 이동
X-10.	- 공구이동을 위한 위치 이동
Z10. ;	

```
G00 G40 X-10. Y35. ;          - 안전높이로 이동
G01 Z-4. ;                    - 4mm 깊이 가공을 위한 공구 이동
G41 Y28. D02 ;
G01 X8.
G02 X10. Y26. R2. ;
G01 Y20. ;
G03 X15. Y15. R5. ;
G01 X19. ;
G03 X24. Y20. R5. ;
G01 Y37. ;
G03 X19. Y42. R5. ;
G01 X-10. ;
Z10. M09 ;                    - Z10 까지 이동, 절삭유 OFF
G28 G00 G91 Z0. M05 ;         - Z축 원점복귀, 스핀들 정지
M01 ;                         - 선택 프로그램 정지 (Optional stop)

T03 M06 ;                     - 3번 공구 교환
G54 G90 X0. Y0. S1000 M03 ;   - 공작물좌표계 지정, 절대 지령 X축, Y축 이동
                                스핀들 1000rpm 정회전
G43 H03 Z100. M08 ;
Z10. ;
G01 Z-1.3 F200 ;
G41 X4. D03 ;
Y57. ;
X11. Y62. ;
X59.
G03 X66. Y55. R7. ;
G01 Y42. ;
G03 X59. Y35. R7. ;
G01 Y26. ;
G03 Y12. R7. ;
G01 Y8. ;
G01 X10. ;
G02 X4. Y14. R6. ;
G01 Y25. ;
X-10.
Z10. ;
G00 G40 X-10. Y35. ;
G01 Z-1.3 ;
G41 Y28. D03 ;
G01 X8.
G02 X10. Y26. R2. ;
```

```
G01 Y20. ;
G03 X15. Y15. R5. ;
G01 X19. ;
G03 X24. Y20. R5. ;
G01 Y37. ;
G03 X19. Y42. R5. ;
G01 X-10. ;
Z10. M09 ;
G28 G00 G91 Z0. M05 ;        - Z축 원점복귀, 스핀들 정지
M02 ;                        - 프로그램 정지
```

[응용 문제 5]

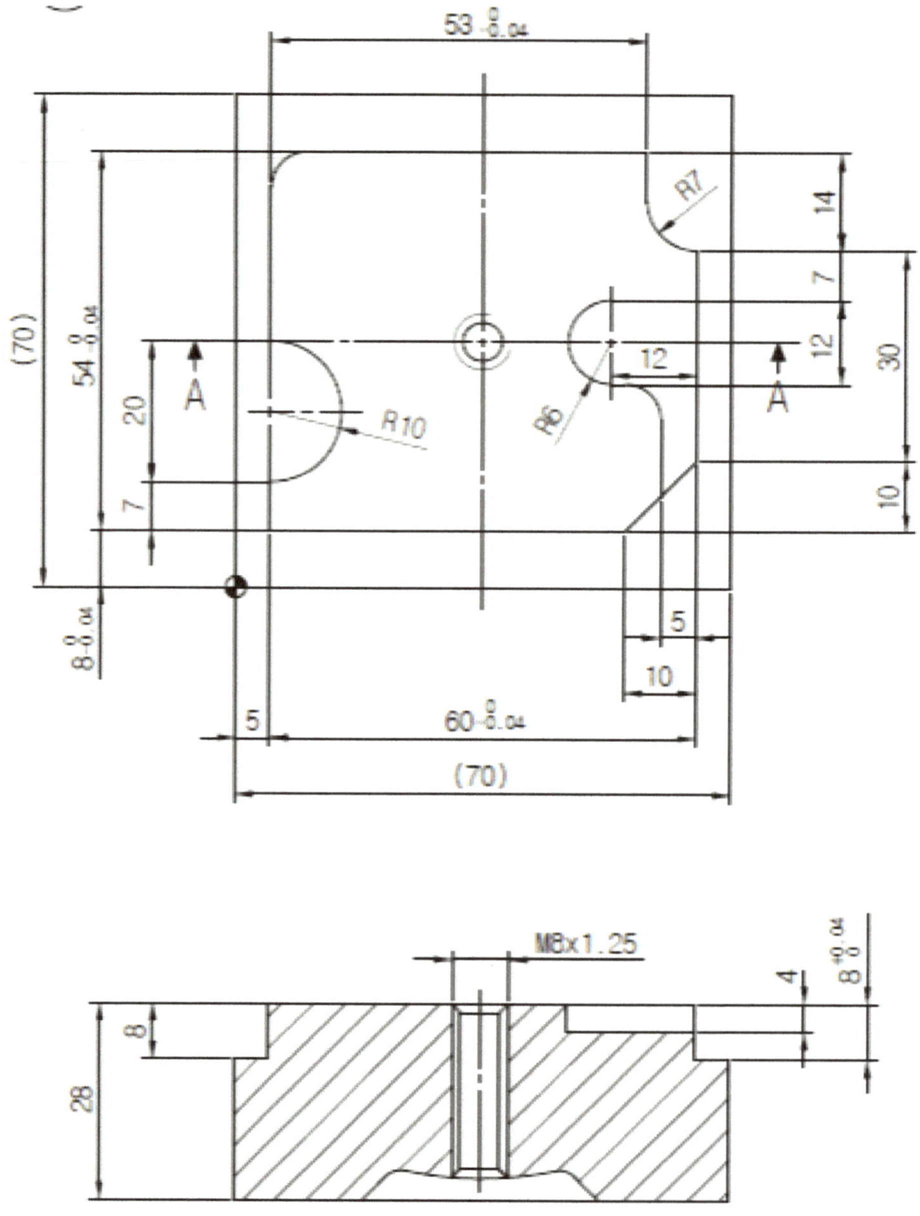

A-A

주서

13. 도시되고 지시없는 모따기 및 라운드 C4, R6
14. 일반 모따기 C0.2~0.3
15. 나사 탭 M8x1.25 관통

출처 : 큐넷 공개도면

공구 사용 계획					
공구명	절삭조건		공구 번호	보정 번호	
	주축 회전수 (rpm)	이송속도 (mm/min)			
ø10 엔드밀	1000	200	T02	D02	H02
ø6 챔퍼밀	1000	200	T03	D03	H03
ø3 센터드릴	800	80	T06	-	H06
ø6.8 드릴	800	80	T07	-	H07
M8×1.25 TAP	100	125	T10	-	H10

※ 시험장에 따라 공구번호는 다르므로 공구번호, 보정번호는 반드시 확인!!

```
O0003 ;                              - 프로그램 번호 입력
G40 G49 G80 ;                        - 지름보정 취소, 길이보정 취소, 고정 사이클 취소
G28 G91 X0. Y0. ;                    - X축, Y축 원점 복귀
G28 G91 Z0. ;                        - Z축 원점 복귀
;
T06 M06 ;                            - 6번 공구 교환
G54 G90 G00 X35. Y35. S800 M03 ;     - 공작물좌표계 지정, 절대 지령 X축, Y축 이동
                                       스핀들 800rpm 정회전
G43 H06 Z20. M08 ;                   - 6번 공구 길이보정, Z20 으로 이동, 절삭유 ON
G98 G81 Z-3. R5. F200 ;              - 드릴사이클, R위치로 이동, Z-3 까지
                                       200mm/min 로 절삭이송, 초기점(Z20) 복귀
G80 M09 ;                            - 고정사이클 취소, 절삭유 OFF
G28 G91 Z0. M05 ;                    - Z축 원점복귀, 스핀들 정지
M01 ;                                - 선택 프로그램 정지 (Optional stop)
;
T07 M06 ;                            - 7번 공구 교환
G54 G90 G00 X35. Y35. S800 M03 ;     - 공작물좌표계 지정, 절대 지령 X축, Y축 이동
                                       스핀들 800rpm 정회전
G43 H07 Z20. M08 ;                   - 7번 공구 길이보정, Z20 으로 이동, 절삭유 ON
G98 G83 Z-31. R5. Q5. F80 ;          - 심공드릴 사이클, R위치로 이동, Z-31 까지 깊이
                                       Q(5mm)씩 80mm/min 절삭이송, 초기점(Z20)
                                       복귀
```

G80 M09 ;	- 고정사이클 취소, 절삭유 OFF
G28 G91 Z0. M05 ;	- Z축 원점복귀, 스핀들 정지
M01 ;	- 선택 프로그램 정지 (Optional stop)
;	
T10 M06 ;	- 10번 공구 교환
G54 G90 G00 X35. Y35. S100 M03 ;	- 공작물좌표계 지정, 절대 지령 X축, Y축 이동 스핀들 100rpm 정회전
G43 H10 Z20. M08 ;	- 10번 공구 길이보정, Z20 으로 이동, 절삭유 ON
G98 G84 Z-33. R5. F125 ;	- 탭핑 사이클, R위치로 이동, Z-33 까지 125mm/min 탭 가공, 초기점(Z20) 복귀
G80 M09 ;	- 고정사이클 취소, 절삭유 OFF
G28 G91 Z0. M05 ;	- Z축 원점복귀, 스핀들 정지
M01 ;	- 선택 프로그램 정지 (Optional stop)
;	
T02 M06 ;	- 2번 공구 교환
G54 G90 G00 X-10. Y-10. S1000 M03 ;	- 공작물좌표계 지정, 절대 지령 X축, Y축 이동 스핀들 1000rpm 정회전
G43 H02 Z100. M08 ;	- 2번 공구 길이보정, Z100 으로 이동, 절삭유 ON
Z10. ;	- Z10 까지 급속이송
G01 Z-8. F200 ;	- Z-8.0 까지 이송속도 200mm/min 직선절삭
G41 X4. D02 ;	- 2번 공구 좌측보정, X4 까지 200mm/min 절삭
Y63. ;	- 직선가공 ⎤
X66. ;	- 직선가공 ⎥ 황삭가공
Y7. ;	- 직선가공 ⎥ (정삭여유1mm)
X5. ;	- 직선가공 ⎦
Y15. ;	- 직선가공
G03 Y35. R10. ;	- R10 반시계방향 원호가공
G01 Y57. ;	- 원호 가공 후 직선가공 G01 누락주의
G02 X10. Y62. R5. ;	- R5 시계방향 원호가공
G01 X58. ;	- 원호 가공 후 직선가공 G01 누락주의
Y55. ;	- 직선가공
G03 X65. Y48. R7. ;	- R5 시계방향 원호가공
G01 Y18. ;	- 원호 가공 후 직선가공 G01 누락주의
X55. Y8. ;	- 직선가공
X-10. ;	- 직선가공
Z10. ;	- 안전높이로 이동
G00 G40 X80. Y35. ;	
G01 Z-4. ;	- 4mm 깊이 가공을 위한 공구 이동
G41 Y41. D02 ;	
X53. ;	
G03 Y29. R6. ;	

```
G01 X55. ;
G02 X60. Y24. R5. ;
G01 Y-10. ;
Z10. M09 ;                      - Z10 까지 이동, 절삭유 OFF
G28 G00 G91 Z0. M05 ;           - Z축 원점복귀, 스핀들 정지
M01 ;                           - 선택 프로그램 정지 (Optional stop)
;
T03 M06 ;                       - 3번 공구 교환
G54 G90 X0. Y0. S1000 M03 ;     - 공작물좌표계 지정, 절대 지령 X축, Y축 이동
G43 H03 Z100. M08 ;               스핀들 1000rpm 정회전
Z10. ;
G01 Z-1.3 F200 ;
G41 X5. D03 ;
Y15. ;
G03 Y35. R10. ;
G01 Y57. ;
G02 X10. Y62. R5. ;
G01 X58. ;
Y55. ;
G03 X65. Y48. R7. ;
G01 Y18. ;
X55. Y8. ;
X-10. ;
Z10. ;
G00 G40 X80. Y35. ;
G01 Z-1.3 ;
G41 Y41. D03 ;
X53. ;
G03 Y29. R6. ;
G01 X55. ;
G02 X60. Y24. R5. ;
G01 Y-10. ;
Z10. M09 ;
G28 G00 G91 Z0. M05 ;
M02 ;
```

*주의
챔퍼밀 공구이동경로를 ø10 엔드밀의 공구 경로를 참조하기 위해 공구경보정값(D03)은 1.0 을 입력.
절입깊이는 -1.3으로 입력.

[응용 문제 6]

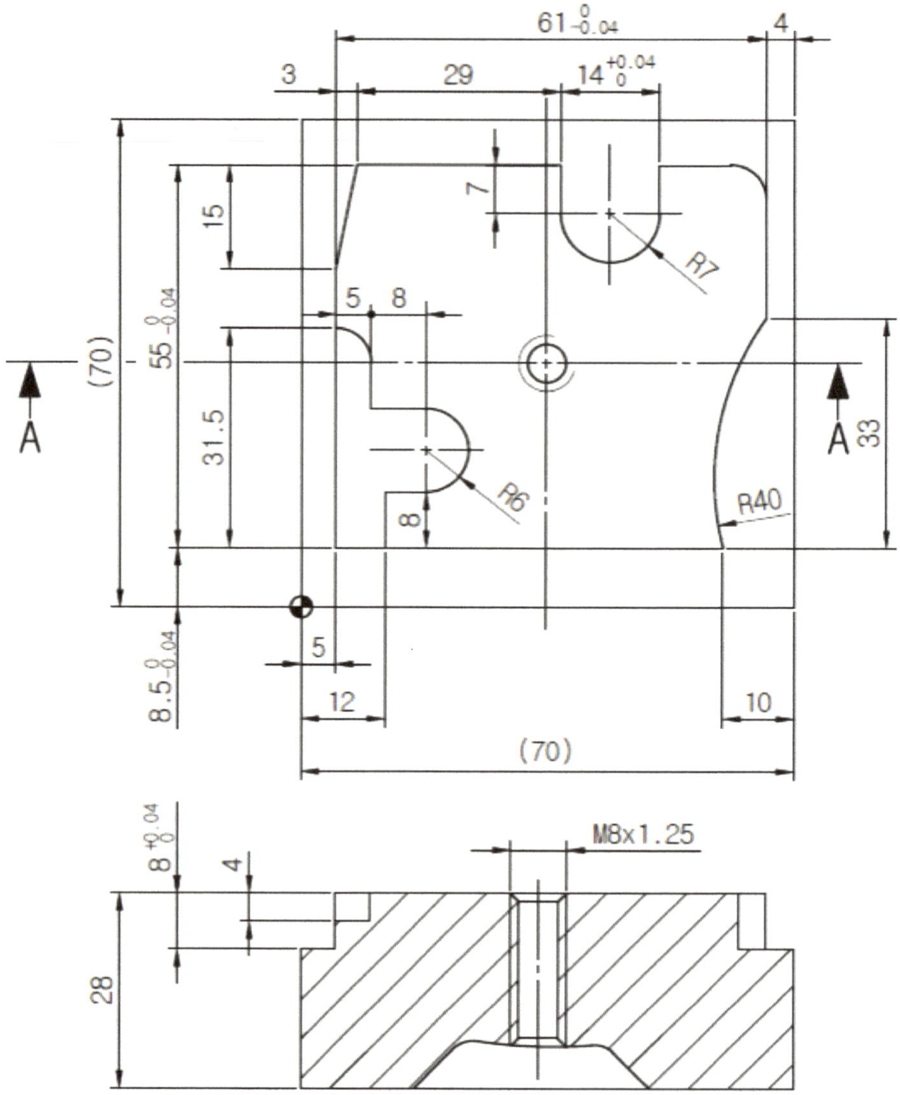

A-A

주서

16. 도시되고 지시없는 모따기 및 라운드 C4, R6
17. 일반 모따기 C0.2~0.3
18. 나사 탭 M8x1.25 관통

출처 : 큐넷 공개도면

공구 사용 계획

공구명	절삭조건		공구 번호	보정 번호	
	주축 회전수 (rpm)	이송속도 (mm/min)			
ø10 엔드밀	1000	200	T02	D02	H02
ø6 챔퍼밀	1000	200	T03	D03	H03
ø3 센터드릴	800	80	T06	-	H06
ø6.8 드릴	800	80	T07	-	H07
M8×1.25 TAP	100	125	T10	-	H10

※ 시험장에 따라 공구번호는 다르므로 공구번호, 보정번호는 반드시 확인!!

```
O0004 ;                              - 프로그램 번호 입력
G40 G49 G80 ;                        - 지름보정 취소, 길이보정 취소, 고정 사이클 취소
G28 G91 X0. Y0. ;                    - X축, Y축 원점 복귀
G28 G91 Z0. ;                        - Z축 원점 복귀
;
T06 M06 ;                            - 6번 공구 교환
G54 G90 G00 X35. Y35. S800 M03 ;     - 공작물좌표계 지정, 절대 지령 X축, Y축 이동
                                       스핀들 800rpm 정회전
G43 H06 Z20. M08 ;                   - 6번 공구 길이보정, Z20. 으로 이동, 절삭유 ON
G98 G81 Z-3. R5. F200 ;              - 드릴사이클, R위치로 이동, Z-3 까지
                                       200mm/min 로 절삭이송, 초기점(Z20) 복귀
G80 M09 ;                            - 고정사이클 취소, 절삭유 OFF
G28 G91 Z0. M05 ;                    - Z축 원점복귀, 스핀들 정지
M01 ;                                - 선택 프로그램 정지 (Optional stop)
;
T07 M06 ;                            - 7번 공구 교환
G54 G90 G00 X35. Y35. S800 M03 ;     - 공작물좌표계 지정, 절대 지령 X축, Y축 이동
                                       스핀들 800rpm 정회전
G43 H07 Z20. M08 ;                   - 7번 공구 길이보정, Z20 으로 이동, 절삭유 ON
G98 G83 Z-31. R5. Q5. F80 ;          - 심공드릴 사이클, R위치로 이동, Z-31 까지 깊이
                                       Q(5mm)씩 80mm/min 절삭이송, 초기점(Z20)
                                       복귀
G80 M09 ;                            - 고정사이클 취소, 절삭유 OFF
G28 G91 Z0. M05 ;                    - Z축 원점복귀, 스핀들 정지
M01 ;                                - 선택 프로그램 정지 (Optional stop)
```

T10 M06 ;	- 10번 공구 교환	
G54 G90 G00 X35. Y35. S100 M03 ;	- 공작물좌표계 지정, 절대 지령 X축, Y축 이동 스핀들 100rpm 정회전	
G43 H10 Z20. M08 ;	- 10번 공구 길이보정, Z20 으로 이동, 절삭유 ON	
G98 G84 Z-33. R5. F125 ;	- 탭핑 사이클, R위치로 이동, Z-33 까지 125mm/min 탭 가공, 초기점(Z20) 복귀	
G80 M09 ;	- 고정사이클 취소, 절삭유 OFF	
G28 G91 Z0. M05 ;	- Z축 원점복귀, 스핀들 정지	
M01 ;	- 선택 프로그램 정지 (Optional stop)	
;		
T02 M06 ;	- 2번 공구 교환	
G54 G90 G00 X-10. Y-10. S1000 M03 ;	- 공작물좌표계 지정, 절대 지령 X축, Y축 이동 스핀들 1000rpm 정회전	
G43 H02 Z100. M08 ;	- 2번 공구 길이보정, Z100 으로 이동, 절삭유 ON	
Z10. ;	- Z10 까지 급속이송	
G01 Z-8. F200 ;	- Z-8.0 까지 이송속도 200mm/min 직선절삭	
G41 X4. D02 ;	- 2번 공구 좌측보정, X4 까지 200mm/min 절삭	
Y62. ;	- 직선가공	황삭가공 (정삭여유1mm)
X67. ;	- 직선가공	
Y7.5 ;	- 직선가공	
X5. ;	- 직선가공	
Y48.5 ;	- 직선가공	
X8. Y63.5 ;	- 직선가공	
X37. ;	- 직선가공	
Y56.5 ;	- 직선가공	
G03 X51. R7. ;	- R7 반시계방향 원호가공	
G01 Y63.5 ;	- 원호 가공 후 직선가공 G01 누락주의	
X61. ;	- 직선가공	
G02 X66. Y58.5 R5. ;	- R5 시계방향 원호가공	
G01 Y41.5 ;	- 원호 가공 후 직선가공 G01 누락주의	
G03 X60. Y8.5 R40. ;	- R40 반시계방향 원호가공	
G01 X-10. ;	- 원호 가공 후 직선가공 G01 누락주의	
Z10. ;	- 안전높이로 이동	
G00 G40 X0. Y0. ;		
G01 Z-4. ;	- 4mm 깊이 가공을 위한 공구 이동	
G41 X10. D02 ;		
Y16.5 ;		
X18. ;		
G03 Y28.5 R6. ;		
G01 X10. ;		
Y35. ;		

```
G03 X5. Y40. R5. ;
G01 X-10. ;
Z10. M09 ;
G28 G00 G91 Z0. M05 ;
M01 ;
;
T03 M06 ;
G54 G90 X0. Y0. S1000 M03 ;
G43 H03 Z100. M08 ;
Z10. ;
G01 Z-1.3 F200 ;
G41 X5. D03 ;
Y48.5 ;
X8. Y63.5 ;
X37. ;
Y56.5 ;
G03 X51. R7. ;
G01 Y63.5 ;
X61. ;
G02 X66. Y58.5 R5. ;
G01 Y41.5 ;
G03 X60. Y8.5 R40. ;
G01 X-10. ;
Z10. ;
G00 G40 X0. Y0. ;
G01 Z-1.3 ;
G41 X10. D03 ;
Y16.5 ;
X18. ;
G03 Y28.5 R6. ;
G01 X10. ;
Y35. ;
G03 X5. Y40. R5. ;
G01 X-10. ;
Z10. M09 ;
G28 G00 G91 Z0. M05 ;
M02 ;
```

- Z10 까지 이동, 절삭유 OFF
- Z축 원점복귀, 스핀들 정지
- 선택 프로그램 정지 (Optional stop)

- 3번 공구 교환
- 공작물좌표계 지정, 절대 지령 X축, Y축 이동
  스핀들 1000rpm 정회전

*주의
챔퍼밀 공구이동경로를 ø10 엔드밀의 공구 경로를
참조하기 위해 공구경보정값(D03)은 1.0을 입력.
절입깊이는 -1.3으로 입력.

[응용 문제 7]

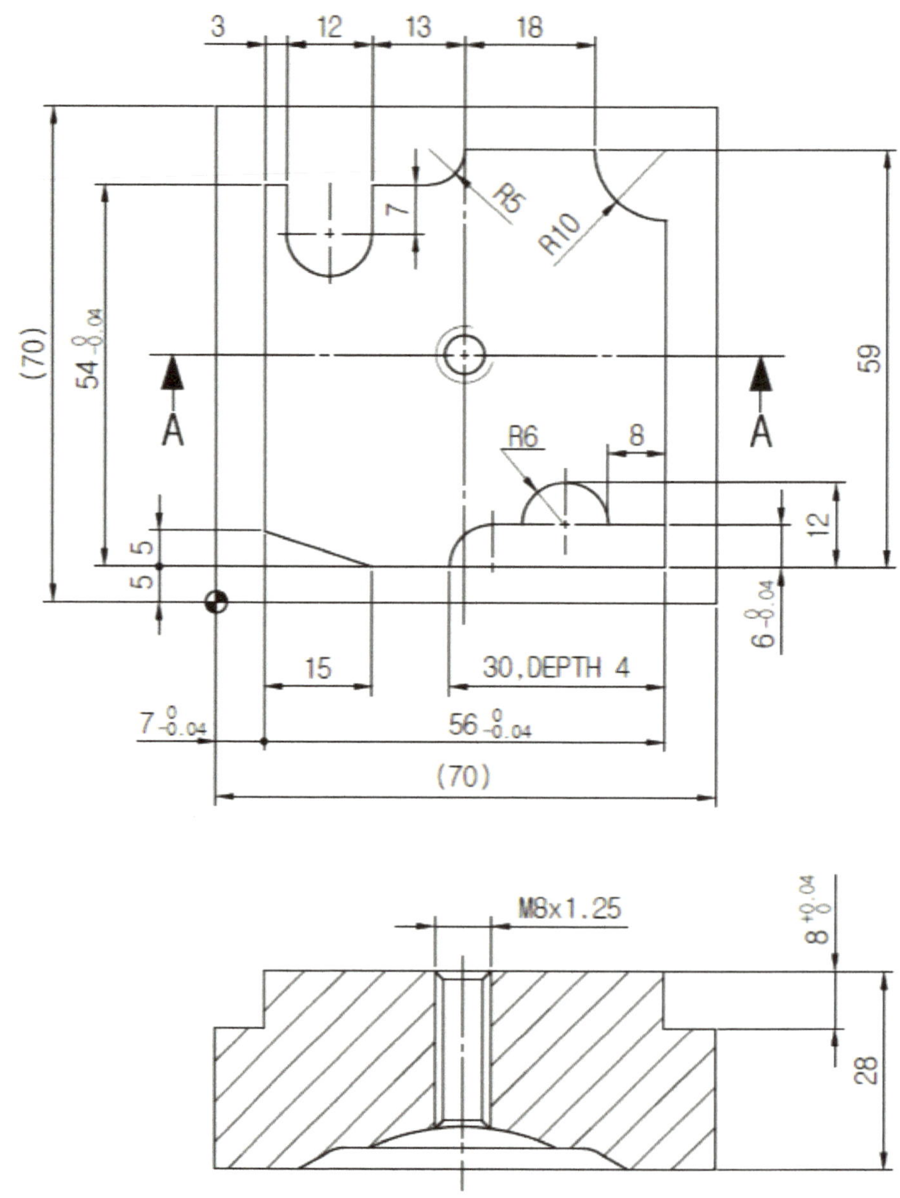

A-A

주서

19. 도시되고 지시없는 모따기 및 라운드 C4, R6
20. 일반 모따기 C0.2~0.3
21. 나사 탭 M8x1.25 관통

출처 : 큐넷 공개도면

공구 사용 계획					
공구명	절삭조건		공구 번호	보정 번호	
	주축 회전수 (rpm)	이송속도 (mm/min)			
∅10 엔드밀	1000	200	T02	D02	H02
∅6 챔퍼밀	1000	200	T03	D03	H03
∅3 센터드릴	800	80	T06	-	H06
∅6.8 드릴	800	80	T07	-	H07
M8×1.25 TAP	100	125	T10	-	H10

※ 시험장에 따라 공구번호는 다르므로 공구번호, 보정번호는 반드시 확인!!

```
O0005 ;                               - 프로그램 번호 입력
G40 G49 G80 ;                         - 지름보정 취소, 길이보정 취소, 고정 사이클 취소
G28 G91 X0. Y0. ;                     - X축, Y축 원점 복귀
G28 G91 Z0. ;                         - Z축 원점 복귀
;
T06 M06 ;                             - 6번 공구 교환
G54 G90 G00 X35. Y35. S800 M03 ;      - 공작물좌표계 지정, 절대 지령 X축, Y축 이동
                                        스핀들 800rpm 정회전
G43 H06 Z20. M08 ;                    - 6번 공구 길이보정, Z20. 으로 이동, 절삭유 ON
G98 G81 Z-3. R5. F200 ;               - 드릴사이클, R위치로 이동, Z-3 까지
                                        200mm/min 로 절삭이송, 초기점(Z20) 복귀
G80 M09 ;                             - 고정사이클 취소, 절삭유 OFF
G28 G91 Z0. M05 ;                     - Z축 원점복귀, 스핀들 정지
M01 ;                                 - 선택 프로그램 정지 (Optional stop)
;
T07 M06 ;                             - 7번 공구 교환
G54 G90 G00 X35. Y35. S800 M03 ;      - 공작물좌표계 지정, 절대 지령 X축, Y축 이동
                                        스핀들 800rpm 정회전
G43 H07 Z20. M08 ;                    - 7번 공구 길이보정, Z20 으로 이동, 절삭유 ON
G98 G83 Z-31. R5. Q5. F80 ;           - 심공드릴 사이클, R위치로 이동, Z-31 까지 깊이
                                        Q(5mm)씩 80mm/min 절삭이송, 초기점(Z20)
                                        복귀
```

G80 M09 ;	- 고정사이클 취소, 절삭유 OFF	
G28 G91 Z0. M05 ;	- Z축 원점복귀, 스핀들 정지	
M01 ;	- 선택 프로그램 정지 (Optional stop)	
;		
T10 M06 ;	- 10번 공구 교환	
G54 G90 G00 X35. Y35. S100 M03 ;	- 공작물좌표계 지정, 절대 지령 X축, Y축 이동 스핀들 100rpm 정회전	
G43 H10 Z20. M08 ;	- 10번 공구 길이보정, Z20 으로 이동, 절삭유 ON	
G98 G84 Z-33. R5. F125 ;	- 탭핑 사이클, R위치로 이동, Z-33 까지 125mm/min 탭 가공, 초기점(Z20) 복귀	
G80 M09 ;	- 고정사이클 취소, 절삭유 OFF	
G28 G91 Z0. M05 ;	- Z축 원점복귀, 스핀들 정지	
M01 ;	- 선택 프로그램 정지 (Optional stop)	
;		
T02 M06 ;	- 2번 공구 교환	
G54 G90 G00 X-10. Y-10. S1000 M03 ;	- 공작물좌표계 지정, 절대 지령 X축, Y축 이동 스핀들 1000rpm 정회전	
G43 H02 Z100. M08 ;	- 2번 공구 길이보정, Z100 으로 이동, 절삭유 ON	
Z10. ;	- Z10 까지 급속이송	
G01 Z-8. F200 ;	- Z-8 까지 이송속도 200mm/min 직선절삭	
X0.	- 2번 공구 좌측보정, X5 까지 200mm/min 절삭	
Y70.	- 직선가공	
X70.	- 직선가공	황삭가공
Y65.	- 직선가공	(정삭여유1mm)
X65.	- 직선가공	
Y70.	- 직선가공	
X70.	- 직선가공	
Y0.	- 직선가공	
X-10.	- R6 반시계방향 원호가공	
G41 X6. D02 ;	- 원호 가공 후 직선가공 G01 누락주의	
Y65. ;	- 직선가공	
X64. ;	- R5 반시계방향 원호가공	
Y4. ;	- 원호 가공 후 직선가공 G01 누락주의	
X7. ;	- R10 반시계방향 원호가공	
Y59. ;	- 원호 가공 후 직선가공 G01 누락주의	
X10. ;	- 직선가공	
Y52. ;	- 직선가공	
G03 X22. R6. ;	- 직선가공	
G01 Y59. ;	- 공구이동을 위한 위치 이동	
X30. ;	- 안전높이로 이동	
G03 X35. Y64. R5. ;	- 4mm 깊이 가공을 위한 공구 이동	

```
G01 X53. ;
G03 X63. Y54. R10. ;
G01 Y5. ;
X22.5 ;
X7. Y10. ;
Y16. ;

X-10. ;
Z10. ;
G00 G40 X70. Y-10. ;
G01 Z-4. ;
G41 Y11. D02 ;
X55. ;
G03 X43. R6. ;
G01 X38. ;
G03 X33. Y6. R6. ;
G01 Y-10. ;
Z10. M09 ;                          - Z10 까지 이동, 절삭유 OFF
G28 G00 G91 Z0. M05 ;               - Z축 원점복귀, 스핀들 정지
M01 ;                               - 선택 프로그램 정지 (Optional stop)

T03 M06 ;                           - 3번 공구 교환
G54 G90 X0. Y0. S1000 M03 ;         - 공작물좌표계 지정, 절대 지령 X축, Y축 이동
                                      스핀들 1000rpm 정회전
G43 H03 Z100. M08 ;
Z10. ;
G01 Z-1.3 F200 ;
G41 X7. D03 ;
X7. ;
Y59. ;
X10. ;
Y52. ;
G03 X22. R6. ;
G01 Y59. ;
X30. ;
G03 X35. Y64. R5. ;
G01 X53. ;
G03 X63. Y54. R10. ;
G01 Y5. ;
X22.5 ;
X7. Y10. ;
Y16. ;
```

```
X-10. ;
Z10. ;
G00 G40 X70. Y-10. ;
G01 Z-1.3 ;
G41 Y11. D03 ;
X55. ;
G03 X43. R6. ;
G01 X38. ;
G03 X33. Y6. R6. ;
G01 Y-10. ;
Z10. M09 ;
G28 G00 G91 Z0. M05 ;
M02 ;
```

*주의
챔퍼밀 공구이동경로를 ø10 엔드밀의 공구 경로를 참조하기 위해 공구경보정값(D03)은 1.0을 입력.
절입깊이는 -1.3으로 입력.

Chapter Ⅱ.

모델링

2.1 모델링 따라하기 I (Inventor ver.2015)

2.2 모델링 따라하기 Ⅱ (CATIA V5R20)

2.3 NC Program 생성하기(Edgecam ver. 2014)

2.1 모델링 따라하기 I (Inventor ver.2015)

2.1.1 인벤터 시작하기

▶ 인벤터 프로그램을 실행하면 시작화면이 나타나게 된다. 본 교재는 Inventor 2015 로 작성하여 아래와 같은 화면이 나타나게 되는데, version 에 따라 시작화면은 달라질 수 있다.

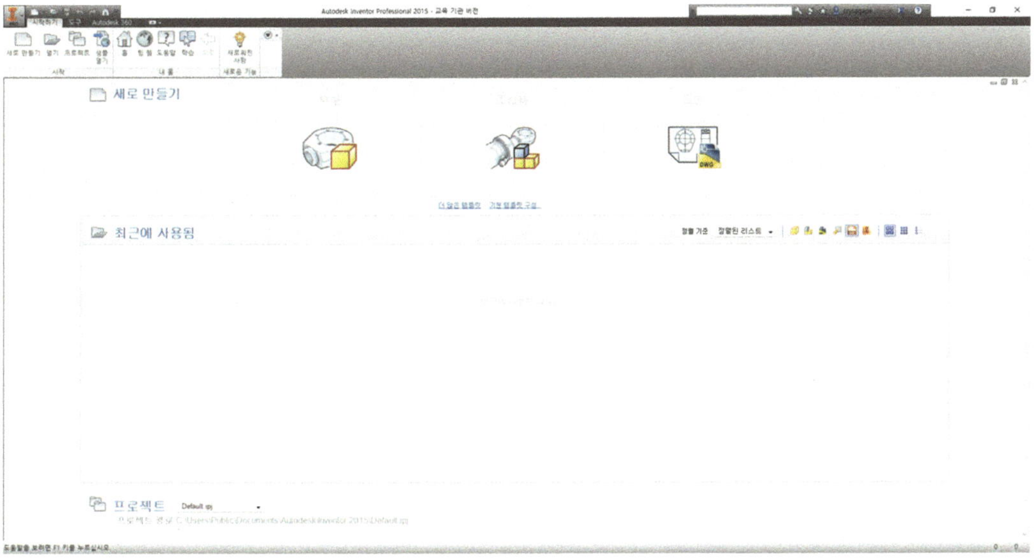

시작화면 좌측 상단의 기본 메뉴에 대해 알아보자.

저장 - 작업이 완료되면 저장을 할 수 있다.

열기 - 기존에 작업한 파일을 불러오기 할 수 있다.

새로 만들기 - 새로운 부품, 조립품, 도면 등을 작업할 수 있다.

2.1.2 인벤터의 파일 새로 만들기

새로만들기 버튼을 클릭하면 인벤터에서 제공하는 기본 템플릿이 나타난다.

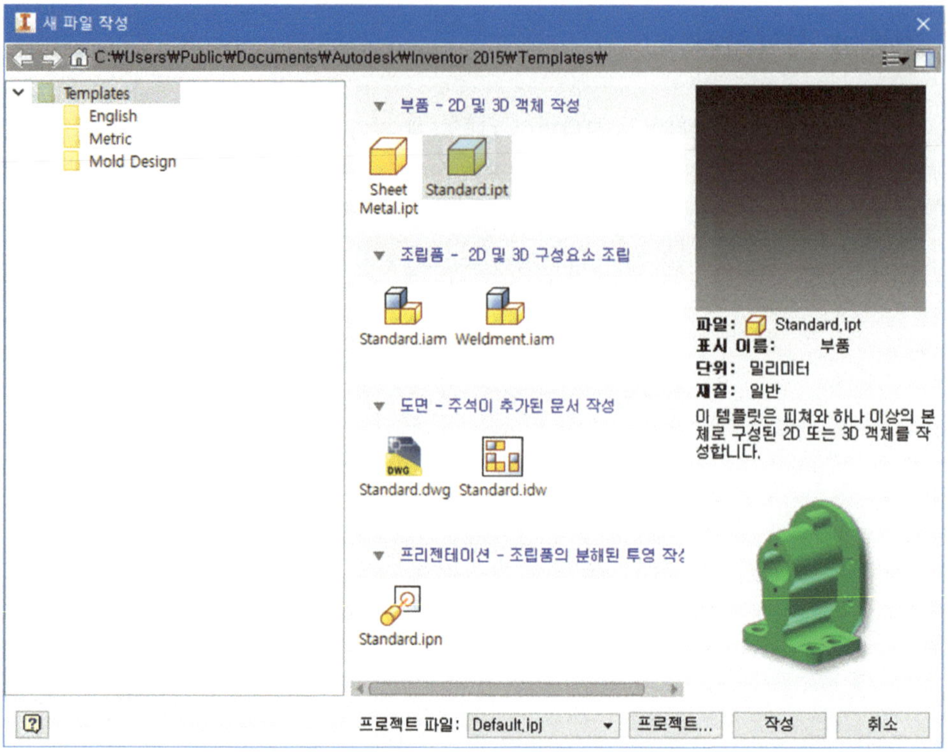

템플릿 소개		
Sheet Metal.ipt	Sheet Metal.ipt	균일한 두께의 3D 부품 파일을 작성한다. (ex. 판금부품)
Standard.ipt	Standard.ipt	기본적인 3D 부품파일을 작성한다.
Standard.iam	Standard.iam	3D 부품파일을 결합하여 조립품을 작성한다.
Weldment.iam	Weldment.iam	용접으로 접합되는 조립품을 작성한다.
DWG Standard.dwg	Standard.dwg	오토캐드와 연동되는 도면파일을 작성한다.
Standard.idw	Standard.idw	3D 부품파일의 정보가 포함된 도면파일을 작성한다.
Standard.ipn	Standard.ipn	조립품 순서 및 분해되거나 애니메이트된 조립품 파일을 작성한다.

본 교재에서는 CAM프로그램 작업을 위한 단일 부품 모델링 작업을 하기 때문에 Standard.ipt 파일을 작성하도록 한다.

인벤터는 아래와 같은 인터페이스로 구성되어 있다.

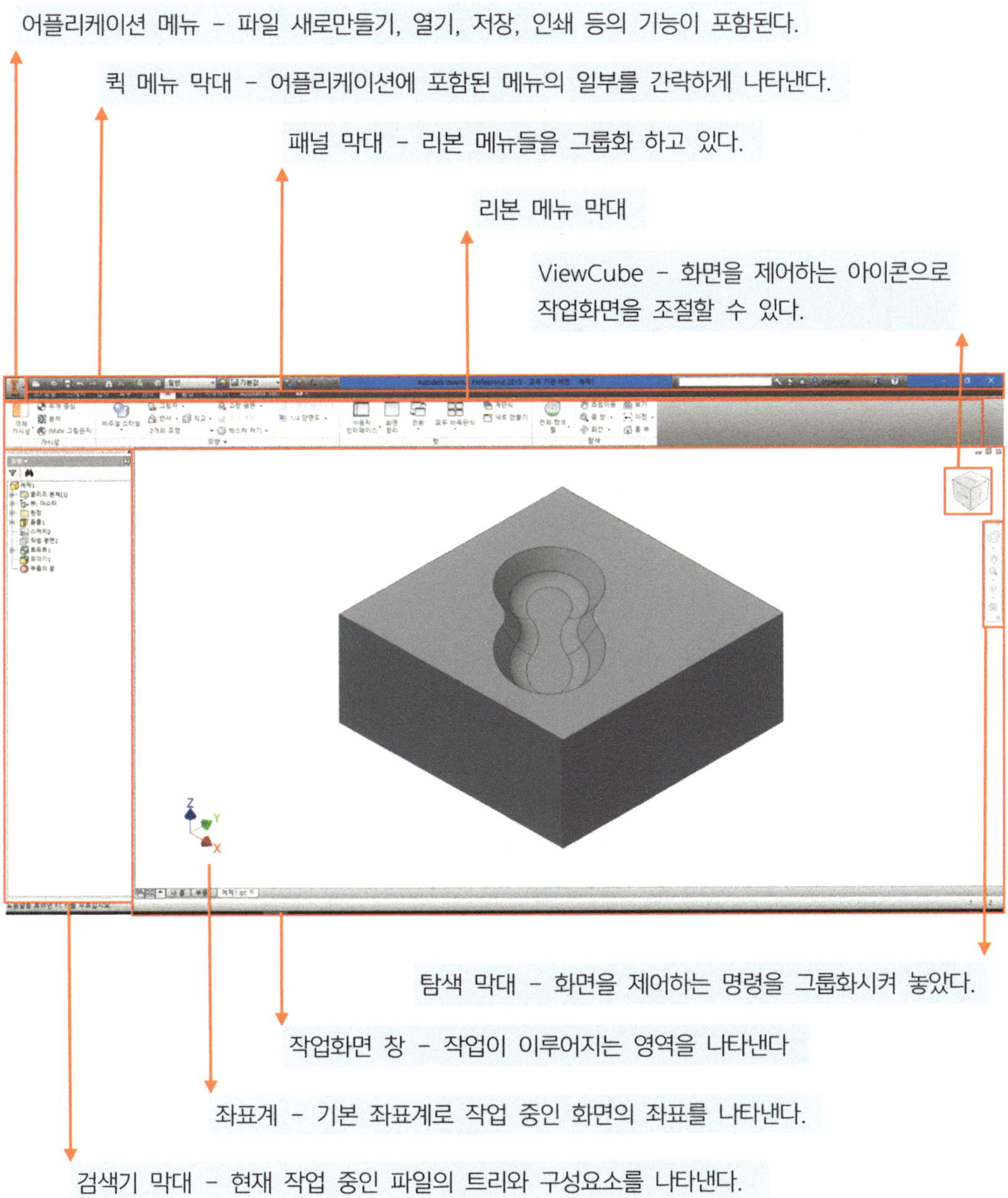

2.1.3 마우스 조작하기

	꽉찬 화면 표시 - 휠 스크롤을 더블 클릭한다. 키보드의 Home 키도 동일한 기능을 한다.
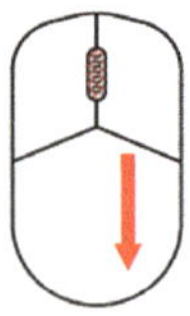	화면 확대 - 휠 스크롤을 아래로 움직인다.
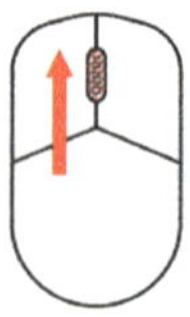	화면 축소 - 휠 스크롤을 위로 움직인다.
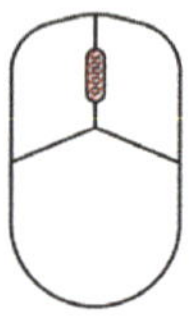	화면 이동 - 휠 스크롤을 누른 상태에서 마우스를 움직인다.
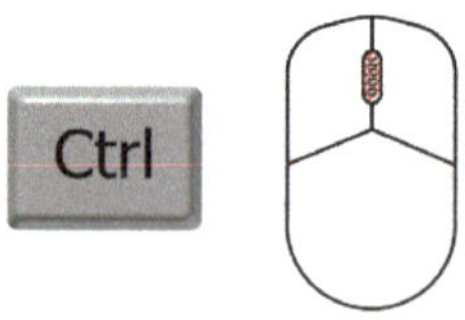	객체 회전 - 키보드의 Ctrl 키를 누른 상태에서 마우스 휠을 눌러서 마우스를 이동하면 객체가 회전한다.

2.1.4 문제풀이

[예제 1]

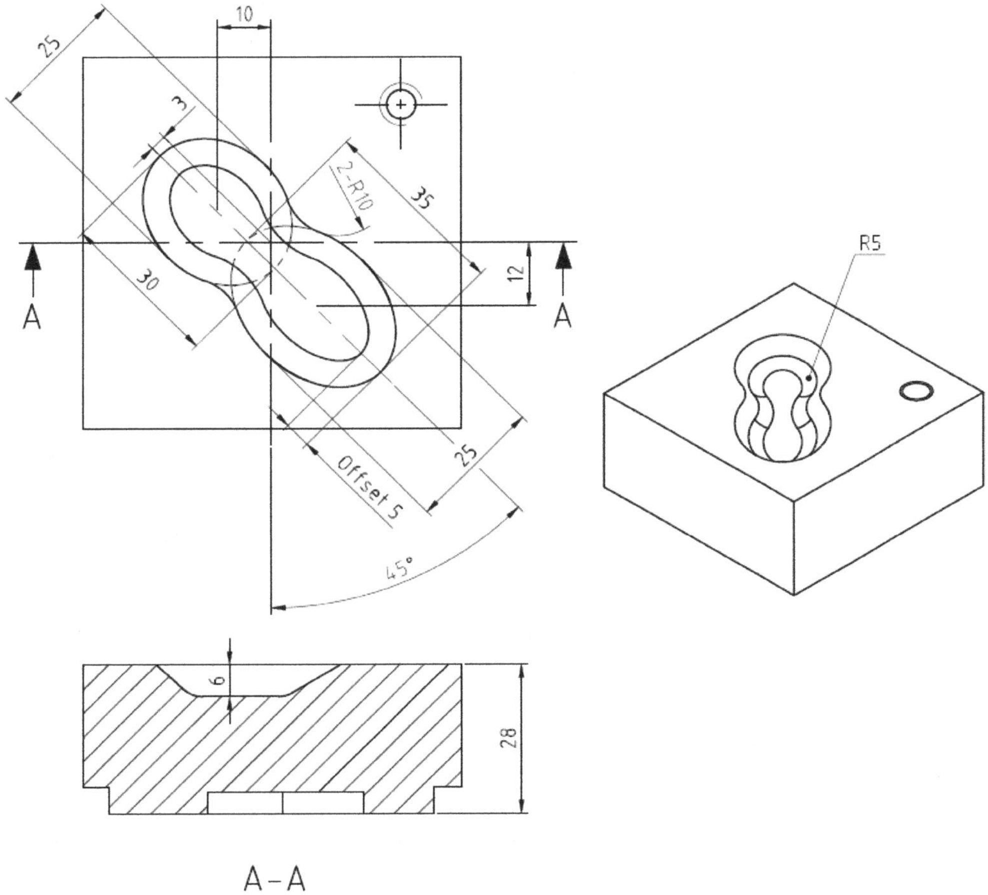

출처 : 큐넷 공개도면

▶ 바탕화면의 Inventor 프로그램을 실행한다. 실행하면 아래와 같이 시작하기 화면이 생성되는 것을 확인 할 수 있다.
※ 본 교재는 Inventor 2015 버전으로 작성하였다.

▶ 새로만들기 → Metric Templates 의 Standard.ipt 부품파일을 작성한다.

▶ 부품파일을 만들기 위한 스케치 화면이 나타난다.
좌측 상단의 2D 스케치 작성 메뉴를 클릭한다.

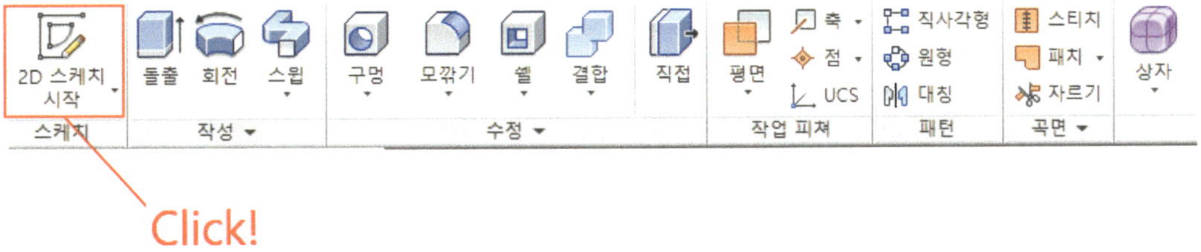

▶ 스케치를 할 평면을 선택할 수 있다. 우리는 편리한 작업을 위해 XY Plane을 선택한다.

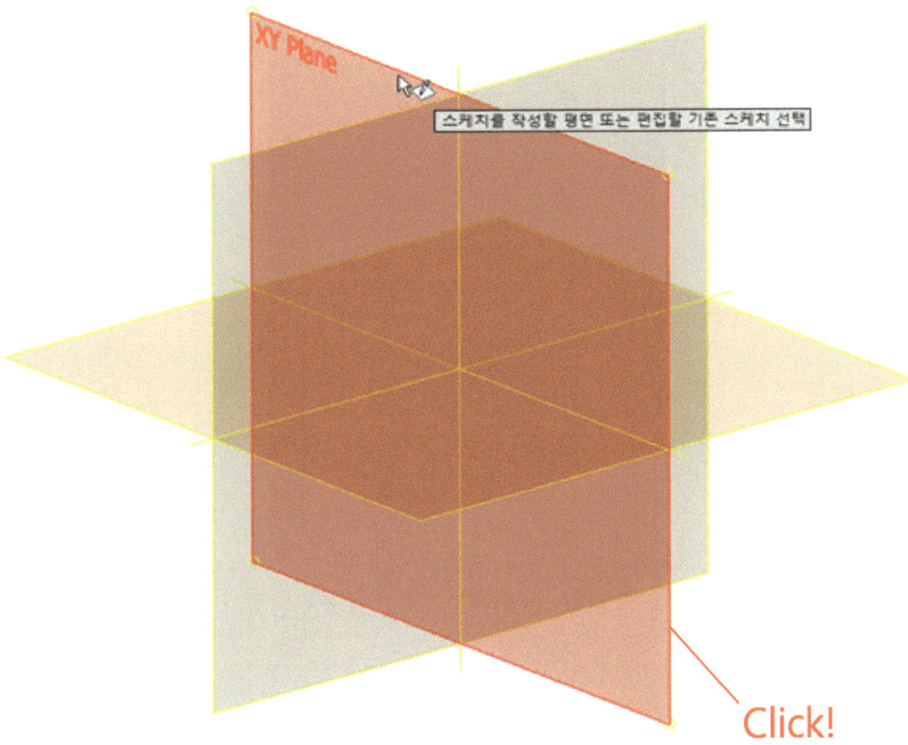

▶ 평면을 선택하면 스케치 작업 화면이 나타나는데 화면 상단의 직사각형 명령을 사용하여 소재의 바닥면 스케치를 우선 작성한다.

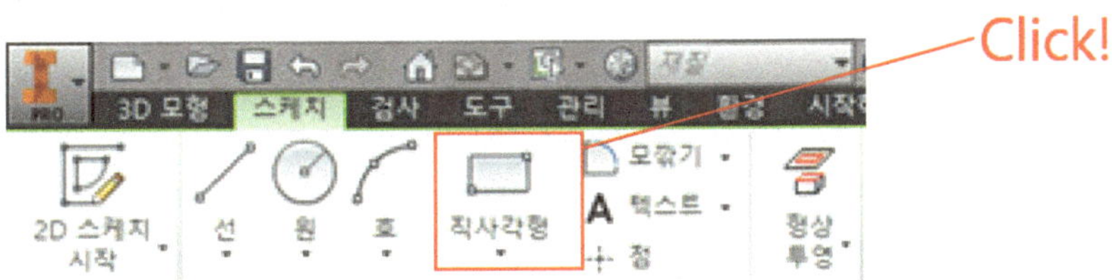

▶ 사각형의 첫 번째 구석은 원점(0,0)을 선택하고 두 번째 점은 가로 70mm, 세로 70mm 의 사각형이 되도록 선택한다.

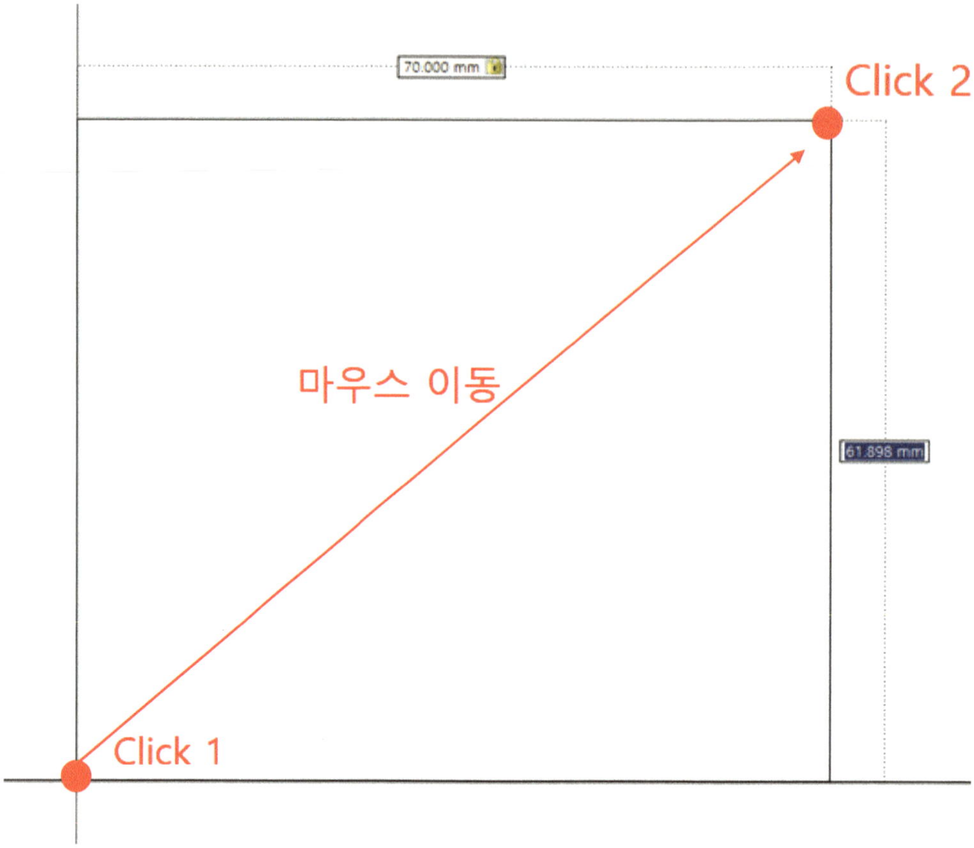

※ 원점에서 마우스 Click 1 → 마우스를 오른쪽 위로 이동 → 치수입력칸이 활성화 됨 → 치수(70)입력 → 다시 Tab 키를 눌러 치수 입력 → 마우스 Click 2(키보드의 Enter 키도 동일)

▶ 아래와 같은 사각형을 스케치하였다면 화면 상단의 스케치 마무리 메뉴를 클릭한다.

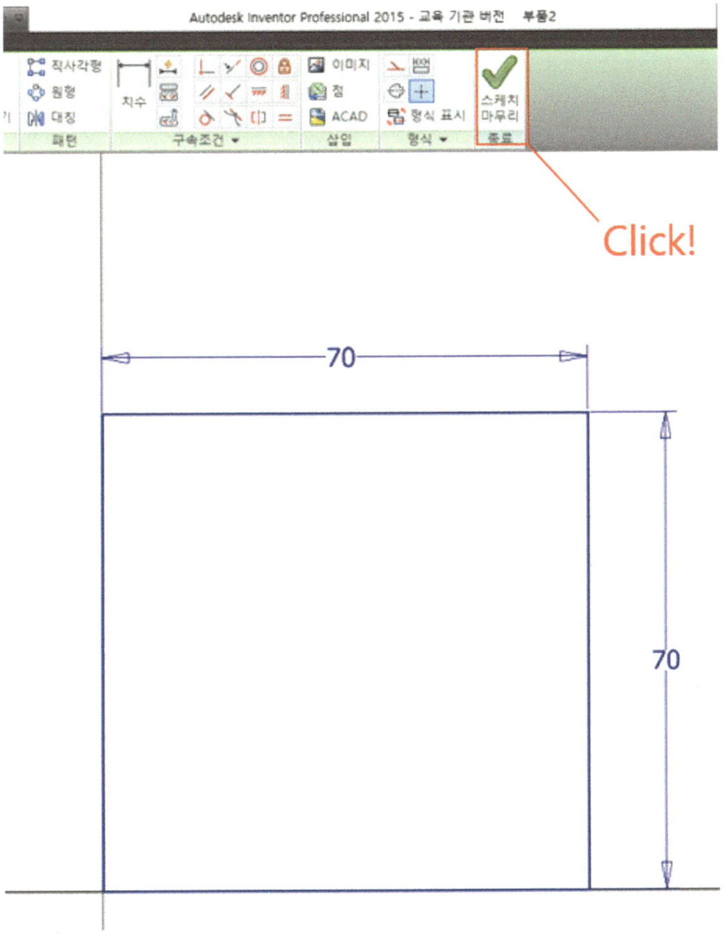

▶ 우측 상단의 CUBE 근처로 마우스를 이동하면 아이콘이 나타난다. 아이콘을 클릭하면 XY Plane 이 바닥으로 이동하는 것을 확인 할 수 있다.

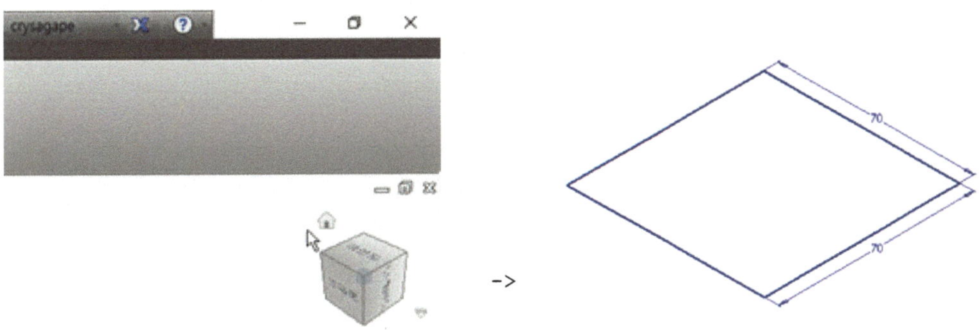

▶ 돌출 명령을 사용하여 아래와 같이 스케치 아랫방향으로 27mm만큼 돌출을 한다.

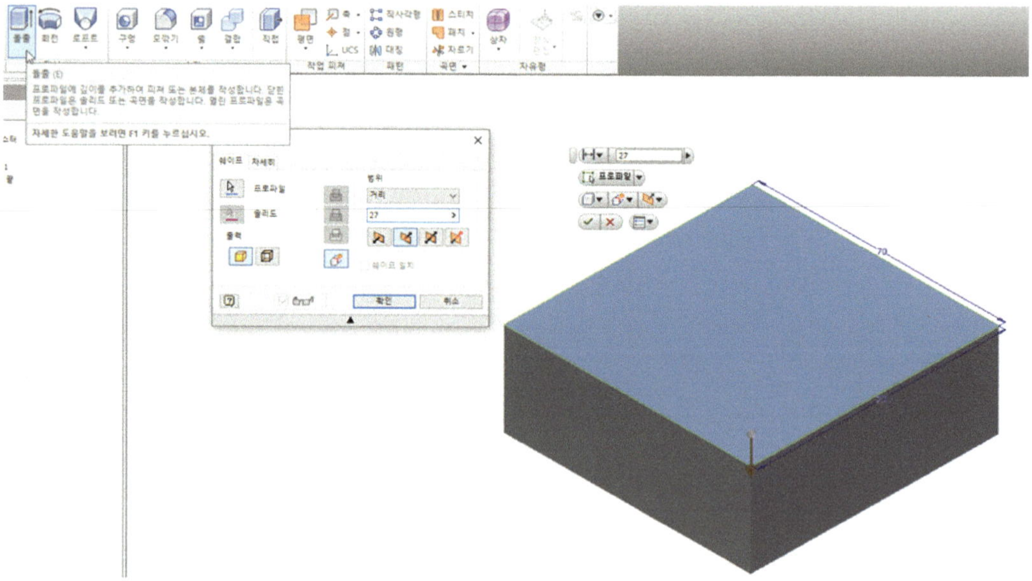

▶ 2D 스케치 시작 명령을 클릭하고 형상의 상단면을 클릭한다.

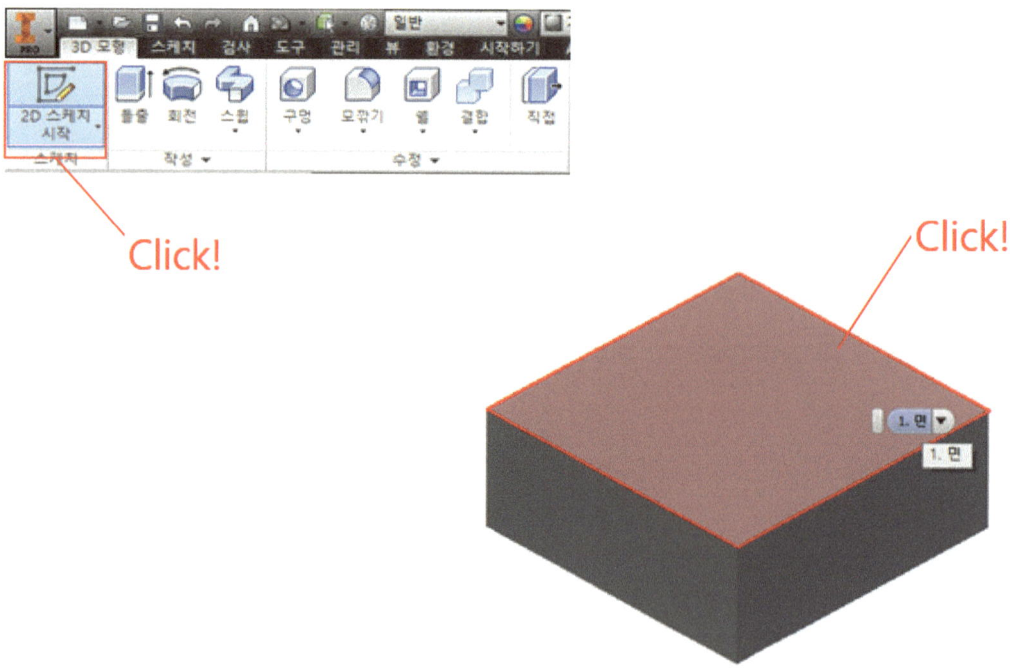

▶ 도면의 형상을 스케치하기 위한 구성선을 먼저 그리도록 한다.
선 명령을 이용해서 선을 먼저 그린 후 선을 선택하여 선의 형식을 구성형식으로 변경한다.

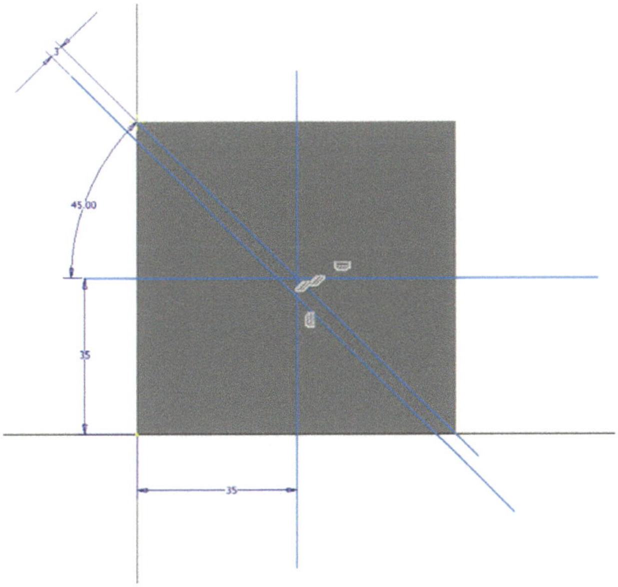

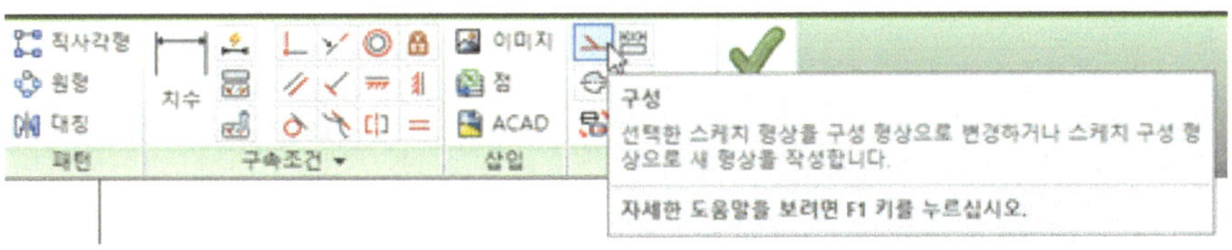

▶ 타원 명령을 이용하여 임의로 타원을 2개 그려준다.

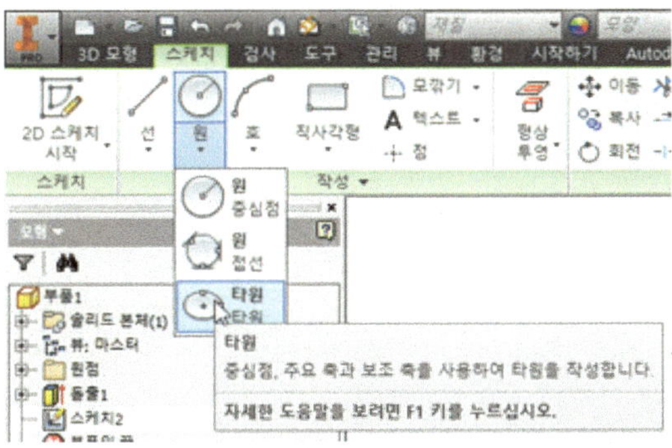

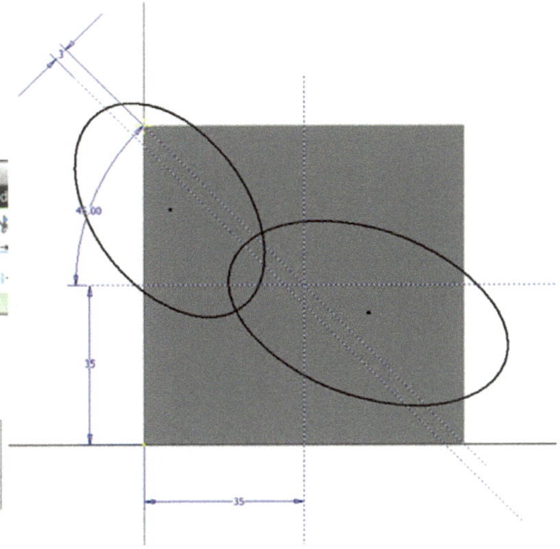

▶ 구속조건을 사용하여 타원의 위치를 정하고, 치수를 입력하여 완전 구속된 스케치를 작성한다.

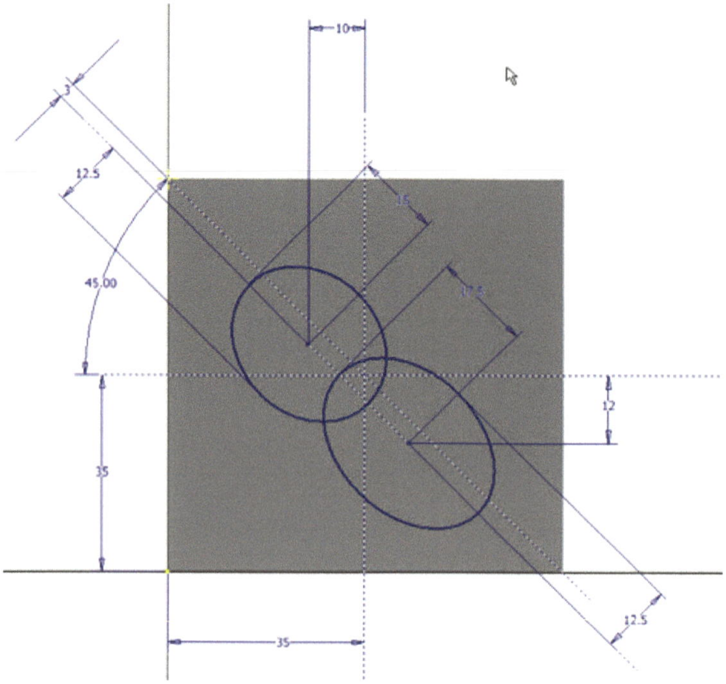

▶ 자르기 명령을 사용하여 불필요한 부분의 스케치를 제거하도록 한다.
이때 치수선의 위치에 따라 치수선이 삭제되는 경우가 있는데 추후 치수를 재입력하면 된다.

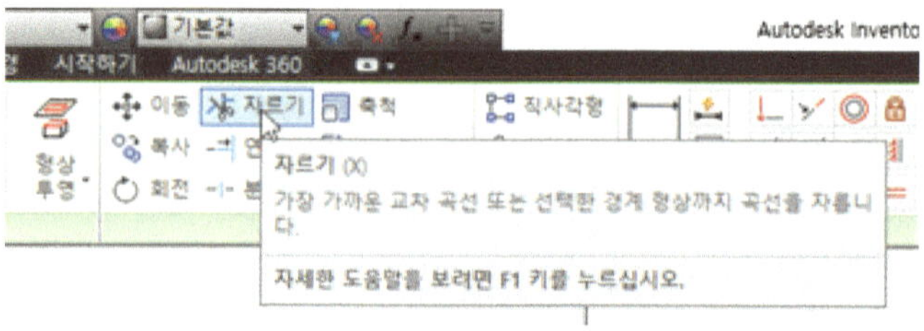

※ 자르기 명령 사용시 치수선의 위치에 따라 치수선이 삭제되어 구속이 제거되는 경우가 있는데 이때는 치수를 재입력하여 다시 완전 구속하면 된다.

▶ 호 그리기 명령을 사용하여 평면에 2개의 호를 그린 다음 접선 구속조건을 사용하여 타원에 접하도록 한다. 다음 호의 치수는 반지름 10으로 입력한다.
불필요한 부분은 자르기 명령을 사용하여 제거한다.

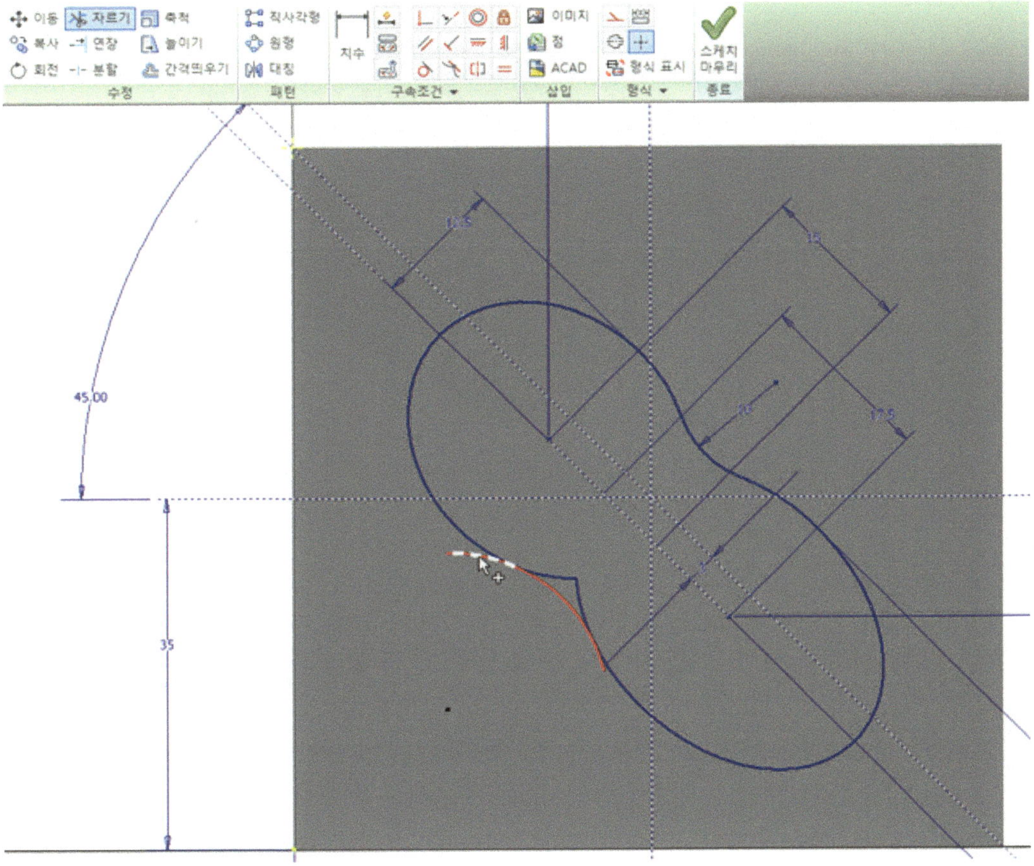

▶ 스케치 작성이 완료되었다면 스케치 마무리를 클릭한다.
평면에서 간격띄우기 명령을 사용하여 새로운 작업평면을 만들도록 한다.
소재의 윗면을 선택한 후 -6mm 치수를 입력하면 윗면에서 아랫방향으로 6mm 의 위치에 새로운 스케치 평면이 생성한다.

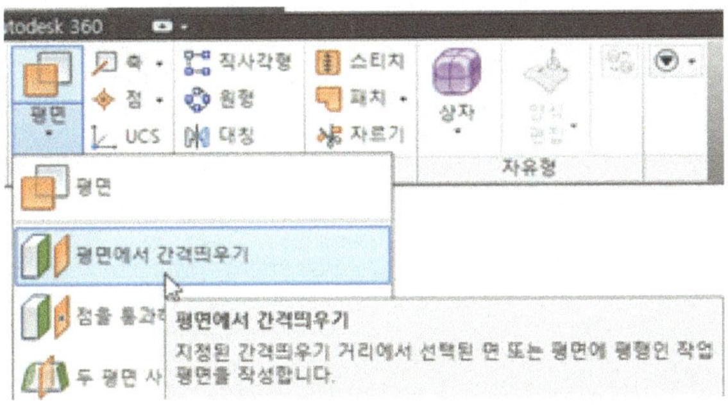

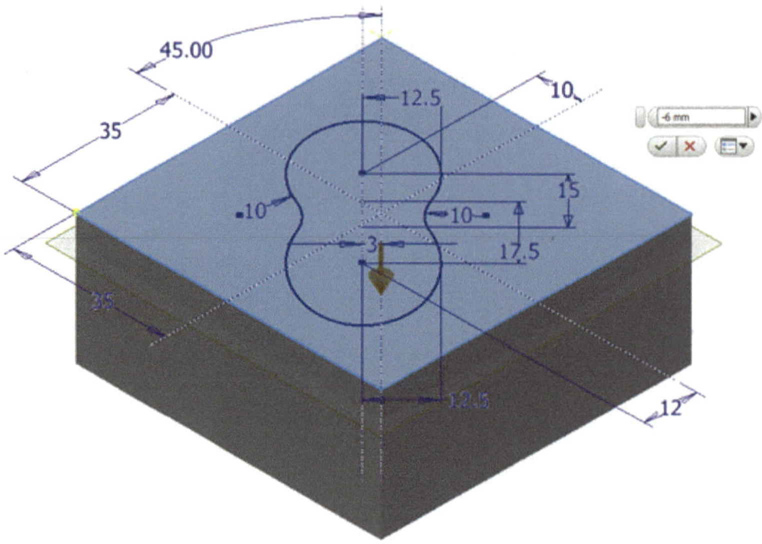

▶ 새로 만든 평면을 선택하여 2D 스케치 시작명령을 실행한다.
형상투영 명령을 사용하여 소재의 윗면에 작성한 스케치를 클릭한다. 이때 키보드의 F7을 누르면 스케치를 하는 평면을 절단하여 볼 수 있는데, F7을 눌러 반드시 형상투영이 잘 되었는지 확인하여야 한다.

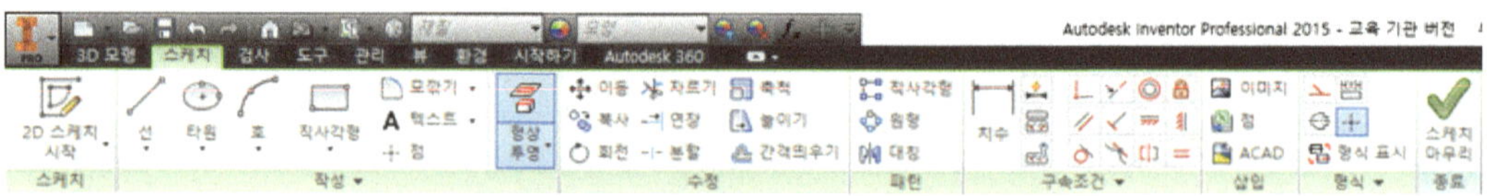

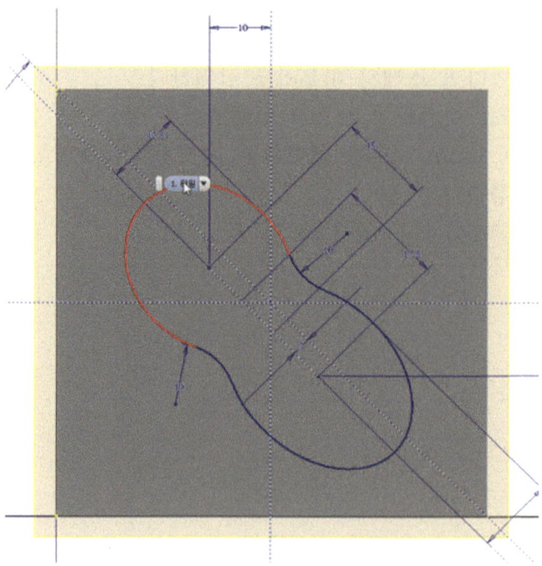

● F7 누른화면

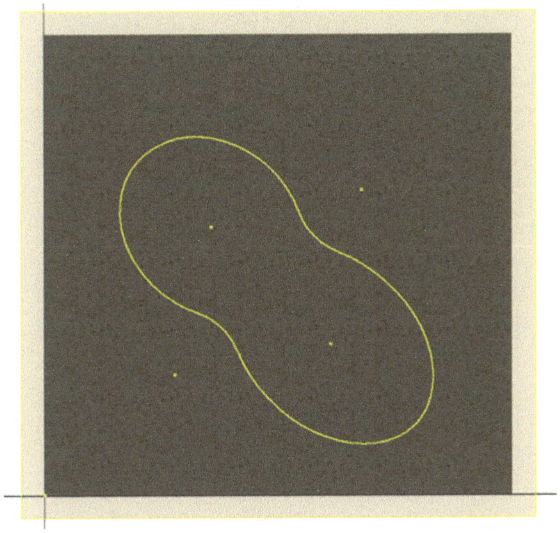

▶ 간격띄우기 명령을 사용하여 투영된 스케치를 안쪽방향으로 5mm만큼 이동된 위치에 새로운 스케치를 추가한다. 다음으로 처음 투영한 형상을 선택하여 구성선으로 변경하여 준다. 그리고 스케치를 마무리 한다.

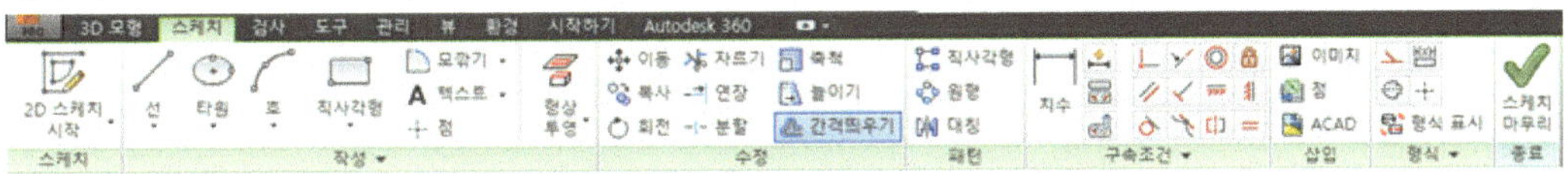

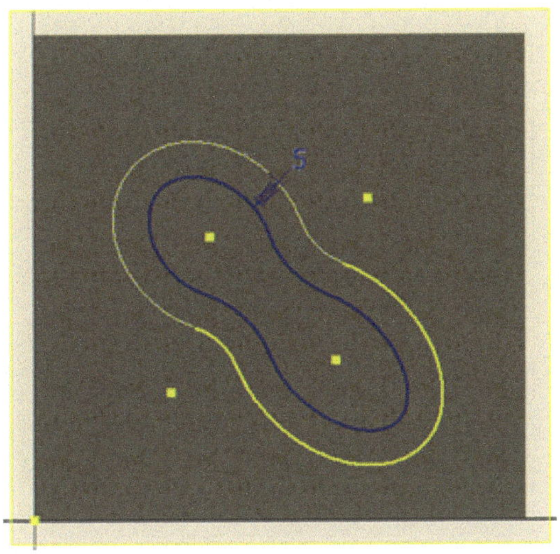

▶ 로프트 명령을 사용하여 먼저 제거하는 부분이므로 차집합을 선택한다. 그리고 윗면의 스케치와 추가로 작성한 작업평면의 스케치를 각각 클릭하고 확인을 누른다.

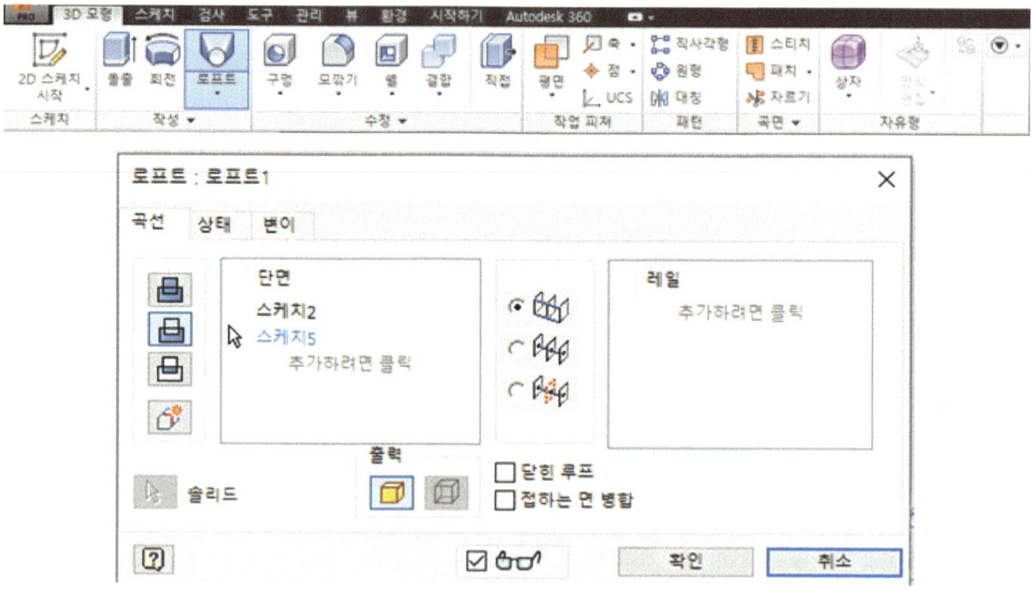

▶ 모깎기 명령을 사용하여 반지름이 5mm 만큼 모깎기를 한다.

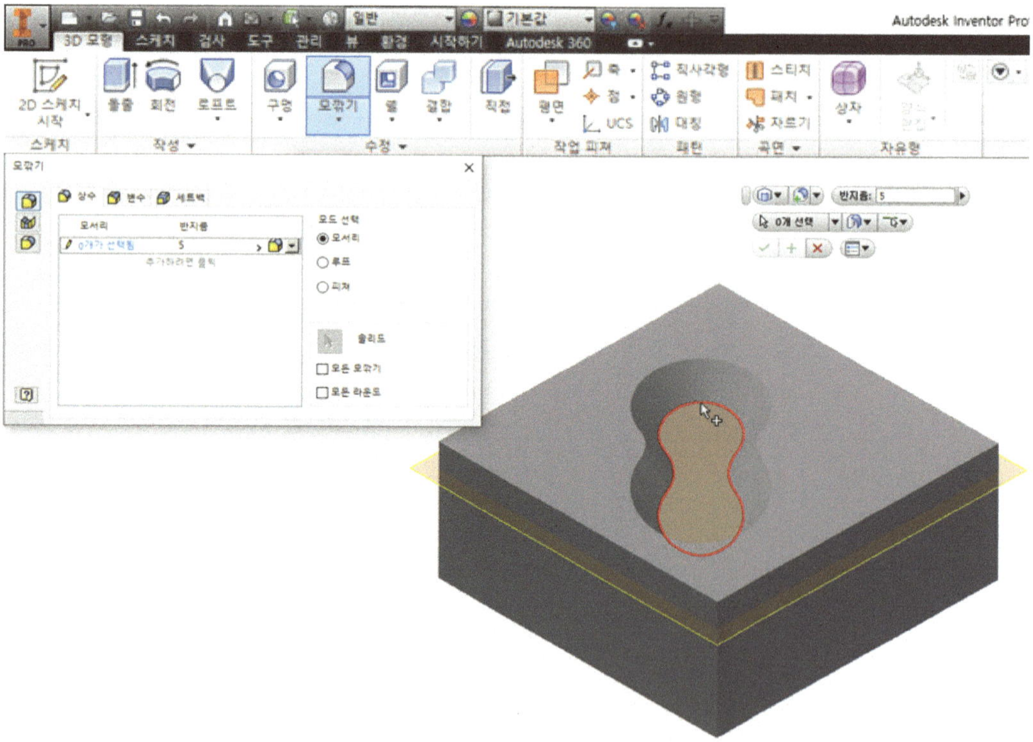

▶ 상단의 뷰탭으로 이동하여 비주얼 스타일을 '모서리로 음영처리' 로 변경한다.

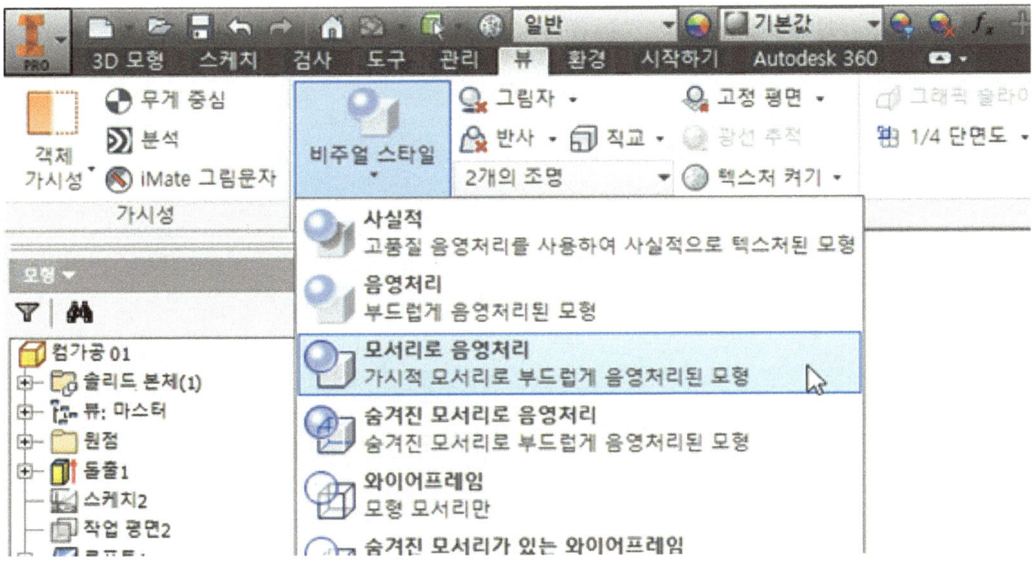

▶ 좌측의 작업트리에서 작업평면을 마우스 우클릭하여 가시성을 해제해준다. 도면과 형상 및 모서리의 모양을 비교 검토한다.

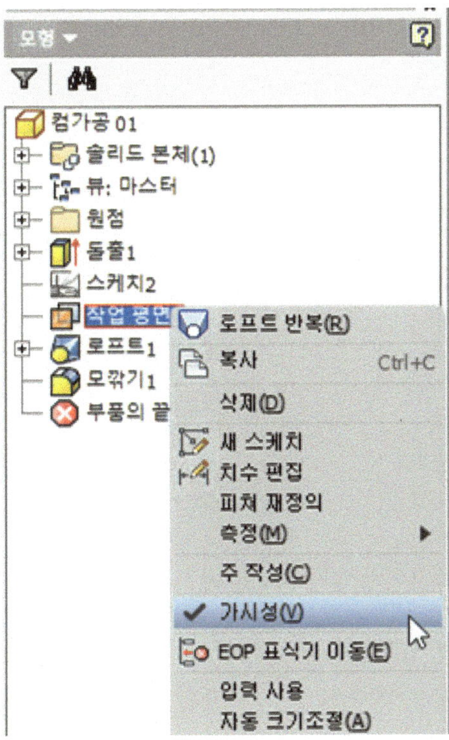

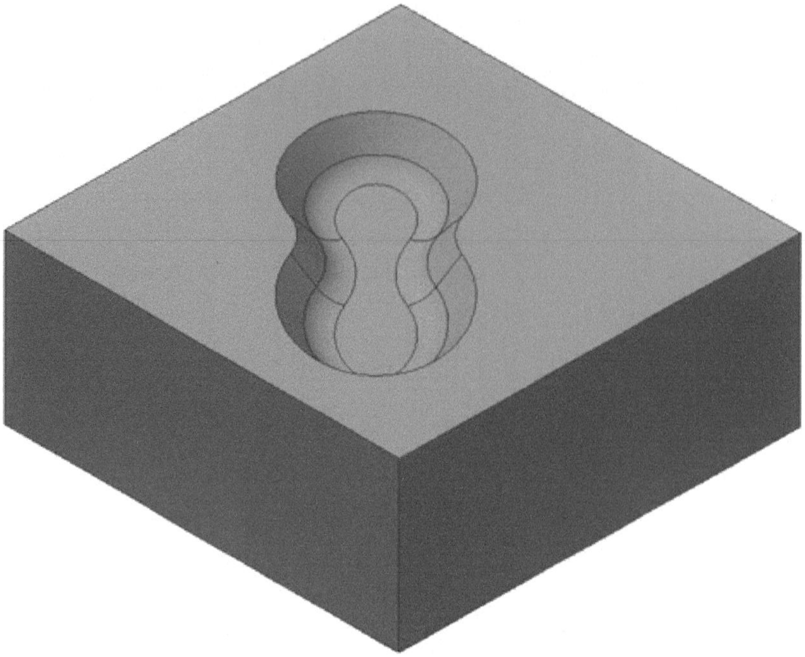

작업 평면 생성 팁		
	평면에서 간격띄우기	지정된 간격띄우기 거리에서 선택된 면 또는 평면에 평행인 작업 평면을 작성한다.
	점을 통과하여 평면에 평행	점을 통과하여 선택된 점, 면 또는 평면에 평행인 작업 평면을 작성한다.
	두 평면 사이의 중간평면	두 평면형 면 또는 두 평면의 중간에 작업 평면을 작성한다.
	원환의 중간평면	원환의 중심 또는 중간평면을 통과하는 작업 평면을 작성한다.
	모서리를 중심으로 평면에 대한 각도	면 또는 모서리를 중심으로 각이 진 작업 평면을 작성한다.
	3점	세 끝점, 중간점, 교차점 또는 작업점을 통과하는 작업 평면을 작성한다.
	두 개의 동일평면상 모서리	두 개의 동일평면상 작업축, 모서리 또는 선을 통과하는 작업 평면을 작성한다.
	모서리를 통과하여 곡면에 접함	모서리를 통과하고 곡면에 접하는 작업 평면을 작성한다.
	점을 통과하여 곡면에 접함	끝점, 중간점 또는 작업점을 통과하고 곡면에 접하는 작업 평면을 작성한다.
	곡면에 접하고 평면에 평행	곡면에 접하고 평면에 평행한 작업 평면을 작성한다.
	점을 통과하여 축에 수직	끝점, 중간점 또는 작업점을 통과하고 모서리 또는 작업축에 직각인 작업 평면을 작성한다.
	점에서 곡선에 수직	꼭지점, 모서리 중간점, 스케치 점 또는 작업점을 통과하고 곡선에 직각인 작업 평면을 작성한다.

[예제 2]

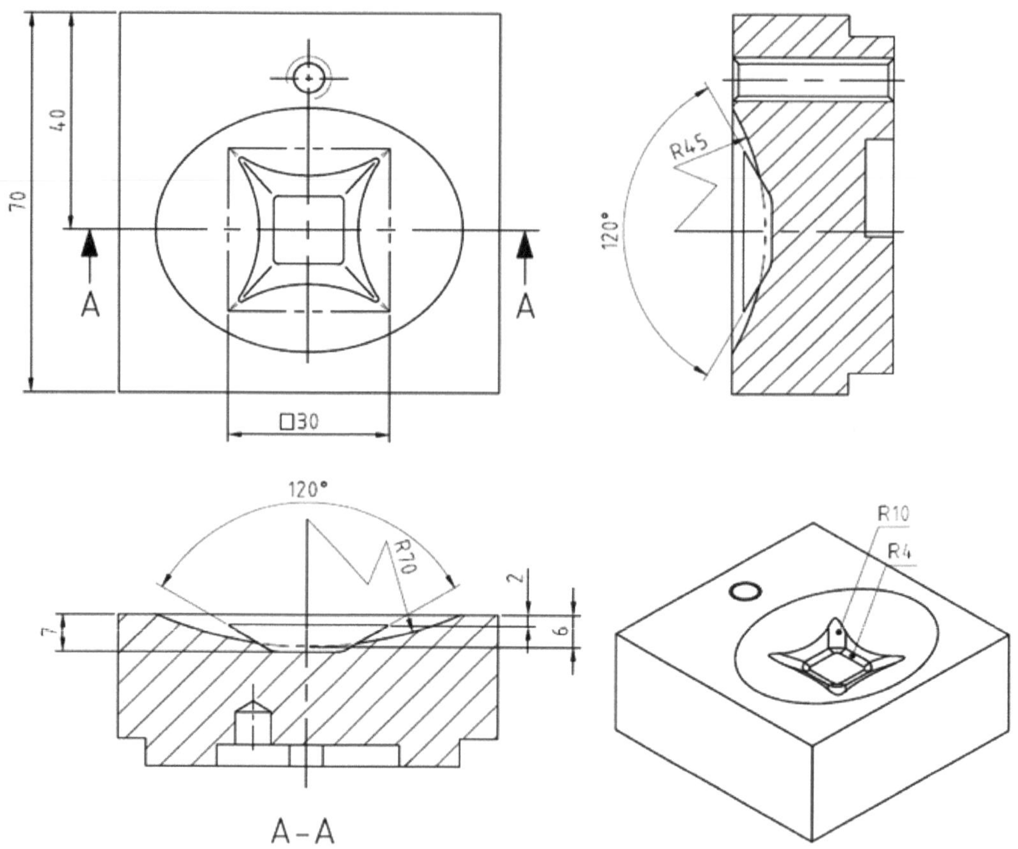

출처 : 큐넷 공개도면

※ 소재 모델링 과정은 동일하게 진행되므로 생략한다.

▶ 2D 스케치 시작을 하여 동일한 작업평면을 선택한다.

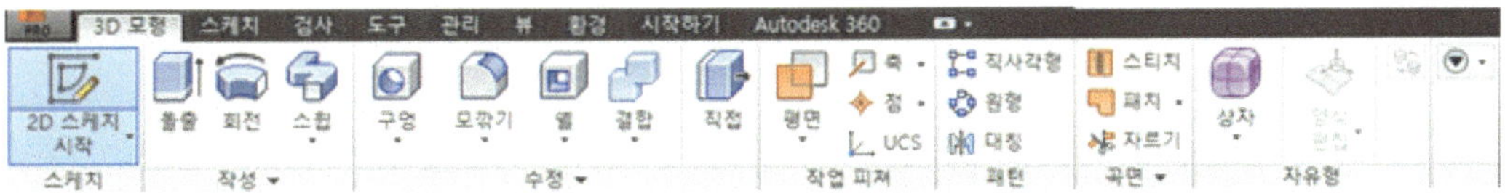

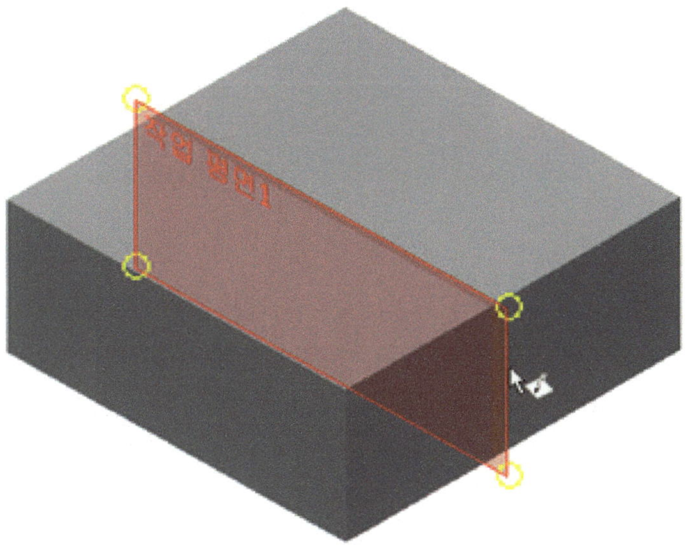

▶ 키보드의 F7을 눌러 스케치 할 단면을 보이게 하고, 스케치에 참고하기 위해서 선 명령을 사용하여 선을 그린 다음 구성선으로 변경한다.

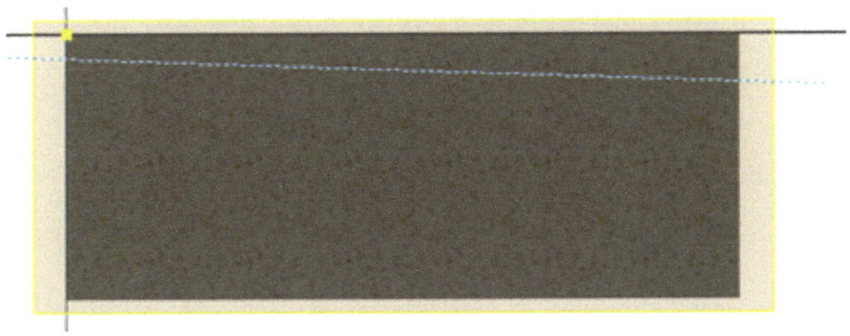

▶ 평행구속 조건과 치수 구속조건을 사용하여 스케치에 필요한 구성선을 정의한다.

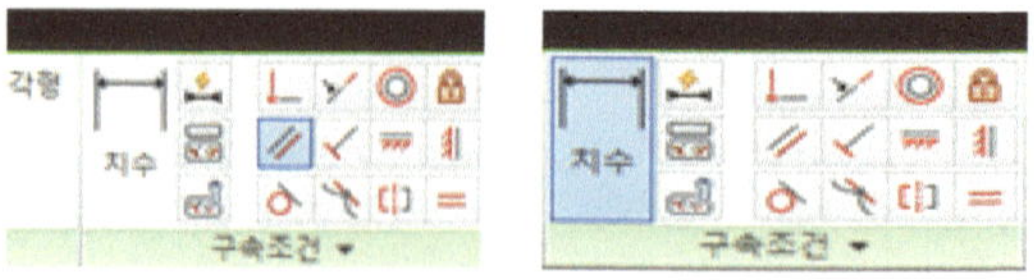

▶ 호(3점) 그리기 명령을 사용하여 임의로 호를 그려준다.

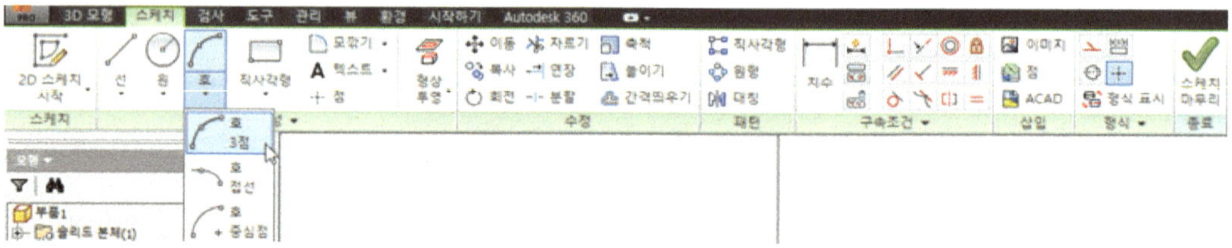

▶ 접선 구속조건을 사용하여 호와 구성선을 접하게 구속시킨다.
그리고 호의 치수(R70)를 입력하고, 호의 중심점 위치의 치수를 입력한다.

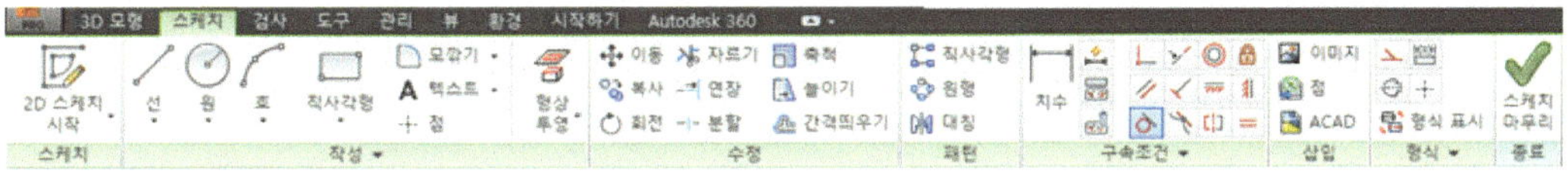

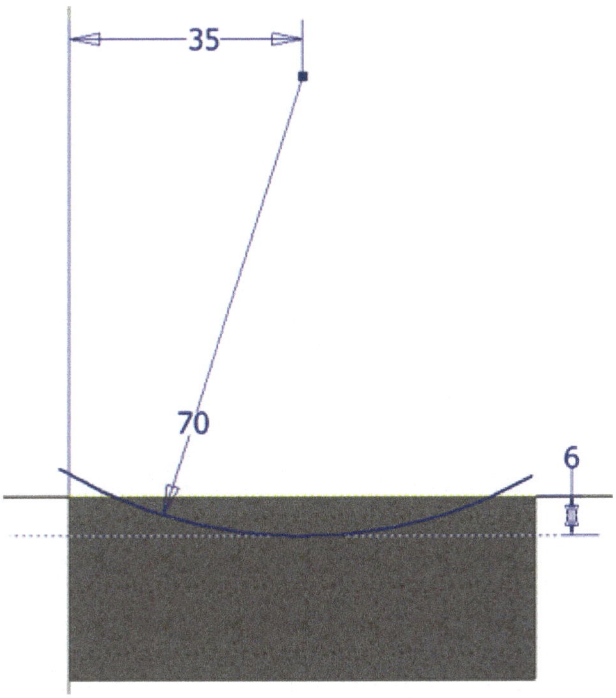

▶ 위와 동일한 방법을 사용하여 도면의 B-B 단면의 호를 그리고 스케치를 마무리 한다.

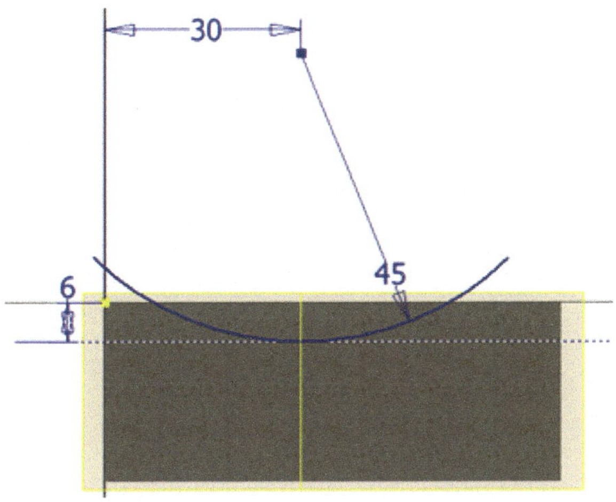

▶ 스웝 명령을 사용하여 스케치한 호를 사용하여 곡면을 생성하여 준다.

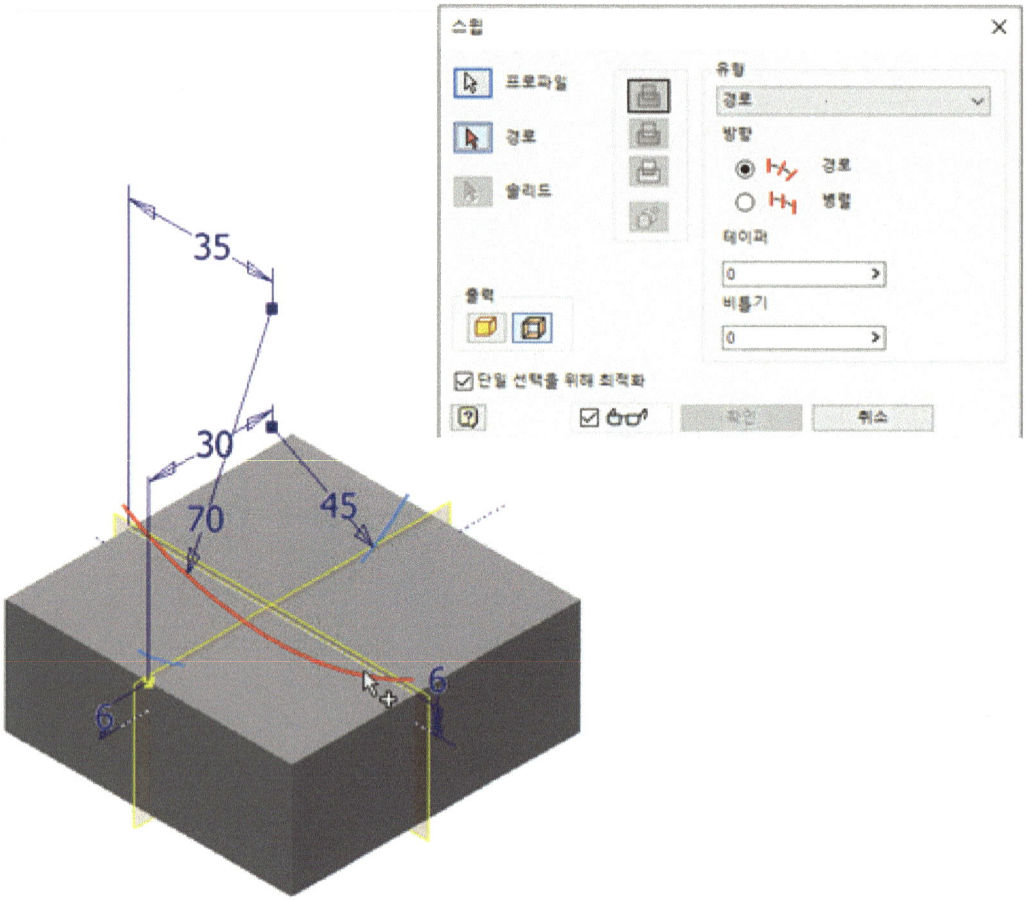

▶ 분할 명령을 사용하여 솔리드 자르기를 선택 후, 분할 도구는 스웝으로 생성한 곡면을 선택하여 준다.

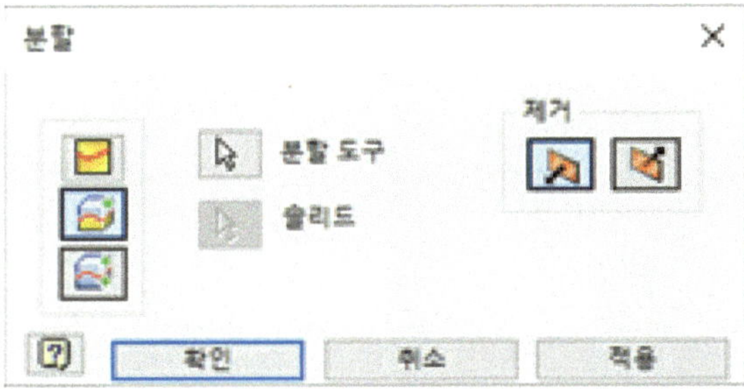

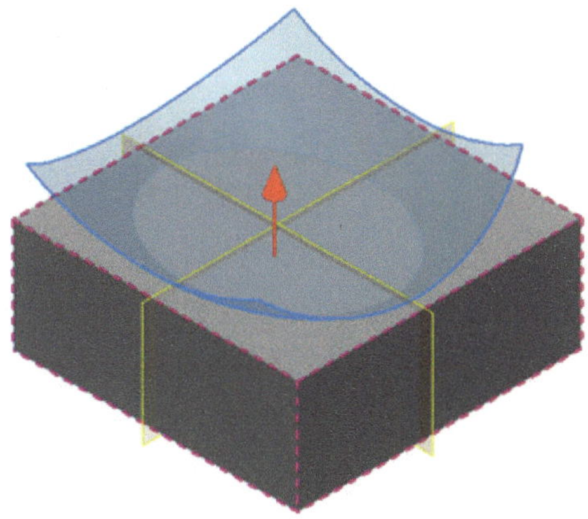

▶ 평면에서 간격띄우기 명령을 사용하여 소재 윗면에서 아랫방향으로 2mm 위치에 작업평면을 생성한다.

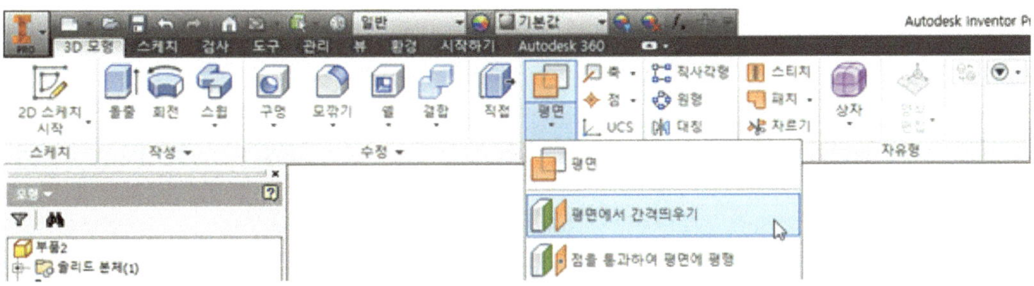

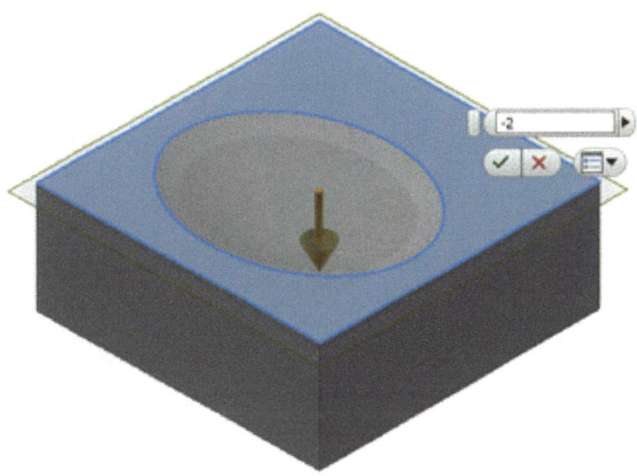

▶ 도면을 참고하여 30x30인 사각형을 스케치 한다.

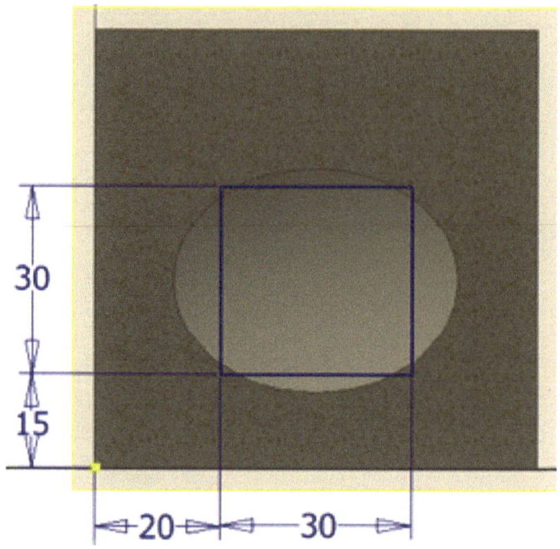

▶ 스케치 마무리 후 돌출 명령을 사용하여 스케치한 부분을 제거한다.

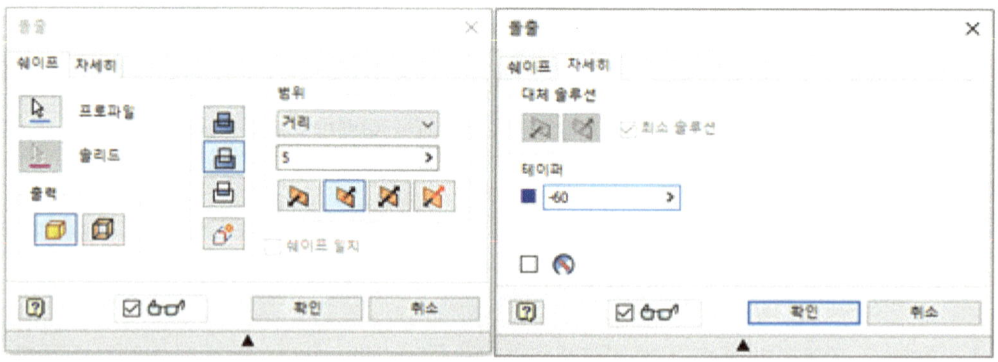

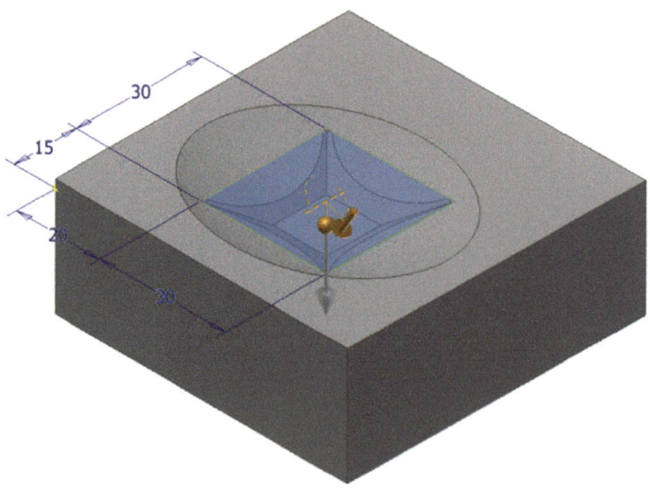

▶ 모깎기 명령을 사용하여 필렛을 넣어준다.

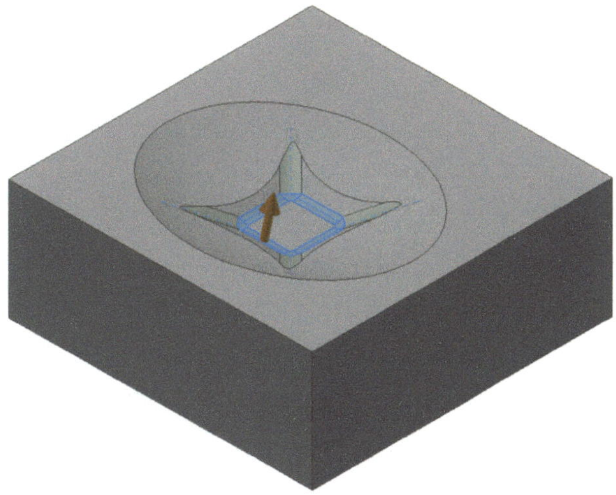

▶ 완성한 형상은 도면과 비교하여 확인한다.

※ 예제2 의 도면에 있는 필렛의 R10은 임의로 5로 변경하였으니 참고한다.

구속 조건 활용		
	일치 구속조건	2D 및 3D 스케치의 다른 형상에 점을 구속
	동일선상 구속조건	두 개 이상의 선 세그먼트 또는 타원 축이 동일한 선에 놓이도록 구속한다.
	동심 구속조건	동일 중심점에 두 개의 호, 원 또는 타원을 구속한다.
	고정	스케치 좌표계에 상대적인 위치에 점과 곡선을 고정한다.
	평행 구속조건	선택한 선형 형상이 서로 평행으로 놓이도록 구속한다.
	직각 구속조건	선택한 선형 형상이 서로 직각으로 구속한다.
	수평 구속조건	스케치 좌표계의 X축에 평행이 되도록 선, 타원 축, 점의 쌍을 생성한다.
	수직 구속조건	선, 타원 축 또는 점의 쌍이 스케치 좌표계의 Y축에 평행이 되도록 구속한다.
	접선	스플라인의 끝을 포함하는 곡선을 다른 곡선에 접하도록 구속한다.
	부드럽게(G2)	곡률 연속(G2) 조건을 스플라인에 적용한다.
	대칭	선택한 선 또는 곡선이 선택한 선을 기준으로 대칭되도록 구속한다.
	동일	선택된 원과 호가 동일한 반지름을 갖거나 선택된 선이 동일한 길이를 갖도록 구속한다.

[예제 3]

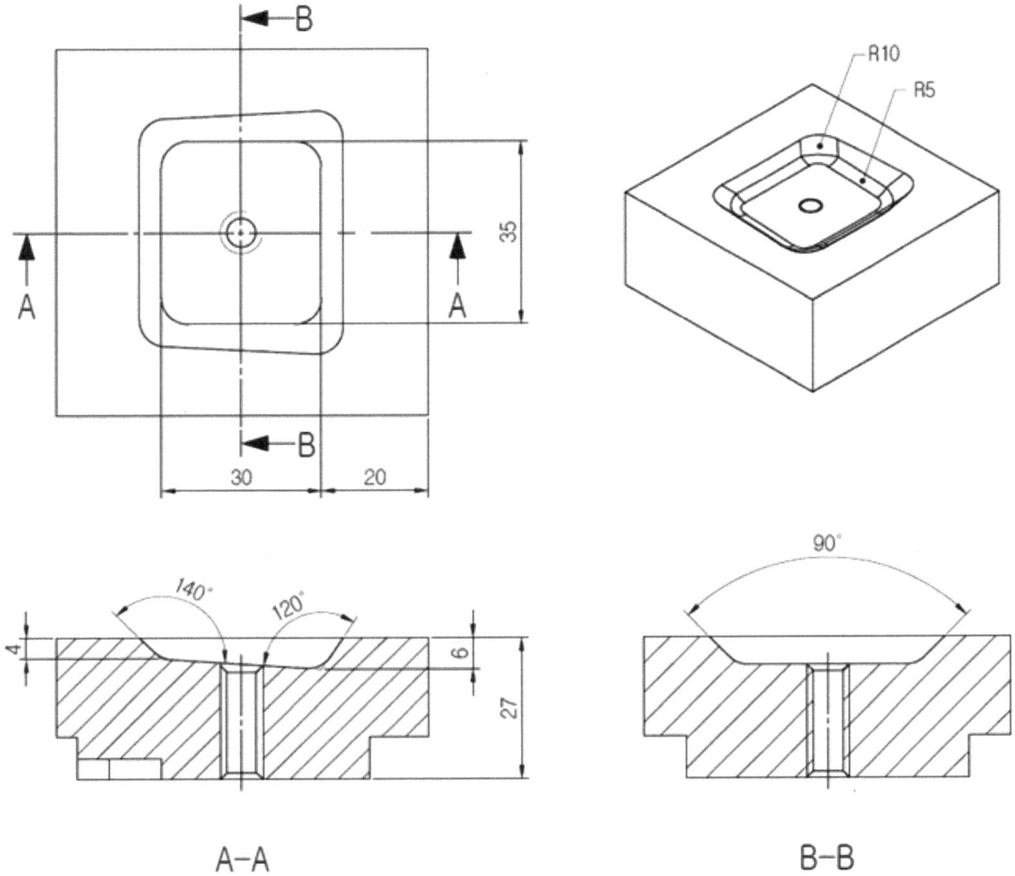

출처 : 큐넷 공개도면

※ 소재 모델링 과정은 동일하게 진행되므로 생략한다.

▶ 평면에서 간격띄우기 명령을 사용하여 작업평면을 생성한다. 이때 평면의 위치는 예제도면의 A-A단면이 되도록 생성한다.

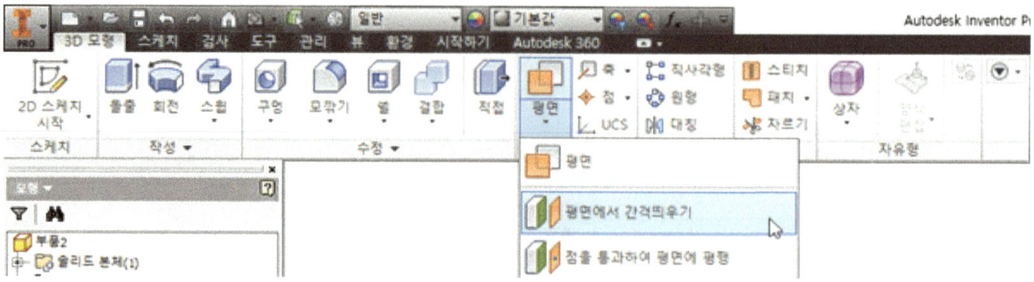

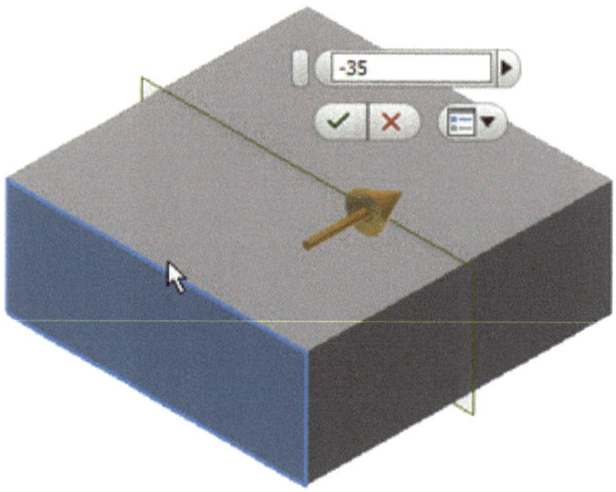

▶ 2D 스케치 시작 명령을 실행하고 생성된 작업 평면을 클릭한다.

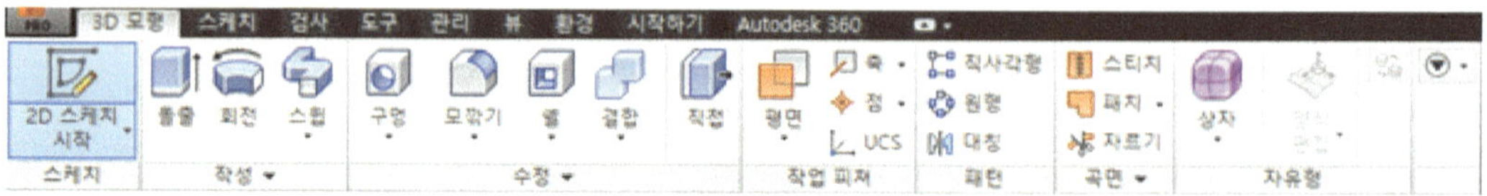

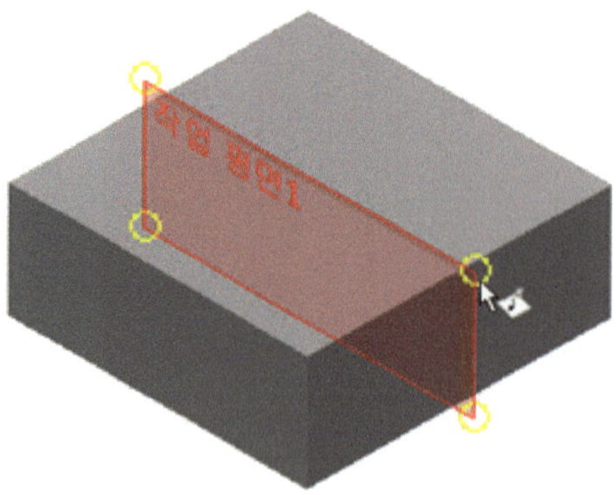

▶ 키보드의 F7을 눌러 스케치 할 단면을 보이게 하고, 선 명령을 사용하여 도면에 나와 있는 형상과 비슷한 형상을 그려준다.

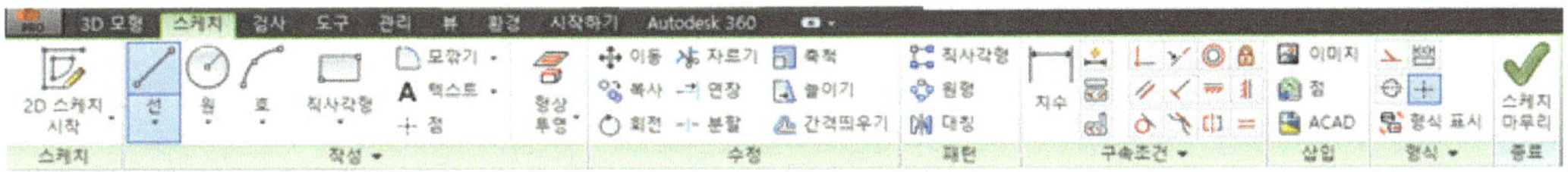

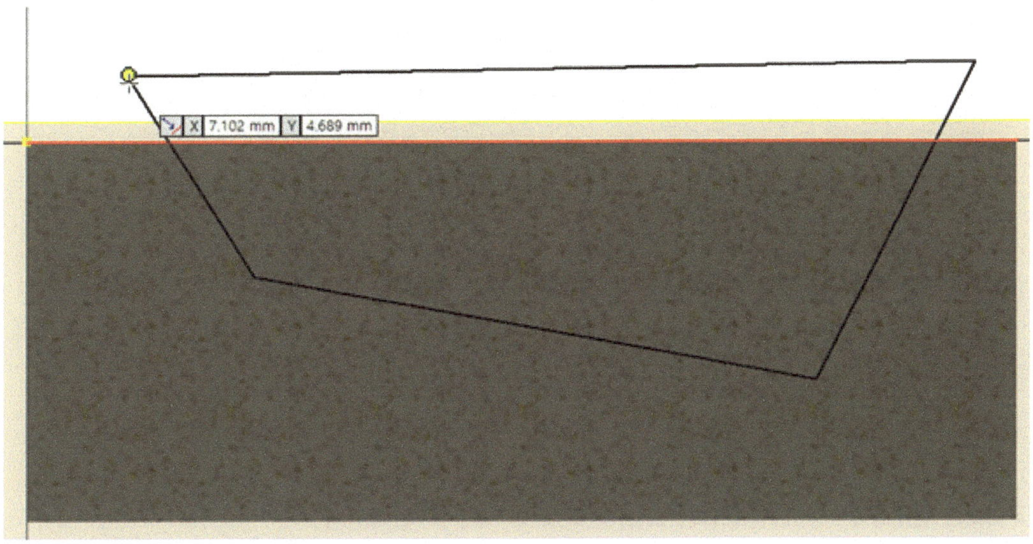

▶ 형상 투영 명령을 사용하여 소재의 윗면 모서리를 투영한다.

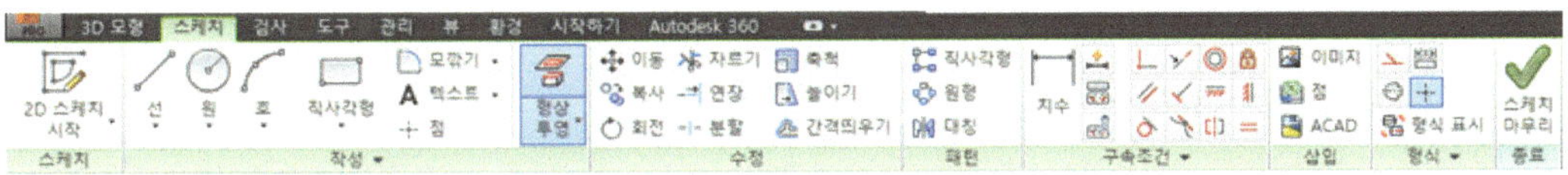

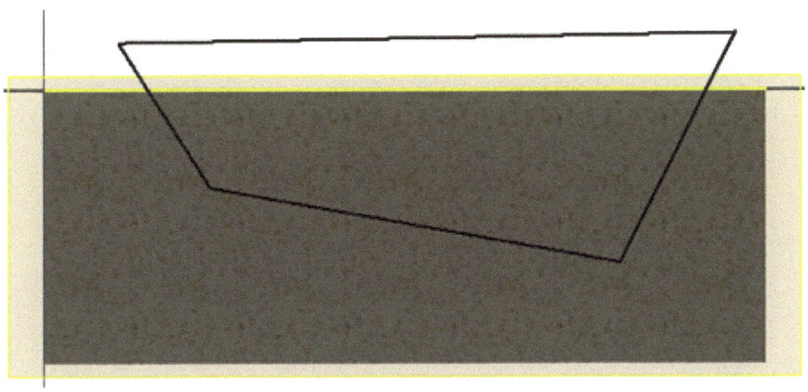

▶ 동일선상 구속조건을 사용하여 투영한 모서리와 스케치한 모서리를 선택한다.

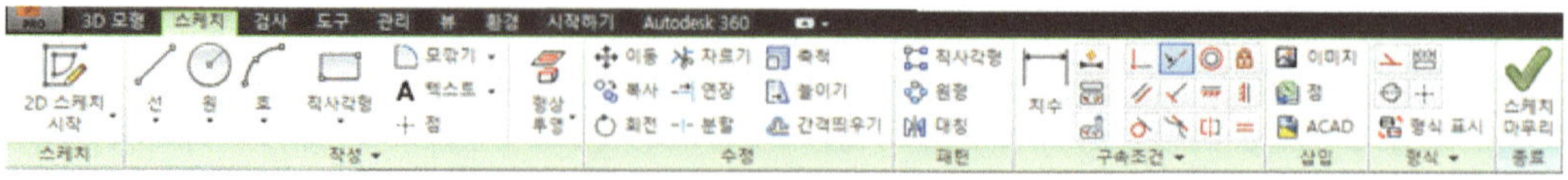

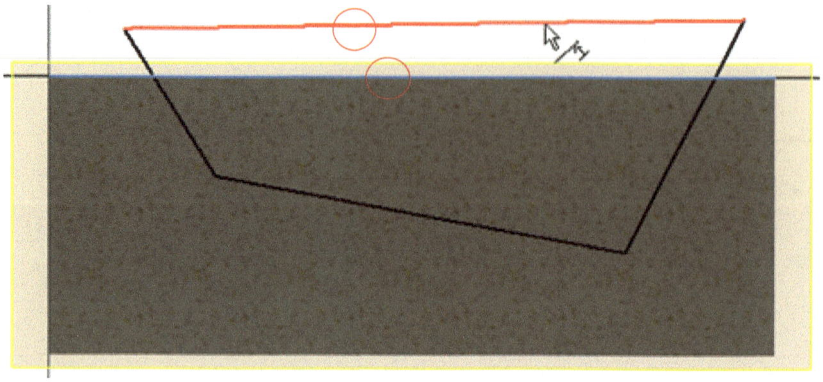

▶ 치수 명령을 사용하여 도면의 A-A를 참고로 치수를 입력한다.
치수 입력을 완료하였으면 투영한 선은 구성선으로 수정한다.

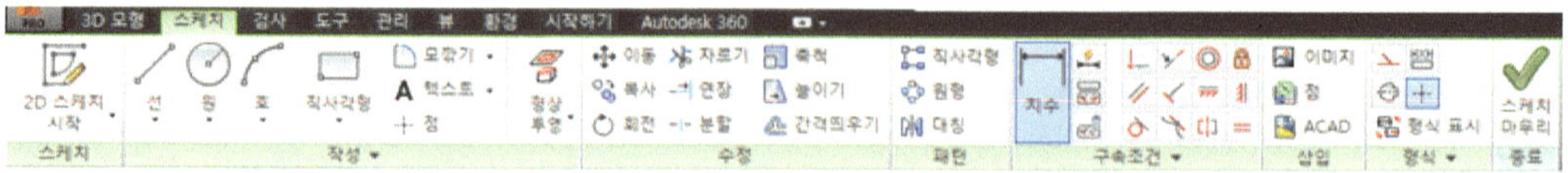

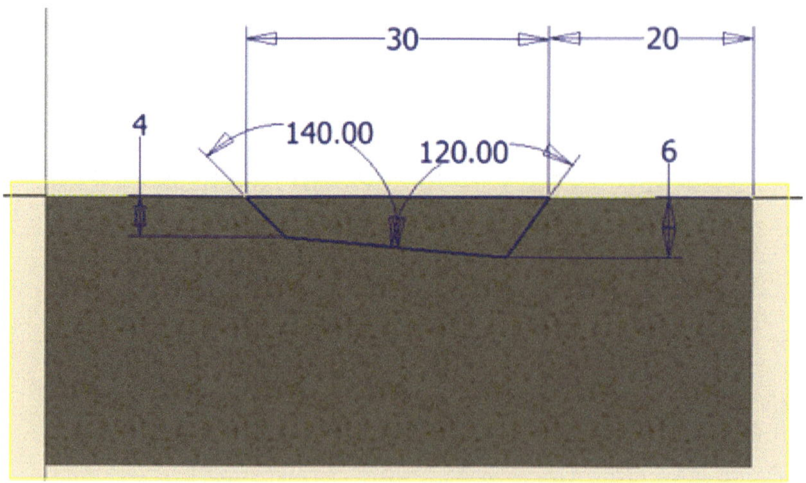

▶ 스케치를 마무리하고 돌출 명령을 실행한다.
차집합 조건으로 거리는 35mm 만큼 대칭으로 형상을 제거해준다.

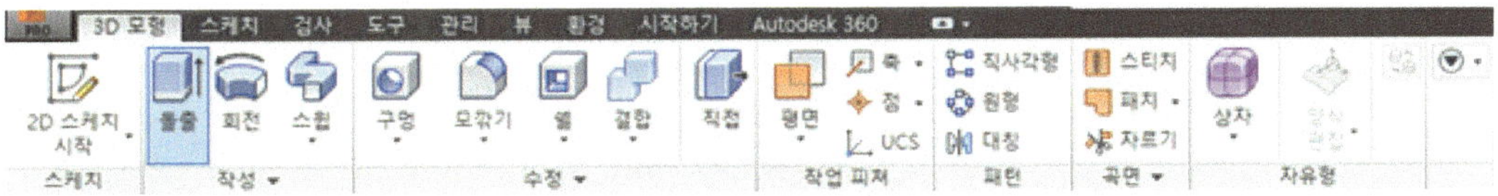

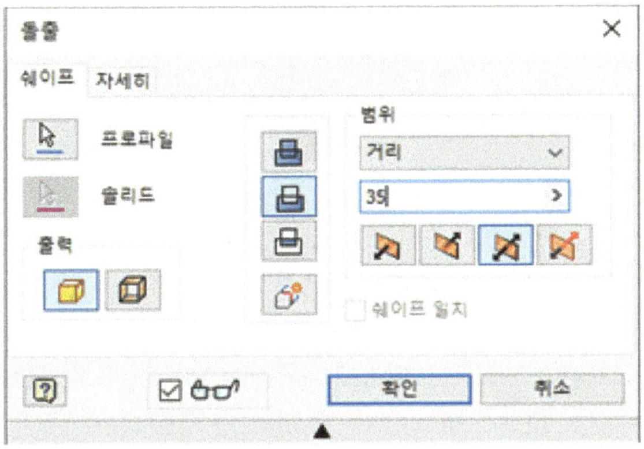

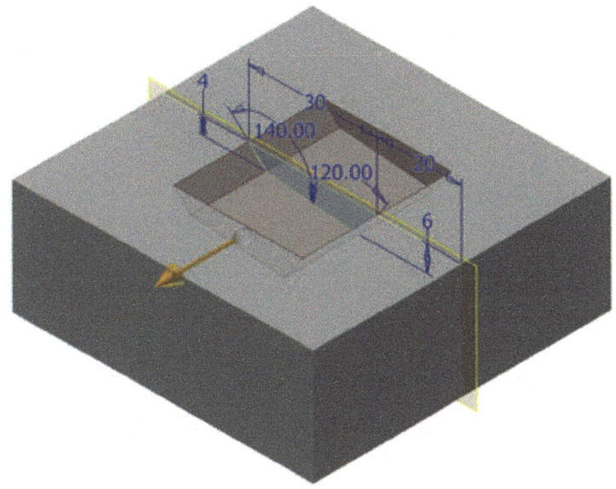

▶ 제도 명령을 사용하여 도면의 B-B단면에 표현된 각도를 입력하여 테이퍼를 적용한다.
※ 인장방향은 소재의 윗면을 클릭하고, 기울일 면은 기울일 면의 아래부분을 클릭하여야 한다. 기울일 면의 윗부분을 클릭하면 방향이 달라지므로 주의하여야 한다.

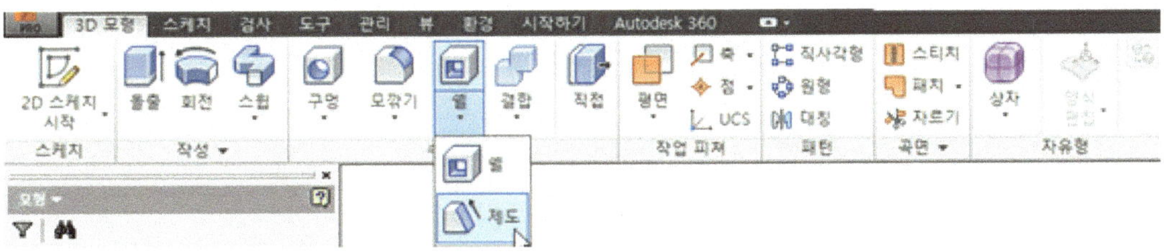

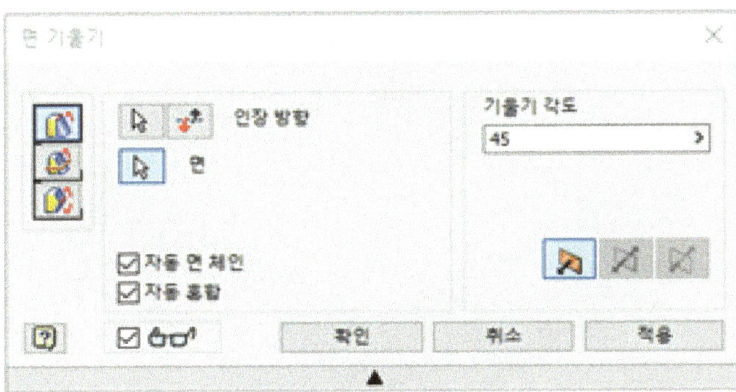

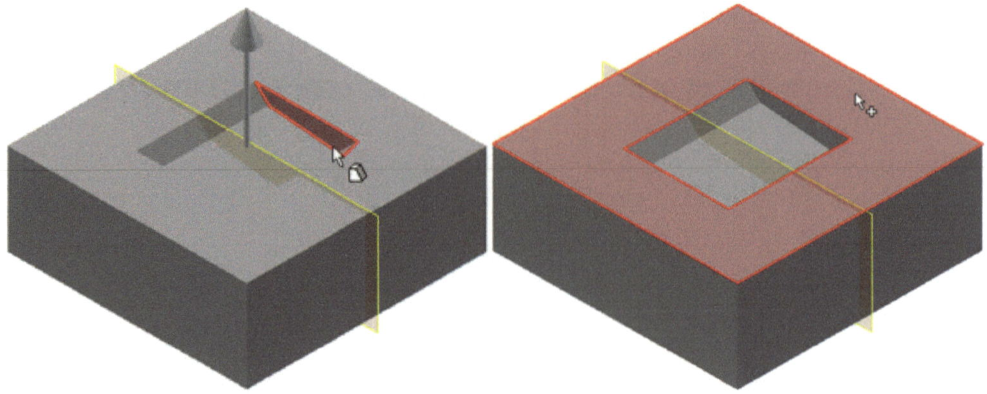

※ 작업의 편의를 위해 앞서 배운 작업평면의 가시성을 끄고, 비주얼 스타일도 변경하도록 한다.

▶ 모깍기 명령을 사용하여 도면의 표기된 치수에 맞게도록 필렛을 한다.

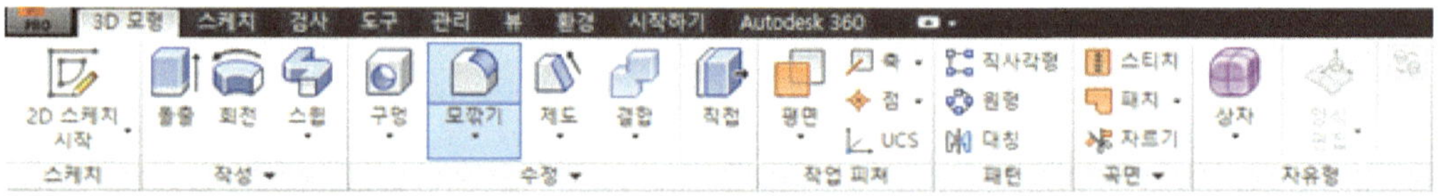

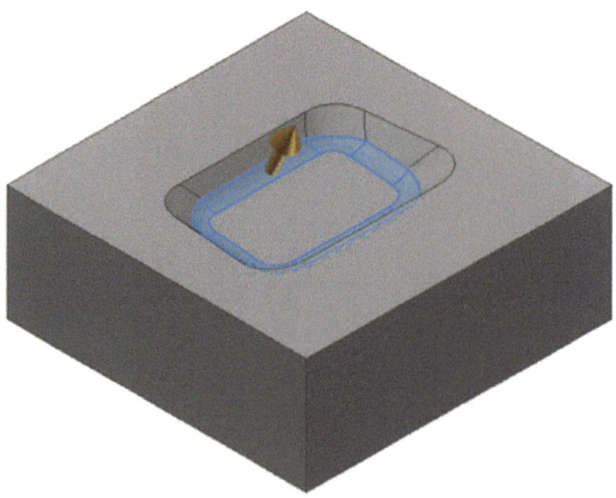

▶ 마지막으로 모델링이 완성되었다면 도면과 비교 검토한다.

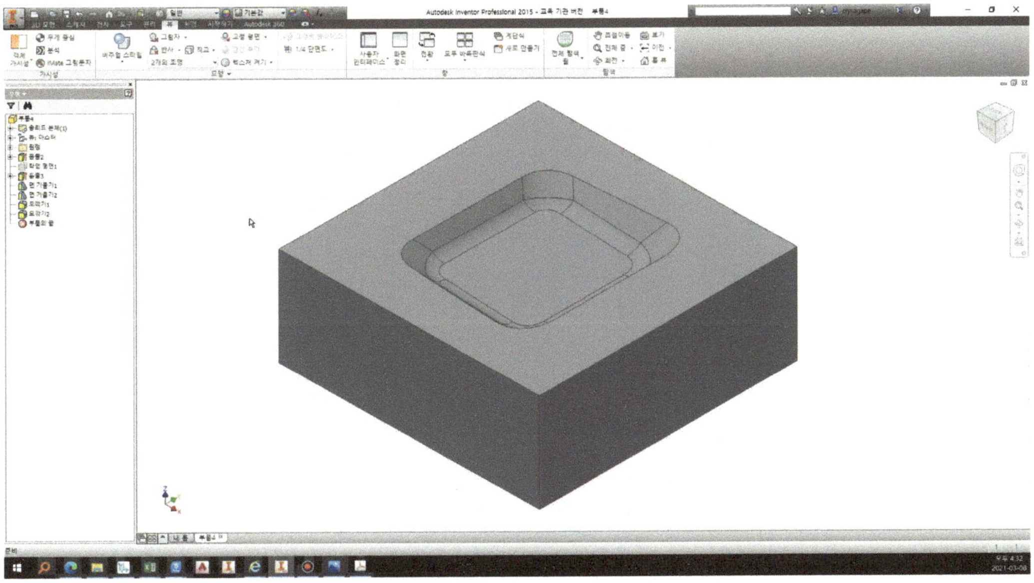

[예제 4]

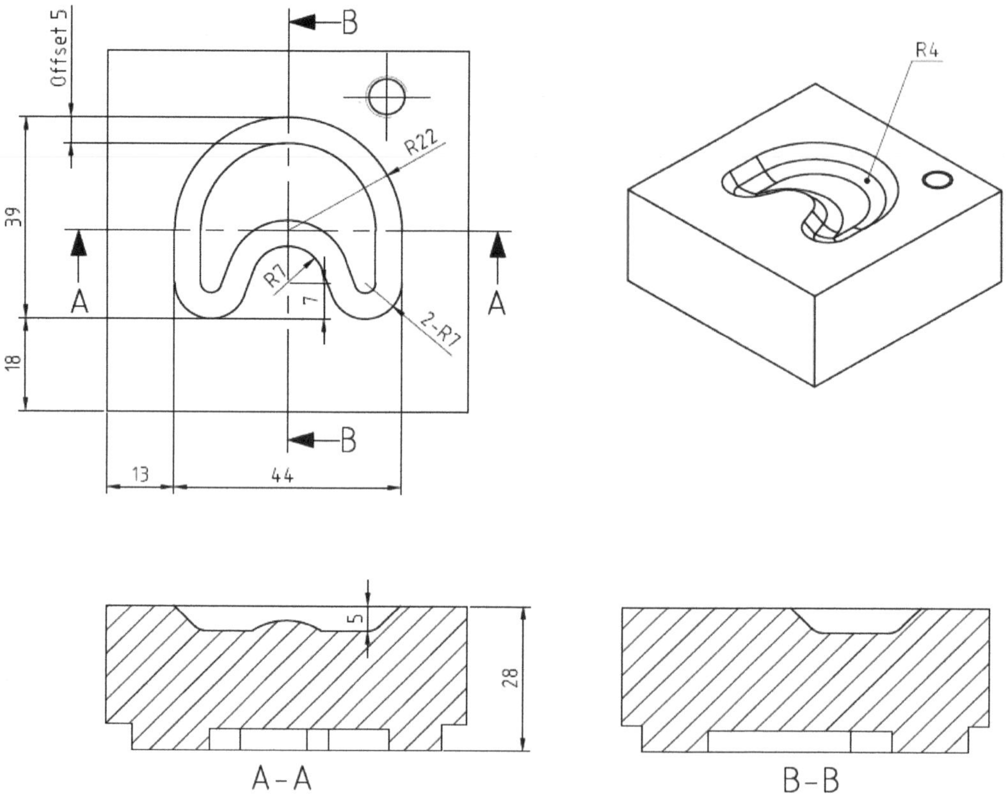

출처 : 큐넷 공개도면

※ 소재 모델링 과정은 동일하게 진행되므로 생략한다.

▶ 2D 스케치 시작을 하여 소재의 윗면을 선택한다. 도면을 보고 스케치를 위한 참고선(구성선)을 먼저 그리고 호(3점) 명령을 사용하여 호를 그려준다.

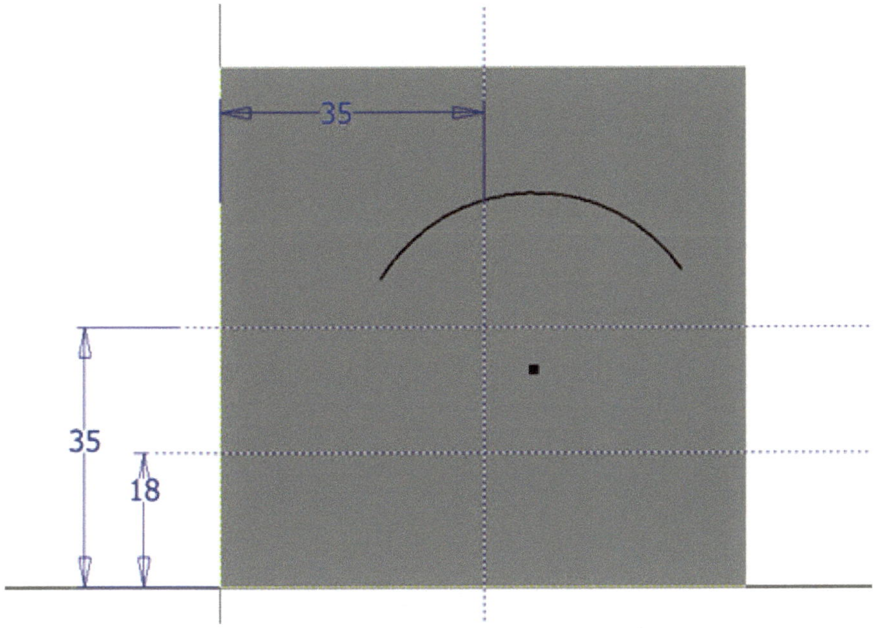

▶ 일치 구속조건을 사용하여 호의 중심점을 X축, Y축 구성선과 각각 구속하고, 치수를 입력한다. 호의 양끝점을 X축 구성선과 일치 구속한다.

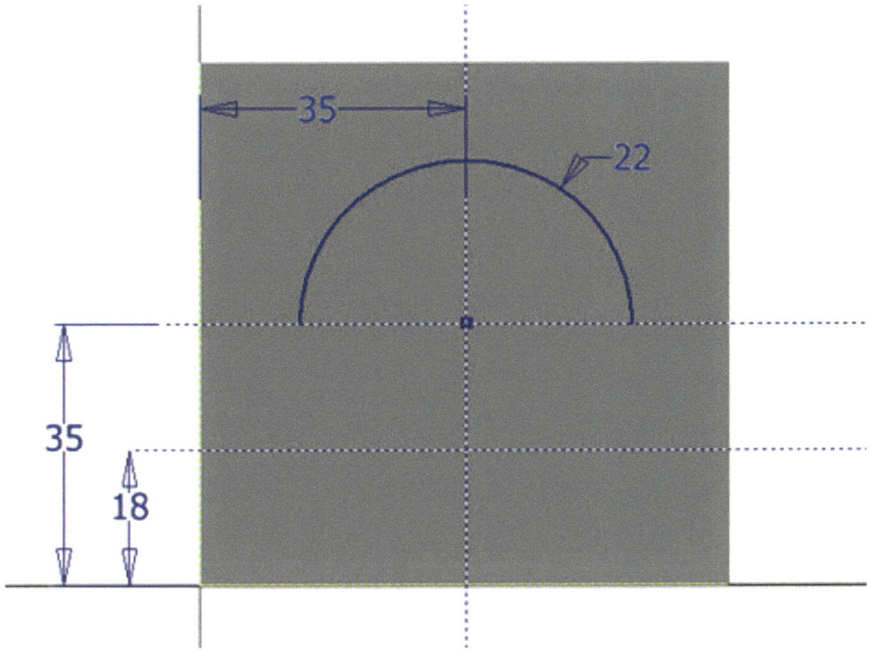

▶ 반지름 22mm 인 호의 끝점에서 Y축과 수직인 직선을 각각 그려준다.
반지름이 7mm 인 원을 임의의 위치에 2개 그려주고 원은 접선 구속을 사용하여 직선과 접하도록 구속하여 준다.

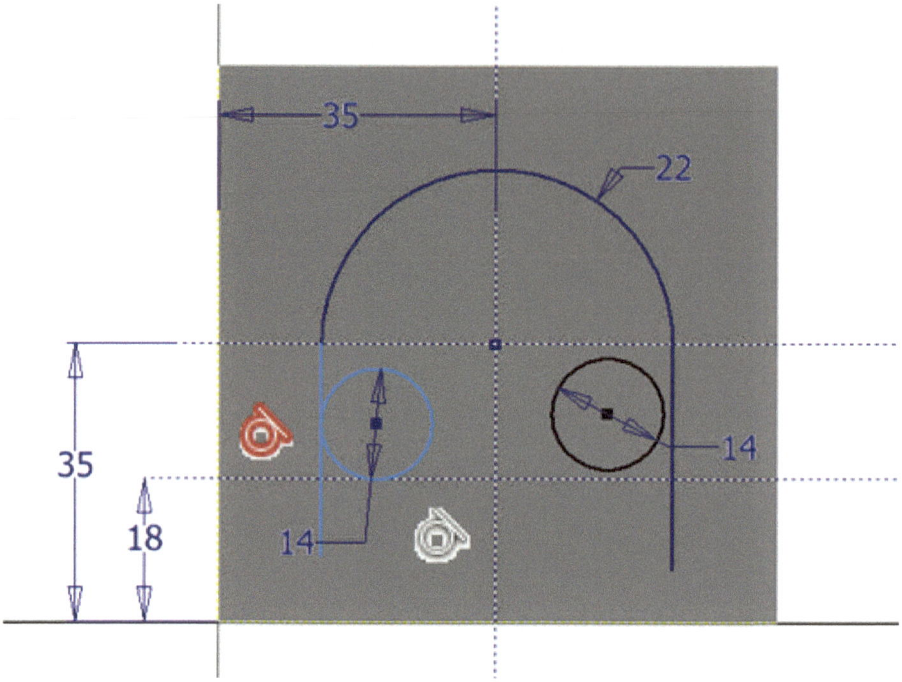

▶ 중심이 Y축 구성선과 일치하고 반지름 치수가 7mm 인 호를 그려준다.
그리고 임의의 직선을 2개 그린후 접선 구속을 사용하여 호와 원에 접하도록 구속한다.

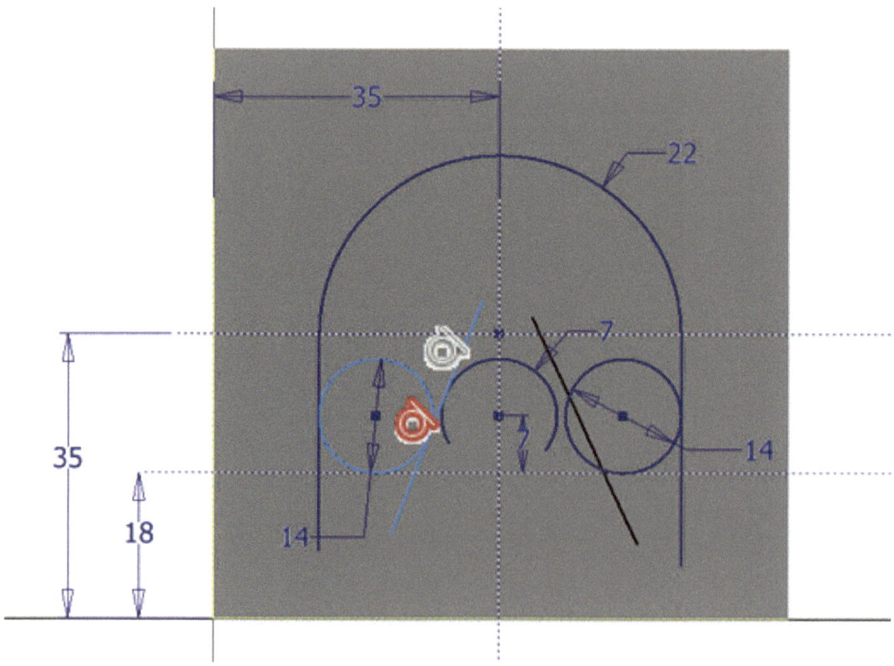

▶ 자르기 명령을 사용하여 불필요한 선을 정리하여 스케치를 마무리한다.

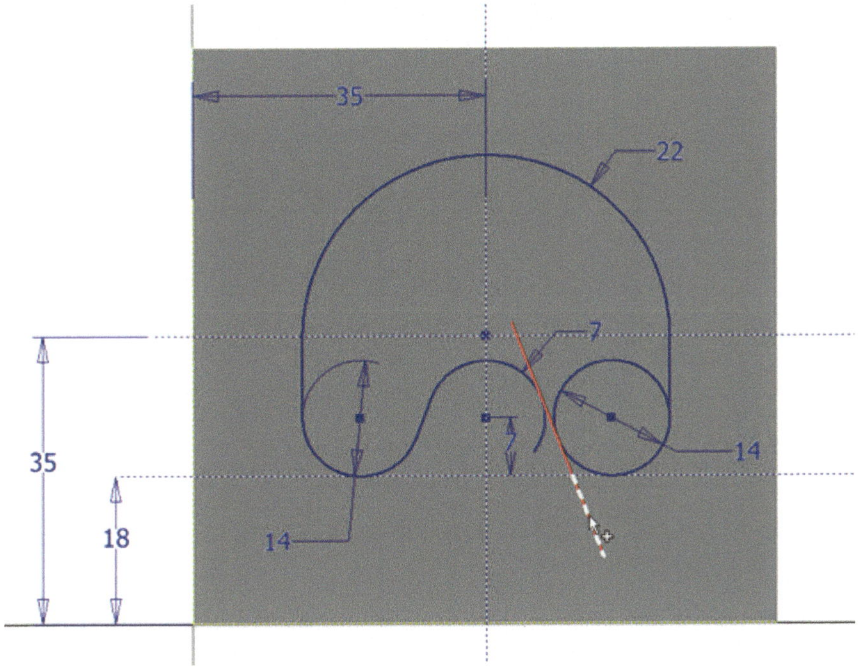

▶ 평면에서 간격띄우기 명령을 사용하여 소재 윗면에서 아랫방향으로 5mm 위치에 작업평면을 생성한 뒤 생성된 작업평면에 스케치를 시작한다.

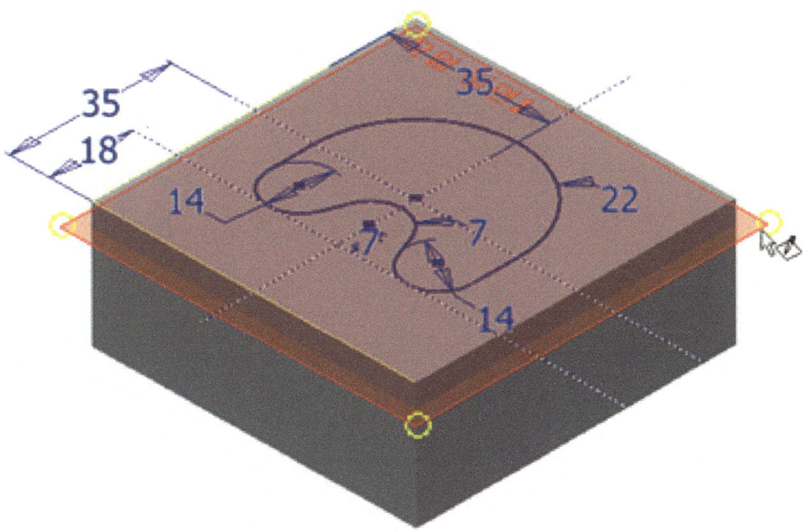

▶ 형상투영 명령을 사용하여 소재 윗면에 스케치한 형상을 작업평면에 투영한다. 투영된 스케치는 간격띄우기 명령을 사용하여 안쪽방향으로 5mm 옵셋한다. 투영된 스케치는 구성선으로 변경하고 스케치를 마무리한다.

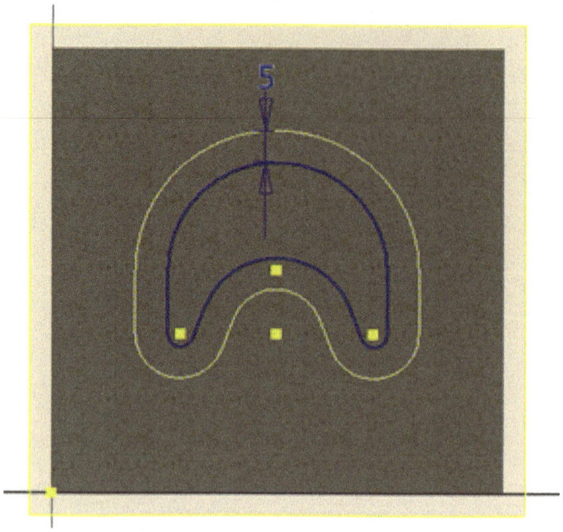

▶ 로프트 명령을 사용하여 윗면과 작업평면의 스케치를 각각 선택하여 준다. 차집합 명령으로 선택한 형상을 제거하도록 한다.

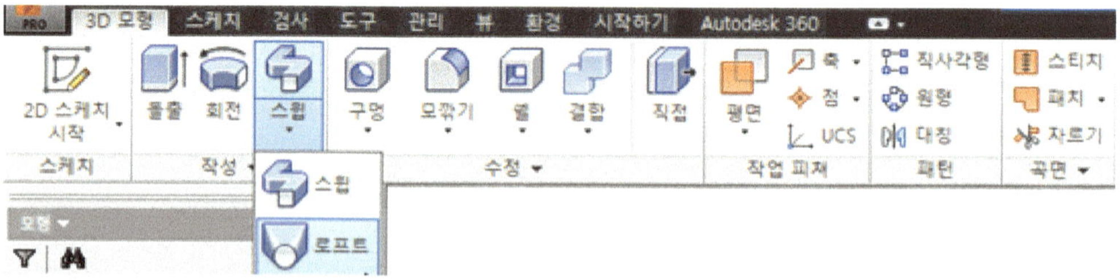

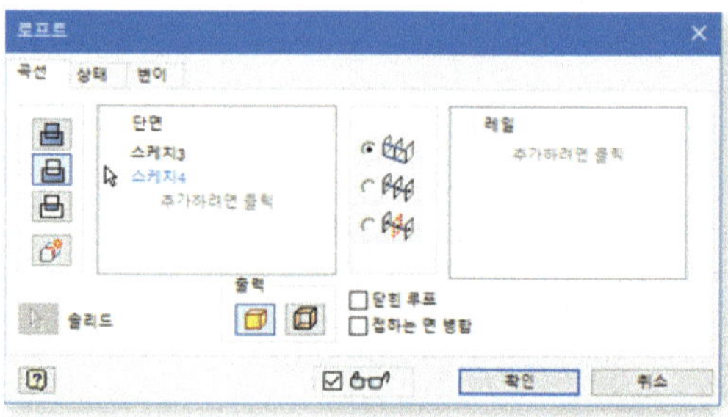

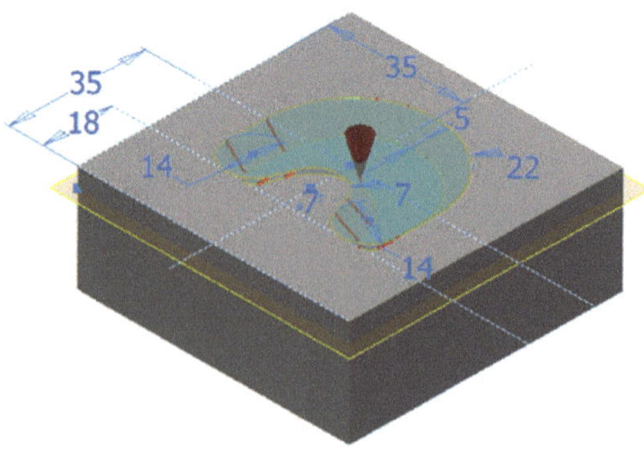

▶ 모깍기 명령을 사용하여 모델링을 마무리하도록 한다.

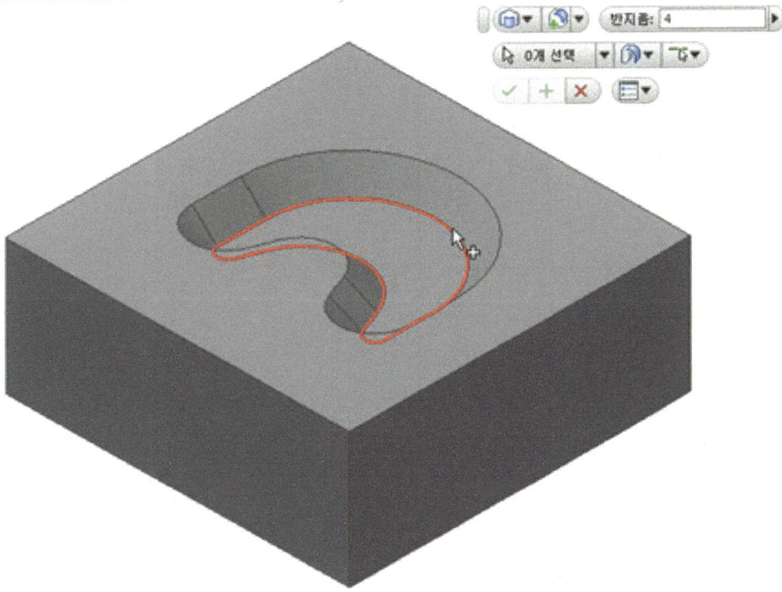

[예제 5]

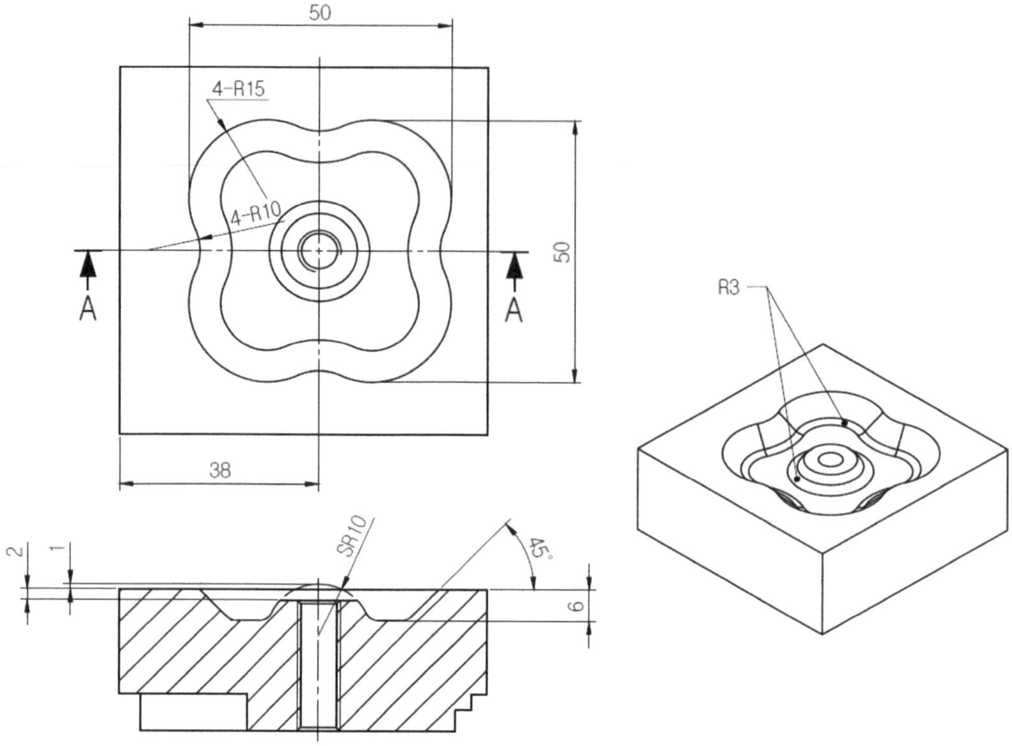

A-A

출처 : 큐넷 공개도면

※ 소재 모델링 과정은 동일하게 진행되므로 생략한다.

▶ 도면의 형상을 스케치하기 위해 구성선을 먼저 그려주도록 한다.

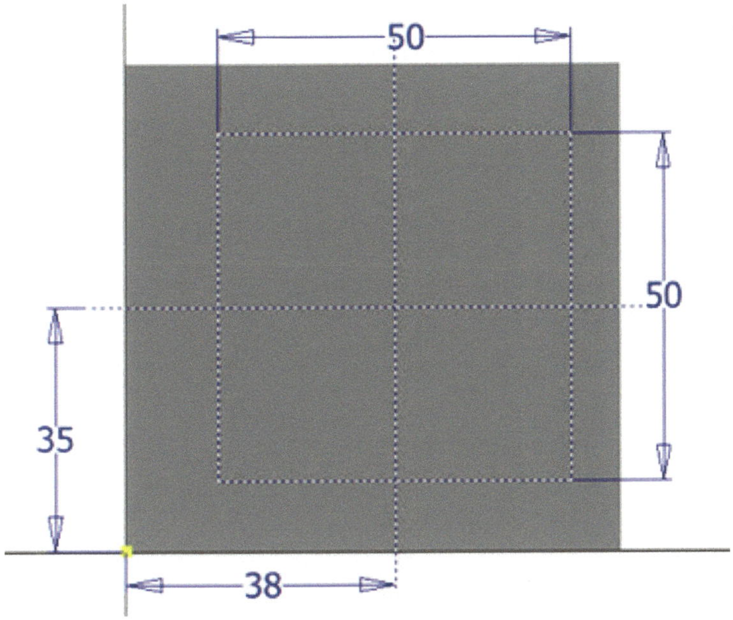

▶ 임의의 호를 4개 그려준 다음 구성선에 접하도록 접선 구속을 하고 치수를 입력한다.

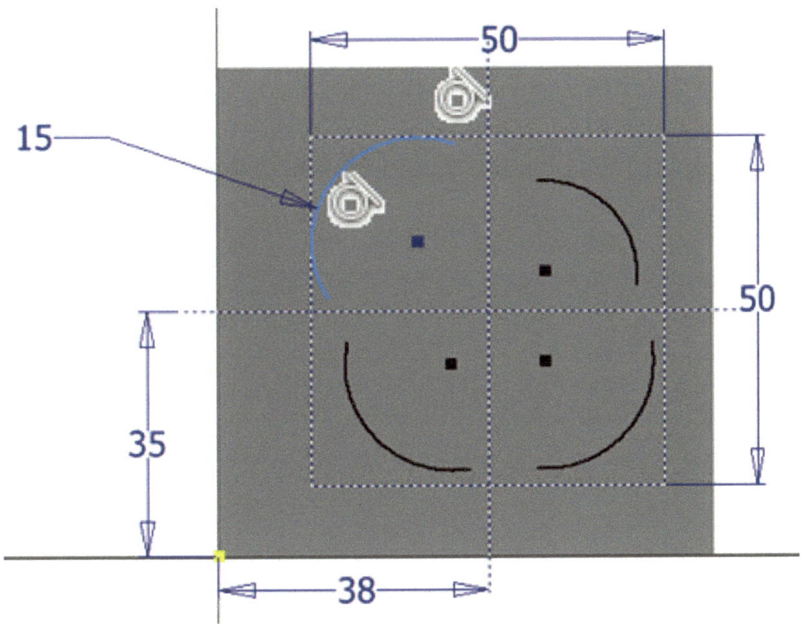

▶ 모깎기 명령을 사용하여 반지름이 10인 필렛으로 두 개의 호를 연결하고 스케치를 마무리 한다.

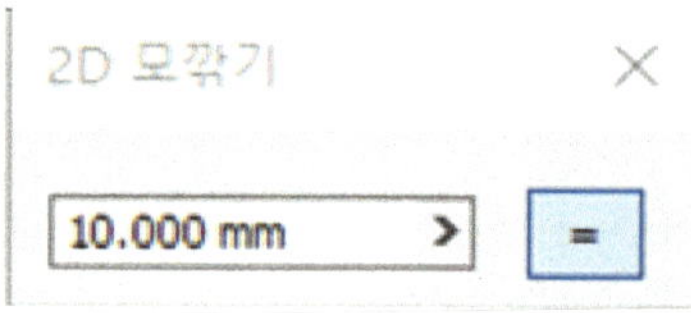

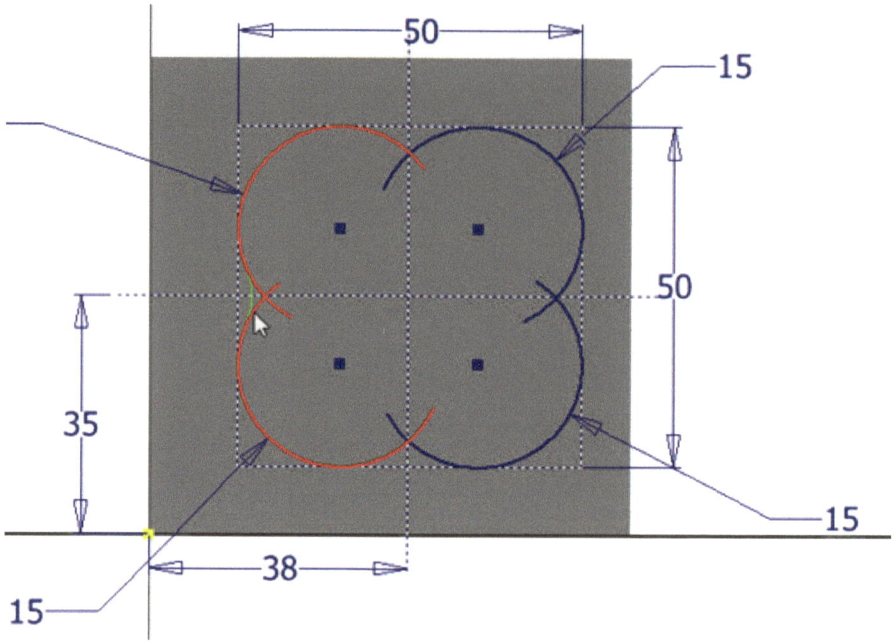

▶ 돌출 명령을 사용하여 [차집합]-[거리 6mm]-[방향2]를 각각 선택하여주고 프로파일은 소재 윗면의 스케치를 선택하도록 한다.
자세히 탭을 선택한 후 테이퍼 각도를 -45도(도면에 표기된 각도)를 입력한후 확인

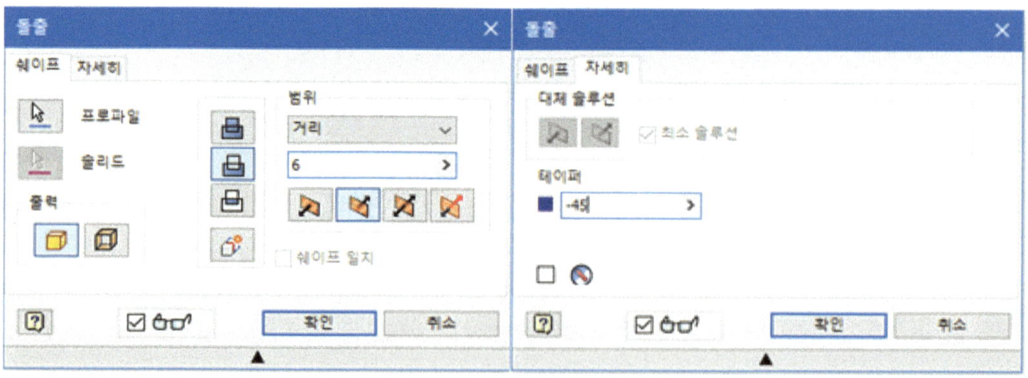

▶ 평면에서 간격띄우기 명령을 사용하여 작업평면을 생성한다. 이때 평면의 위치는 예제도면의 A-A단면이 되도록 생성한다.

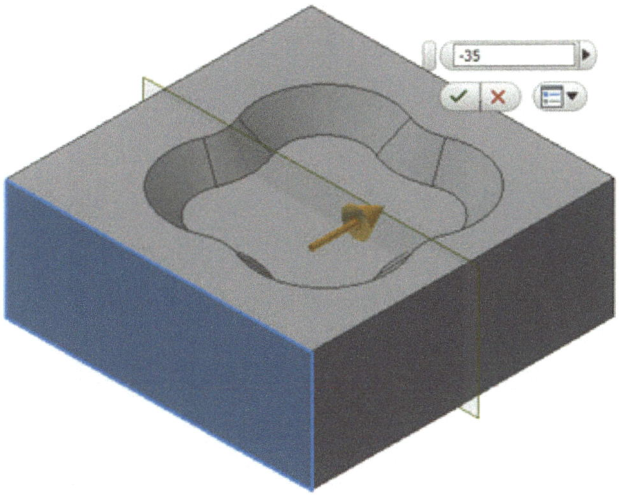

▶ 2D 스케치 시작 명령을 실행하고 생성된 작업 평면을 클릭한다.
스케치하기 위해 구성선을 먼저 그려주도록 한다.

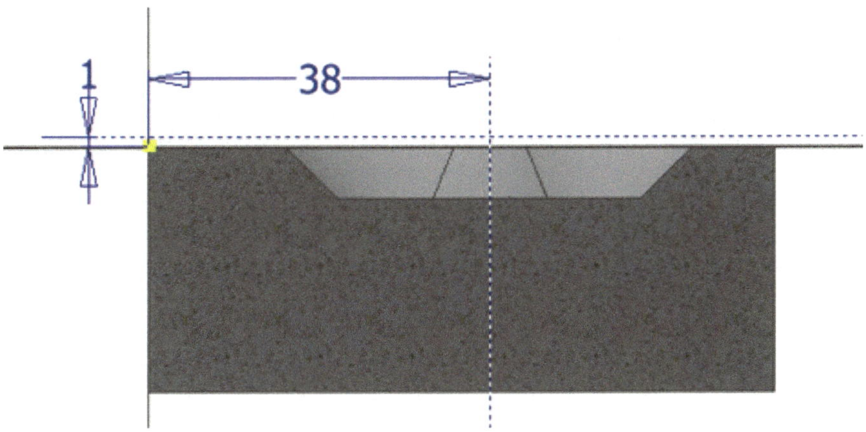

▶ 지름이 20mm 인 원을 그리고 접선 구속을 사용하여 X축 구성선과 접하도록 구속한다. 일치 구속조건을 사용하여 원의 중심은 Y축 구성선과 일치 시켜준다.

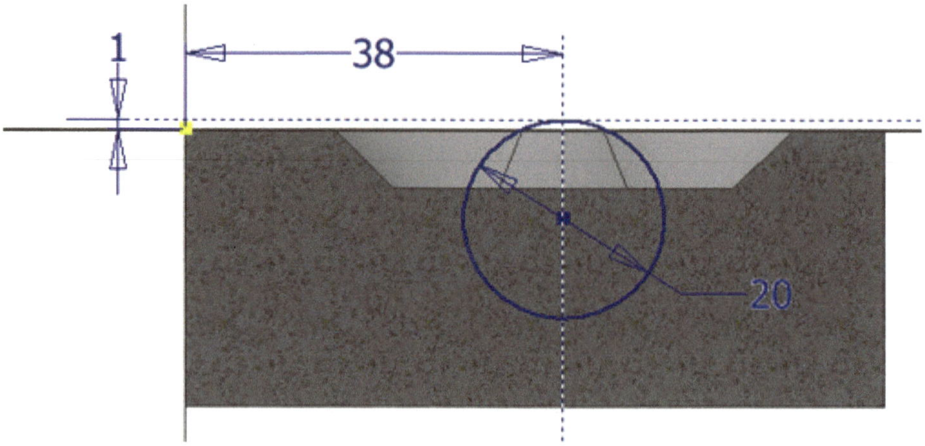

▶ 원의 중심을 지나고 X축 구성선에 평행인 직선을 그린 후 선의 형식을 중심선으로 변경하여 주고 스케치를 마무리 한다.

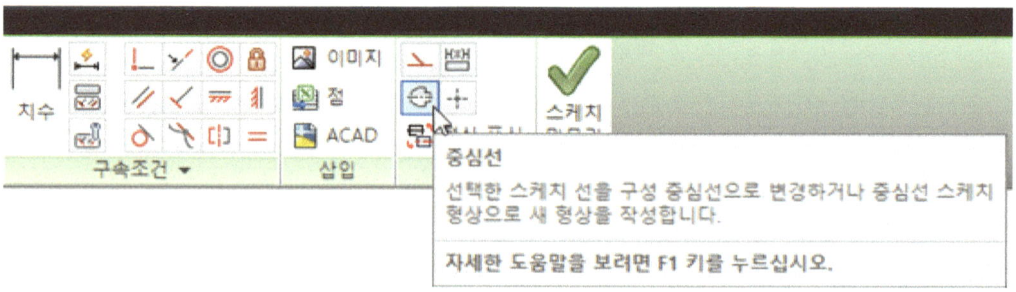

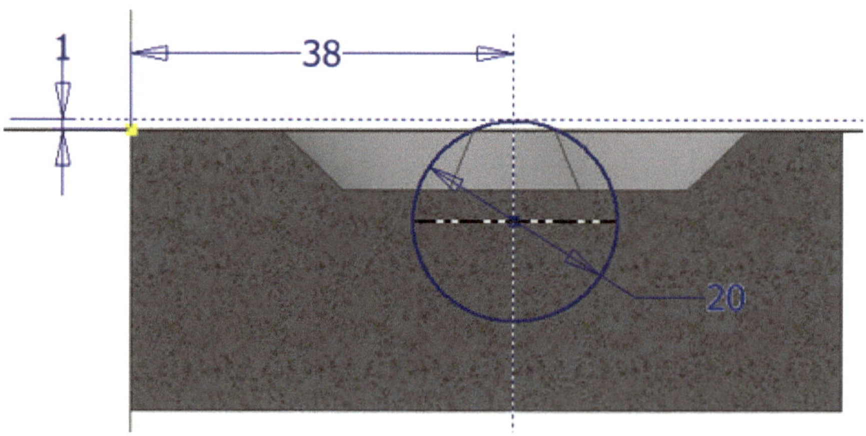

▶ 회전 명령을 사용하여 프로파일은 반원을 선택, 축은 원의 중심선을 선택하여 접합으로 형상을 생성하도록 한다.

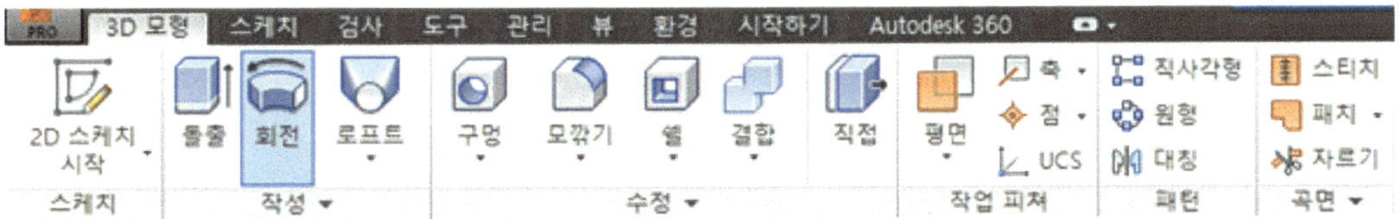

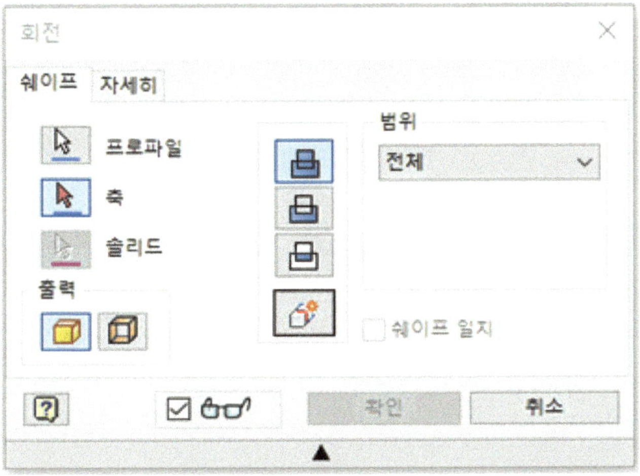

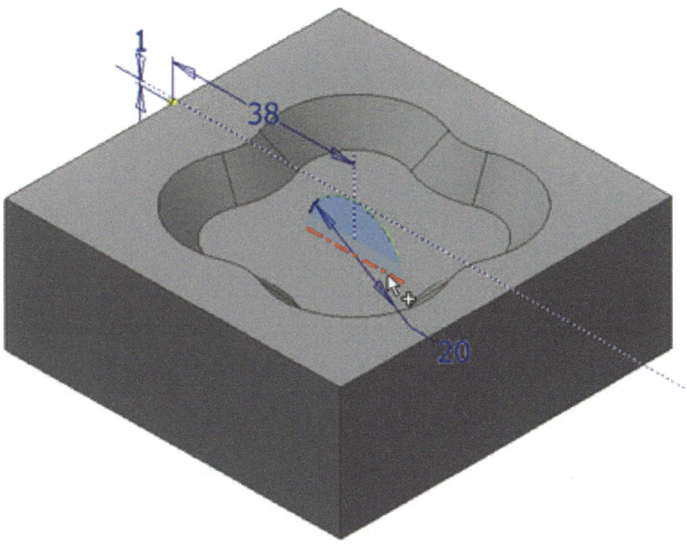

▶ 2D 스케치 시작 명령을 실행하고 좌측 트리의 작업 평면1을 선택한다.
이번 스케치는 구 형상의 상부를 제거하기 위한 스케치 이므로 스케치 구속은 어느 정도 무시하고 진행할 수 있다. 아래와 같이 제거해야 될 형상만 포함시켜 스케치를 마무리 한다.

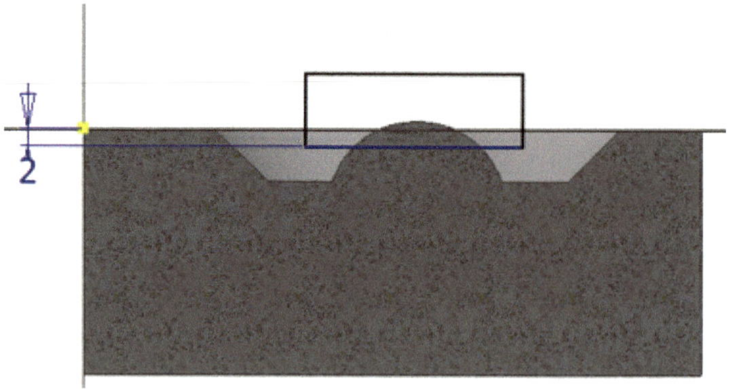

▶ 돌출 명령을 사용하여 작업 평면1의 스케치를 선택하고 차집합을 선택한다.
대칭방향으로 거리 20mm 로 형상을 제거하도록 한다.

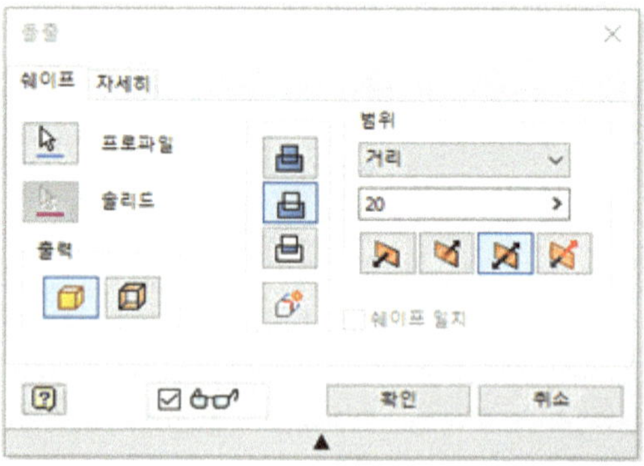

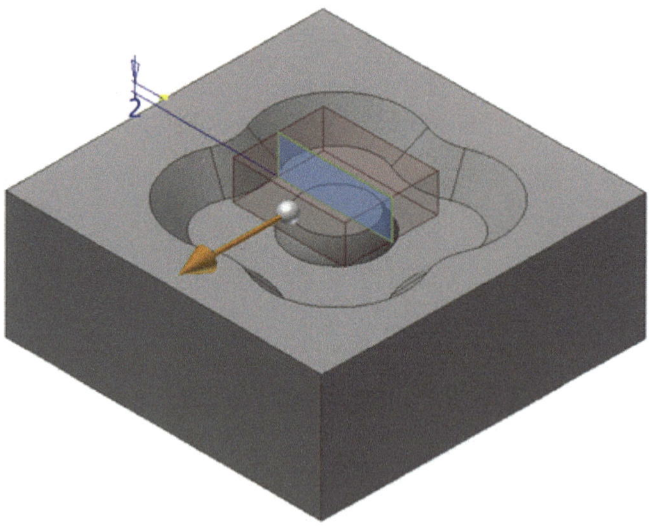

▶ 마지막으로 모깍기 명령을 사용하여 도면에 표기된 R3 필렛을 해주면 마무리 된다.

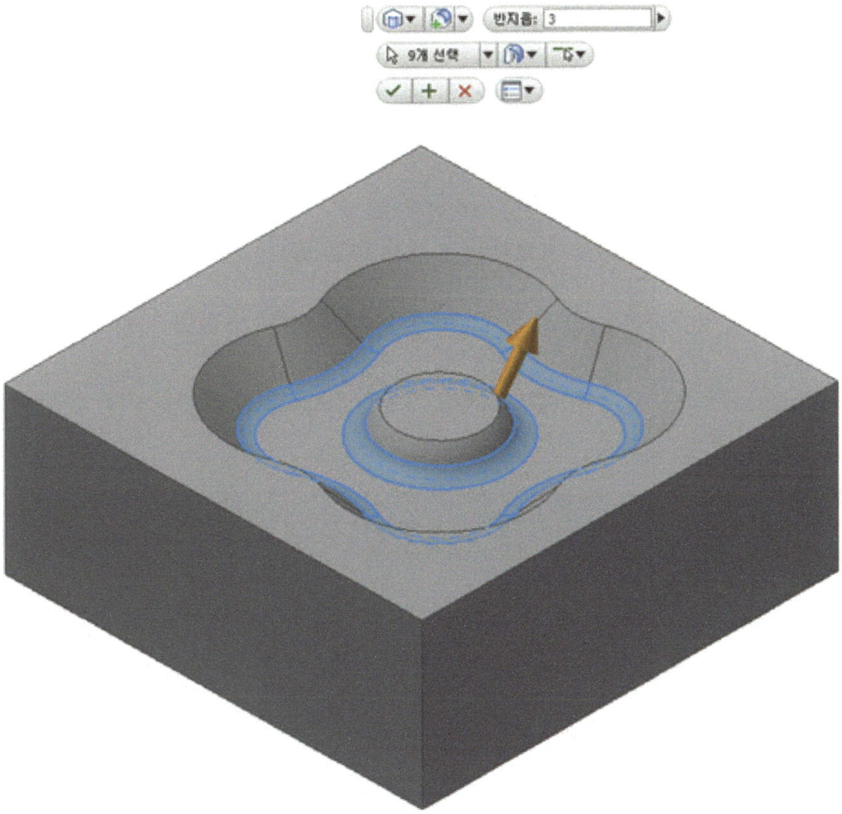

2.2 모델링 따라하기Ⅱ(CATIA V5R20)

2.2.1 화면 구성 및 기본 설정

CATIA 화면 구성

- CATIA는 크게 메인 메뉴(①), 3D 작업창(②), 아이콘(③)으로 구성되어 있다.
  Compass(④)를 참조해 작업평면(⑤)을 작성하고 스케치 작업 공간에서 아이콘이나 단축키 등을 이용하여 스케치를 수행한다.
  그 후 다시 3D 작업창에 3D 관련 명령을 이용하여 모델링을 하고 그 결과는 Specification Tree(⑥)에 도시된다.
  파라메트릭 모델링을 위해 모델을 수정 할 시 해당 모델링 요소를 더블 클릭하여 수정한다.

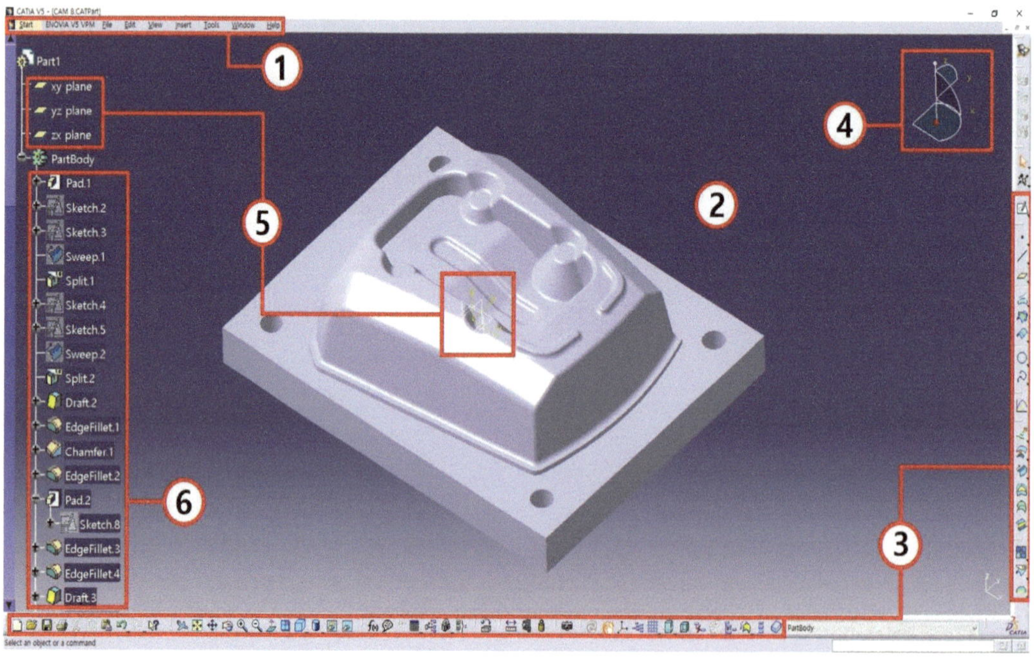

사용자 언어 설정

- 메인 메뉴의 Tools 선택 후 순서대로 환경 언어를 변경한 뒤 CATIA를 종료 후 재 시작한다.

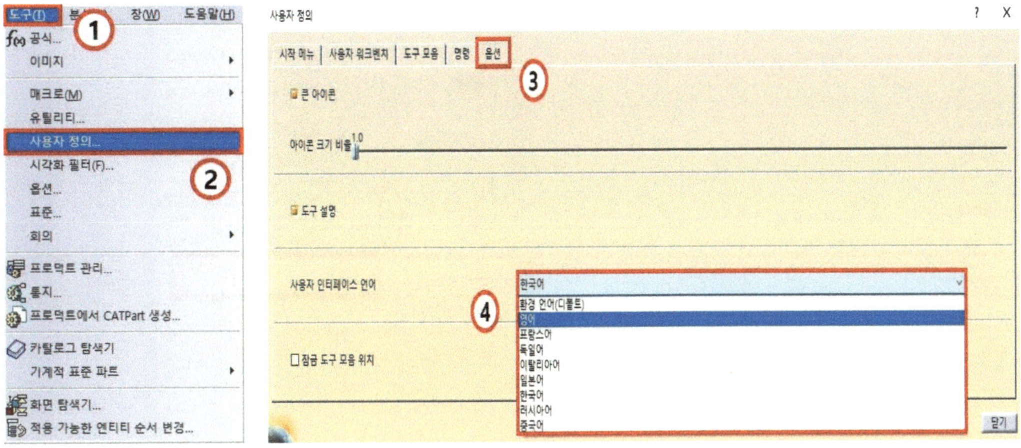

화면 해상도 설정

- 메인 메뉴의 Tools - Options 선택 뒤 그림과 같이 3D Accuracy와 2D Accuracy를 설정한다.

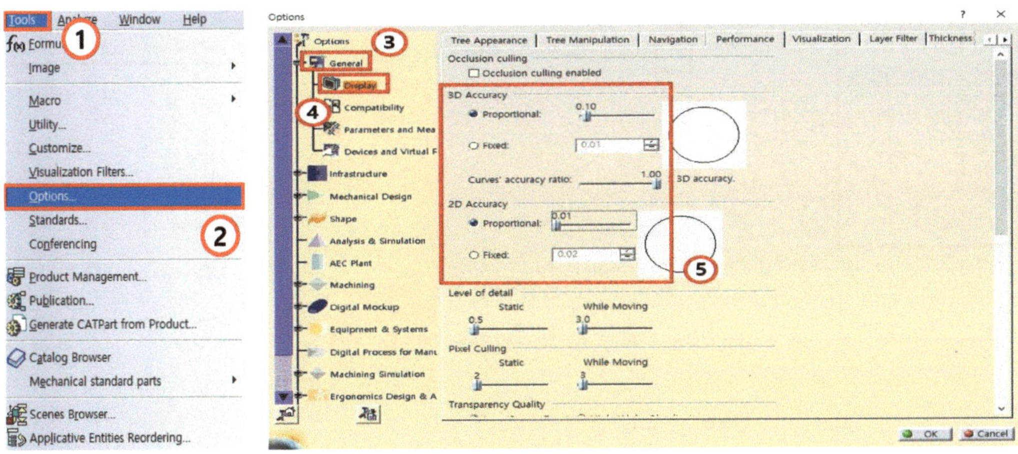

CAM 출력 설정

- 메인 메뉴 Tools - Options에서 그림과 같이 설정하며 Post Processor의 타입은 IMS로 변경한 뒤 아래의 Tool Path files의 Extension을 nc로 입력한다.

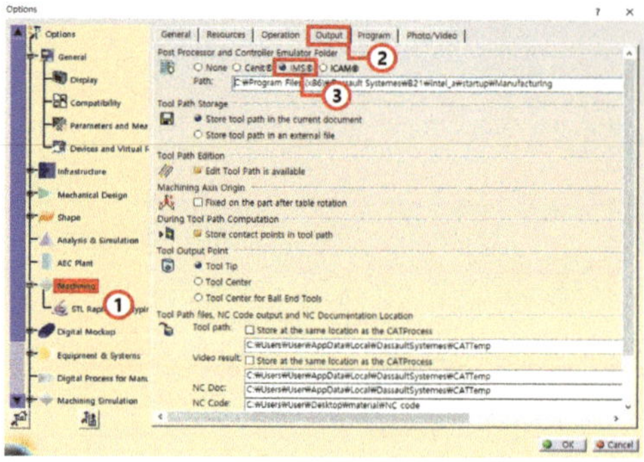

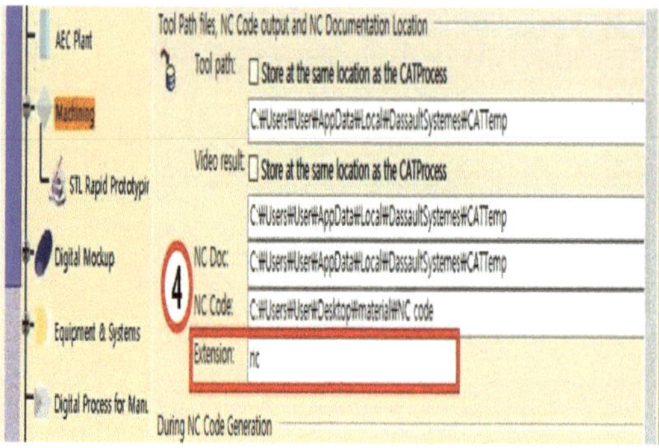

즐겨찾기 설정

- 즐겨찾기에 주로 사용하는 워크벤처를 추가하면 작업이 편해지고 작업시간이 단축된다. 메뉴의 Tools - Customize에서 그림과 같이 설정한다.

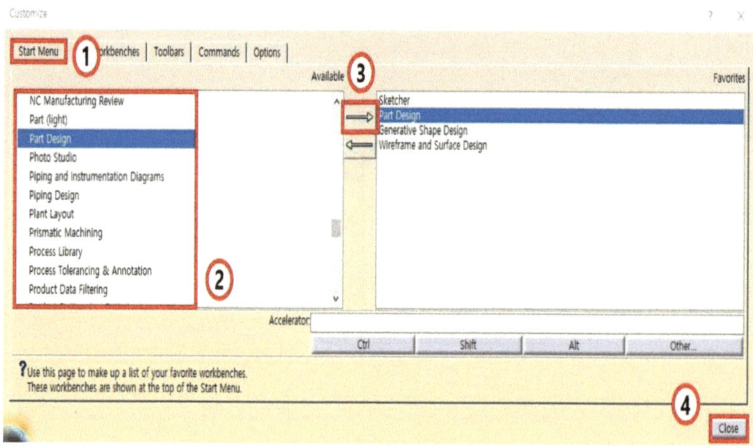

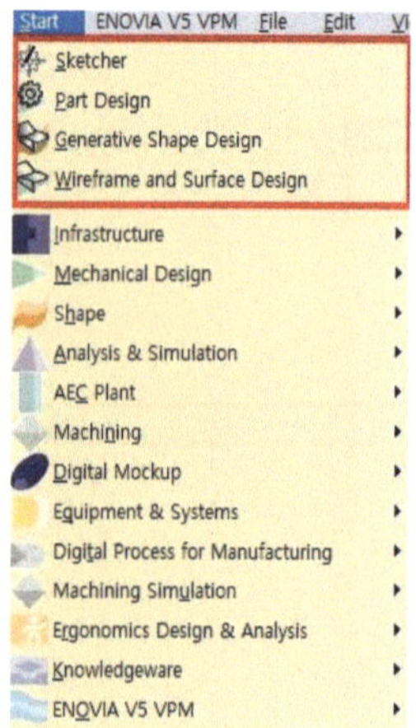

단축키 설정

- 메인 메뉴의 Tools - Customize에서 그림과 같이 설정한다.
  많이 사용하는 치수기입(Constraint), 구속조건(Constraint Defined in a Dialog Box)을 그림과 같이 설정하면 작업이 용이하다.

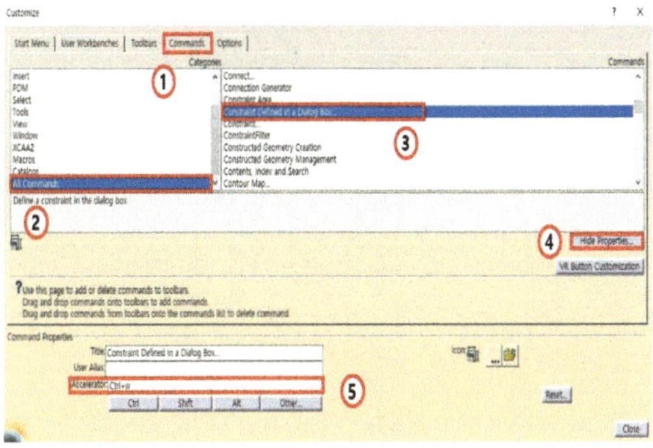

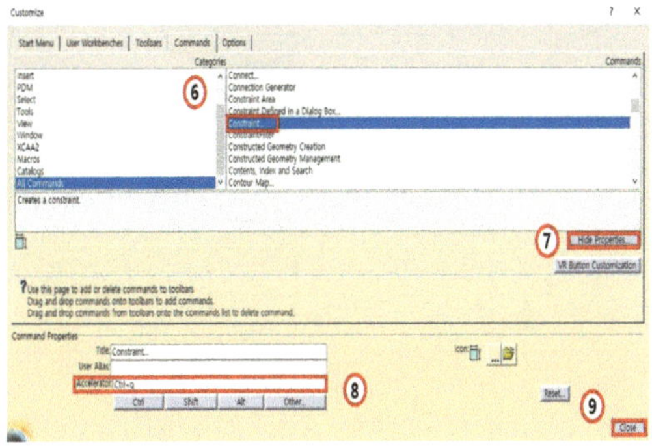

아이콘 위치 초기화

- 작업 중 아이콘이 없어지거나 찾기 어려운 경우에 사용한다.
  메인 메뉴의 Tools - Customize에서 그림과 같이 설정한다.

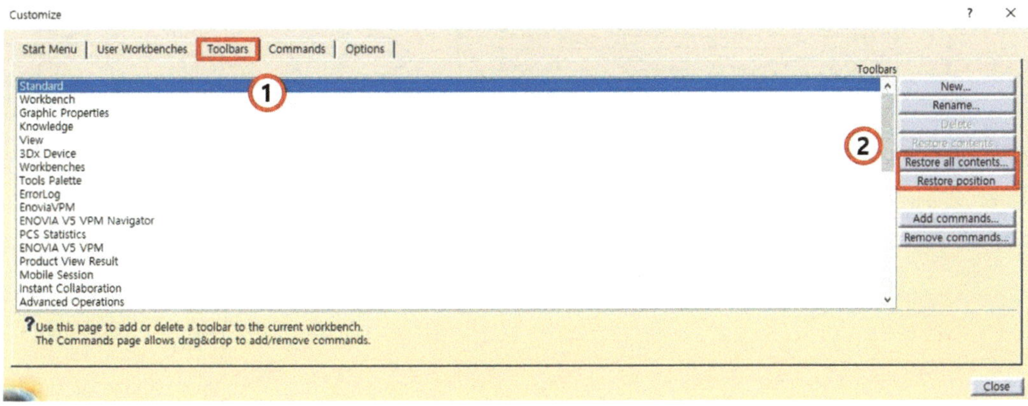

* Restore all contents : 모든 컨텐츠 복원
* Restore position : 위치 복원

2.2.2 문제 풀이

[예제 1]

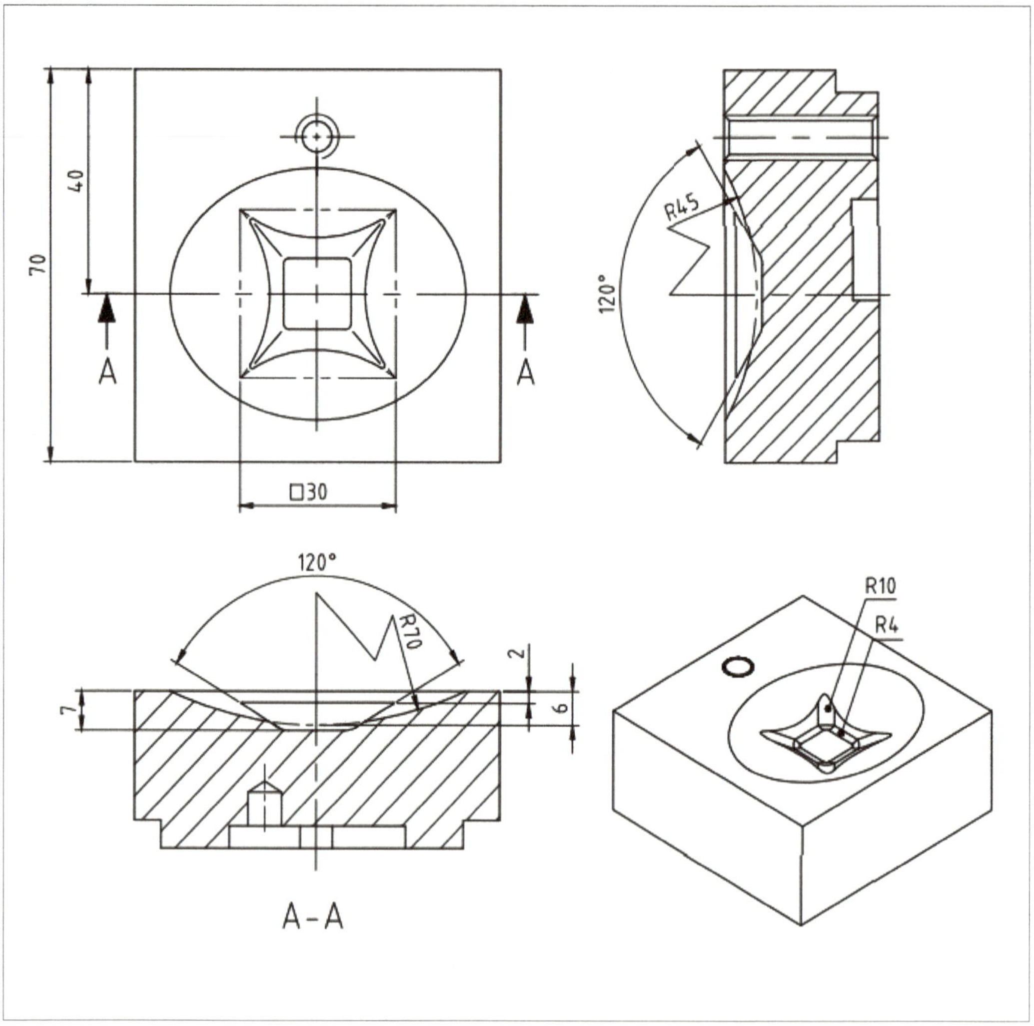

출처: 큐넷 공개도면

CATIA 초기상태의 화면을 닫은 뒤 그림과 같이 Part Design을 선택한다.

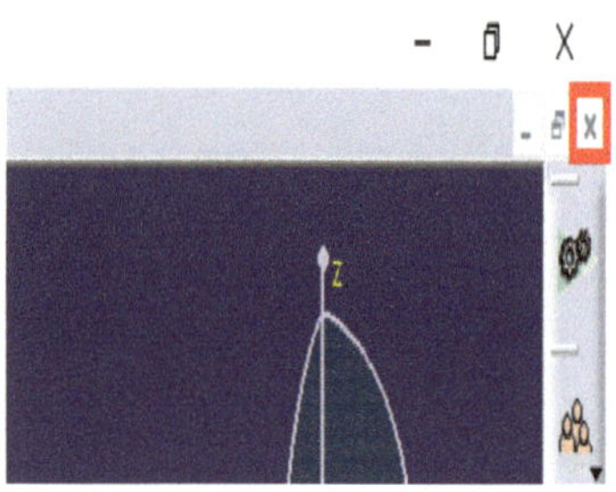

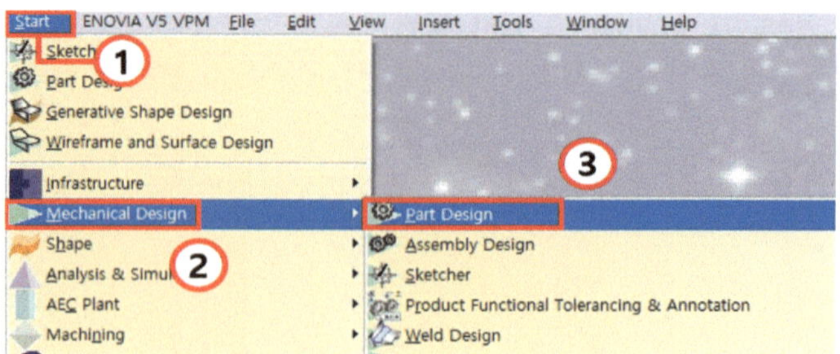

xy 평면을 스케치하고 70 x 70으로 사각형을 그린 뒤 패드로 30을 올려준다.

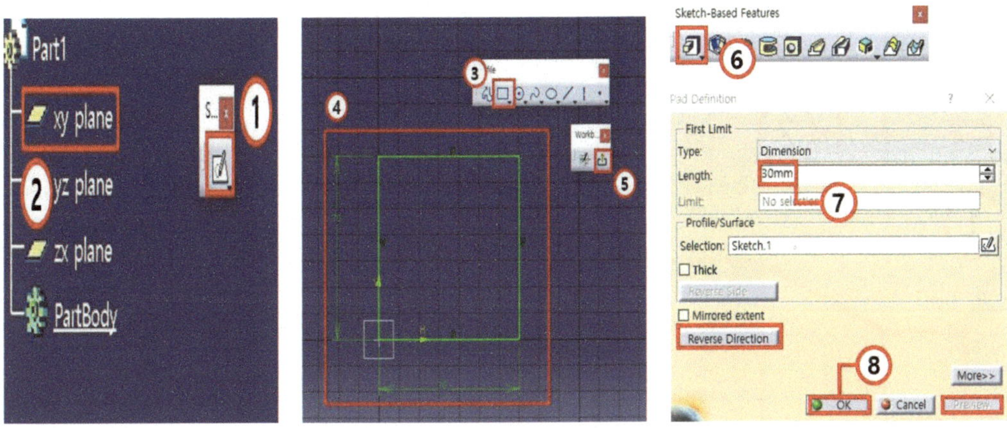

* Reverse Direction : 반전 (돌출 방향 변경)
* Preview : 미리보기 (적용 효과를 미리 확인)

면을 생성하기 위해 Plane(면)을 클릭한 뒤 만들고자 하는 면을 선택한 뒤 치수 입력한다.

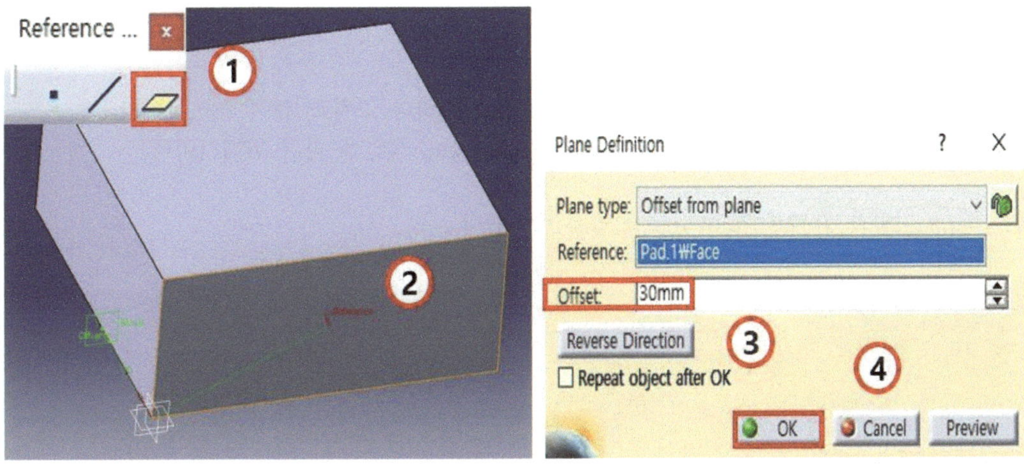

* Reverse Direction : 반전 (돌출 방향 변경)
* Preview : 미리보기 (적용 효과를 미리 확인)

Sketch 아래 버튼을 클릭 후 Positioned Sketch를 선택 ③과 같이 H-오른쪽 V-위로 올라가게 한다.

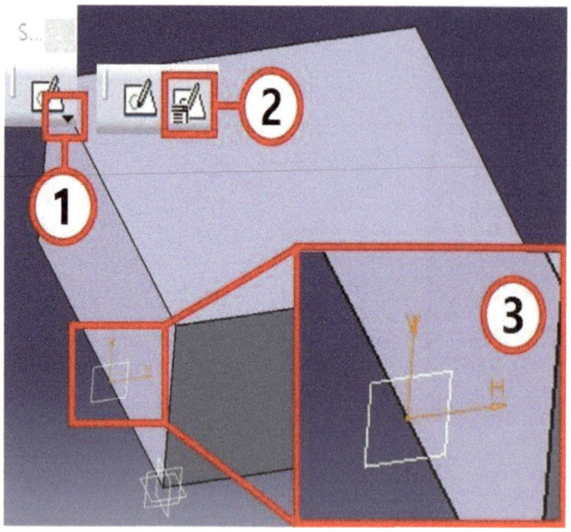

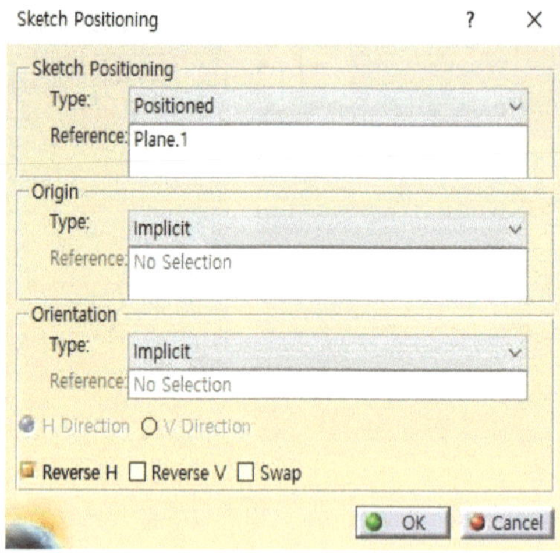

* Reverse H : H 방향을 전환
* Reverse V : V 방향을 전환
* Swap : H와 V를 교체

ircle 아래 버튼을 클릭한 뒤 Three Point Arc를 선택하여 그림과 같이 스케치한다.
이때 제품 밖으로 선이 나오도록 하는 이유는 Surfaces 작업을 하기 위해서이다.

위 Plane 작업과 Three Point Arc 작업을 반복한다.

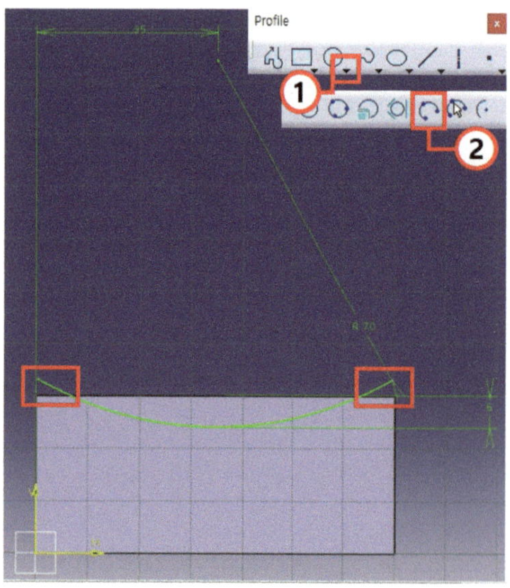

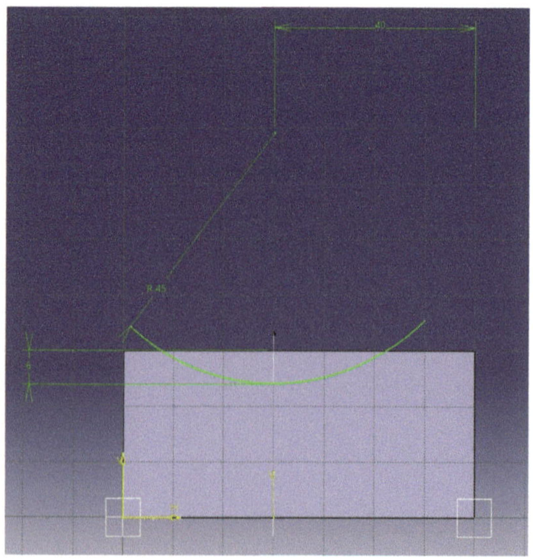

Sketch 작업이 끝난 뒤 메뉴 - Start - Shape - Generative Shape Design을 실행한다.

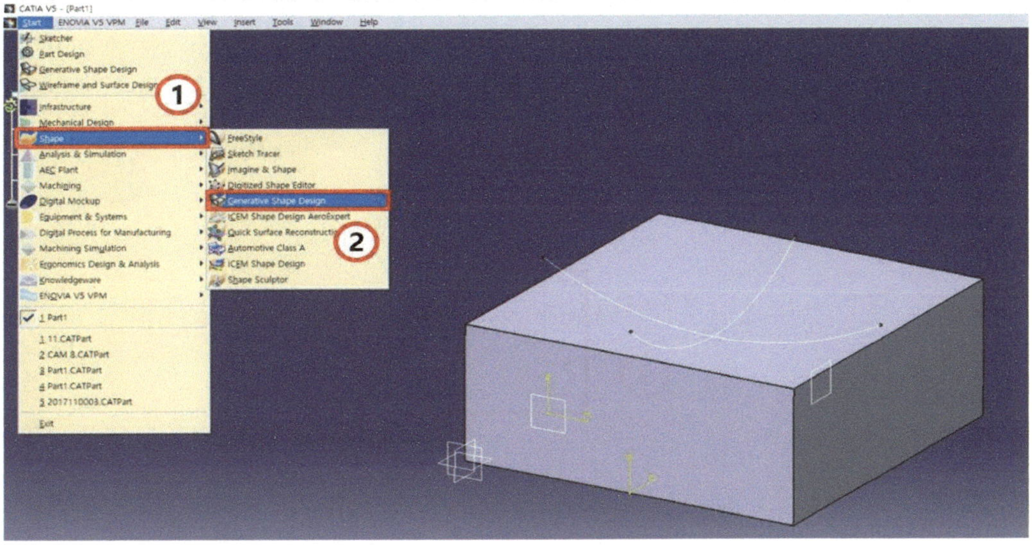

Surfaces에 Sweep을 선택한 뒤 Sketch 작업에서 만든 Arc를 Profile, Guide curve 설정한다. Preview로 형상이 맞는지 확인한 뒤 확인을 누른다.

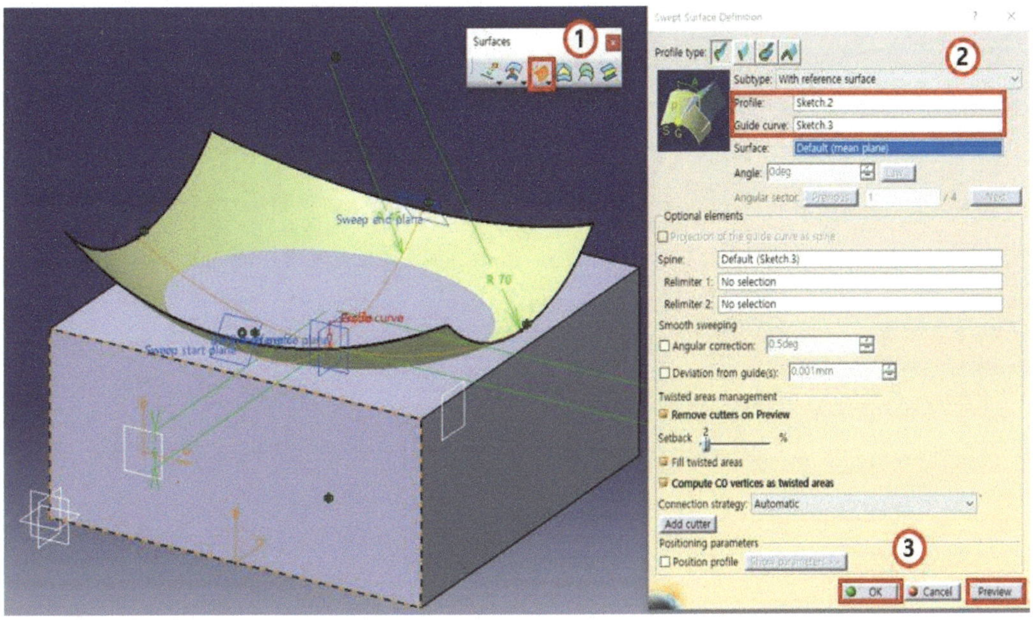

Sweep 작업 후 메뉴 - Start - Mechanical Design - Part Design 실행 Surface-Based에서 Spilt를 선택한다. 순서는 그림과 같으며 ③의 방향에 따라 모양이 달라진다.

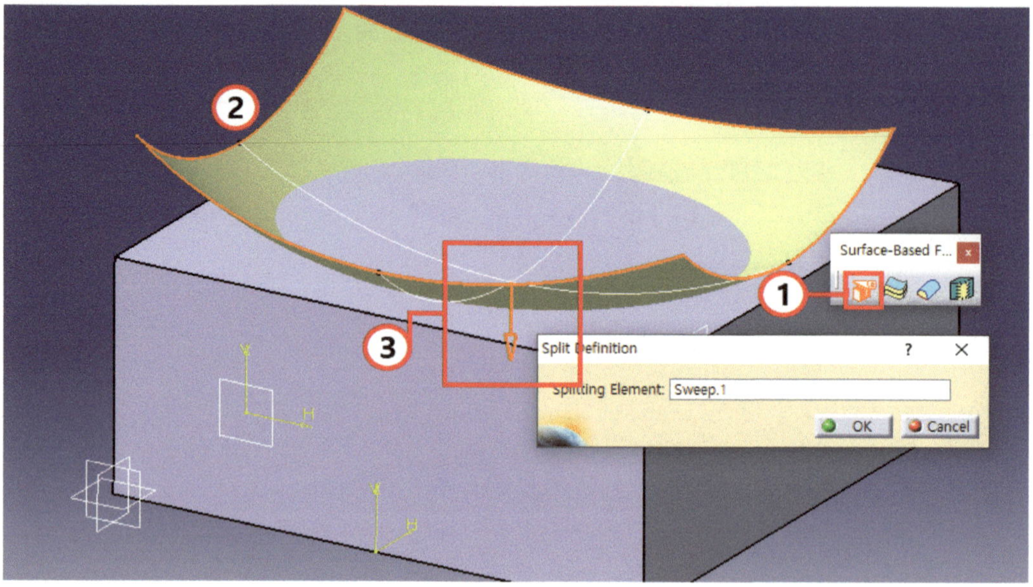

Spilt 작업이 끝난 뒤 원활한 작업을 위해 작업에 사용한 Sweep와 Sketch를 Hide로 숨겨준다. Ctrl을 누른 상태에서 Modeling을 선택 혹은 왼쪽 Tree에서 선택한 뒤 Hide 하는 방법도 있다.

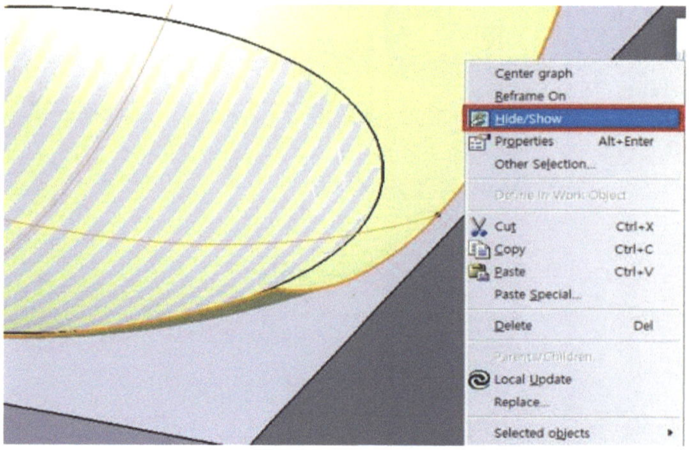

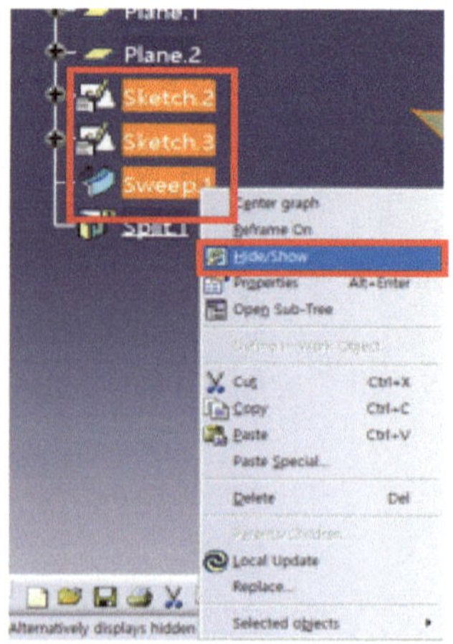

면을 생성하기 위해 Plane(면)을 클릭한 뒤 만들고자 하는 면을 선택한 뒤 치수 입력한다.
Sketch 아래 버튼을 클릭 뒤 Positioned Sketch를 선택 ③과 같이 H-오른쪽 V-위로 올라가게 한다.

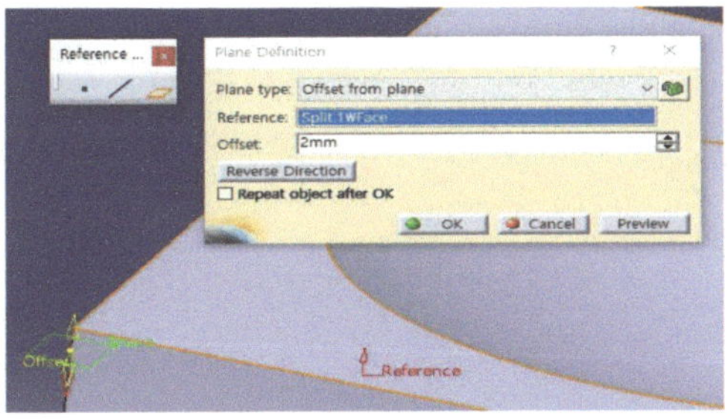

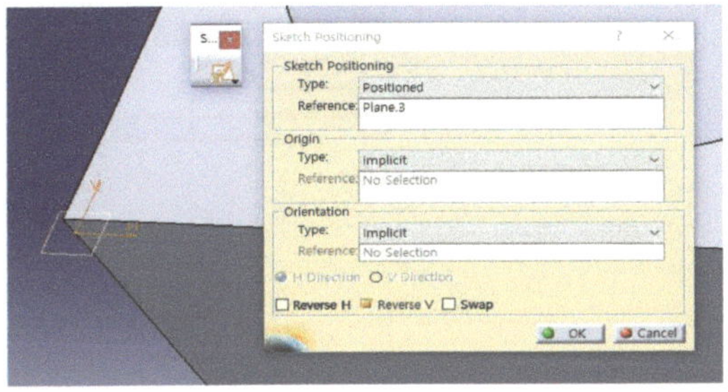

그림과 같이 Sketch 한 뒤 Sketch-Based에서 Pocket을 생성한다.

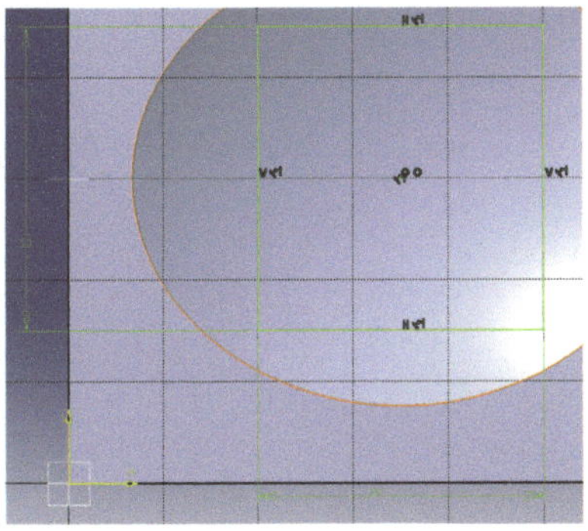

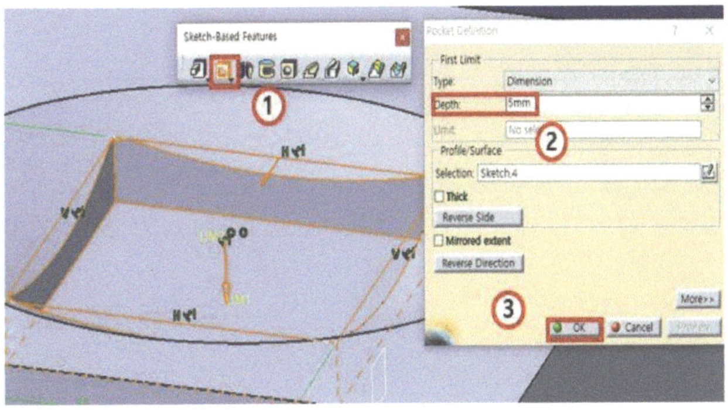

Pocket 생성 후 Dress-Up Features에서 Draft를 선택한다.
③ 클릭 후 Pocket으로 생성한 외벽을 모두 적용하고, ④ 클릭 후 왼쪽 하단에 생성한 Plane을 선택하여 방향을 조정한다. Preview를 이용하여 도면과 일치하는지 확인 후 확인을 누른다.

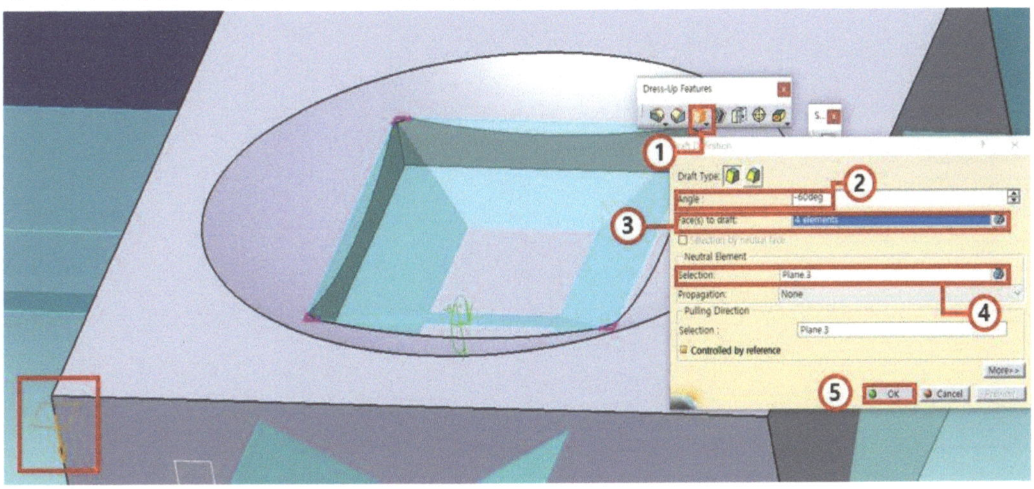

Draft 작업 후 Dress-Up Features에서 Edge Fillet 클릭 후 Radius 설정 뒤 적용 부위를 선택한다.

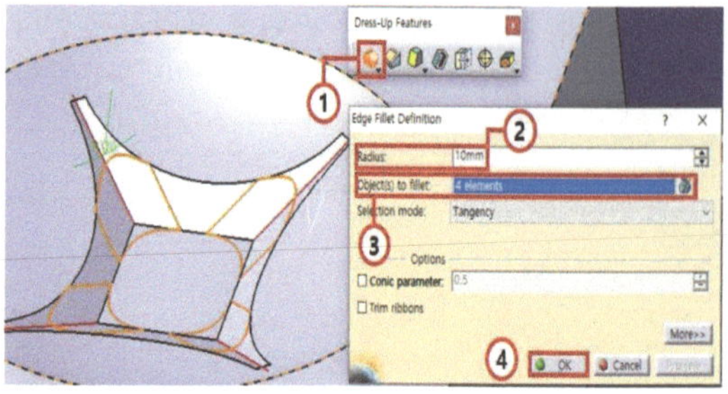

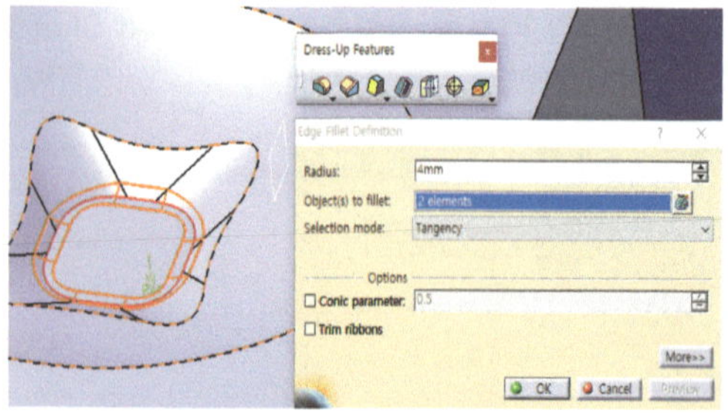

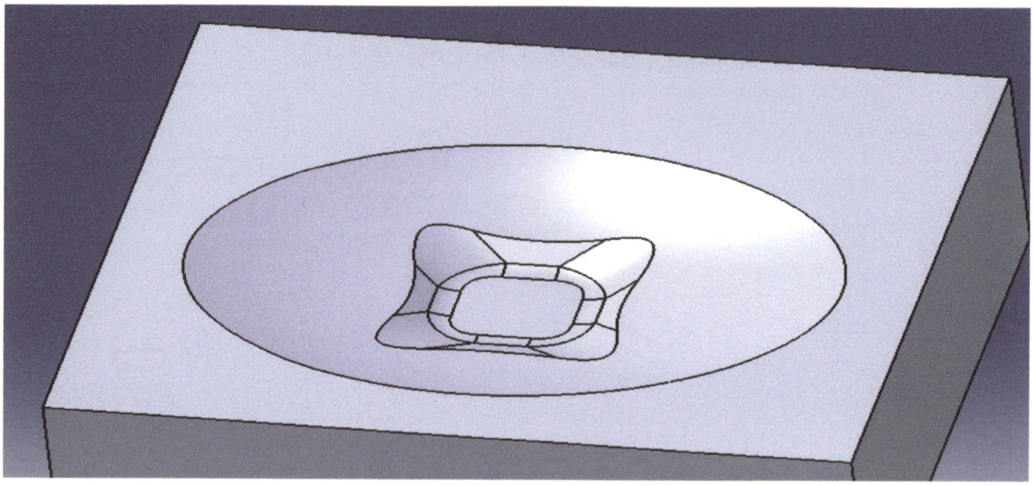

[예제 2]

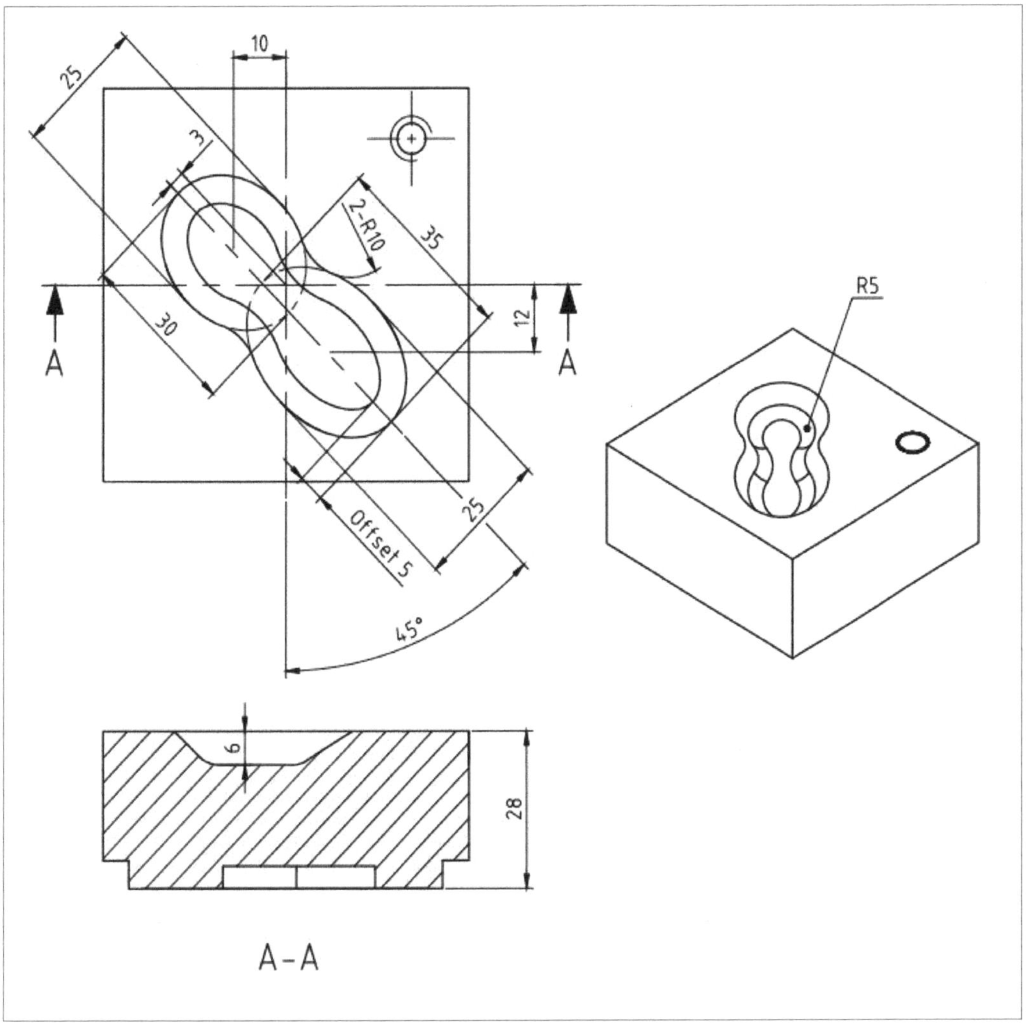

출처: 큐넷 공개도면

xy 평면을 스케치하고 70 x 70으로 사각형을 그린 뒤 Pad로 28을 올려준다.
Pad 상면 스케치 창에 Profile - Line을 이용하여 그림과 같이 스케치한 뒤 Constraint - Constraint Defined을 이용하여 끝점을 모서리에 일치시킨다.

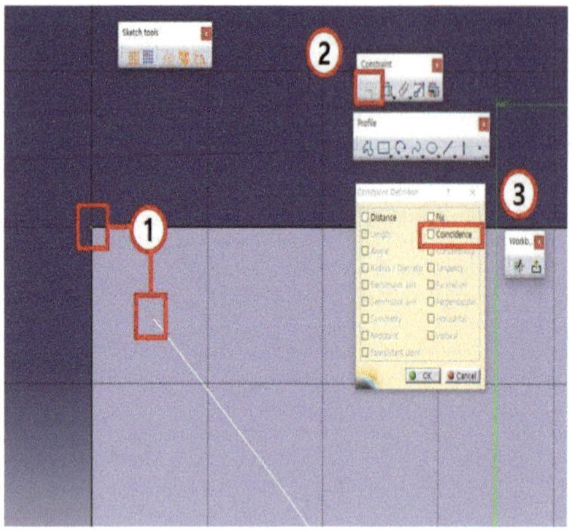

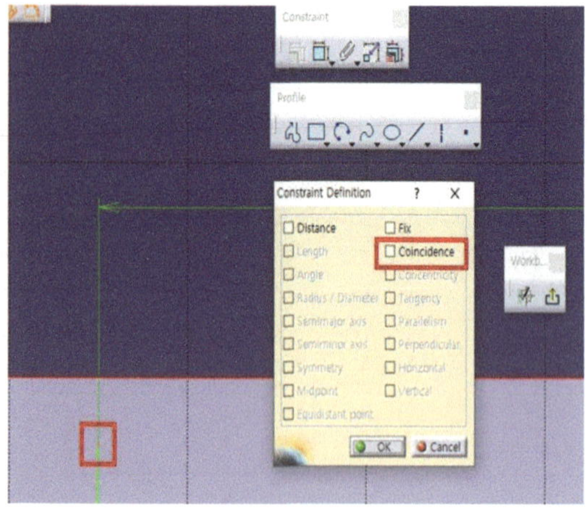

Constraint Defined을 통해 일치시킨 3개의 Line을 Ctrl을 이용하여 선택한 뒤
Sketch tools - Construction 시켜준다.

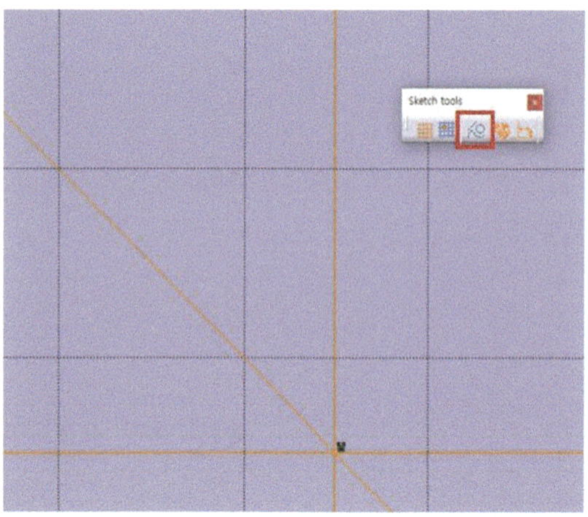

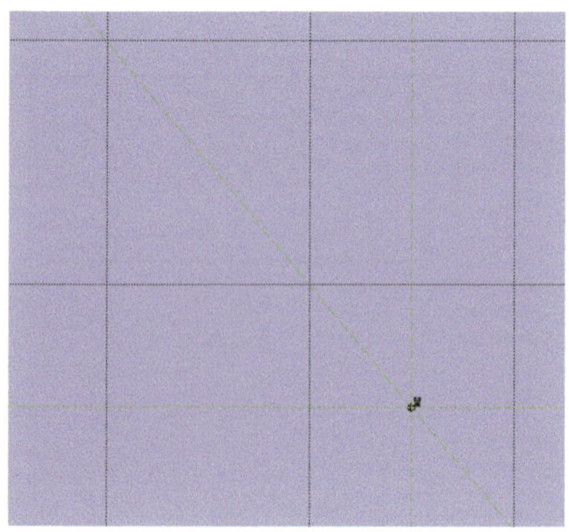

Profile - Elipse을 통해 Line과 수직으로 그림과 같이 스케치하고 치수를 기입한다.

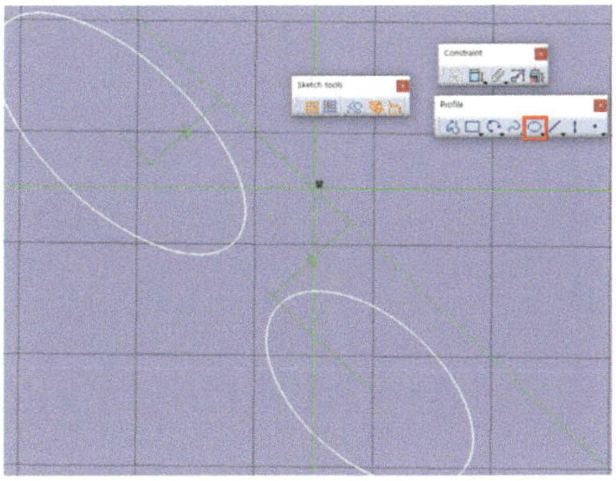

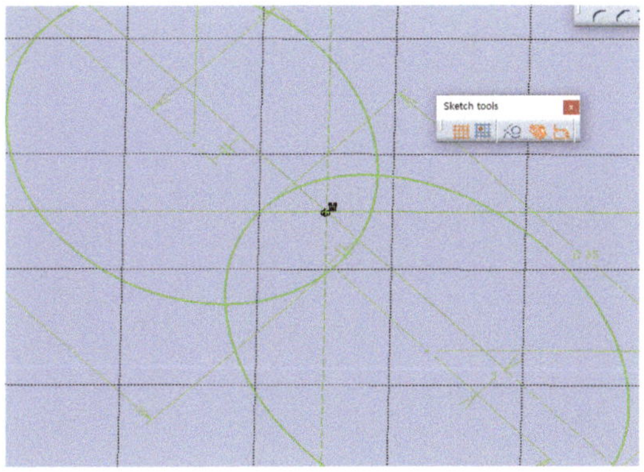

Profile - Circle을 스케치한다. Dimension은 Diameter과 Radius로 조정이 가능하다.

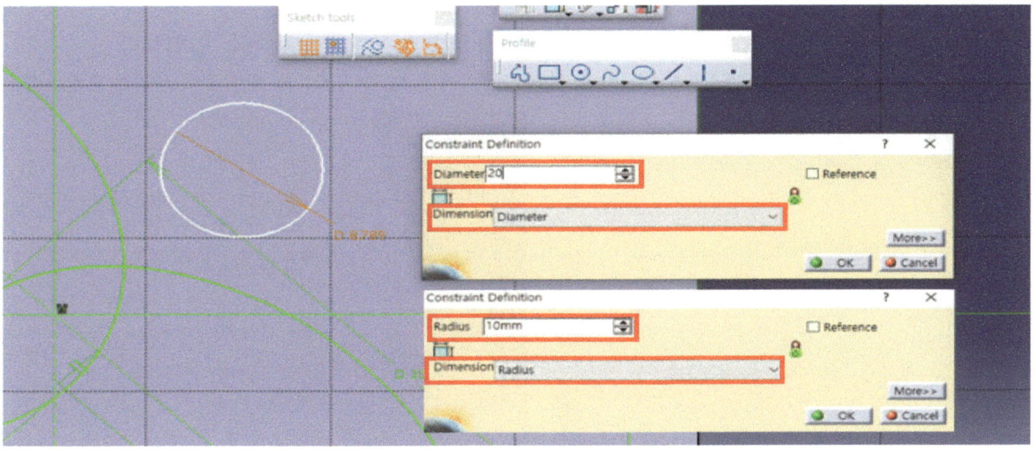

Constraint - Constraint Defined을 이용, 원을 Tangency 한 뒤 맞은편에도 같은 작업을 반복한다.

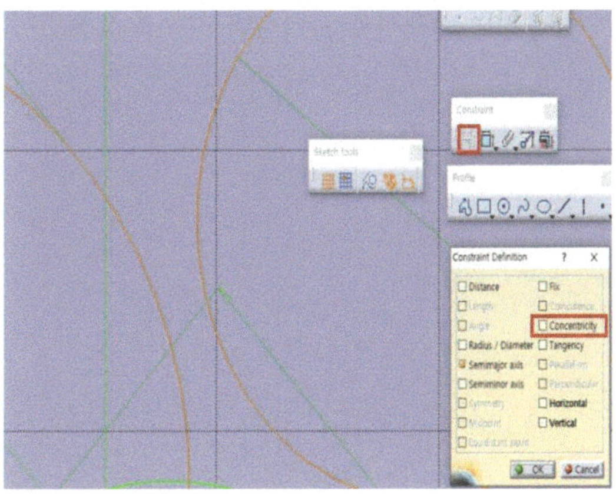

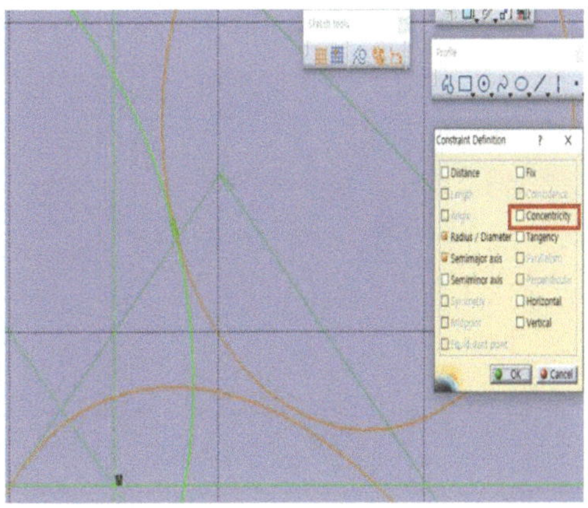

Operation - Trim을 Quick Trim으로 변경 후 불필요한 부위 삭제 후 Workbench 종료를 한다.

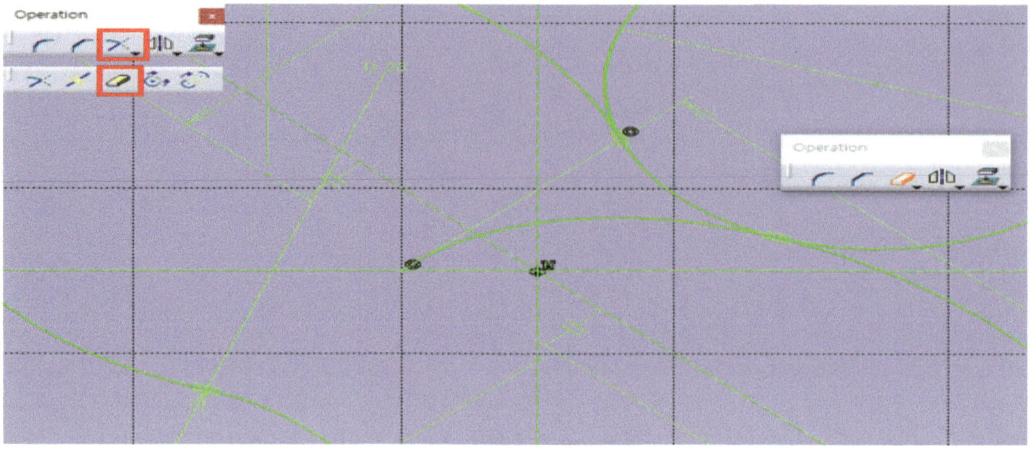

면을 생성하기 위해 Plane을 클릭한 뒤 만들고자 하는 면을 선택한 뒤 치수 입력한다.
Sketch 아래 버튼을 클릭한 뒤 Positioned Sketch를 선택 ③과 같이 H-오른쪽, V-위쪽으로 한다.

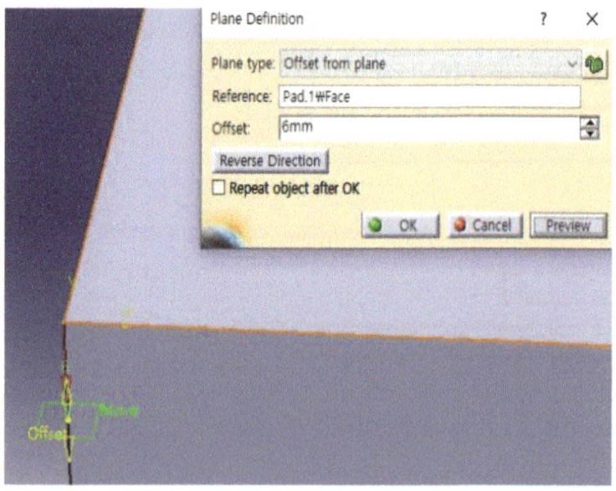

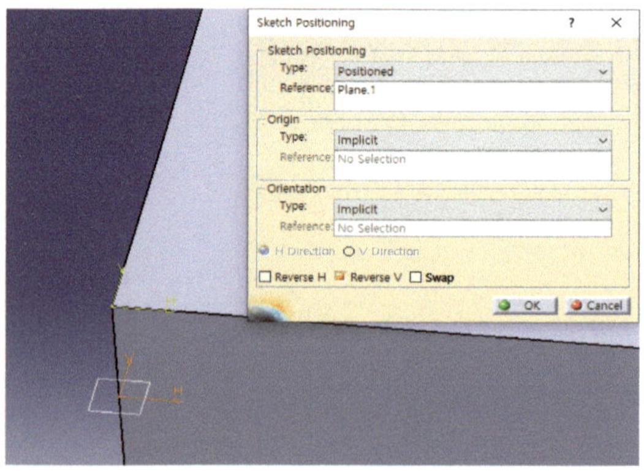

Operation에서 Mirror를 Offset으로 변경 후 앞서 작업했던 스케치를 클릭하여 치수를 입력한다.

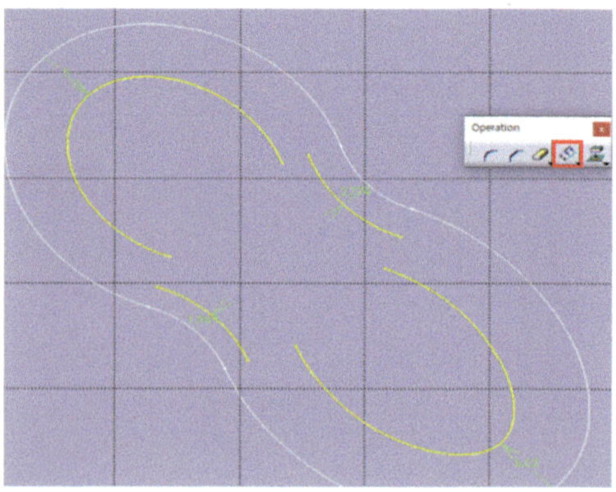

Sketch-Based Featires에서 Removed Multi-sections Solid를 실행, 앞서 작업한 스케치를 선택한다. 스케치 선택 후 Closing Point1과 Closing Point2의 시작점과 방향을 같게 설정하며 이는 Closing Point를 마우스 오른쪽으로 클릭하여 Replace를 선택한 뒤 이동하고자 하는 점을 클릭하면 된다.

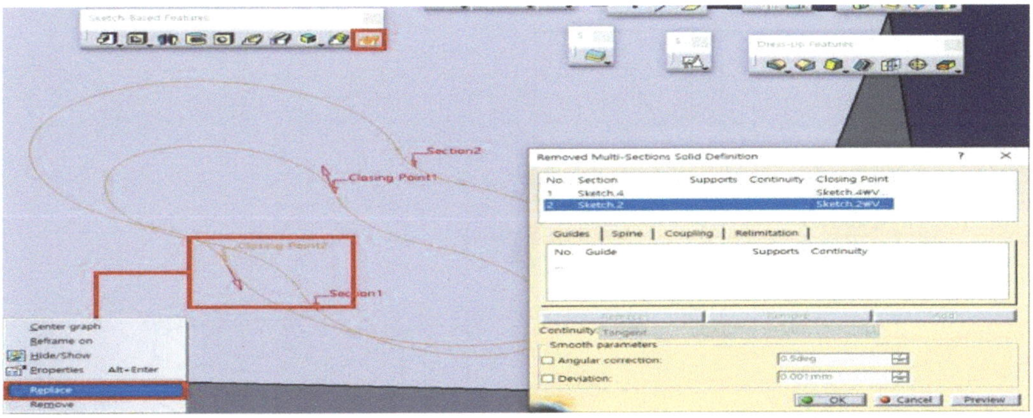

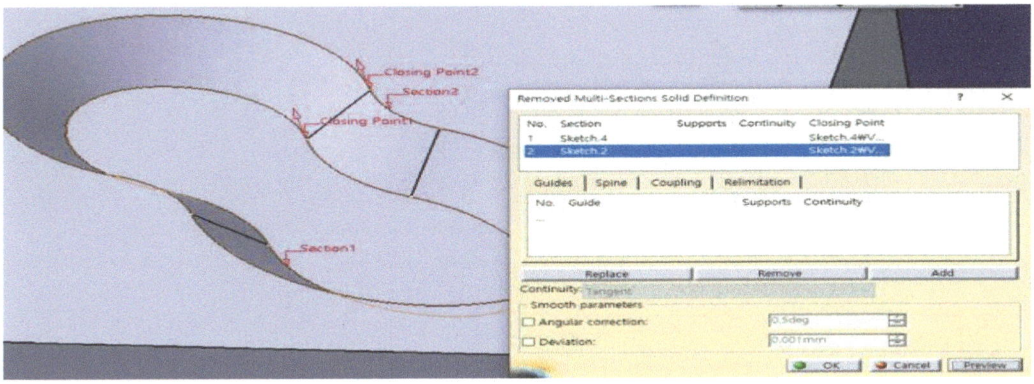

Removed Multi-sections Solid 작업 후 Dress-Up Features에서 Edge Fillet 선택, Radius 설정한 뒤 적용할 부위를 선택한다.

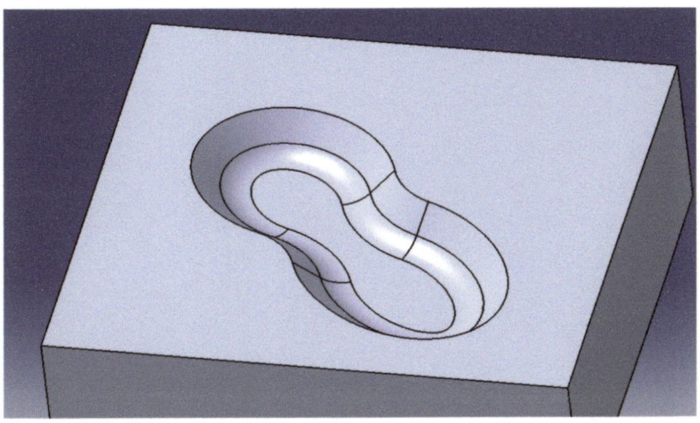

[예제 3]

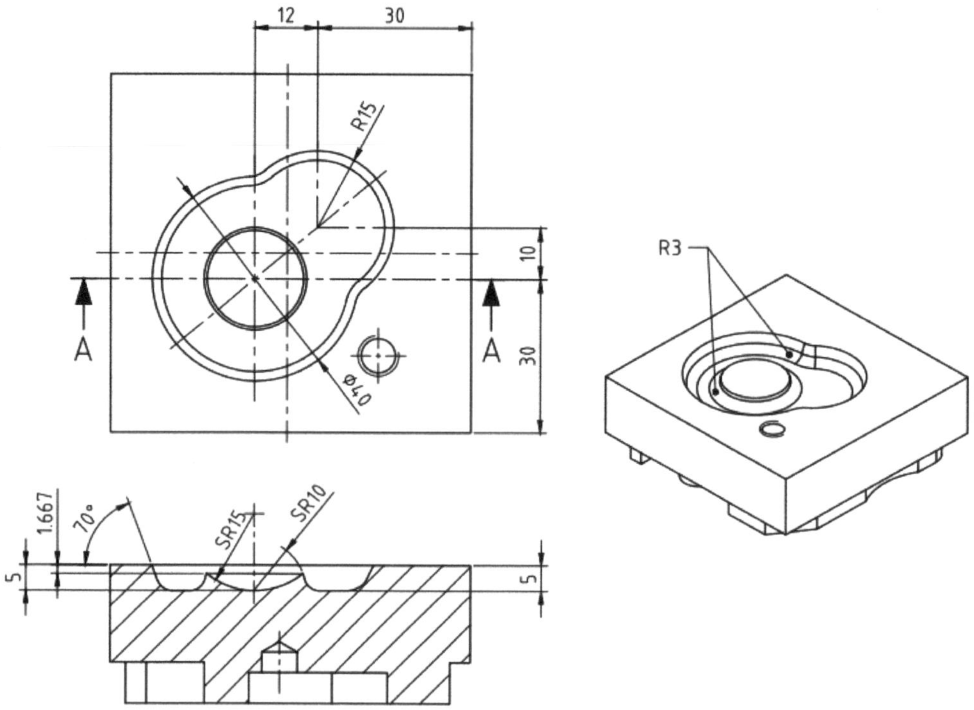

주서

1.도시되고 지시없는 필렛 및 라운드 R3

출처: 큐넷 공개도면

xy 평면을 스케치하고 70 x 70으로 사격형을 그린 뒤 Pad로 올려준다.
Pad 상면 도면과 같이 스케치하며 두 원이 겹치는 부위는 주서를 참고하여 R3의 원을 스케치 뒤 Tangency 작업을 한 뒤 Operation – Quick Trim으로 불필요한 부위를 삭제 후 Workbench 종료한다.

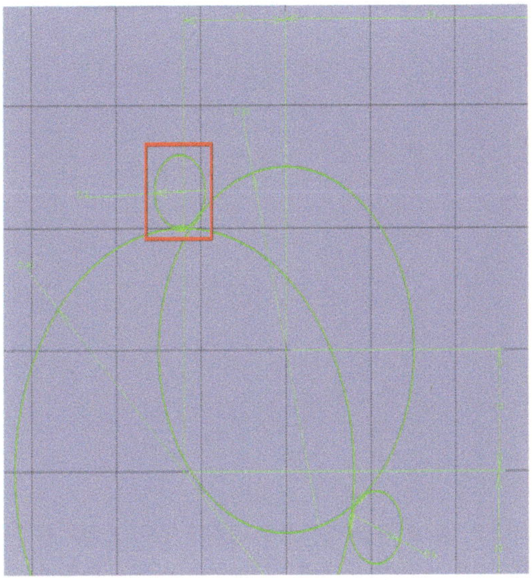

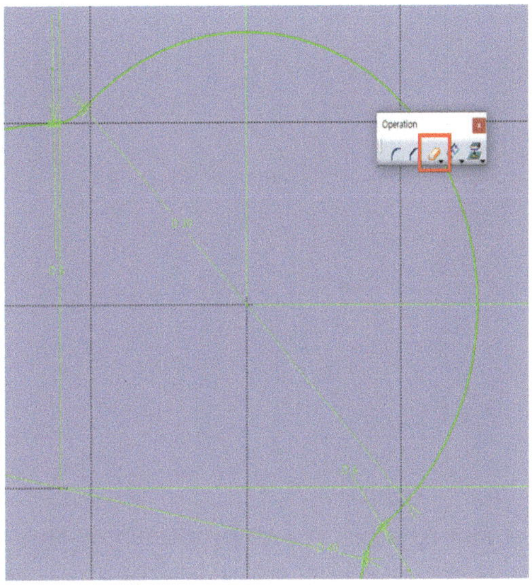

Pocket 생성 후 Dress-Up Features에서 Draft를 선택한다.
Pocket으로 생성한 외벽을 모두 Face to draft에 적용하고, Pad의 상면 즉 Sketch를 한 면을 Selection에 적용한 뒤 방향을 조정한다. Preview를 이용하여 도면과 일치하는지 확인 후 확인을 누른다.

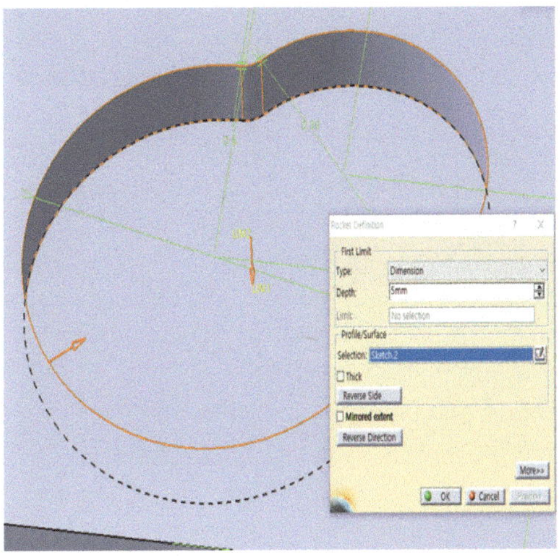

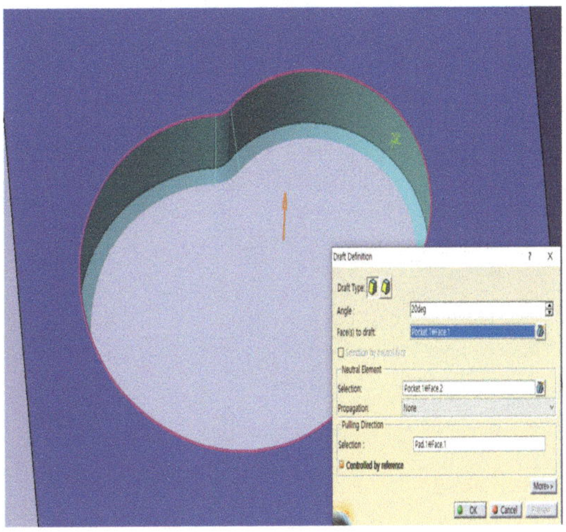

면을 생성하기 위해 Plane을 클릭한 뒤 만들고자 하는 면을 선택한 뒤 치수 입력한다. Sketch 아래 버튼을 클릭한 뒤 Positioned Sketch를 선택하여 H-오른쪽 V-위로 올라가게 한다.

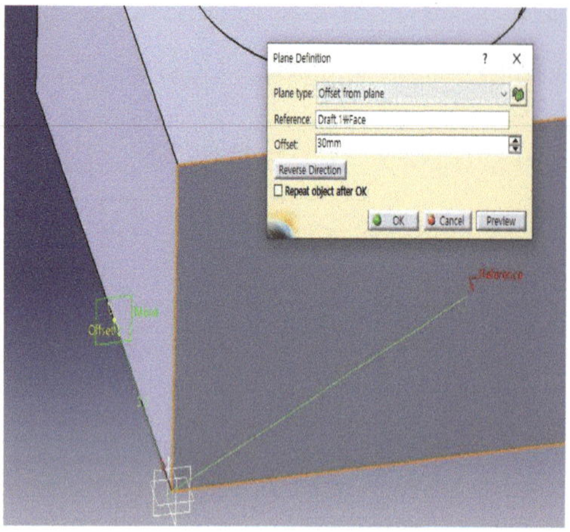

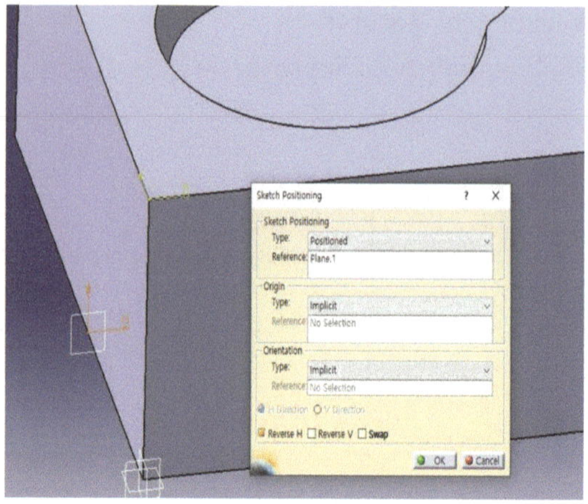

Cut Part by Sketch Plane(①)을 클릭하여 절단면을 나타내고, Axis(②)을 중심으로 그림과 같이 스케치를 한다. 스케치 작업을 한 뒤 Operation - Quick Trim으로 불필요한 부위를 없애준 뒤 Workbench 종료를 한다.

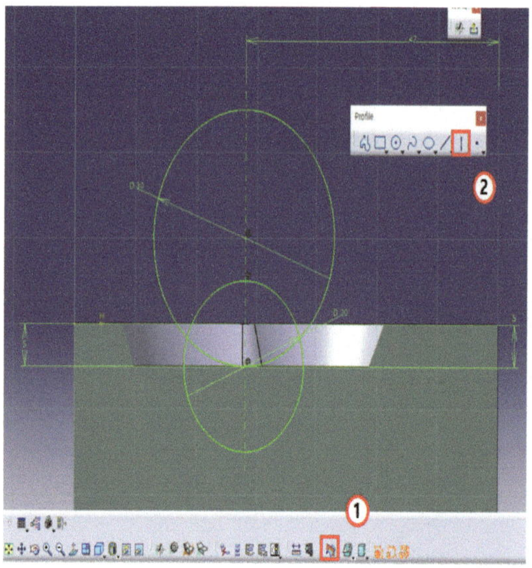

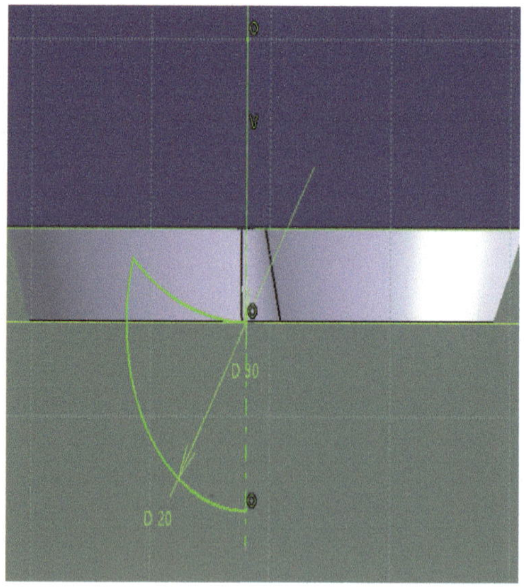

Sketch-Based Features에서 Shaft를 클릭하여 회전을 시켜주고, Dress-Up Features에서 Edge Fillet 클릭 후 Radius 설정한 뒤 적용할 부위를 선택한다.

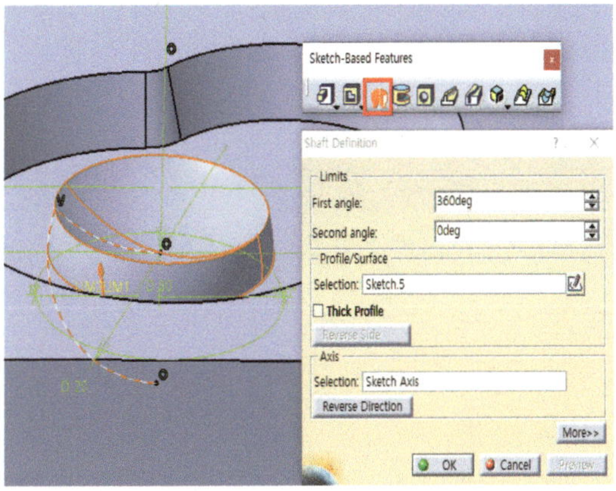

2.3 NC Program 생성하기(Edgecam ver. 2014)

▶ Edgecam을 실행시킨다. 본 교재에서는 Edgecam 2014 버전을 기준으로 작성하였다. Edgecam을 실행 후 모델링 파일을 열어준다.

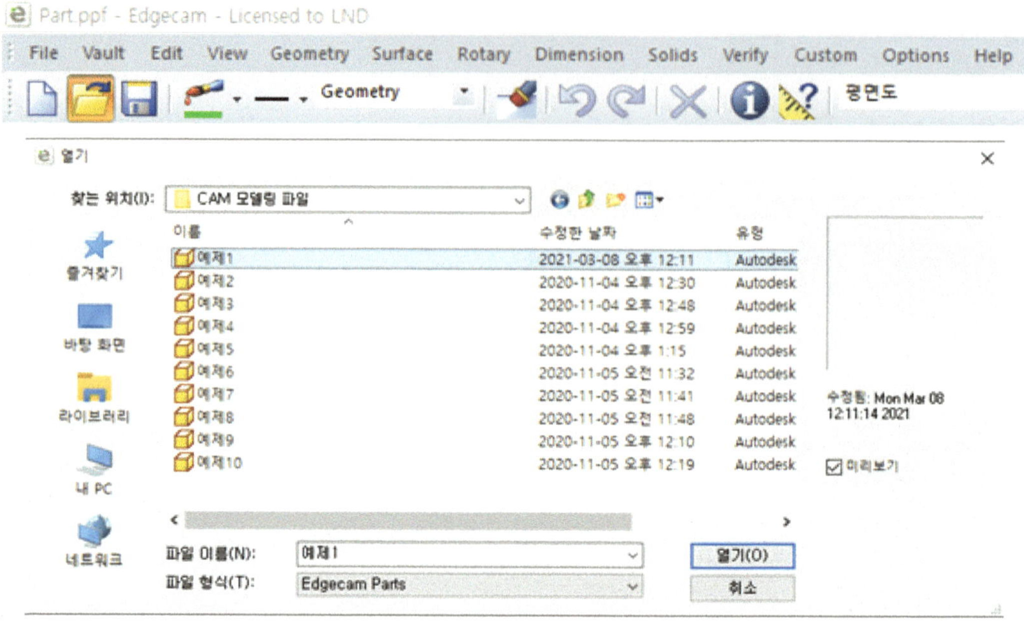

▶ 화면 좌측 하단의 형상 보기 방향을 평면도에서 등각도로 변경하여 준다. 모델링 파일이 올바르게 불러왔는지 확인한다.

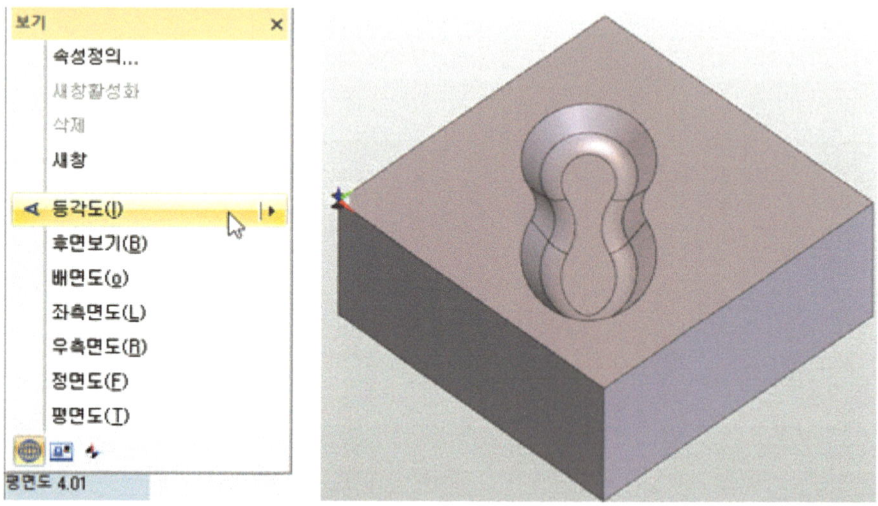

▶ 화면 우측의 육면체 아이콘을 선택하여 모재/지그 명령을 실행한다.

※ 만약 해당 아이콘이 보이지 않을 경우 리본메뉴 툴바에서 디자인 아이콘을 체크하도록 한다.

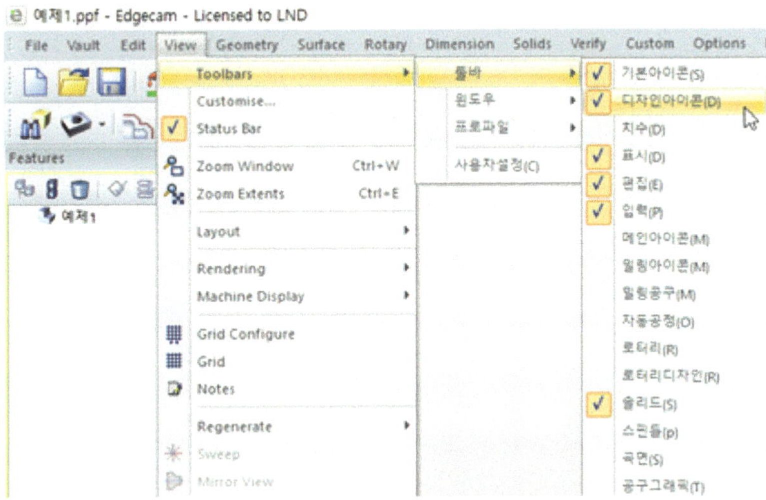

▶ 자동소재설정을 체크하고 박스 옵셋값은 모두 0으로 설정한다.

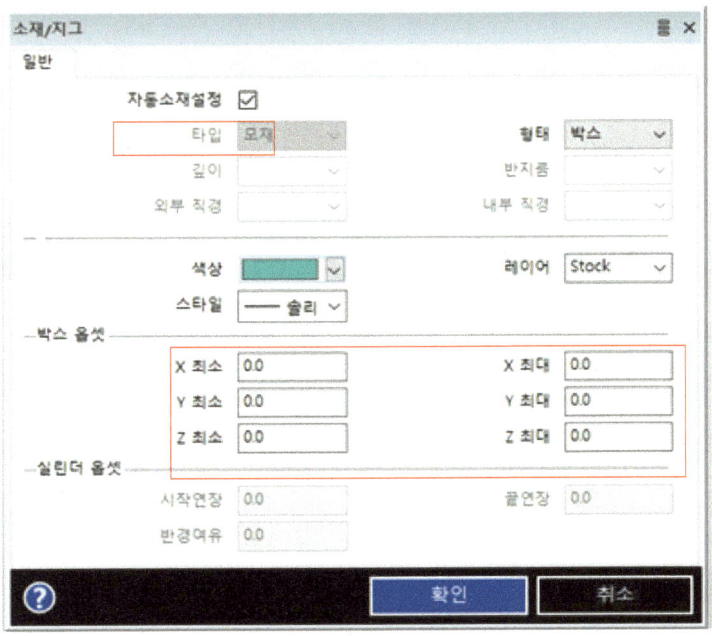

▶ 솔리드 툴바의 자동형상찾기 명령을 실행한다.
옵션값은 아래와 같이 체크가 되어 있다면 확인을 누른다.

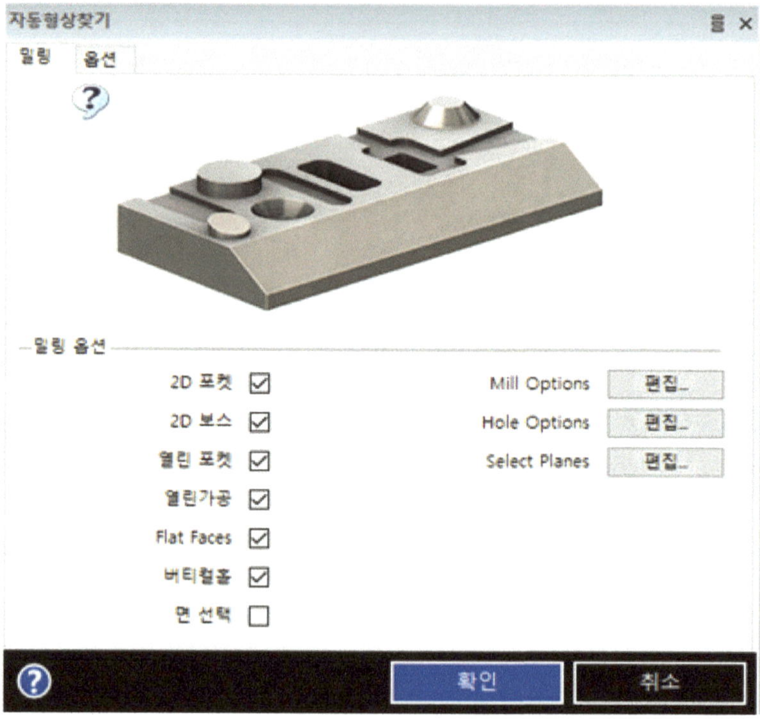

▶ 화면 좌측 피처 툴바에서 아래와 같이 평면도와 소재 항목이 보이는 것을 확인할 수 있다.

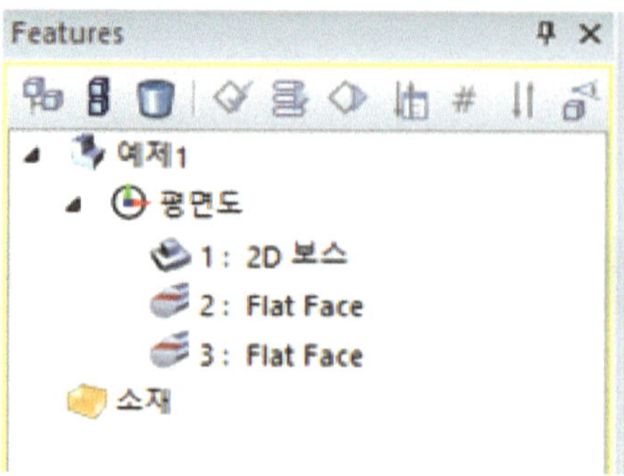

▶ 화면 우측 상단에 공구모양의 아이콘을 클릭하여 가공모드로 전환한다.
가공모드 전환시 시퀀스를 생성하는 창에서는 포스트 파일만 선택해주도록 한다.

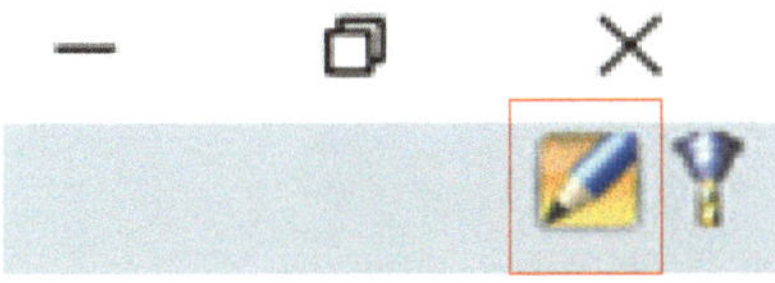

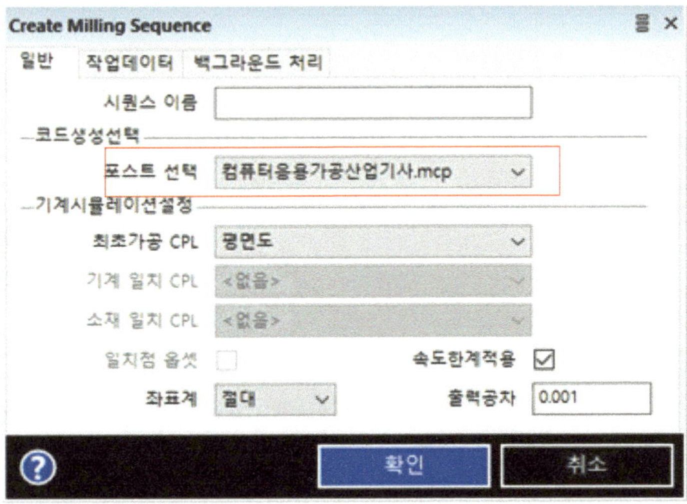

▶ 실기시험문제 요구사항에 다음과 같은 내용을 확인할 수 있다.
요구사항을 만족하기 위해 평엔드밀(10)로 황삭 가공 후 볼엔드밀(6)로 정삭가공을 진행하도록 한다.

> 2) CAM프로그램 작업
> 가) 부품 ②와 같이 포켓 가공할 수 있도록 CAM소프트웨어를 사용하여 CNC프로그램을 작성한 후 저장장치에 저장하여 제출하시오.
> 나) 안전높이, 황삭 가공에서 Z방향의 시작 높이, 프로그램 원점(⯐) 등 안전에 유의하여 **수험자가 결정하여** CNC프로그램을 작성하시오.
> 다) 공구는 평엔드밀(∅10)(황삭)과 볼엔드밀(∅6)(정삭)을 사용하고 **(회전수, 이송 등)** 나머지 가공조건은 **수험자가 결정하여** CNC프로그램을 작성하시오.

▶ 황삭 자동 가공 아이콘을 클릭한다.

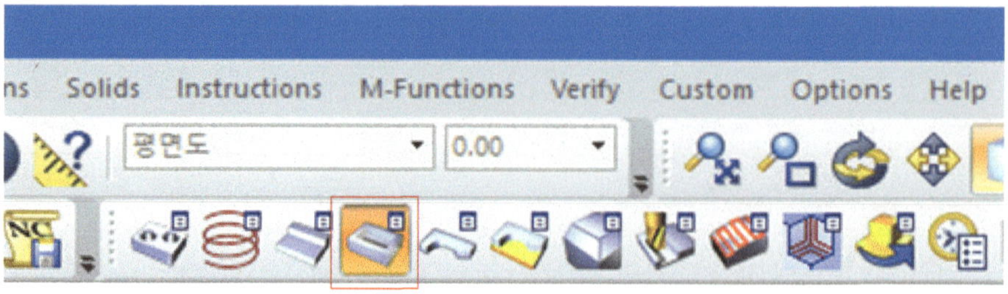

▶ 가공형상 선택은 아래의 포켓가공 형상을 선택 한다.

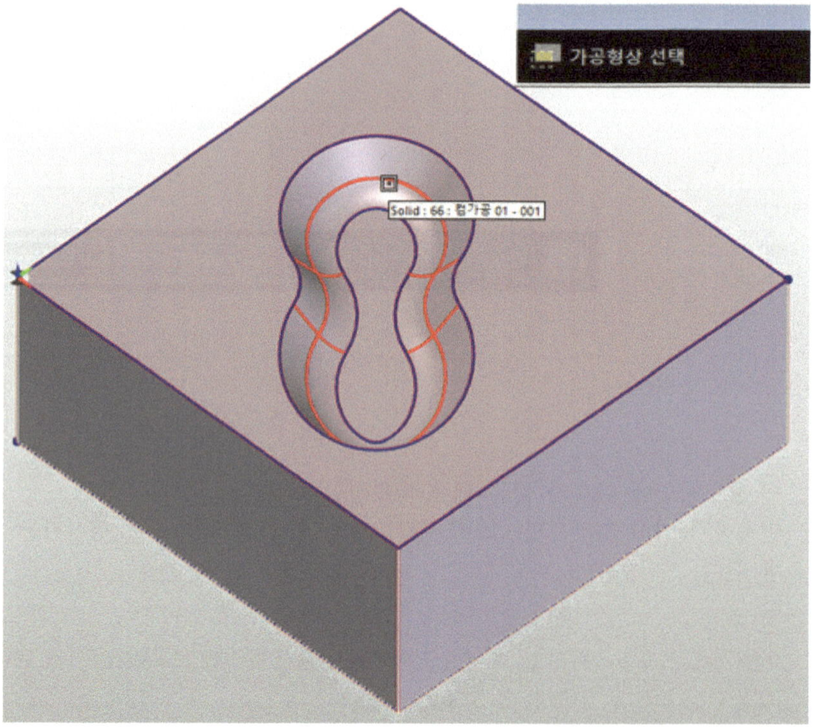

▶ 영역요소선택 이라는 창이 뜨는데 별도의 과정없이 바로 확인을 누른다.

▶ 황삭자동가공의 설정창에서 일반 탭의 값은 아래와 같이 입력한다.

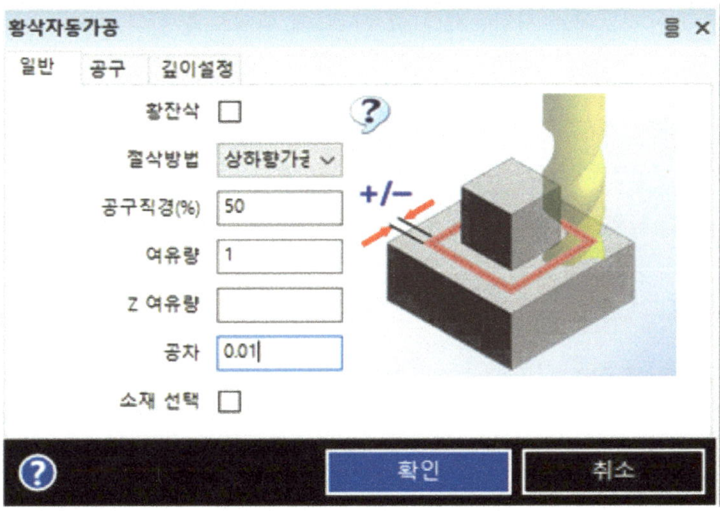

▶ 공구 탭에서의 설정값은 다음과 같이 입력한다. 시험장의 장비에 무리가 가지 않는다면 본인이 원하는 절삭조건을 입력하도록 한다. 공구번호는 시험장의 공구번호를 확인 후 입력하도록 한다.

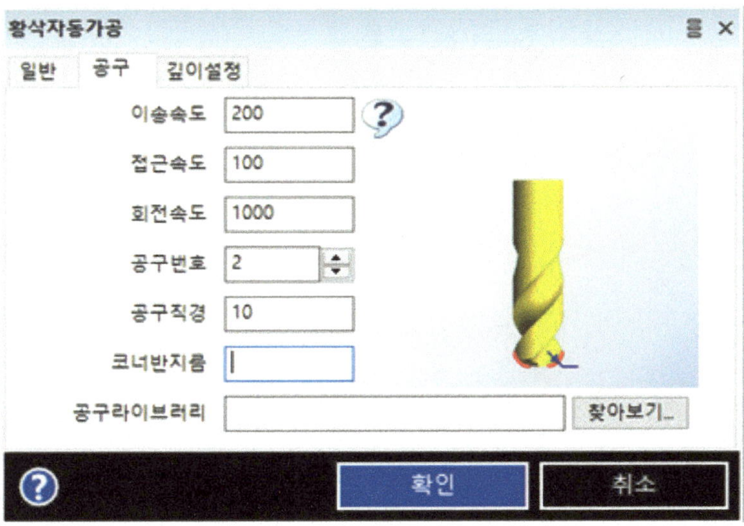

▶ 깊이설정 탭에서의 설정값은 다음과 같이 입력한다.
만약 실기시험문제 요구사항에 별도의 안전높이가 기입되어 있는 경우, 또는, 절입량이 요구되는 경우에는 시험문제의 요구사항에 따르도록 한다.

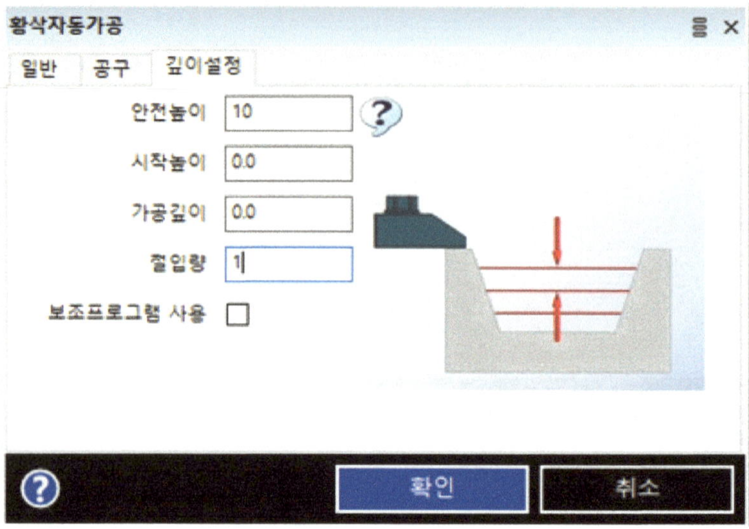

▶ 확인을 누르면 아래와 같이 공구경로가 표기되는 것을 확인할 수 있다.

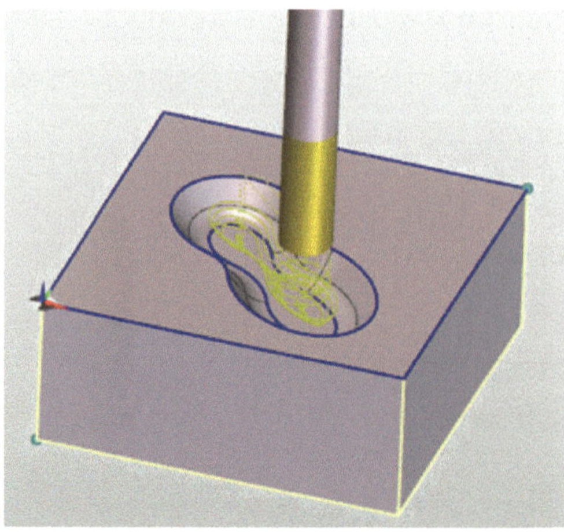

▶ 메인툴바의 가공시뮬레이션 기능을 사용하여 가공형상 확인이 가능하다.

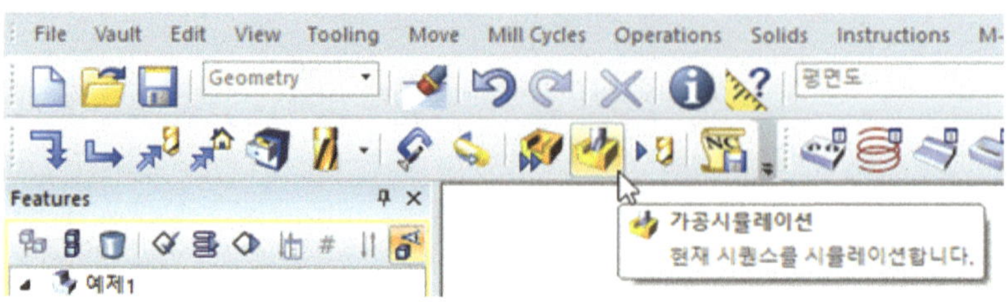

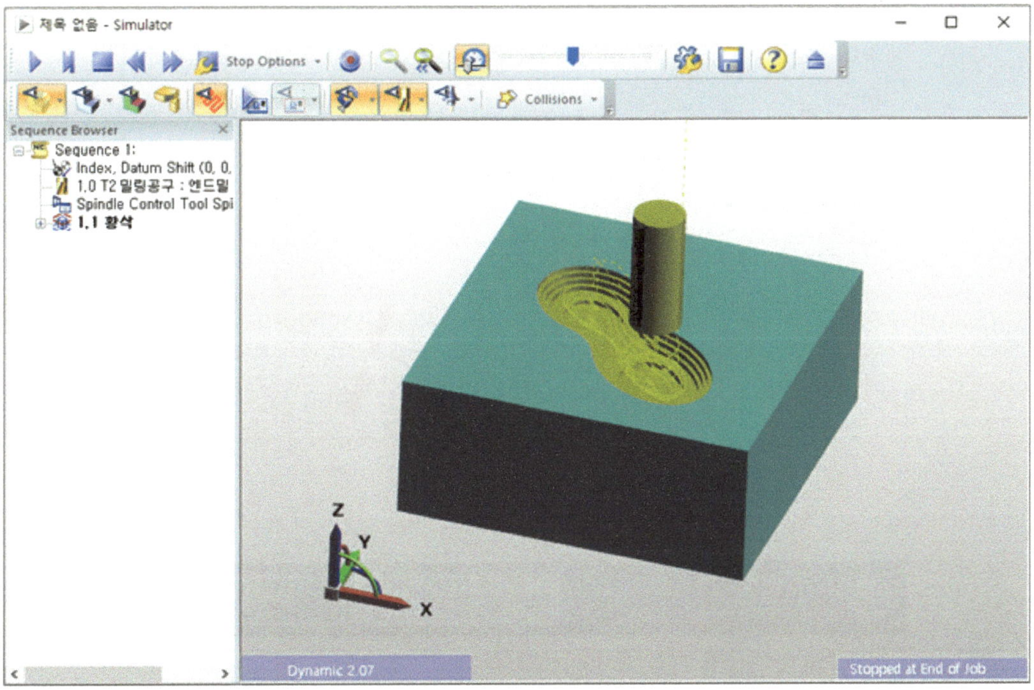

▶ 정삭가공을 위해 Operation 툴바의 평행가공 명령을 실행한다.

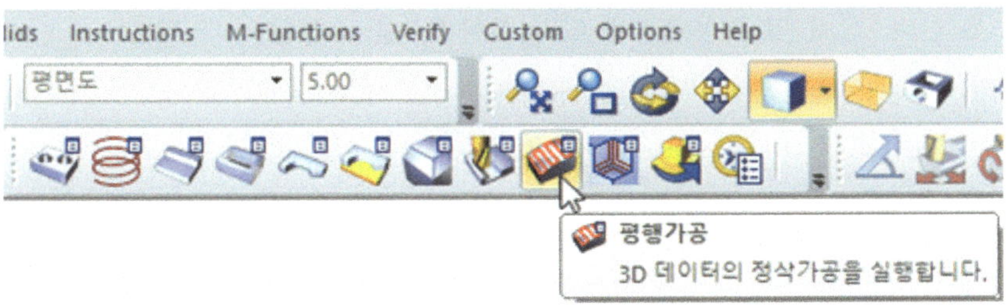

▶ 가공형상은 아래의 빨간색 라인의 형상을 클릭하고 확인을 누른다.
영역요소선택 항목은 별도의 형상선택없이 확인을 누르도록 한다.

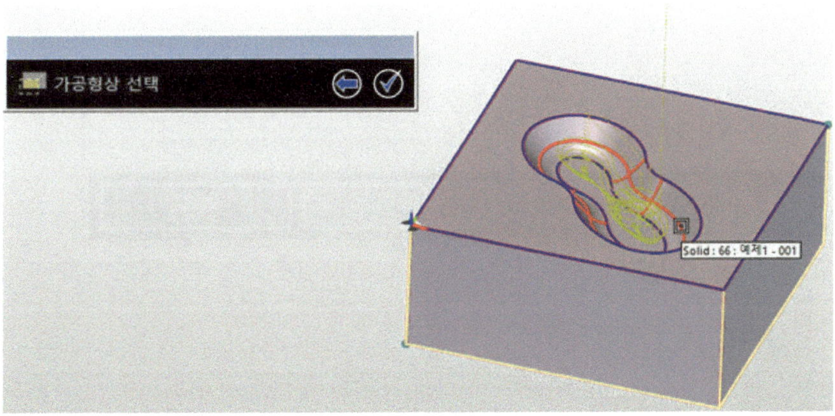

▶ 평행자동가공의 설정창에서 일반 탭의 값은 아래와 같이 입력한다.

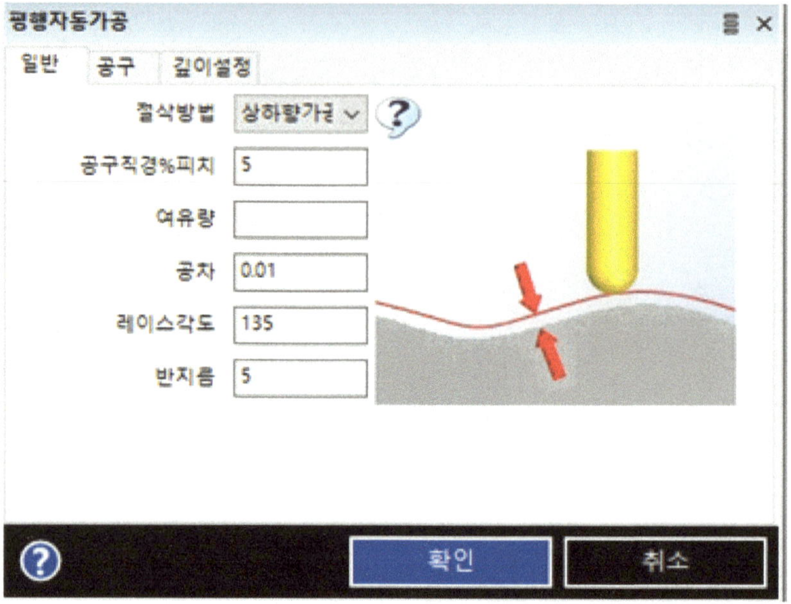

▶ 공구 탭에서의 설정값은 다음과 같이 입력한다. 공구번호는 시험장의 공구번호를 확인 후 입력하도록 한다. 장비 및 가공환경에 따라 절삭조건을 수정할 수 있다.

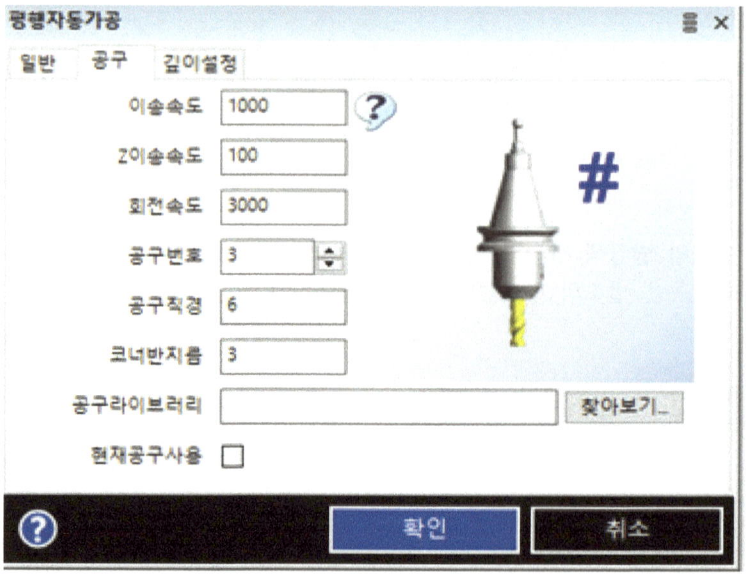

▶ 깊이설정 탭에서의 설정값은 다음과 같이 입력한다.
만약 실기시험문제 요구사항에 별도의 안전높이가 기입되어 있는 경우 시험문제의 요구사항에 따르도록 한다.

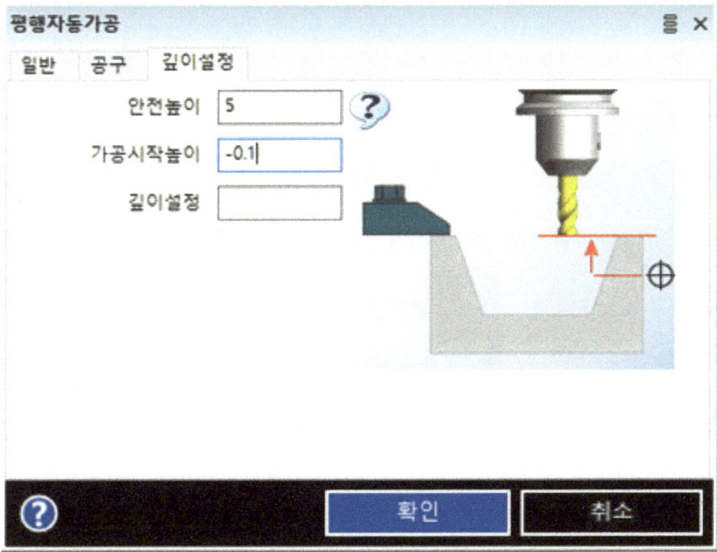

▶ 평행자동가공 설정을 완료하고 확인을 누르면 아래와 같이 볼엔드밀의 공구경로가 나타난다.

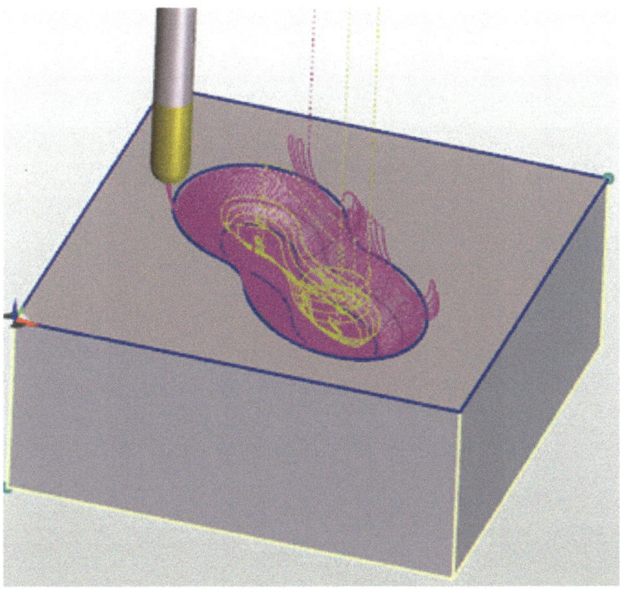

▶ 메인 툴바의 가공시뮬레이션 기능을 사용하여 가공경로 및 형상을 확인한다.

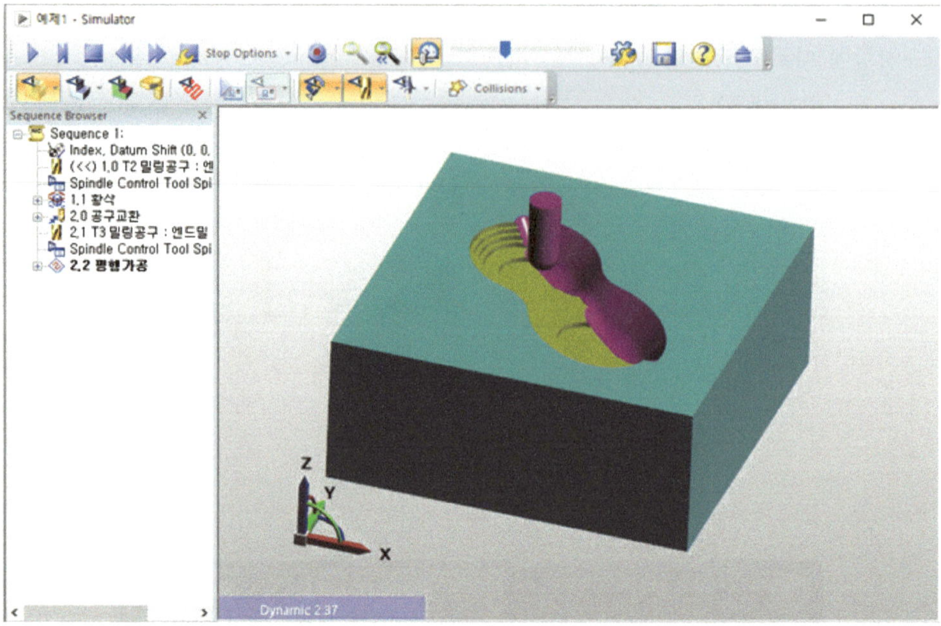

▶ 메인 툴바의 NC데이터 출력 기능을 사용하여 NC데이터를 생성한다.

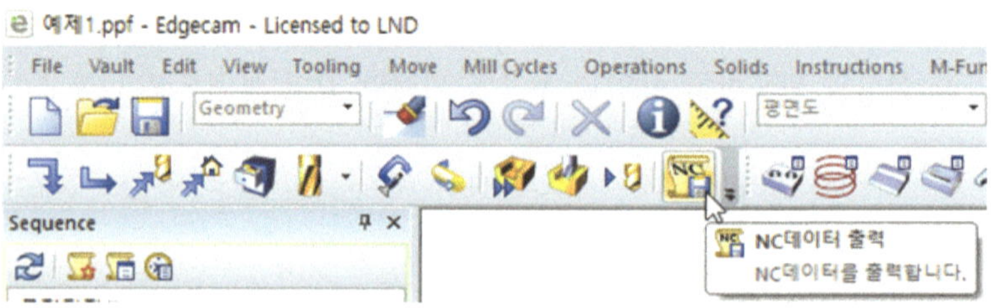

▶ NC데이터 출력을 하기 위한 설정창에서는 NC데이터 별도의 수정없이 확인을 누르도록 한다.

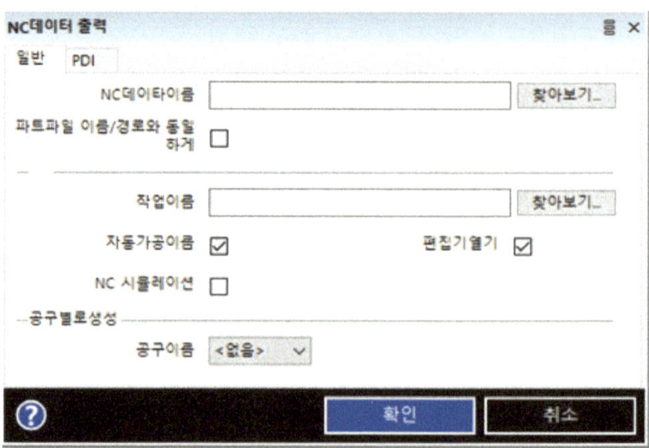

▶ Code Generator 창에서 프로그램 번호 4자리를 입력한다.

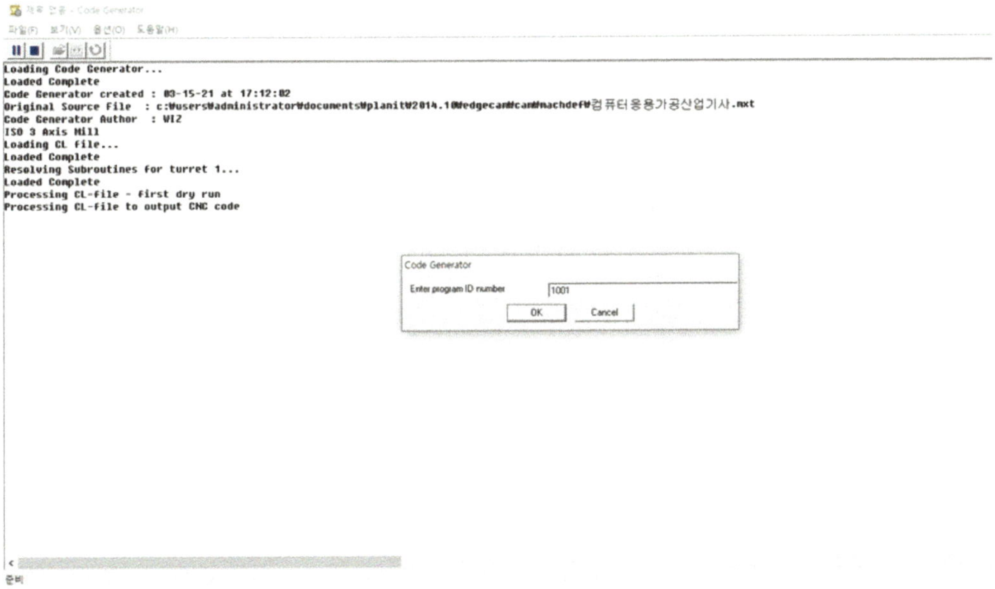

▶ 확인을 누르면 NC 편집프로그램이 실행되면서 생성된 프로그램을 확인 할 수 있다. 생성된 프로그램은 모델링 파일과 동일한 폴더에 생성되어 있으니 파일의 이름 및 프로그램의 번호는 검정시험 시 감독관의 지시에 따라 변경하도록 한다.

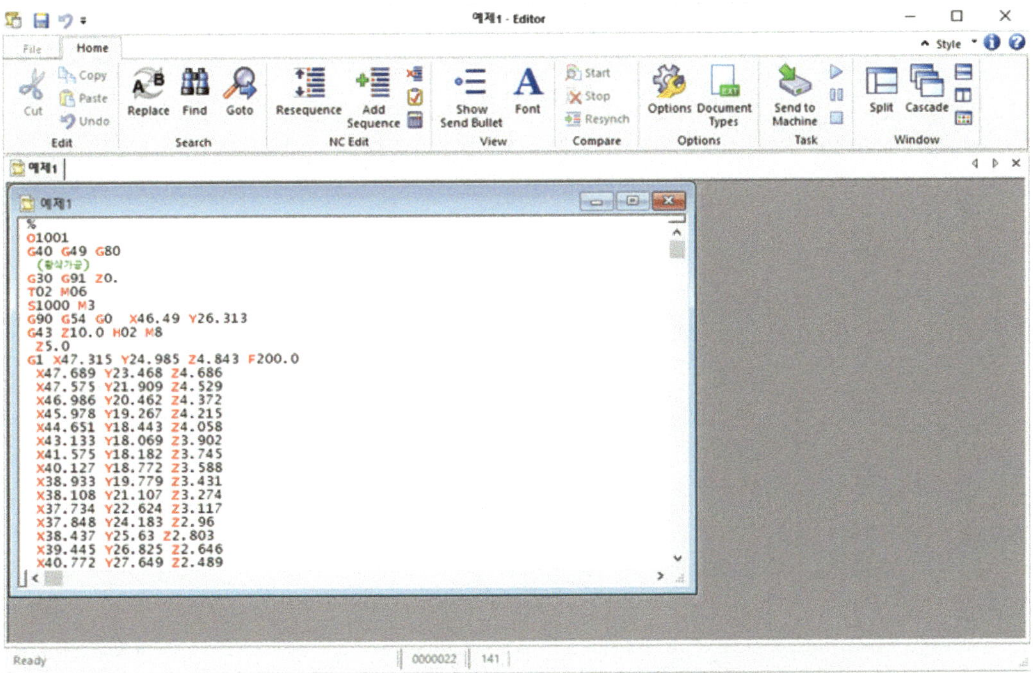

Chapter Ⅲ.

머시닝센터 GV-CNC 검증

3.1 CV-CNC (머시닝센터)

3.1 CV-CNC (머시닝센터)

3.1.1 MACHINING Centert실행

▶중앙에 위치하는 MACHINING Center 선택.

3.1.2 NC불러오기

▶화면 우측 상단 NC파일 아이콘 선택.

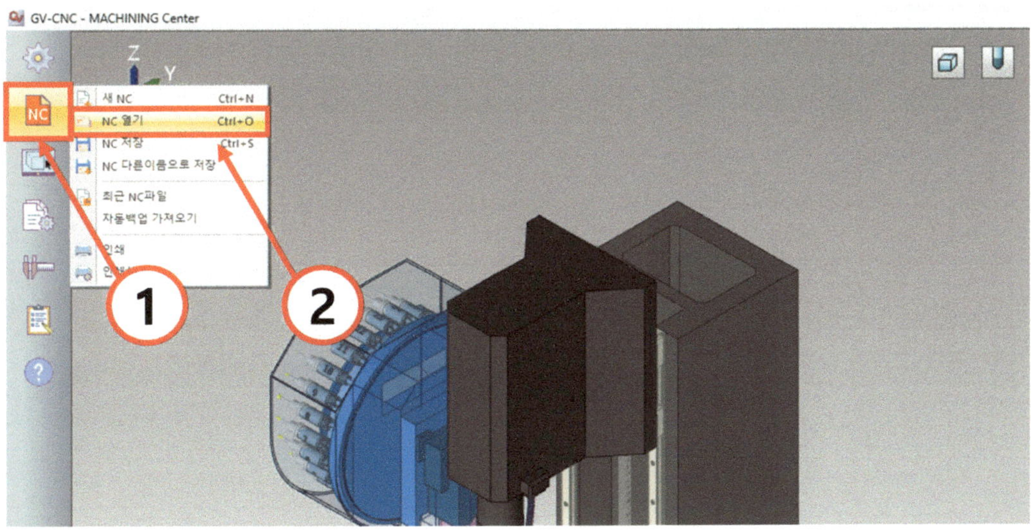

▶불러올 파일 선택 후 열기버튼 선택.

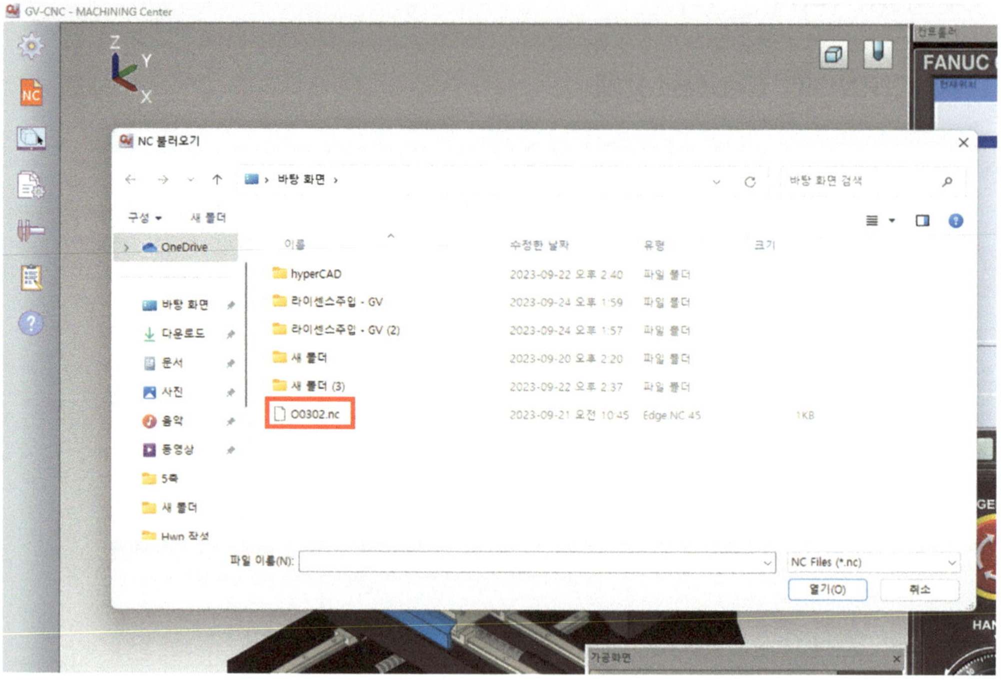

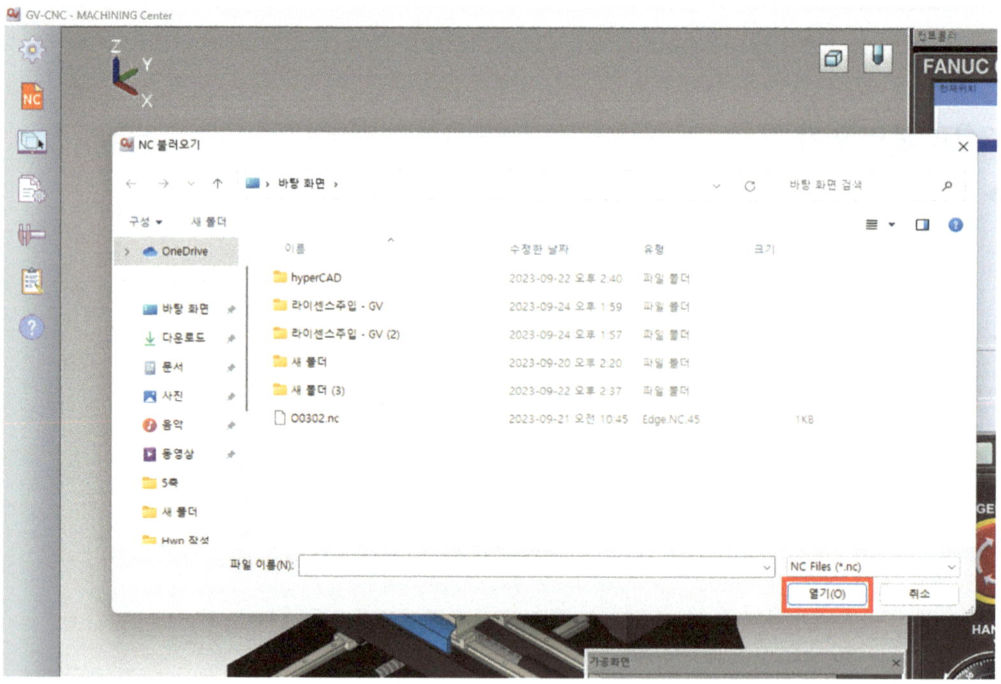

3.1.3 공작물 설정

▶공작물을 실제 사이즈와 동일하게 설정이 가능하며 공작물 위치설정이 가능하다.
▶우측상단 설정(프로그램 설정) 아이콘 선택.
▶공작물 설정 선택.

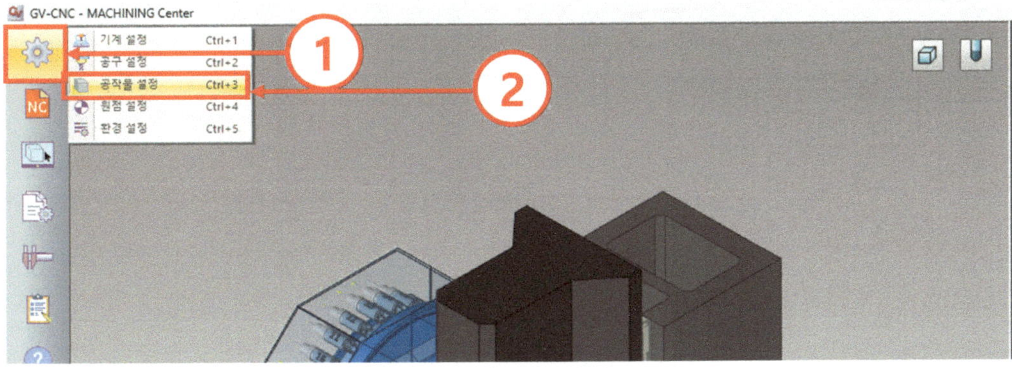

▶도면에맞게 치수를 넣어 생성한다.(직육면체 설정 -> 생성 -> 확인)

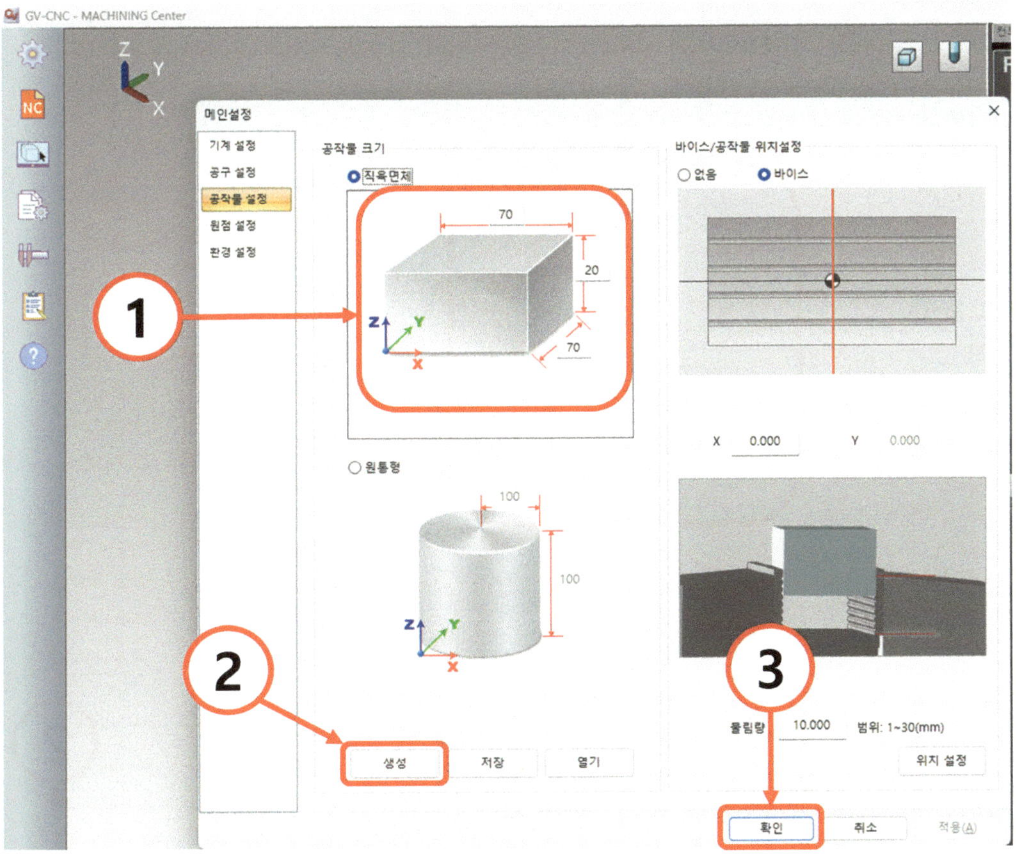

3.1.4 공구 설정

▶직경, 길이 등 실사용하는 공구와 동일하게 설정이 가능한 기능이다.

▶우측상단 설정 선택후 공구 설정 선택.(공구 리스트에서 공구 설정 -> 적용 -> 확인.)

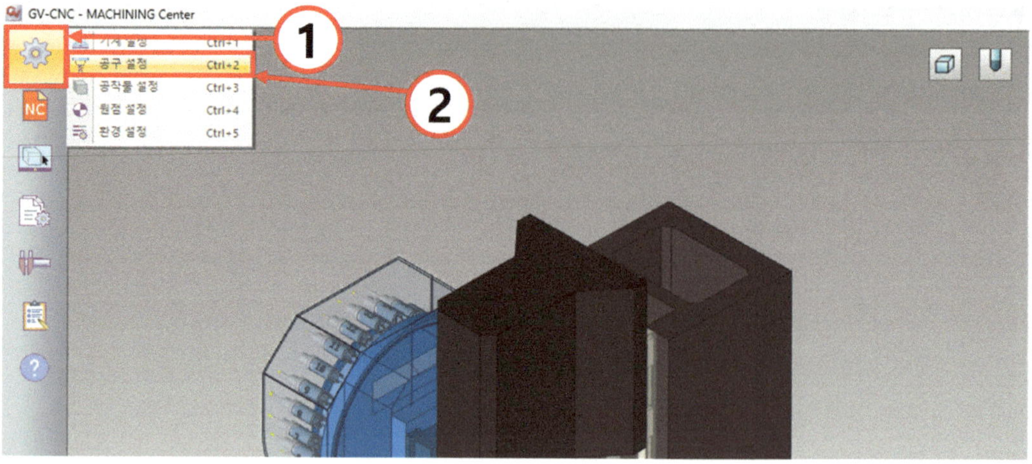

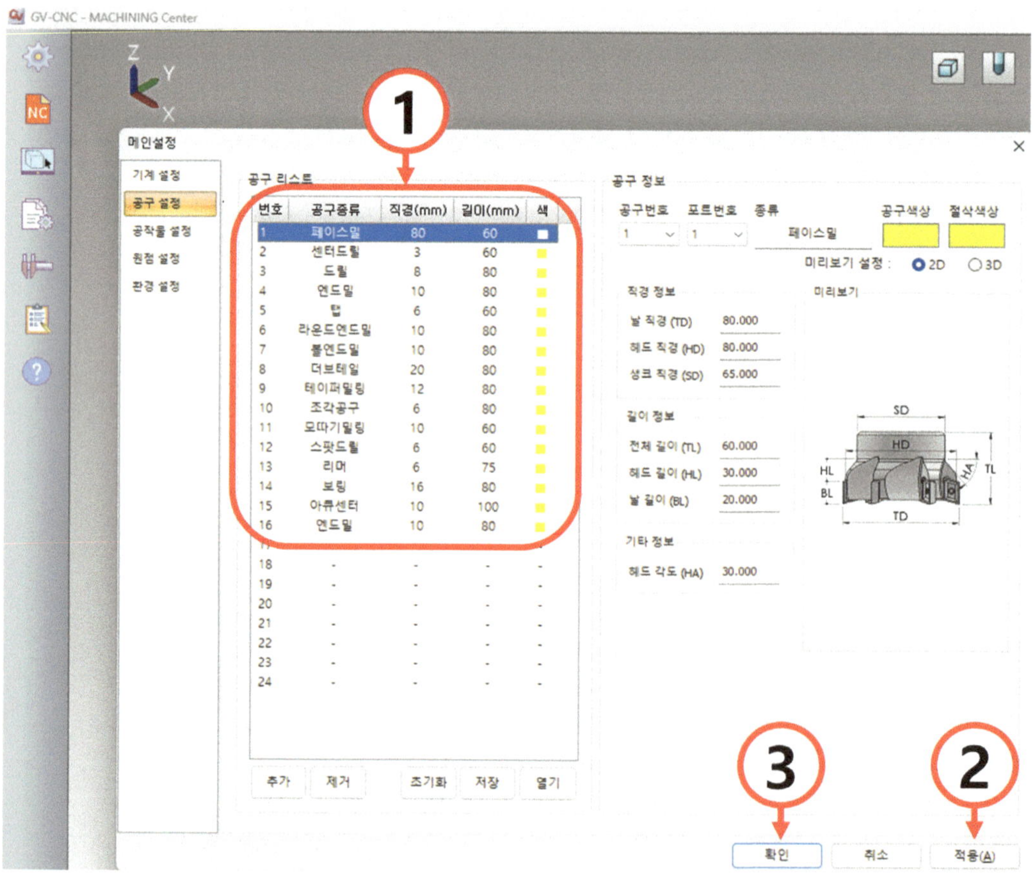

3.1.5 공작물 원점 설정

▶절대좌표계 원점 설정을 도와주는 기능이다.

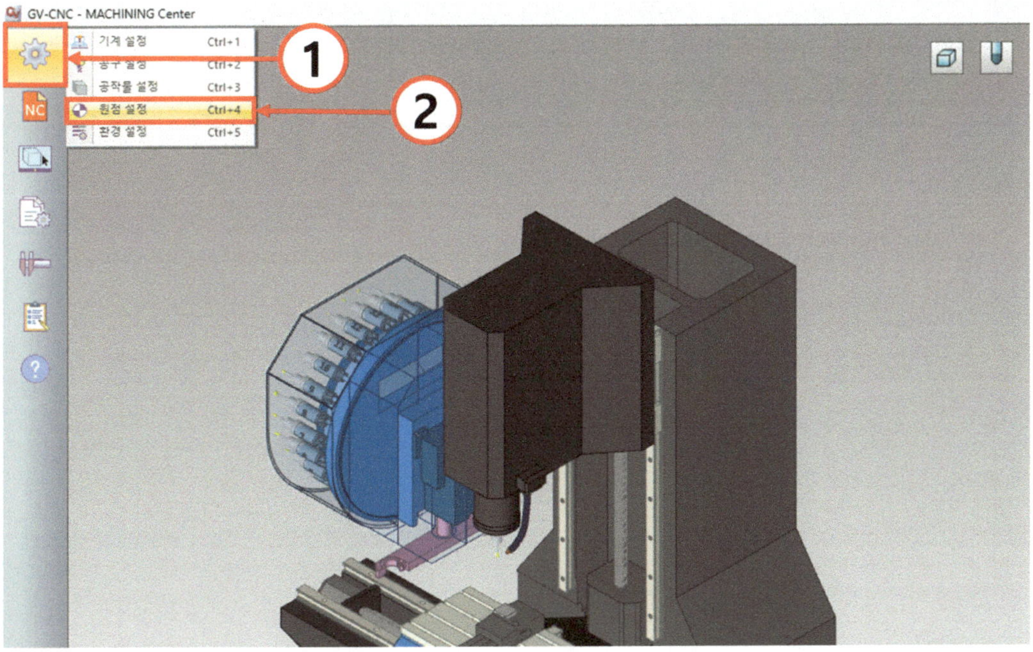

▶ (순서 : 기준좌표 선택(기계좌표계) -> 값 복사 -> 적용(A) -> 확인.)

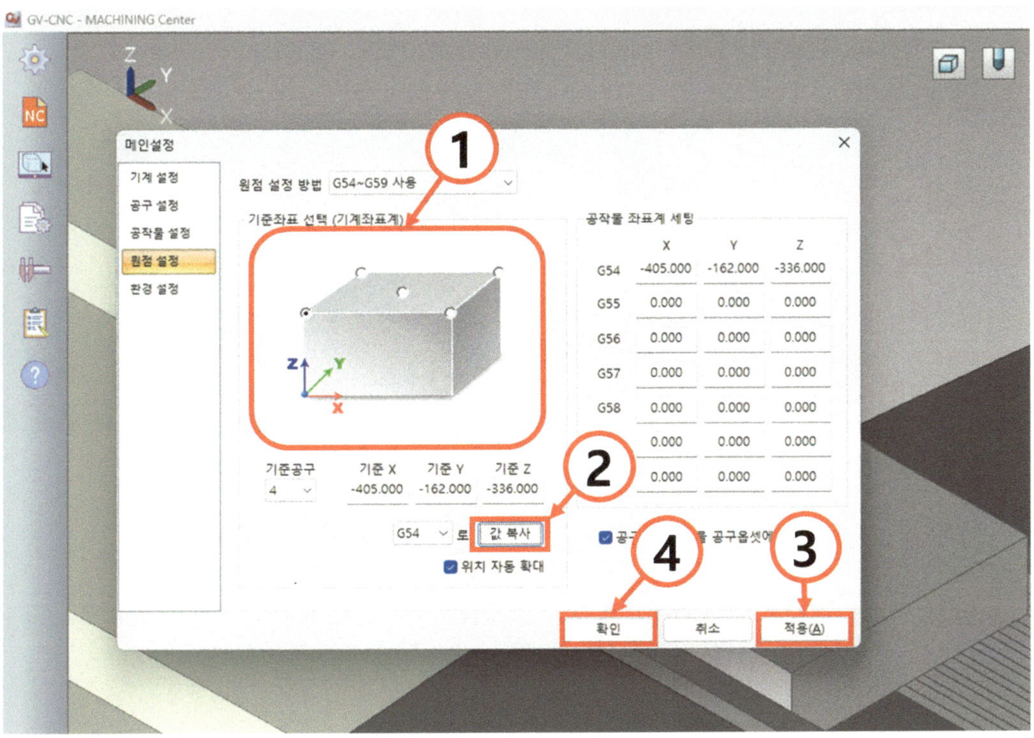

3.1.6 모의가공

▶모의가공을 실행함으로 사전에 충돌 및 사고방지가 가능하다.

▶공작물 설정, 공구 설정, 공작물 원점 설정 후 모의가공 실행.

▶파일 불러오기 -> RESET -> AUTO -> CYCLE START

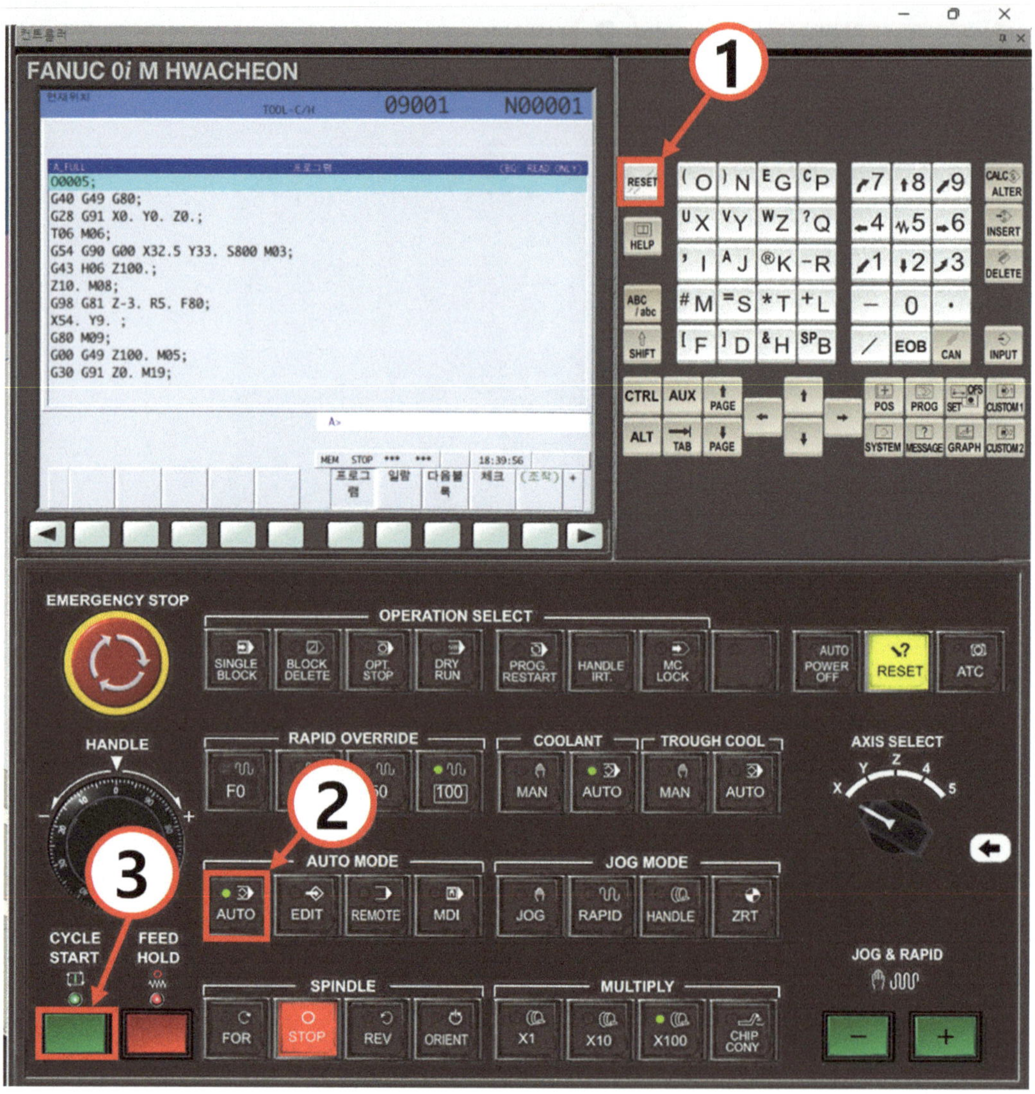

3.1.7 검증

▶모의가공 후 가공된 공작물과 정상 공작물과 비교, 채점이 가능하다.

▶화면 우측 검증 아이콘 선택.

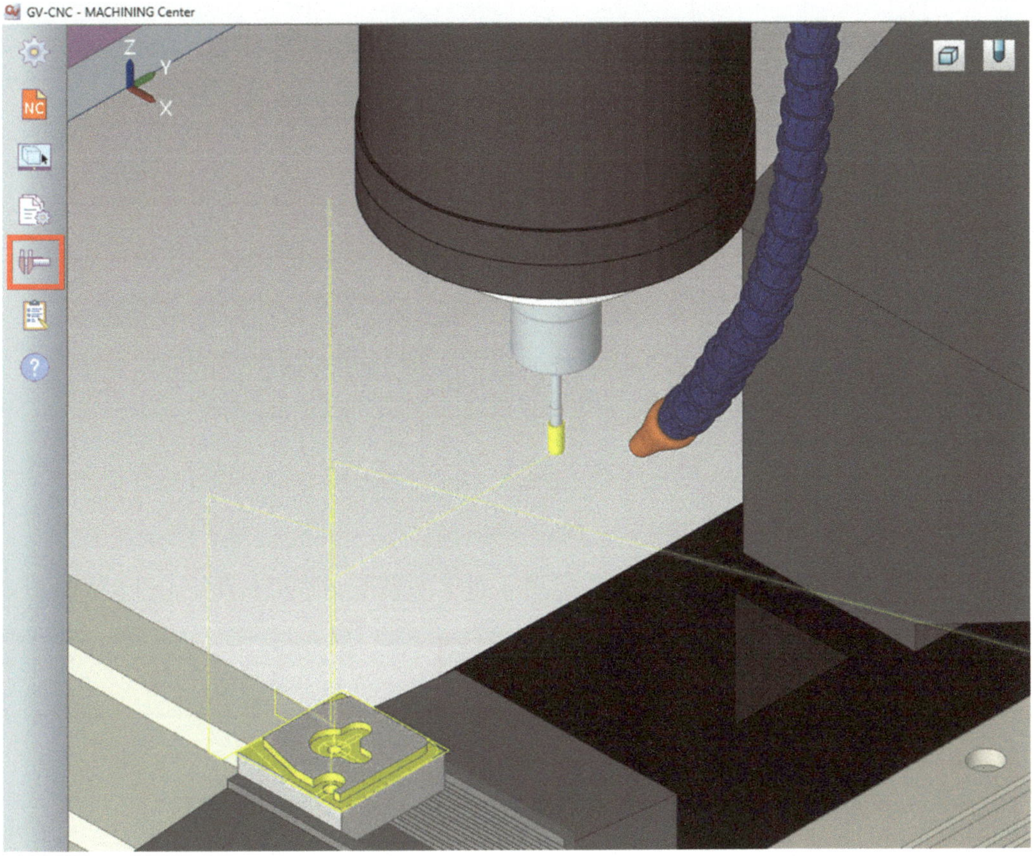

▶ 수동측정을 통하여 수직, 수평, 포인트, 사용자 치수입력, 라운드, 모따기 기능 등을 사용 가능하다.

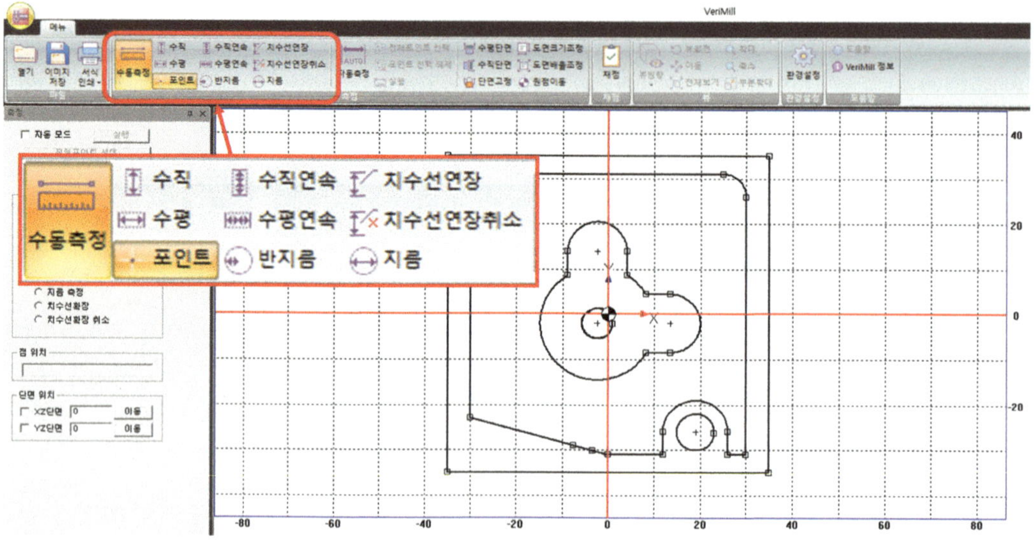

▶ 자동측정을 통하여 대상점을 마우스로 드래그 하여 한번에 선택하여 측정이 가능하다.

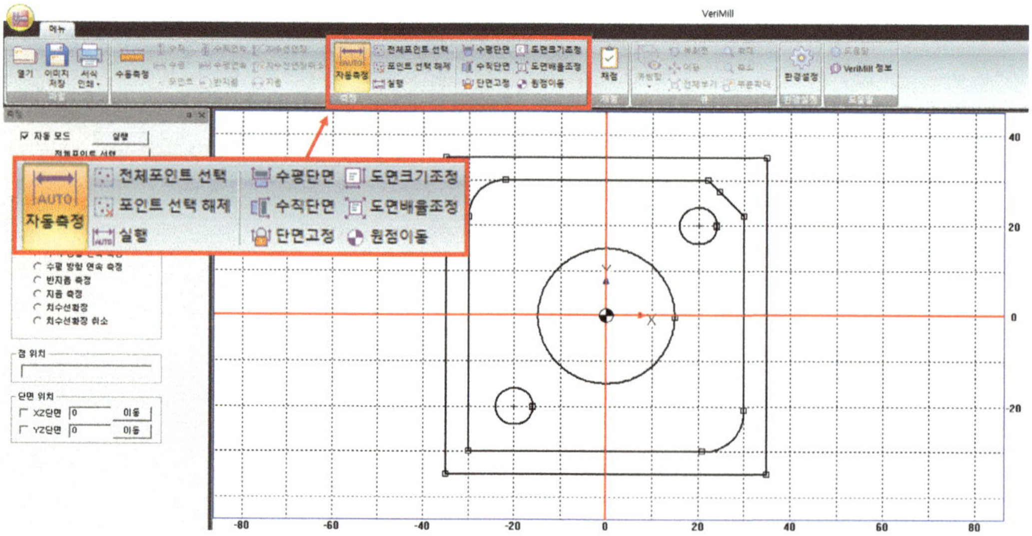

Chapter Ⅳ.

CNC 선반

4.1 CNC 란?

4.2 코드 일람표

4.3 지령 방법

4.4 고정 사이클

4.5 예제 문제 풀이

4.1 CNC 란?

컴퓨터를 내장한 NC로써 “공작물에 대한 공구의 위치를 그것에 대응하는 수치 정보로 지령하는 제어”라고 할 수 있다. 즉 가공물의 형상이나 가공조건의 정보를 포함한 NC 프로그램을 만들고 이것을 정보 처리 회로에 입력 및 처리하여 그 결과를 지령 펄스로 발생시켜 서보기구를 구동시킴으로써 지령한 대로 가공물을 자동 적으로 가공하도록 제어하는 방식이다.

N	G	X	Y	Z	F	S	T	M

N : 시퀀스 번호
G : 준비 기능
X, Y, Z : 좌표어
F : 이송 기능

NC 공작기계에서 제품을 가공하기 위해서 공구와 공작물이 서로 상대운동을 하는데, 이때 NC 시스템에서는 이 운동들을 제어하게 되는데 제어하는 방식은 위치결정제어, 직선절삭제어, 윤곽제어가 있다.

가공을 위해서 NC 프로그래밍을 해야 하는데 사용자들이 이해하기 쉽고 간편하도록 작성되어 있는 도면을 NC장치가 이해할 수 있도록 NC 언어 즉 “G코드”를 이용하여 표현방식을 바꾸어 주는 작업을 말한다.

4.2 코드 일람표

G-코드 일람표

G - 코드	그룹	기능
G00	01	급속 이송 (급속 위치결정)
G01		직선 가공 (직선 보간)
G02		원호 보간 (C.W 시계방향 원호가공)
G03		원호 보간 (C.C.W 반시계방향 원호가공)
G04	00	Dwell (휴지)
G10		Data 설정
G20	06	Incj Data 입력
G21		Metric Data 입력
G22	09	금지영역 설정 ON
G23		금지영역 설정 OFF
G25	08	주축속도 변동 검출 OFF
G26		주축속도 변동 검출 ON
G27	00	원점복귀
G28		자동 원점복귀 (제 1원점복귀)
G30		제 2원점복귀
G31		Skip 기능
G32	01	나사절삭
G34		가변리드 나사절삭
G36	00	자동 공구보정 (X)
G37		자동 공구보정 (Z)
G40	07	인선 R보정 취소 황삭 노즈 0.8R
G41		인선 R보정 좌측 바이트 끝 R. 보정
G42		인선 R보정 우측 정삭 노즈 0.4R

G - 코드	그룹	기능
G50	00	**공작물 좌표계 설정, 주축 최고회전수 설정**
G65		Macro 호출
G66	12	Macro Modal 호출
G67		Macro Modal 호출 말소
G68	04	대향공구대 좌표 ON
G69		대향공구대 좌표 OFF
G70	00	**정삭가공 사이클**
G71		**내 · 외경 황삭가공 사이클**
G72		단면가공 사이클
G73		모방가공 사이클
G74		단면 홈가공 사이클
G75		내 · 외경 홈가공 사이클
G76		**자동 나사가공 사이클**
G90	01	내 · 외경 절삭 사이클
G92		**나사 절삭 사이클**
G94		단면 절삭 사이클
G96	02	**주축속도일정제어 ON (m/min)**
G97		**주축속도일정제어 OFF (회전수 일정제어)**
G98	05	**분당 이송 지점 (mm/min) [밀링 기본 set]**
G99		**회전당 이송 지점 (mm/rev) [선반 기본 set]**

M-코드 일람표

M-코드	기 능	
M00	프로그램 일시정지 (Program Stop)	지령된 모든 조건들은 유효하며, 자동개시를 누르면 자동운전이 재개된다. (M03과 M08은 따로 지령)
M01	선택적 프로그램 일시정지 (Optional Program Stop)	조작판의 스위치가 ON 상태일 때 작동한다. (정지조건은 M00과 같음)
M02	프로그램 종료 (Program End)	지령된 모든 기능은 취소되고, 프로그램을 종료한다. (NC 초기화)
M03	주축 정회전 (Spindle Rotation C.W)	
M04	주축 역회전 (Spindle Rotation C.C.W)	
M05	주축 정지 (Spindle Stop)	
M08	절삭유 ON (Coolant ON)	
M09	절삭유 OFF (Coolant OFF)	
M12	척 물림 (Chuck Clamp)	
M13	척 풀림 (Chuck Unclamp)	
M14	심압대 전진 (Tail Stock Extend)	
M15	심압대 후진 (Tail Stock Retrack)	
M30	프로그램 선두로 복귀 (Program Rewind Restart)	프로그램 종료 후 선두로 복귀 기능 프로그램 선두에서 다시 실행하는 기능 (M02보다 M30을 더 많이 사용)
M40	주축기어 중립 위치 (Spindle Gear Neutral Position)	
M41	주축기어 저속 위치 (Spindle Gear Low Position)	
M42	주축기어 중속 위치 (Spindle Gear Middle Position)	
M43	주축기어 고속 위치 (Spindle Gear High Position)	
M48	주축 속도변화 OFF [조작판] (Spindle Override Cancel Off)	
M49	주축 속도변화 ON [조작판] (Spindle Override Cancel On)	

M-코드		기 능
M98	보조 프로그램 호출 (Sub Program Call)	보조 프로그램 호출 1) FANUC 0T 호출방법 M98P○○○○ △△△△ ○ : 반복횟수 (생략하면 1회) △ : 보조 프로그램 번호 2) 0T가 아닐 경우 M98P△△△△ L○○○○ ○ : 반복횟수 (생략하면 1회) △ : 보조 프로그램 번호
M99	메인 프로그램 호출 (Main Program Call)	주 프로그램 호출 (보조 프로그램에서 주 프로그램으로 돌아간다)

4.3 지령 방법

기계 원점 복귀

NC공작기계는 각 이송축마다 고유의 기계원점(Reference point)을 가지고 있으며 기계원점은 기계 의 기준점으로 공구교환의 위치, 프로그램에서 지시하는 수치를 결정하는 기준이 된다.

기계에 전원을 공급하여 처음 운전을 하거나, 운전 중 비상정지 스위치를 눌렀을 때에는 반드시 기계 원점 복귀를 시켜주어야 한다.

공작물 좌표계 설정

좌표계 설정

```
G50 X_ Z_ ;
```

프로그램의 원점과 기계의 원점은 동일하지 않기에 NC기계에 프로그램 원점을 설정하는 작업 필요하다.

공작물좌표계가 설정되면 프로그램 원점이 절대좌표 기준점이 된다.

좌표계 이동 (Shift)

```
G50 U_ W_ ;
```

설정된 공작물 좌표계의 위치를 이동시킬 때 사용한다.

최고회전수 지정 (G50)

```
G50 X_ Z_ S_ ;
```

절삭속도 일정제어(G96)는 공작물의 직경이 작아지면 주축 회전수가 증가하여 주축 모터에 고전류가 공급되어 스핀들 유닛에 부하가 가해진다. 이를 방지하기 위해 일정한 회전수 이상 증가하지 않도록 최고회전수를 지정하는 기능(G50)을 사용한다.

원점 복귀 (G28)

```
G28 X(U)_ Z(W)_ ;
```

NC 공작기계는 축 마다 고유의 기계원점을 가지고 있다.
원점복귀를 해야만 기계원점을 인식하며 공구교환위치, 좌표계 설정이 이루어진다.
(전원을 공급하거나 비상정지 이후에는 반드시 원점복귀를 실행하여야 된다.)

- 수동 원점복귀
  원점복귀 모드에서 X축과 Z축을 눌러 원점복귀를 진행하고, 원점복귀가 완료되면 점등이 된다.

- 자동 원점복귀
  자동(AUTO) 이나 반자동(MDI)에서 G28을 이용해 원점복귀를 진행한다.

제2, 제3, 제4 원점복귀 (G30)

```
G30 P_ X(U)_ Z(W)_ ;
```

중간점을 경유하여 제 2원점으로 급속복귀 한다.
(대형기계인 경우 G28원점까지 가지 않아도 될 때 혹은 공구교환시 충돌 방지를 위해 사용한다.

주축기능 (S)

주축 회전수를 지정하는 기능으로 영문자 “S”를 사용한다.
G96, G97과 함께 사용한다.

주축속도 일정제어 (G96)

공작물의 직경의 크기에 따라 주축회전수를 변화시켜 절삭가공을 효율적으로 하는 기능이다.

```
G96 S__ M03 ;
```

주축회전수 일정제어 (G97)

직경의 차이가 크지 않거나 나사가공 및 홈 가공을 할 경우 많이 사용한다.

```
G97 S__ M03 ;
```

회전 당 이송 (G99)

공구를 주축 1회전 당 이동하는 량을 F로 나타낸 것이다.
주축이 회전하지 않으면 이송축이 이동하지 않으며 주로 CNC 선반에 주로 사용한다.

```
G00 X(U)__ Z(W)__ ;
```

F : 주축 1회전 당 이동거리 (mm/rev)
범위 : F0.0001 ~ F500 mm/rev

분 당 이송 (G98)

1분간 공구가 얼마만큼 이동하는가를 F로 나타낸 것이다.
주축 정지 상태에서도 공구를 절삭이송 시킬 수 있으며, 머시닝센터에 주로 사용한다.

```
G00 X(U)__ Z(W)__ ;
```

F : 주축 1회전 당 이동거리 (mm/min)
범위 : F1 ~ F100000 mm/min

급속 위치결정 [급속 이송] (G00)

```
G00 X(U)_ Z(W)_ ;
```

지령된 X, Z 좌표값(종점)으로 급속 이송을 하며, 이송속도는 파라미터에 설정된 이송속도이다.

직선 절삭 [직선 보간] (G01)

```
G01 X(U)_ Z(W)_ F_ ;
```

지령된 좌표값(종점)으로 주어진 속도 값으로 직선 절삭하며 이동한다.
X(U), Z(W) : 좌표값 (종점)
F : 이송속도 (mm/min)

원호절삭 [원호가공] (G02, G03)

지령된 좌표값(종점)까지 반경 R값으로 시계방향(G02)이나 반시계방향(G03) 원호절삭 한다.

$$\begin{Bmatrix} G02 \\ G03 \end{Bmatrix} X(U)\_ \ Z(W)\_ \begin{Bmatrix} R\_ ; \\ I\_ \ K\_ ; \end{Bmatrix}$$

X(U), Z(W) : 좌표값 (종점)
F : 이송속도 (mm/min)
R 또는 I, K : 원호반지름 또는 시작점에서 원호 중심까지의 벡터량을 입력한다.
I, J, K의 값 중에서 0의 값은 생략할 수 있다.
(I : X축 벡터량, K : Z축 벡터량)

참고

- 절대지령 : 공작물 좌표계 원점에서 종점까지의 거리를 지령하는 방식 (X, Z)
- 증분지령 : 시작점에서 종점까지의 변화량을 지령하는 방식 (U, W)
- 직경지령방식 : 직경 값을 입력하더라도 실제 기계가 움직이는 량은 직경 값의 절반만 이동한다. (대부분의 CNC선반에 사용되는 방식)
- 반경지령방식 : 직경값을 반으로 나누어 입력하는 방법이다. (프로그램 작성에 어려움이 있기에 대부분 사용하지 않는 방식)

홈 가공 - Dwell (G04)

지령된 시간만큼 이동을 정지 시키는 기능이다.
홈 가공시 바닥면을 다듬질하거나 진원을 가공하기 위한 목적으로 사용한다.

$$G04 \left\{ \begin{array}{l} X\_\_\_\_; \\ U\_\_\_\_; \\ P\_\_\_\_; \end{array} \right.$$

X, U : 정지시간 지정 (소수점 사용 가능)
P : 정지시간 지정 (소수점 사용 불가)
범위 : 0.001 ~ 9999.999초

예시) 3초 Dwell = G04 X3. ; = G04 U3. = G04 P3000;

4.4 고정 사이클

단일형 고정 사이클

- 변화된 수치만 반복 지령하여 프로그램을 작성

평행절삭 시 공구경로	테이퍼절삭 시 공구경로
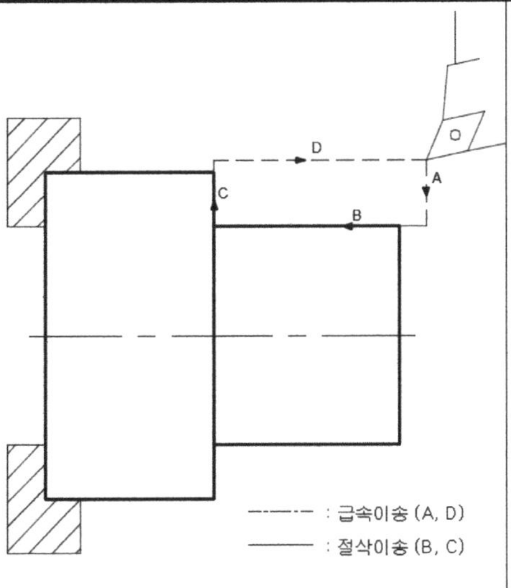	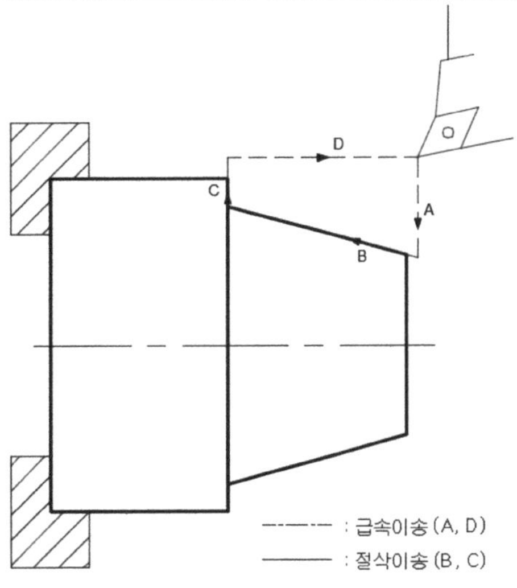

- 고정 사이클의 초기점은 사이클의 시작과 종료가 되면 복귀하는 위치에 매우 중요하다.
- 고정 사이클을 이용하여 테이퍼 가공을 할 경우 치수와 관계없이 시작점과 끝점에서 구배값을 적용해야 된다.
- 일반프로그램 보다 단일형 고정사이클로 작성한 프로그램은 많은 가공시간이 소요된다. (후퇴량을 변경할 수 없으며, 초기점 좌표값을 중간에 수정할 수 없다.)
- 직선절삭(G01)에서 X값과 Z값이 동시에 지령되며 테이퍼 가공을 하지만, 단일형 고정사이클에서는 테이퍼가공을 할 수 없다.

복합형 고정 사이클

- 단일형 고정 사이클에 비해 더욱 간단한 프로그램 작성이 가능하다. (절삭깊이, 도피량 등의 조건을 설정하면 NC장치가 자동으로 공구경로를 설정하여 동작한다.)

복합형 고정 사이클의 종류

종류	명칭	비고
G70	정삭가공 사이클	
G71	내·외경 황삭 사이클	- G70을 이용한 정삭가공 가능 - 오직 AUTO MODE에서 실행
G72	단면 황삭 사이클	
G73	모방 절삭 사이클	
G74	단면 홈 가공 사이클	- G70을 이용한 정삭가공 불가능 - AUTO MODE, MDI MODE에서 실행
G75	내·외경 홈 가공 사이클	
G76	자동나사가공 사이클	

내 · 외경 절삭 사이클 (G90)

```
G0 X(U)__ Z(W)__ I(R)__ F__ ;
```

여러 반복 동작을 한 사이클로 가공하며, 한 사이클이 끝나면 시작점(초기)으로 복귀한다.

내 · 외경 황삭 사이클 (G71)

도면의 윤곽 및 절삭 조건 등을 지정하면 공구경로는 자동으로결정하여 절삭하며 절삭이 종료되면 사이클 시작점으로 복귀한다.

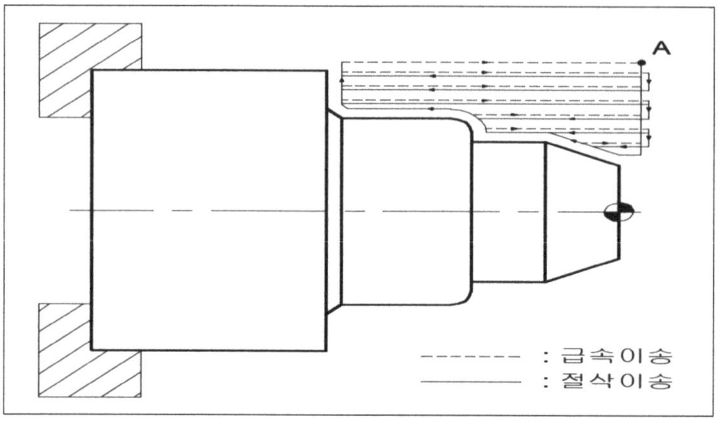

<FANUC 0T SYSTEM>

```
G71 U__ R__ ;
G71 P__ Q__ U__ W__ F__ ;
N__ G00 X__ ;
    .
N__ G01 ;
    .
```

<FANUC 11T SYSTEM>

```
G71 U__ R__ ;
G71 P__ Q__ U__ W__ F__ ;
N__ G00 X__ ;
    .
N__ G01 ;
    .
```

내 · 외경 정삭 사이클 (G70)

```
G70 P__ Q__ F__ ;
```

P : 최초 고정사이클 시작 블록 전개
Q : 최종 고정사이클 종료 블록 전개
F : 이송속도

황삭 프로그램 (G71)	정삭 프로그램 (G70)
G28 U0. W0. ; G50 S2000 T0100 ; G96 S150 M03 ; G00 X52. Z2. T0101 M08 ; G71 U1. R0.5 ; G71 P10 Q20 U0.4 W0.2 F0.2 ; N10 G00 X0. ; G01 Z0. ; X46. ; X48. Z-1. ; Z-30. ; N20 X52. ; G00 X150. Z100. T0100 M09 ; M05 ; M01 ;	G50 S2000 T0300 ; G96 S180 M03 ; G00 X52. Z2. T0303 M08 ; G70 P10 Q20 F0.1 ; G00 X150. Z100. T0300 M09 ; M05 ; M01 ;

나사절삭 (G32)

```
G32 X(U)_ Z(W)_ F_ ;
```

X(U), Z(W) : 나사의 종점 좌표값
(한 축만 지령 시 직선나사, 두 축 지령 시 테이퍼 나사)
F : 나사의 리드

나사의 절입 조건

피치	1회	2회	3회	4회	5회	6회	7회	8회
2	0.35	0.25	0.19	0.12	0.10	0.08	0.05	0.05
1.5	0.35	0.20	0.14	0.10	0.05	0.05		

(나사절삭[G32] 사용 시 절입마다 깊이를 적용하여 가공하고 빠지고를 반복하여야 한다.)

<table>
<tr>
<td>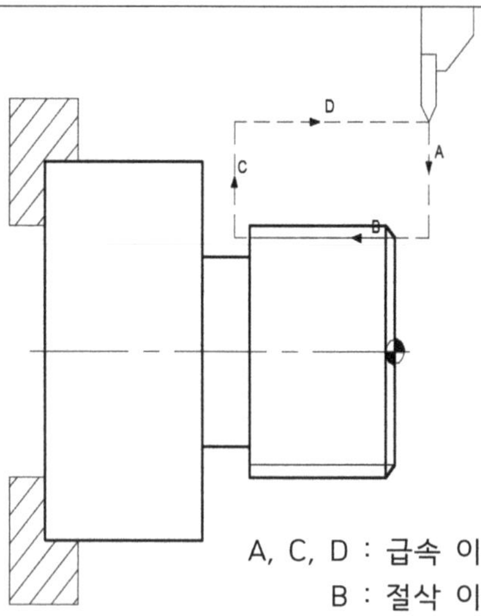
A, C, D : 급속 이송
B : 절삭 이송</td>
<td><직선 나사 가공>

A -> B : G00 나사 깊이지령
B -> C : G32 나사 절삭 지령
C -> D : G00 후퇴 지령
D -> A : G00 나사 시작점 복귀</td>
</tr>
<tr>
<td>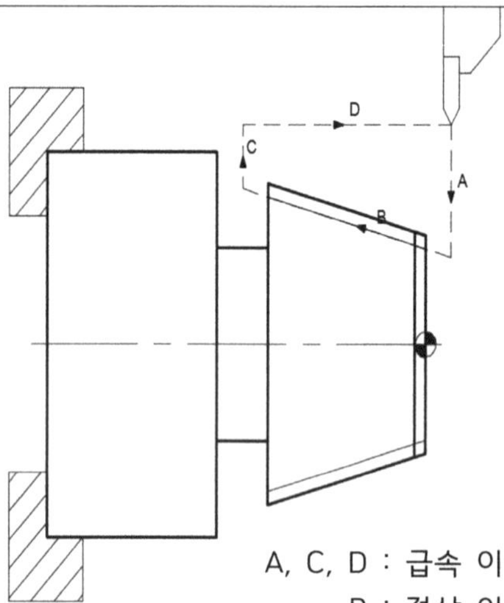
A, C, D : 급속 이송
B : 절삭 이송</td>
<td><테이퍼 나사 가공>

A -> B : G00 나사 깊이지령
B -> C : G32 나사 절삭 지령
C -> D : G00 후퇴 지령
D -> A : G00 나사 시작점 복귀</td>
</tr>
</table>

나사가공 (G32) 예시

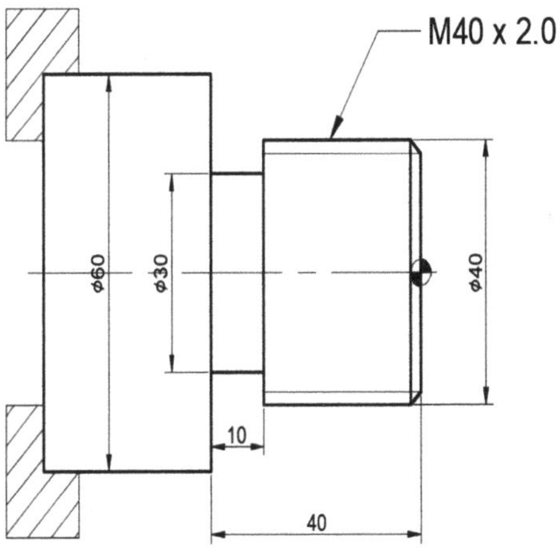


```
T0700 ;
G97 S500 M03
G00 X42. Z2. T0707 M08 ;
X39.3 ;
G32 Z-32. F2.0 ;
G00 X42.
Z2.
X38.8 ;
G32 Z-32.
G00 X42.
Z2.
X38.42 ;
G32 Z-32.
G00 X42.
Z2.
X38.18 ;
G32 Z-32.
G00 X42.
Z2.
X37.98 ;
G32 Z-32.
G00 X42.
Z2.
X37.82 ;
G32 Z-32.
G00 X42.
Z2.
X37.72 ;
G32 Z-32.
G00 X42.
Z2.
X37.62 ;
G32 Z-32.
```

자동나사 가공 사이클 (G76)

<FANUC 0T> G76 P AABBCC Q D R E ; G76 X(U)__ Z(W)__ P __ Q __ R __ F __ ;
<FANUC 11T> G76 X(U)__ Z(W)__ K __ D __ I __ F __ ;

P AABBCC : 6자리의 지령으로 2자리씩 의미가 다른 지령

AA : 정삭 반복횟수 지정 (1~99회 까지 지정가능)

BB : 챔퍼링(후퇴)량 지정 (나사 끝 부분의 불완전 나사부를 가공하는 량을 지정하며 10 지령 시 45도 방향, 00 지령 시 수직 방향으로 후퇴

CC : 나사의 절입각도 지정 (지령가능 각도는 0도, 29도, 30도, 55도, 60도, 80도 이다.)

사용 예시) P010060

(01 : 정삭 반복횟수 1회, 00 : 불완전 나사부 수직 후퇴, 60 : 나사산의 각도)

Q D : 최소 절입량 지령

(최소 절입량과 최소절입량을 지령 시 자동으로 절입 횟수를 비례하여 가공한다.)

R E : 나사가공 시 정삭 여유량

X(U) : 나사가공의 골지름 (나사외경 - {나사산의 높이 x2})

Z(W) : 나사가공의 길이 (불완전 나사부가 있는 경우 불완전 나사부까지 거리 값 지령)

P , K : 나사산의 높이 (반경지령으로 나사산의 높이를 지령)

Q , D : 최초 절입량

(최초 절입량에 따라 나사가공 횟수와 시간에 영향을 받음, 반경지령 사용)

R , I : 테이퍼 나사 가공 시 입력 [테이퍼 나사가 아닐 경우 생략]

(부호는 보통 외경절삭 시 "+", 내경절삭 시 "-"를 사용)

F : 나사의 리드

피치	절입깊이	접촉높이	1회	2회	3회	4회	5회	6회	7회	8회
2.0	1.19	1.083	0.35	0.25	0.19	0.12	0.1	0.08	0.05	0.05
1.5	0.89	0.812	0.35	0.2	0.14	0.1	0.05	0.05		

자동나사 가공 사이클 (G92) 예시

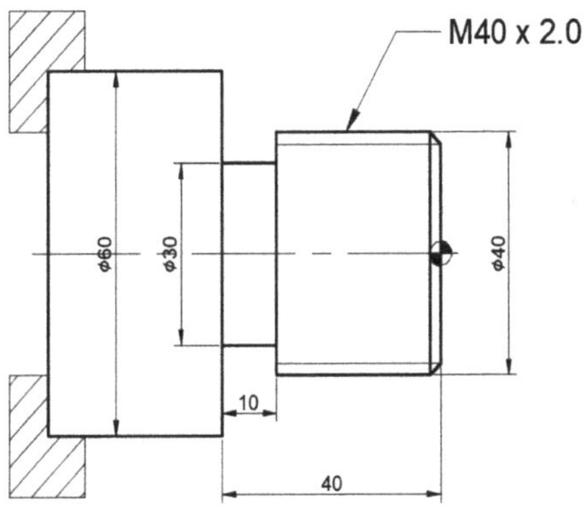


```
T0700 ;
G97 S500 M03
G00 X42. Z2. T0707 M08 ;
G92 X39.3 Z-32. F2.0 ;

<0T SYSTEM>
G76 P010060 Q50 R30;
G76 X37.62 Z-32. P1190 Q350 F2.0 ;

<NON 0T SYSTEM>
G76 X37.62 Z-32. K1190 D350 A60 F2.0
;

G00 X100. Z150. T0700 M09 ;
M05 ;
M02 ;
```

고정 사이클의 장단점	일반 프로그램의 장단점
- 프로그램을 간단하게 작성 가능하기에 작성 시간 및 메모리 용량이 줄어든다. - 공구경로를 작업자가 임의로 바꿀 수 없다. - 다품종 소량생산에 사용된다.	- 공구경로를 작업자가 임의로 지정하므로 가공시간이 단축된다. - 절입량, 도피량, 복귀지점을 일일이 지정해야 되므로 작성시간과 용량이 많아진다. - 소품종 대량생산에 사용된다.

4.5 예제 문제 풀이

[예제 1]

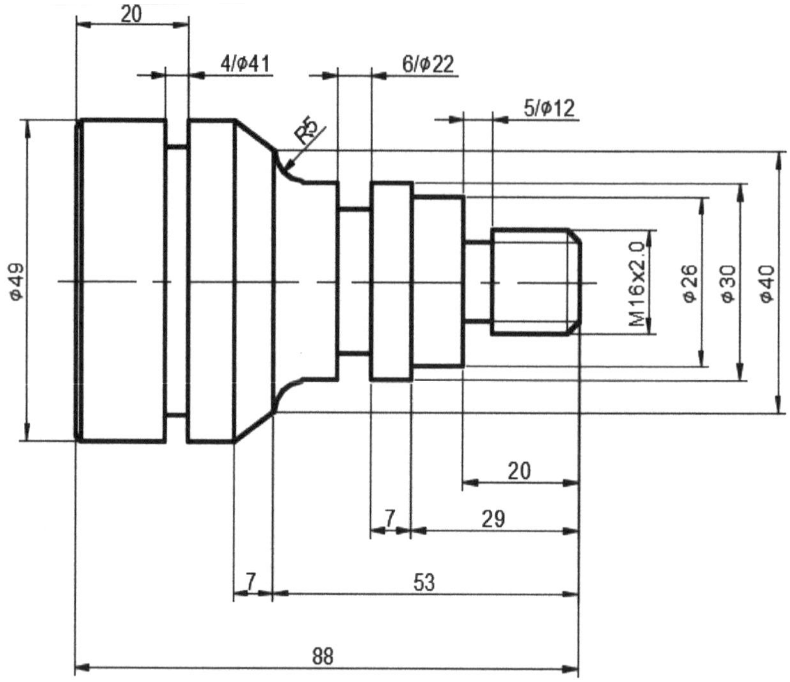

주서

1.도시되고 지시없는 모떼기 C1

2.일반 모떼기 C0.2~C0.3

공구 사용 계획

공구 명	절삭조건			공구 번호	보정 번호
	주축 회전수 (rpm)	주축 최고 회전수	이송속도 (mm/rev)		
외경바이트 (황삭)	-		-	T01	01
외경바이트 (정삭)	-		-	T03	03
외경 홈 바이트	-		-	T05	05
외경 나사바이트	-		-	T07	07

- 1차 가공은 수기가공으로 할 것
- NC 기계에 프로그램 입력시 처음과 마지막에 “%”을 넣어준다.

%	- 프로그램 입력
G28 U0. W0. ;	- 중간경로점 없이 현재위치에서 원점 복귀
G50 S2000 ;	- 최고회전수 2000RPM 지정
T0100 ;	- 공구 1번 선택
G96 S150 M03 ;	- 150m/min 주축속도 일정제어, 주축 정회전
G00 X52. Z2. T0101 M08 ;	- 시작점으로 급속이송, 공구 5번 보정, 절삭유ON
G71 U2.0 R0.5 ;	- 사이클 지정, X축 절삭깊이 2.0, X축 도피량 0.5
G71 P10 Q20 U0.4 W0.2 F0.2 ;	- 10 ~ 20 사이클, X축 정삭여유 0.4, Z축
;	정삭여유 0.2 이송속도 0.2mm/rev
N10 G00 X0. ;	- 사이클 시작 전개번호 10, X0. 급속이송
G01 Z0. ;	- Z0.0 까지 직선절삭
X12. ;	- X12.0 까지 직선절삭
X16. Z-2. ;	- X16.0 Z-2.0 까지 직선절삭
Z-20. ;	- Z-20.0 까지 직선절삭
X26. ;	- X26.0 까지 직선절삭
Z-29. ;	- Z-29.0 까지 직선절삭
X30. ;	- X30.0 까지 직선절삭
Z-50. ;	- Z-50.0 까지 직선절삭
X35. ;	- X35.0 까지 직선절삭
G02 X41. Z-53. R3. ;	- X41.0 Z-53.0 까지 R3.0으로 시계방향 원호가공
G01 X43. Z-58. ;	- X43.0 Z-58.0 까지 직선절삭
Z-61. ;	- Z-61.0 까지 직선절삭
N20 X52. ;	- 사이클 종료 전개번호 20, X52.0 까지 직선절삭
;	
G00 X150. Z100. T0100 M09 ;	- X150.0 Z100.0 까지 급속이송, 공구 1번 보정
M05 ;	취소, 절삭유 OFF
M01 ;	- 스핀들 정지 / - 선택 프로그램 정지
;	
T0300 ;	- 공구 3번 선택
G50 S2000 ;	- 최고회전수 2000RPM 지정
G96 S180 M03 ;	- 180m/min 주축속도 일정제어, 주축 정회전
G00 X52. Z2. T0303 M08 ;	- 시작점으로 급속이송, 공구 5번 보정, 절삭유 ON
G70 P10 Q20 F0.1 ;	- 정삭 사이클 지정, 전개번호 10~20 을
;	0.1mm/rev로 가공
G00 X150. Z100. T0300 M09 ;	- X150.0 Z100.0 까지 급속이송, 공구 3번 보정
M05 ;	취소, 절삭유 OFF
M01 ;	- 스핀들 정지 / - 선택 프로그램 정지
;	
T0500 ;	- 공구 5번 선택
G97 S500 M03 ;	- 주축 회전수 일정제어, 500RPM 정회전
G00 X28. Z-20. T0505 M08 ;	- 시작점으로 급속이송, 공구 5번 보정, 절삭유 ON

G01 X18. F0.1 ;	- X18.0 까지 0.1mm/rev로 직선절삭
X12. F0.05 ;	- X12.0 까지 0.05mm/rev로 직선절삭
G04 X1.0 (U1.0, P1000) ;	- Dwell 1초 (1초간 이동 정지)
G00 X18. ;	- X18.0 까지 급속이송
Z-18. ;	- Z-18.0 까지 급속이송
G01 X12. F0.05 ;	- X12.0 까지 0.05mm/rev로 직선절삭
G04 X1.0 (U1.0, P1000) ;	- Dwell 1초 (1초간 이동 정지)
G00 X32. ;	- X32.0 까지 급속이송
Z-42. ;	- Z-42.0 까지 급속이송
G01 X22. F0.05 ;	- X22.0 까지 0.05mm/rev로 직선절삭
G04 X1.0 (U1.0, P1000) ;	- Dwell 1초 (1초간 이동 정지)
G00 X32. ;	- X32.0 까지 급속이송
Z-40. ;	- Z-40.0 까지 급속이송
G01 X22. F0.05 ;	- X22.0 까지 0.05mm/rev로 직선절삭
G04 X1.0 (U1.0, P1000) ;	- Dwell 1초 (1초간 이동 정지)
G00 X52. ;	- X52.0 까지 급속이송
G00 X150. Z100. T0500 M09 ; M05 ;	- X150.0 Z100.0 까지 급속이송, 공구 5번 보정 취소, 절삭유 OFF
M01 ;	- 스핀들 정지 / - 선택 프로그램 정지
;	
T0700 ;	- 공구 7번 선택
G97 S400 M03 ;	- 주축 회전수 일정제어, 400RPM 정회전
G00 X18. Z2. T0707 M08 ;	- 시작점으로 급속이송, 공구 7번 보정, 절삭유 ON
G76 P010060 Q50 R20 ; ; ;	- 자동나사 가공 사이클, 정삭반복횟수 1회, 수직 도피, 나사절입각도 60도, 최소절입량 (0.5x1000), 정삭여유량 (0.2x1000)
G76 X13.62 Z-17. P1190 Q350 F2.0 ; ; ;	- X13.62 (16-{1.19x2}) Z-17. 까지 나사가공, 전체절입량 (1.19x1000), 최초절입량 (0.35x1000), 피치 2.0
G00 X150. Z100. T0700 M09 ;	- X150.0 Z100.0 까지 급속이송, 공구 7번 보정 해제, 절삭유 OFF
M05 ;	- 스핀들 정지
M02 ;	- 프로그램 종료
%	- 프로그램 입력 종료

[예제 2]

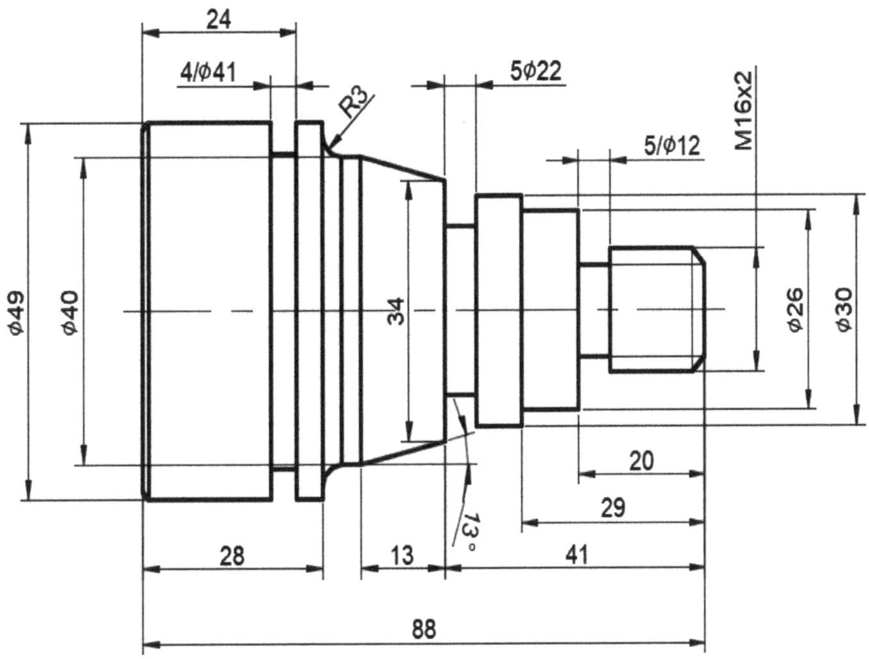

주서

1.도시되고 지시없는 모떼기 C1

2.일반 모떼기 C0.2~C0.3

공구 사용 계획

공구 명	절삭조건			공구 번호	보정 번호
	주축 회전수 (rpm)	주축 최고 회전수	이송속도 (mm/rev)		
외경바이트 (황삭)	-		-	T01	01
외경바이트 (정삭)	-		-	T03	03
외경 홈 바이트	-		-	T05	05
외경 나사바이트	-		-	T07	07

- 1차 가공은 수기가공으로 할 것
- NC 기계에 프로그램 입력시 처음과 마지막에 “%”을 넣어준다.

```
%
G28 U0. W0. ;
G50 S2000 ;
T0100 ;
G96 S150 M03 ;
G00 X52. Z2. T0101 M08 ;
G71 U2.0 R0.5 ;
G71 P10 Q20 U0.4 W0.2 F0.2 ;
;
N10 G00 X0. ;
G01 Z0. ;
X12. ;
X16. Z-2. ;
Z-20. ;
X26. ;
Z-29. ;
X30. ;
Z-41. ;
X34. ;
X40. Z-54. ;
Z-57. ;
G02 X46. Z-60. R3. ;
G01 X49. ;
N20 X52. ;
;
G00 X150. Z100. T0100 M09 ;
M05 ;
M01 ;
;
T0300 ;
G50 S2000 ;
G96 S180 M03 ;
G00 X52. Z2. T0303 M08 ;
G70 P10 Q20 F0.1 ;
;
G00 X150. Z100. T0300 M09 ;
M05 ;
M01 ;
;
T0500 ;
G97 S500 M03 ;
```

- 프로그램 입력
- 중간경로점 없이 현재위치에서 원점 복귀
- 최고회전수 2000RPM 지정
- 공구 1번 선택
- 150m/min 주축속도 일정제어, 주축 정회전
- 시작점으로 급속이송, 공구 5번 보정, 절삭유ON
- 사이클 지정, X축 절삭깊이 2.0, X축 도피량 0.5
- 10 ~ 20 사이클, X축 정삭여유 0.4, Z축 정삭여유 0.2 이송속도 0.2mm/rev
- 사이클 시작 전개번호 10, X0. 급속이송
- Z0. 까지 직선절삭
- X12.0 까지 직선절삭
- X16.0 Z-2.0 까지 직선절삭
- Z-20.0 까지 직선절삭
- X26.0 까지 직선절삭
- Z-29. 까지 직선절삭
- X30.0 까지 직선절삭
- Z-41.0 까지 직선절삭
- X34.0 까지 직선절삭
- X40.0 Z-54.0 까지 직선절삭
- Z-57.0 까지 직선절삭
- X46.0 Z-60.0 까지 R3.0 으로 시계방향 원호가공
- X49.0 까지 직선절삭
- 사이클 종료 전개번호 20, X52.0 까지 직선절삭

- X150.0 Z100.0 까지 급속이송, 공구 1번 보정 취소, 절삭유 OFF
- 스핀들 정지 / - 선택 프로그램 정지

- 공구 3번 선택
- 최고회전수 2000RPM 지정
- 180m/min 주축속도 일정제어, 주축 정회전
- 시작점으로 급속이송, 공구 5번 보정, 절삭유 ON
- 정삭 사이클 지정, 전개번호 10 ~ 20 을 0.1mm/rev로 가공
- X150.0 Z100.0 까지 급속이송, 공구 3번 보정 취소, 절삭유 OFF
- 스핀들 정지 / - 선택 프로그램 정지

- 공구 5번 선택
- 주축 회전수 일정제어, 500RPM 정회전

G00 X28. Z-20. T0505 M08 ;	- 시작점으로 급속이송, 공구 5번 보정, 절삭유 ON
G01 X18. F0.1 ;	- X18.0 까지 0.1mm/rev로 직선절삭
X12. F0.05 ;	- X12.0 까지 0.05mm/rev로 직선절삭
G04 X1.0 (U1.0, P1000) ;	- Dwell 1초 (1초간 이동 정지)
G00 X18. ;	- X18.0 까지 급속이송
Z-18. ;	- Z-18.0 까지 급속이송
G01 X12. F0.05 ;	- X12.0 까지 0.05mm/rev로 직선절삭
G04 X1.0 (U1.0, P1000) ;	- Dwell 1초 (1초간 이동 정지)
G00 X38. ;	- X38.0 까지 급속이송
Z-41. ;	- Z-41.0 까지 급속이송
G01 X22. F0.05 ;	- X22.0 까지 0.05mm/rev로 직선절삭
G04 X1.0 (U1.0, P1000) ;	- Dwell 1초 (1초간 이동 정지)
G00 X38. ;	- X38.0 까지 급속이송
Z-39. ;	- Z-39.0 까지 급속이송
G01 X22. F0.05 ;	- X22.0 까지 0.05mm/rev로 직선절삭
G04 X1.0 (U1.0, P1000) ;	- Dwell 1초 (1초간 이동 정지)
G00 X52. ;	- X52.0 까지 급속이송
G00 X150. Z100. T0500 M09 ;	- X150.0 Z100.0 까지 급속이송, 공구 5번 보정
M05 ;	취소, 절삭유 OFF
M01 ;	- 스핀들 정지 / - 선택 프로그램 정지
;	
T0700 ;	- 공구 7번 선택
G97 S400 M03 ;	- 주축 회전수 일정제어, 400RPM 정회전
G00 X18. Z2. T0707 M08 ;	- 시작점으로 급속이송, 공구 7번 보정, 절삭유 ON
G76 P010060 Q50 R20 ;	- 자동나사 가공 사이클, 정삭반복횟수 1회, 수직
;	도피, 나사절입각도 60도, 최소절입량
;	(0.5x1000), 정삭여유량 (0.2x1000)
G76 X13.62 Z-17. P1190 Q350	- X13.62 (16-{1.19x2}) Z-17. 까지 나사가공,
F2.0 ;	전체절입량 (1.19x1000), 최초절입량
;	(0.35x1000), 피치 2.0
;	- X150.0 Z100.0 까지 급속이송, 공구 7번 보정
G00 X150. Z100. T0700 M09 ;	해제, 절삭유 OFF
M05 ;	- 스핀들 정지
M02 ;	- 프로그램 종료
%	- 프로그램 입력 종료

[예제 3]

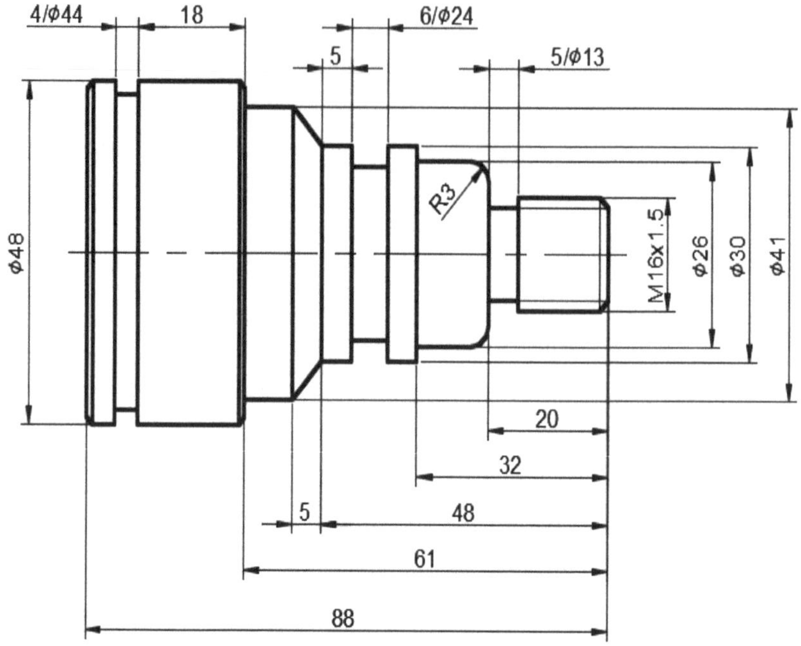

주서

1. 도시되고 지시없는 모떼기 C1
2. 일반 모떼기 C0.2~C0.3

공구 사용 계획					
공구 명	절삭조건			공구 번호	보정 번호
	주축 회전수 (rpm)	주축 최고 회전수	이송속도 (mm/rev)		
외경바이트 (황삭)	-		-	T01	01
외경바이트 (정삭)	-		-	T03	03
외경 홈 바이트	-		-	T05	05
외경 나사바이트	-		-	T07	07

- 1차 가공은 수기가공으로 할 것
- NC 기계에 프로그램 입력시 처음과 마지막에 "%"을 넣어준다.

%	- 프로그램 입력
G28 U0. W0. ;	- 중간경로점 없이 현재위치에서 원점 복귀
G50 S2000 ;	- 최고회전수 2000RPM 지정
T0100 ;	- 공구 1번 선택
G96 S150 M03 ;	- 150m/min 주축속도 일정제어, 주축 정회전
G00 X52. Z2. T0101 M08 ;	- 시작점으로 급속이송, 공구 5번 보정, 절삭유ON
G71 U2.0 R0.5 ;	- 사이클 지정, X축 절삭깊이 2.0, X축 도피량 0.5
G71 P10 Q20 U0.4 W0.2 F0.2 ; ;	- 10 ~ 20 사이클, X축 정삭여유 0.4, Z축 정삭여유 0.2 이송속도 0.2mm/rev
N10 G00 X0. ;	- 사이클 시작 전개번호 10, X0. 급속이송
G01 Z0. ;	- Z0. 까지 직선절삭
X13. ;	- X13.0 까지 직선절삭
X16. Z-1.5 ;	- X16.0 Z-1.5 까지 직선절삭
Z-20. ;	- Z-20.0 까지 직선절삭
X20. ;	- X20.0 까지 직선절삭
G03 X26. Z-23. R3.0	- X26.0 Z-23.0 까지 R3.0 으로 반시계방향 원호가공
G01 Z-32. ;	- Z-32. 까지 직선절삭
X30. ;	- X30.0 까지 직선절삭
Z-48. ;	- Z-48.0 까지 직선절삭
X41. Z-53. ;	- X41.0 Z-53.0 까지 직선절삭
Z-61. ;	- Z-61.0 까지 직선절삭
X46. ;	- X46.0 까지 직선절삭
X48. Z-62. ;	- X48.0 Z-62.0 까지 직선절삭
N20 X52. ; ;	- 사이클 종료 전개번호 20, X52.0 까지 직선절삭
G00 X150. Z100. T0100 M09 ; M05 ;	- X150.0 Z100.0 까지 급속이송, 공구 1번 보정 취소, 절삭유 OFF
M01 ; ;	- 스핀들 정지 / - 선택 프로그램 정지
T0300 ;	- 공구 3번 선택
G50 S2000 ;	- 최고회전수 2000RPM 지정
G96 S180 M03 ;	- 180m/min 주축속도 일정제어, 주축 정회전
G00 X52. Z2. T0303 M08 ;	- 시작점으로 급속이송, 공구 5번 보정, 절삭유 ON
G70 P10 Q20 F0.1 ; ;	- 정삭 사이클 지정, 전개번호 10 ~ 20 을 0.1mm/rev로 가공
G00 X150. Z100. T0300 M09 ; M05 ;	- X150.0 Z100.0 까지 급속이송, 공구 3번 보정 취소, 절삭유 OFF
M01 ; ;	- 스핀들 정지 / - 선택 프로그램 정지
T0500 ;	- 공구 5번 선택

G97 S500 M03 ;	- 주축 회전수 일정제어, 500RPM 정회전
G00 X28. Z-20. T0505 M08 ;	- 시작점으로 급속이송, 공구 5번 보정, 절삭유 ON
G01 X18. F0.1 ;	- X18.0 까지 0.1mm/rev로 직선절삭
X13. F0.05 ;	- X13.0 까지 0.05mm/rev로 직선절삭
G04 X1.0 (U1.0, P1000) ;	- Dwell 1초 (1초간 이동 정지)
G00 X18. ;	- X18.0 까지 급속이송
Z-18. ;	- Z-18.0 까지 급속이송
G01 X13. F0.05 ;	- X13.0 까지 0.05mm/rev로 직선절삭
G04 X1.0 (U1.0, P1000) ;	- Dwell 1초 (1초간 이동 정지)
G00 X32. ;	- X32.0 까지 급속이송
Z-43. ;	- Z-43.0 까지 급속이송
G01 X24. F0.05 ;	- X24.0 까지 0.05mm/rev로 직선절삭
G04 X1.0 (U1.0, P1000) ;	- Dwell 1초 (1초간 이동 정지)
G00 X32. ;	- X32.0 까지 급속이송
Z-41. ;	- Z-41.0 까지 급속이송
G01 X24. F0.05 ;	- X24.0 까지 0.05mm/rev로 직선절삭
G04 X1.0 (U1.0, P1000) ;	- Dwell 1초 (1초간 이동 정지)
G00 X32. ;	- X32.0 까지 급속이송
Z-40. ;	- Z-40.0 까지 급속이송
G01 X24. F0.05 ;	- X24.0 까지 0.05mm/rev로 직선절삭
G04 X1.0 (U1.0, P1000) ;	- Dwell 1초 (1초간 이동 정지)
G00 X52. ;	- X52.0 까지 급속이송
G00 X150. Z100. T0500 M09 ;	- X150.0 Z100.0 까지 급속이송, 공구 5번 보정
M05 ;	취소, 절삭유 OFF
M01 ;	- 스핀들 정지 / - 선택 프로그램 정지
;	
T0700 ;	- 공구 7번 선택
G97 S400 M03 ;	- 주축 회전수 일정제어, 400RPM 정회전
G00 X18. Z2. T0707 M08 ;	- 시작점으로 급속이송, 공구 7번 보정, 절삭유 ON
G76 P010060 Q50 R20 ;	- 자동나사 가공 사이클, 정삭반복횟수 1회, 수직
;	도피, 나사절입각도 60도, 최소절입량
;	(0.5x1000), 정삭여유량 (0.2x1000)
G76 X14.22 Z-17. P890 Q350 F1.5	- X14.22 (16-{0.89x2}) Z-17. 까지 나사가공,
;	전체절입량 (0.89x1000), 최초절입량
;	(0.35x1000), 피치 1.5
G00 X150. Z100. T0700 M09 ;	- X150.0 Z100.0 까지 급속이송, 공구 7번 보정
;	해제, 절삭유 OFF
M05 ;	- 스핀들 정지
M02 ;	- 프로그램 종료
%	- 프로그램 입력 종료

[예제 4]

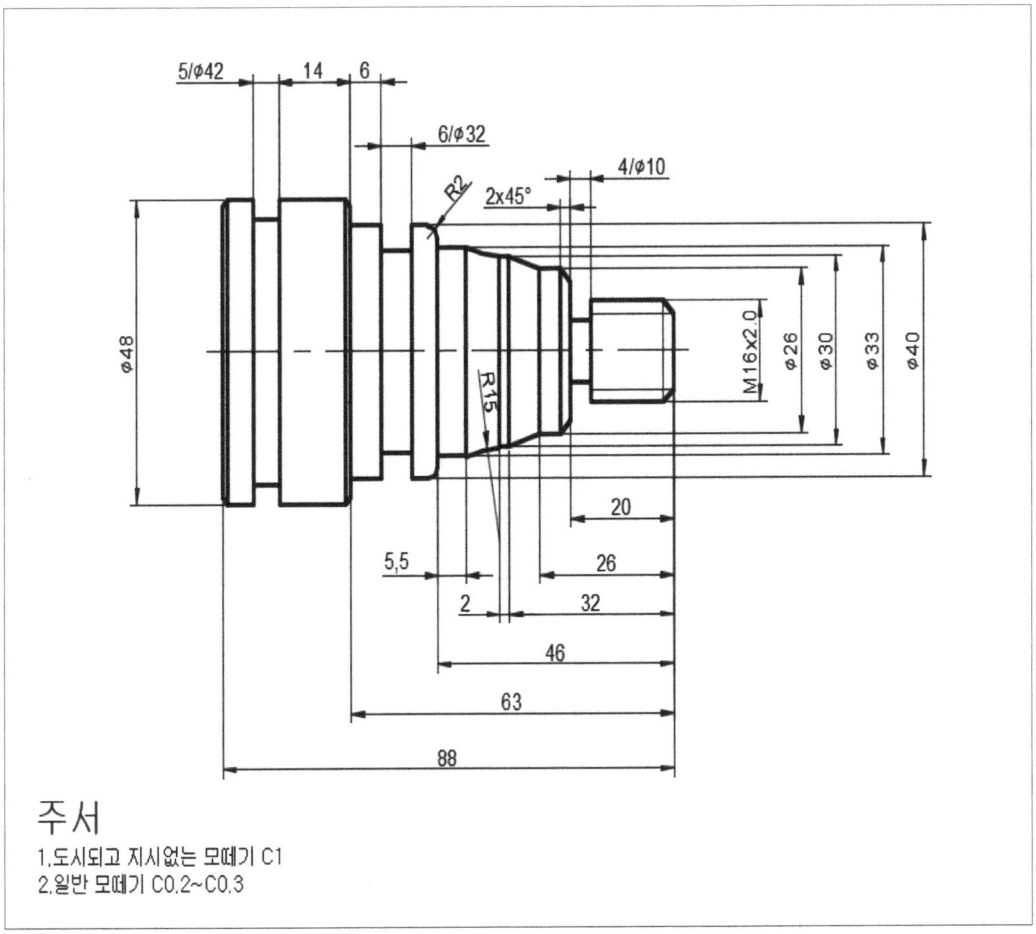

공구 사용 계획

공구 명	절삭조건			공구 번호	보정 번호
	주축 회전수 (rpm)	주축 최고 회전수	이송속도 (mm/rev)		
외경바이트 (황삭)	-		-	T01	01
외경바이트 (정삭)	-		-	T03	03
외경 홈 바이트	-		-	T05	05
외경 나사바이트	-		-	T07	07

- 1차 가공은 수기가공으로 할 것
- NC 기계에 프로그램 입력시 처음과 마지막에 “%”을 넣어준다.

%	- 프로그램 입력
G28 U0. W0. ;	- 중간경로점 없이 현재위치에서 원점 복귀
G50 S2000 ;	- 최고회전수 2000RPM 지정
T0100 ;	- 공구 1번 선택
G96 S150 M03 ;	- 150m/min 주축속도 일정제어, 주축 정회전
G00 X52. Z2. T0101 M08 ;	- 시작점으로 급속이송, 공구 5번 보정, 절삭유ON
G71 U2.0 R0.5 ;	- 사이클 지정, X축 절삭깊이 2.0, X축 도피량 0.5
G71 P10 Q20 U0.4 W0.2 F0.2 ;	- 10 ~ 20 사이클, X축 정삭여유 0.4, Z축 정삭여유
;	0.2 이송속도 0.2mm/rev
N10 G00 X0. ;	- 사이클 시작 전개번호 10, X0. 급속이송
G01 Z0. ;	- Z0. 까지 직선절삭
X12. ;	- X12.0 까지 직선절삭
X16. Z-2. ;	- X16.0 Z-2.0 까지 직선절삭
Z-20. ;	- Z-20.0 까지 직선절삭
X22. ;	- X22.0 까지 직선절삭
X26. Z-22. ;	- X26.0 Z-22.0 까지 직선절삭
Z-26. ;	- Z-26. 까지 직선절삭
X30. Z-32. ;	- X30.0 Z-32. 까지 직선절삭
Z-34. ;	- Z-34.0 까지 직선절삭
G02 X33. Z-40.5 R15. ;	- X41.0 Z-53.0 까지 R15.0 으로 시계방향 가공
G01 Z-46. ;	- Z-46.0 까지 직선절삭
X36. ;	- X36.0 까지 직선절삭
G03 X40. Z-48. R2. ;	- X40.0 Z-48.0 까지 R2.0 으로 반시계방향 가공
G01 Z-63. ;	- Z-63.0 까지 직선절삭
X46. ;	- X46.0 까지 직선절삭
X48. Z-64. ;	- X48.0 Z-64.0 까지 직선절삭
N20 X52. ;	- 사이클 종료 전개번호 20, X52.0 까지 직선절삭
;	
G00 X150. Z100. T0100 M09 ;	- X150.0 Z100.0 까지 급속이송, 공구 1번 보정
M05 ;	취소, 절삭유 OFF
M01 ;	- 스핀들 정지 / - 선택 프로그램 정지
;	
T0300 ;	- 공구 3번 선택
G50 S2000 ;	- 최고회전수 2000RPM 지정
G96 S180 M03 ;	- 180m/min 주축속도 일정제어, 주축 정회전
G00 X52. Z2. T0303 M08 ;	- 시작점으로 급속이송, 공구 5번 보정, 절삭유 ON
G70 P10 Q20 F0.1 ;	- 정삭 사이클 지정, 전개번호 10 ~ 20 을
;	0.1mm/rev로 가공
G00 X150. Z100. T0300 M09 ;	- X150.0 Z100.0 까지 급속이송, 공구 3번 보정
M05 ;	취소, 절삭유 OFF
M01 ;	- 스핀들 정지 / - 선택 프로그램 정지

T0500 ;	- 공구 5번 선택
G97 S500 M03 ;	- 주축 회전수 일정제어, 500RPM 정회전
G00 X28. Z-20. T0505 M08 ;	- 시작점으로 급속이송, 공구 5번 보정, 절삭유 ON
G01 X18. F0.1 ;	- X18.0 까지 0.1mm/rev로 직선절삭
X10. F0.05 ;	- X10.0 까지 0.05mm/rev로 직선절삭
G04 X1.0 (U1.0, P1000) ;	- Dwell 1초 (1초간 이동 정지)
G00 X18. ;	- X18.0 까지 급속이송
Z-19. ;	- Z-19.0 까지 급속이송
G01 X10. F0.05 ;	- X10.0 까지 0.05mm/rev로 직선절삭
G04 X1.0 (U1.0, P1000) ;	- Dwell 1초 (1초간 이동 정지)
G00 X42. ;	- X42.0 까지 급속이송
Z-57. ;	- Z-57.0 까지 급속이송
G01 X32. F0.05 ;	- X32.0 까지 0.05mm/rev로 직선절삭
G04 X1.0 (U1.0, P1000) ;	- Dwell 1초 (1초간 이동 정지)
G00 X42. ;	- X42.0 까지 급속이송
Z-55. ;	- Z-55.0 까지 급속이송
G01 X32. F0.05 ;	- X32.0 까지 0.05mm/rev로 직선절삭
G04 X1.0 (U1.0, P1000) ;	- Dwell 1초 (1초간 이동 정지)
G00 X42. ;	- X42.0 까지 급속이송
Z-54. ;	- Z-54.0 까지 급속이송
G01 X32. F0.05 ;	- X32.0 까지 0.05mm/rev로 직선절삭
G04 X1.0 (U1.0, P1000) ;	- Dwell 1초 (1초간 이동 정지)
G00 X52. ;	- X52.0 까지 급속이송
G00 X150. Z100. T0500 M09 ;	- X150.0 Z100.0 까지 급속이송, 공구 5번 보정
M05 ;	취소, 절삭유 OFF
M01 ;	- 스핀들 정지 / - 선택 프로그램 정지
;	
T0700 ;	- 공구 7번 선택
G97 S400 M03 ;	- 주축 회전수 일정제어, 400RPM 정회전
G00 X18. Z2. T0707 M08 ;	- 시작점으로 급속이송, 공구 7번 보정, 절삭유 ON
G76 P010060 Q50 R20 ;	- 자동나사 가공 사이클, 정삭반복횟수 1회, 수직
;	도피, 나사절입각도 60도, 최소절입량
;	(0.5x1000), 정삭여유량 (0.2x1000)
G76 X13.62 Z-18. P1190 Q350	- X13.62 (16-{1.19x2}) Z-18. 까지 나사가공,
F2.0 ;	전체절입량 (1.19x1000), 최초절입량
;	(0.35x1000), 피치 2.0
;	- X150.0 Z100.0 까지 급속이송, 공구 7번 보정
G00 X150. Z100. T0700 M09 ;	해제, 절삭유 OFF
M05 ;	- 스핀들 정지
M02 ;	- 프로그램 종료
%	- 프로그램 입력 종료

[예제 5]

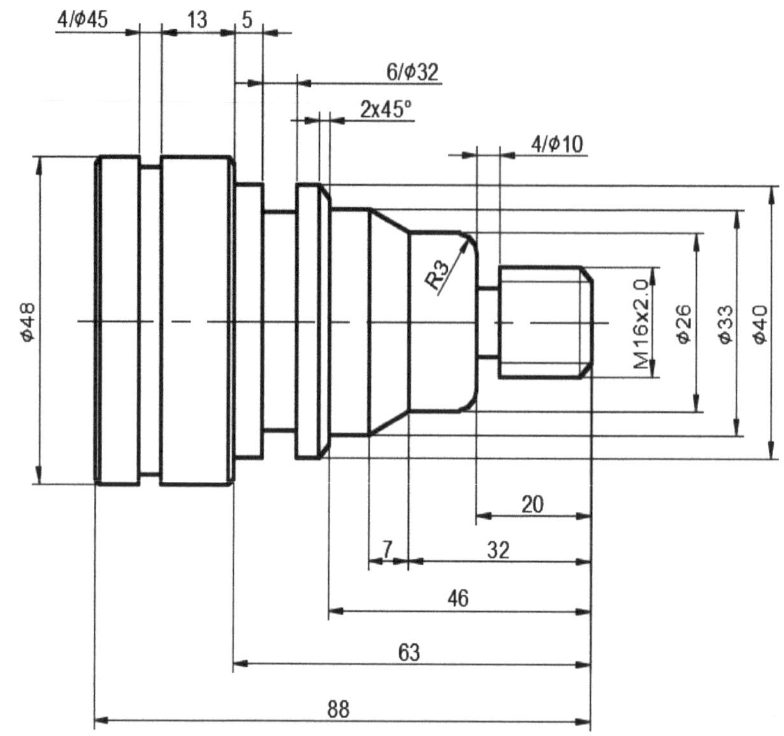

주서
1.도시되고 지시없는 모떼기 C1
2.일반 모떼기 C0.2~C0.3

공구 사용 계획					
공구 명	절삭조건			공구 번호	보정 번호
	주축 회전수 (rpm)	주축 최고 회전수	이송속도 (mm/rev)		
외경바이트 (황삭)	-		-	T01	01
외경바이트 (정삭)	-		-	T03	03
외경 홈 바이트	-		-	T05	05
외경 나사바이트	-		-	T07	07

- 1차 가공은 수기가공으로 할 것
- NC 기계에 프로그램 입력시 처음과 마지막에 "%"을 넣어준다.

%	프로그램 입력
G28 U0. W0. ;	- 중간경로점 없이 현재위치에서 원점 복귀
G50 S2000 ;	- 최고회전수 2000RPM 지정
T0100 ;	- 공구 1번 선택
G96 S150 M03 ;	- 150m/min 주축속도 일정제어, 주축 정회전
G00 X52. Z2. T0101 M08 ;	- 시작점으로 급속이송, 공구 5번 보정, 절삭유ON
G71 U2.0 R0.5 ;	- 사이클 지정, X축 절삭깊이 2.0, X축 도피량 0.5
G71 P10 Q20 U0.4 W0.2 F0.2 ;	- 10 ~ 20 사이클, X축 정삭여유 0.4, Z축
;	정삭여유 0.2 이송속도 0.2mm/rev
N10 G00 X0. ;	- 사이클 시작 전개번호 10, X0. 급속이송
G01 Z0. ;	- Z0. 까지 직선절삭
X12. ;	- X12.0 까지 직선절삭
X16. Z-2. ;	- X16.0 Z-2.0 까지 직선절삭
Z-20. ;	- Z-20.0 까지 직선절삭
X20. ;	- X20.0 까지 직선절삭
G03 X26. Z-23. R3. ;	- X26.0 Z-23.0 까지 R3.0 으로 반시계방향 가공
G01 Z-32. ;	- Z-32. 까지 직선절삭
X33. Z-39. ;	- X33.0 Z-39.0 까지 직선절삭
Z-46. ;	- Z-46.0 까지 직선절삭
X36. ;	- X36.0 까지 직선절삭
X40. Z-48. ;	- X40.0 Z-48.0 까지 직선절삭
Z-63. ;	- Z-63.0 까지 직선절삭
X46. ;	- X46.0 까지 직선절삭
X48. Z-64. ;	- X48.0 Z-64.0 까지 직선절삭
N20 X52. ;	- 사이클 종료 전개번호 20, X52.0 까지 직선절삭
;	
G00 X150. Z100. T0100 M09 ;	- X150.0 Z100.0 까지 급속이송, 공구 3번 보정
M05 ;	취소, 절삭유 OFF
M01 ;	- 스핀들 정지 / - 선택 프로그램 정지
;	
T0300 ;	- 공구 3번 선택
G50 S2000 ;	- 최고회전수 2000RPM 지정
G96 S180 M03 ;	- 180m/min 주축속도 일정제어, 주축 정회전
G00 X52. Z2. T0303 M08 ;	- 시작점으로 급속이송, 공구 5번 보정, 절삭유 ON
G70 P10 Q20 F0.1 ;	- 정삭 사이클 지정, 전개번호 10 ~ 20 을
;	0.1mm/rev로 가공
G00 X150. Z100. T0300 M09 ;	- X150.0 Z100.0 까지 급속이송, 공구 3번 보정
M05 ;	취소, 절삭유 OFF
M01 ;	- 스핀들 정지 / - 선택 프로그램 정지
;	
T0500 ;	- 공구 5번 선택

G97 S500 M03 ;	- 주축 회전수 일정제어, 500RPM 정회전
G00 X28. Z-20. T0505 M08 ;	- 시작점으로 급속이송, 공구 5번 보정, 절삭유 ON
G01 X18. F0.1 ;	- X18.0 까지 0.1mm/rev로 직선절삭
X10. F0.05 ;	- X10.0 까지 0.05mm/rev로 직선절삭
G04 X1.0 (U1.0, P1000) ;	- Dwell 1초 (1초간 이동 정지)
G00 X18. ;	- X18.0 까지 급속이송
Z-19. ;	- Z-19.0 까지 급속이송
G01 X10. F0.05 ;	- X10.0 까지 0.05mm/rev로 직선절삭
G04 X1.0 (U1.0, P1000) ;	- Dwell 1초 (1초간 이동 정지)
G00 X42. ;	- X42.0 까지 급속이송
Z-58. ;	- Z-58.0 까지 급속이송
G01 X32. F0.05 ;	- X32.0 까지 0.05mm/rev로 직선절삭
G04 X1.0 (U1.0, P1000) ;	- Dwell 1초 (1초간 이동 정지)
G00 X42. ;	- X42.0 까지 급속이송
Z-56. ;	- Z-56.0 까지 급속이송
G01 X32. F0.05 ;	- X32.0 까지 0.05mm/rev로 직선절삭
G04 X1.0 (U1.0, P1000) ;	- Dwell 1초 (1초간 이동 정지)
G00 X42. ;	- X42.0 까지 급속이송
Z-55. ;	- Z-55.0 까지 급속이송
G01 X32. F0.05 ;	- X32.0 까지 0.05mm/rev로 직선절삭
G04 X1.0 (U1.0, P1000) ;	- Dwell 1초 (1초간 이동 정지)
G00 X52. ;	- X52.0 까지 급속이송
G00 X150. Z100. T0500 M09 ;	- X150.0 Z100.0 까지 급속이송, 공구 5번 보정
M05 ;	취소, 절삭유 OFF
M01 ;	- 스핀들 정지 / - 선택 프로그램 정지
;	
T0700 ;	- 공구 7번 선택
G97 S400 M03 ;	- 주축 회전수 일정제어, 400RPM 정회전
G00 X18. Z2. T0707 M08 ;	- 시작점으로 급속이송, 공구 7번 보정, 절삭유 ON
G76 P010060 Q50 R20 ;	- 자동나사 가공 사이클, 정삭반복횟수 1회, 수직
;	도피, 나사절입각도 60도, 최소절입량
;	(0.5x1000), 정삭여유량 (0.2x1000)
G76 X13.62 Z-18. P1190 Q350	- X13.62 (16-{1.19x2}) Z-18. 까지 나사가공,
F2.0 ;	전체절입량 (1.19x1000), 최초절입량
;	(0.35x1000), 피치 2.0
;	- X150.0 Z100.0 까지 급속이송, 공구 7번 보정
G00 X150. Z100. T0700 M09 ;	해제, 절삭유 OFF
M05 ;	- 스핀들 정지
M02 ;	- 프로그램 종료
%	- 프로그램 입력 종료

[예제 6]

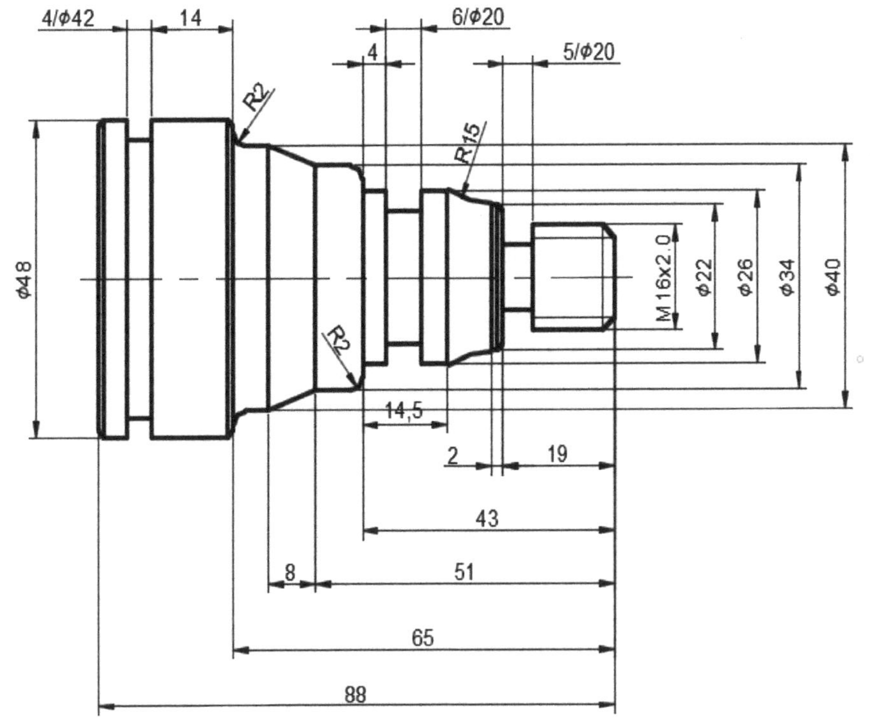

주서

1.도시되고 지시없는 모떼기 C1
2.일반 모떼기 C0.2~C0.3

공구 사용 계획

공구 명	절삭조건			공구 번호	보정 번호
	주축 회전수 (rpm)	주축 최고 회전수	이송속도 (mm/rev)		
외경바이트 (황삭)	-		-	T01	01
외경바이트 (정삭)	-		-	T03	03
외경 홈 바이트	-		-	T05	05
외경 나사바이트	-		-	T07	07

- 1차 가공은 수기가공으로 할 것
- NC 기계에 프로그램 입력시 처음과 마지막에 "%"을 넣어준다.

%	- 프로그램 입력
G28 U0. W0. ;	- 중간경로점 없이 현재위치에서 원점 복귀
G50 S2000 ;	- 최고회전수 2000RPM 지정
T0100 ;	- 공구 1번 선택
G96 S150 M03 ;	- 150m/min 주축속도 일정제어, 주축 정회전
G00 X52. Z2. T0101 M08 ;	- 시작점으로 급속이송, 공구 5번 보정, 절삭유ON
G71 U2.0 R0.5 ;	- 사이클 지정, X축 절삭깊이 2.0, X축 도피량 0.5
G71 P10 Q20 U0.4 W0.2 F0.2 ;	- 10 ~ 20 사이클, X축 정삭여유 0.4, Z축 정삭여유 0.2 이송속도 0.2mm/rev
;	
N10 G00 X0. ;	- 사이클 시작 전개번호 10, X0. 급속이송
G01 Z0. ;	- Z0. 까지 직선절삭
X12. ;	- X12.0 까지 직선절삭
X16. Z-2. ;	- X16.0 Z-2.0 까지 직선절삭
Z-19. ;	- Z-20.0 까지 직선절삭
X20. ;	- X20.0 까지 직선절삭
X22. Z-20. ;	- X22.0 Z-20.0 까지 직선절삭
Z-21. ;	- Z-21.0 까지 직선절삭
G02 X26. Z-28.5 R15. ;	- X26.0 Z-28.5 까지 R15.0 으로 시계방향 가공
G01 Z-43. ;	- Z-43.0 까지 직선절삭
X30. ;	- X30.0 까지 직선절삭
G03 X34. Z-45. R2. ;	- X34.0 Z-45.0 까지 R2.0 으로 반시계방향 가공
G01 Z-51. ;	- Z-51.0 까지 직선절삭
X40. Z-59. ;	- X40.0 Z-59.0 까지 직선절삭
Z-63. ;	- Z-63.0 까지 직선절삭
G02 X44. Z-65. R2. ;	- X44.0 Z-65.0 까지 R2.0 으로 시계방향 가공
G01 X46. ;	- X46.0 까지 직선절삭
X48. Z-66. ;	- X48.0 Z-66.0 까지 직선절삭
N20 X52. ;	- 사이클 종료 전개번호 20, X52.0 까지 직선절삭
;	
G00 X150. Z100. T0100 M09 ;	- X150.0 Z100.0 까지 급속이송, 공구 3번 보정 취소, 절삭유 OFF
M05 ;	
M01 ;	- 스핀들 정지 / - 선택 프로그램 정지
;	
T0300 ;	- 공구 3번 선택
G50 S2000 ;	- 최고회전수 2000RPM 지정
G96 S180 M03 ;	- 180m/min 주축속도 일정제어, 주축 정회전
G00 X52. Z2. T0303 M08 ;	- 시작점으로 급속이송, 공구 5번 보정, 절삭유 ON
G70 P10 Q20 F0.1 ;	- 정삭 사이클 지정, 전개번호 10 ~ 20 을 0.1mm/rev로 가공
G00 X150. Z100. T0300 M09 ;	- X150.0 Z100.0 까지 급속이송, 공구 3번 보정 취소, 절삭유 OFF

M05 ;	- 스핀들 정지
M01 ;	- 선택 프로그램 정지
;	
T0500 ;	- 공구 5번 선택
G97 S500 M03 ;	- 주축 회전수 일정제어, 500RPM 정회전
G00 X24. Z-19. T0505 M08 ;	- 시작점으로 급속이송, 공구 5번 보정, 절삭유 ON
G01 X18. F0.1 ;	- X18.0 까지 0.1mm/rev로 직선절삭
X10. F0.05 ;	- X10.0 까지 0.05mm/rev로 직선절삭
G04 X1.0 (U1.0, P1000) ;	- Dwell 1초 (1초간 이동 정지)
G00 X18. ;	- X18.0 까지 급속이송
Z-17. ;	- Z-17.0 까지 급속이송
G01 X10. F0.05 ;	- X10.0 까지 0.05mm/rev로 직선절삭
G04 X1.0 (U1.0, P1000) ;	- Dwell 1초 (1초간 이동 정지)
G00 X28. ;	- X28.0 까지 급속이송
Z-39. ;	- Z-39.0 까지 급속이송
G01 X20. F0.05 ;	- X20.0 까지 0.05mm/rev로 직선절삭
G04 X1.0 (U1.0, P1000) ;	- Dwell 1초 (1초간 이동 정지)
G00 X28. ;	- X28.0 까지 급속이송
Z-37. ;	- Z-37.0 까지 급속이송
G01 X20. F0.05 ;	- X20.0 까지 0.05mm/rev로 직선절삭
G04 X1.0 (U1.0, P1000) ;	- Dwell 1초 (1초간 이동 정지)
G00 X28. ;	- X28.0 까지 급속이송
Z-36. ;	- Z-36.0 까지 급속이송
G01 X20. F0.05 ;	- X20.0 까지 0.05mm/rev로 직선절삭
G04 X1.0 (U1.0, P1000) ;	- Dwell 1초 (1초간 이동 정지)
G00 X52. ;	- X52.0 까지 급속이송
G00 X150. Z100. T0500 M09 ;	- X150.0 Z100.0 까지 급속이송, 공구 5번 보정
M05 ;	취소, 절삭유 OFF
M01 ;	- 스핀들 정지 / - 선택 프로그램 정지
;	
T0700 ;	- 공구 7번 선택
G97 S400 M03 ;	- 주축 회전수 일정제어, 400RPM 정회전
G00 X18. Z2. T0707 M08 ;	- 시작점으로 급속이송, 공구 7번 보정, 절삭유 ON
G76 P010060 Q50 R20 ;	- 자동나사 가공 사이클, 정삭반복횟수 1회, 수직
;	도피, 나사절입각도 60도, 최소절입량
;	(0.5x1000), 정삭여유량 (0.2x1000)
G76 X13.62 Z-16. P1190 Q350	- X13.62 (16-{1.19x2}) Z-16. 까지 나사가공,
F2.0 ;	전체절입량 (1.19x1000), 최초절입량
;	(0.35x1000), 피치 2.0
G00 X150. Z100. T0700 M09 ;	- X150.0 Z100.0 까지 급속이송, 공구 7번 보정
M05 ;	해제, 절삭유 OFF
M02 ;	- 스핀들 정지 / - 프로그램 종료
%	- 프로그램 입력 종료

Chapter Ⅴ.

CNC 선반 GV-CNC 검증

5.1 CV-CNC (CNC선반)

5.2 NC 불러오기

5.1 CV-CNC (CNC선반)

5.1.1 프로그램 실행

▶GV-CNC프로그램에 들어간 후 TURNING Center 패널을 클릭한다.

5.2 NC 불러오기

▶화면 우측 상단 NC파일 아이콘 선택.

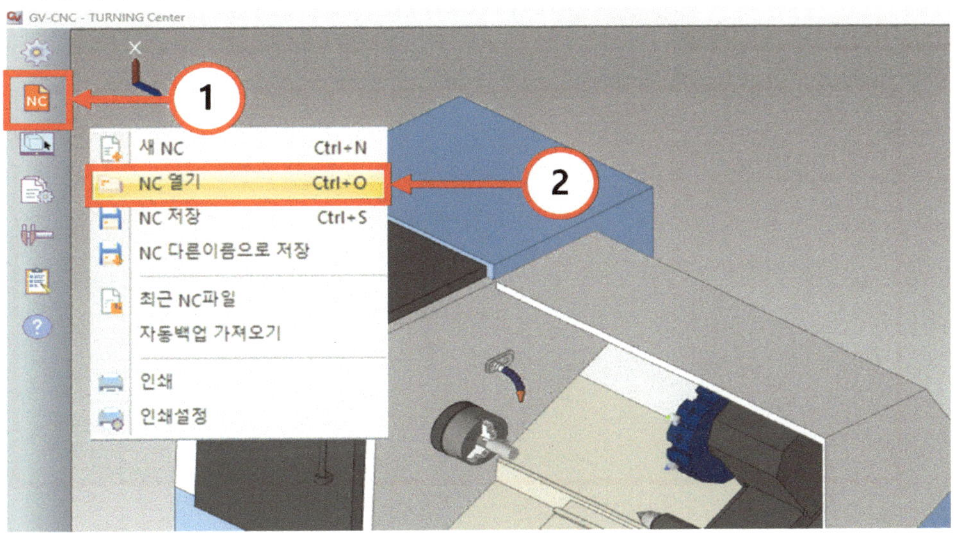

5.2.1 공작물 설정하기

▶공작물을 실제 사이즈와 동일하게 설정이 가능하며 공작물 위치설정이 가능하다.

▶우측상단 설정(프로그램 설정) 아이콘 선택.

▶공작물 설정 선택.

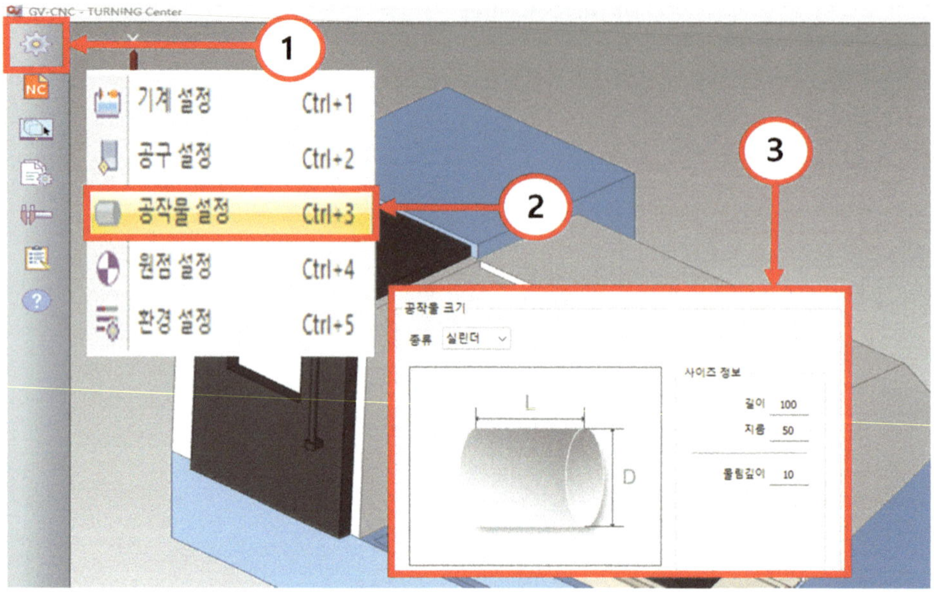

▶우측상단 설정 선택후 공구 설정 선택.

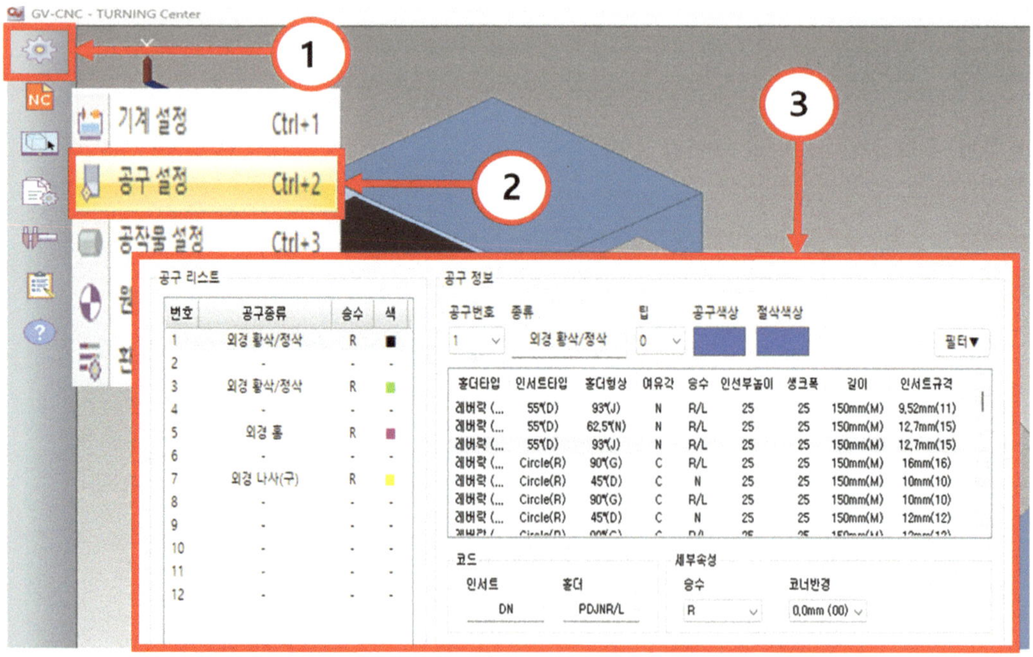

5.2.2 공작물 원점세팅

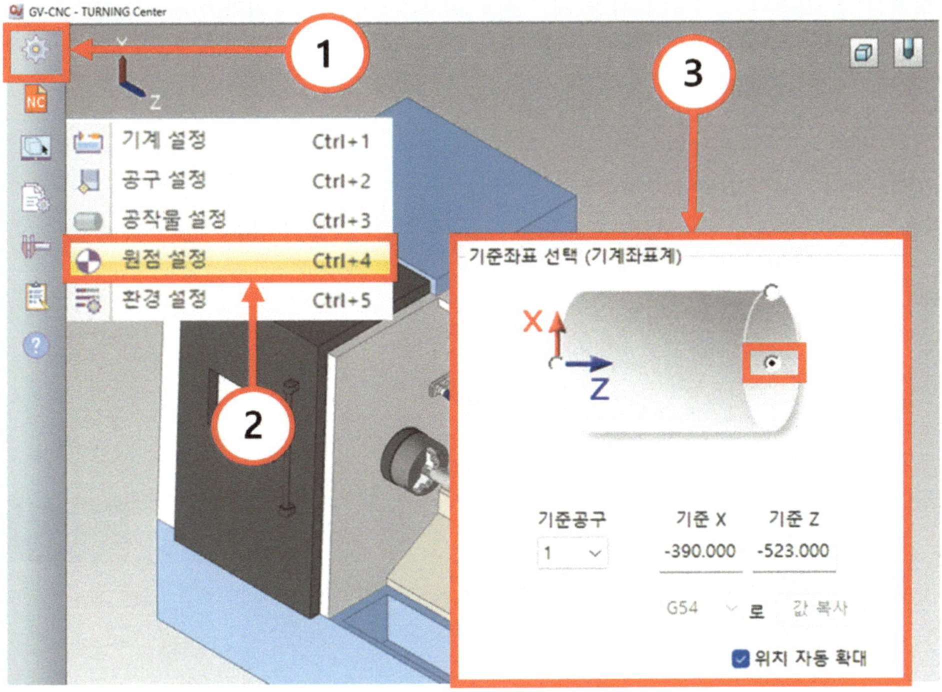

5.2.3 모의가공

▶모의가공을 실행함으로 사전에 충돌 및 사고방지가 가능하다.

▶공작물 설정, 공구 설정, 공작물 원점 설정 후 모의가공 실행.

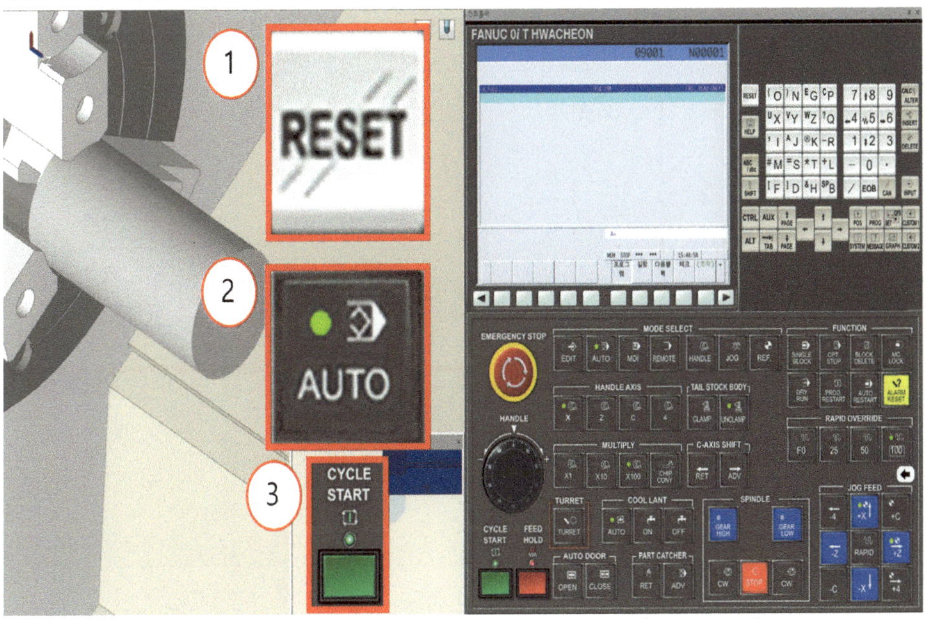

5.2.4 검증

▶모의가공 후 가공된 공작물과 정상 공작물과 비교, 채점이 가능하다.

▶화면 우측 검증 아이콘 선택.

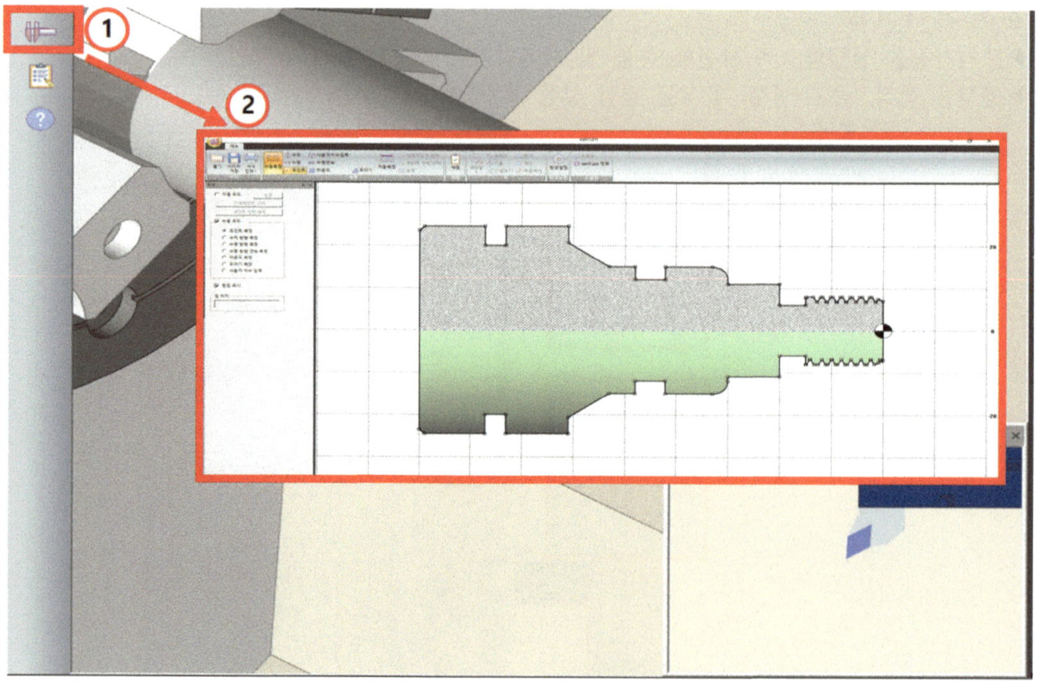

Chapter Ⅵ.

XF6300 개요 및 조작법

6.1 XF6300

6.2 5축가공기 XF6300 장비 조작법

6.1 XF6300

6.1.1 개요

▶ 머시닝 센터는 CNC 밀링 머신에 툴 체인저 등의 장치가 붙어 있어서 자동 툴 교환 기능이 있는 것을 말한다. 드릴링 머신, 보링 머신, 밀링 머신을 통합하여 수치를 제어할 수 있다. 두 가지 이상의 작업을 동시에 할 수 있고, 자동으로 공구를 교환할 수 있는 ATC(Automatic Tool Changer)와 APC(자동 부품 교환 장치)가 부착되어 있다.

▶ 터닝센터가 공작물이 회전하고 공구가 고정된 개념이라면 머시닝 센터는 공구가 회전하고 공작물이 고정되어 있는 방식이다.

▶ XF6300은 X ,Y,Z축 영역에서 회전 축인 A축과 C축이 추가되어 작업영역이 자유롭고 0.1마크론의 초정밀 공차 적영으로 매우 정밀한 부품 가공이 가능한 고성능 5축 머시닝센터이다.

X 64.0290
Y 300.0000
Z -246.6277
A 0.0000°
C 0.0000°
T
F
S1

6.1.2 사양 및 특징

Desription	Unit	XF6300
테이블크기	mm	ϕ630
최대적재중량	kg	600
주축구동방식	-	BUILT-IN
주축공구형식	-	HSK-A63
주축회전수	r/min	15,000(24,000~40,000)
주축출력	kw	31/25
주축토크	N.m	153/123
최대이송거리	mm	650/600/500
급 이송속도	m/min	60/60/60
슬라이드 방식	-	ROLLER GUIDE
공구보유수	EA	34
공구교환시간(C-C)	Sec	4.5

▶ 5축 가공의 가장 큰 특징은 특정 면만 가공하는 것이 아니라 여러 방향에서 특히 측면에서 파고 들어가는 가공이 가능하는 등 보다 입체적인 형상을 만들어 낼 수 있다는 점이다. 특히 가공물의 측면으로 절삭 공구를 이동시켜 소재의 안쪽을 가공해 내거나 매끄러운 곡선을 만들어내는 등 다채로운 형상을 가공하는 것이 가능하다.

▶ 19"대형 모니터 : XF 시리지 19"대형 모니터를 사용하여 작업에 편의성을 더 했다. .SIEMENS의 주요 ND 기능인 SHOP MILL, 3D SIMULATION 기능 사용시 대형화면을 통해 더욱 편리하게 작업이 가능하다.

▶ 동시 5축 구현이 가능한 Rotary Table 설계로 다양한 형상의 제품가공이 가능하다.

6.1.3 XF6300 구조

▶ 칼럼/베드 일체형 구조로 XF6300은 일체형 베드, 컬럼 구조로 설계하여 일반적인 베드, 컬럼 분리형 구조대비 구조적 안정성이 향상되었으며 강성 및 진동흡수력이 매우 뛰어나 고품질 가공에 탁월하다.

▶ Z축 대칭구조로 Z축은 주축의 무게중심과 이송축을 일치시킨 Z축 대칭구조로 이송시 발생하는 진동과 열변위가 최소화된다.

▶ X축 4Way 구조로 XF6300의 X축은 크로스빔 내에 4Way 구조의 박스형 Saddle로 강성 향상 및 열변위 최소화를 동시에 가능하다.

▶ Built-In Spindle로 빌트인모터 구조로 설계된 주축은 고속회전시 발생할 수 있는 진동과 열을 최대한으로 억제하고 빠른 가감속을 실현하여 고정밀 가공에 탁월한 성능을 발휘 할 수 있다.

▶ 주축 오일쿨링장치를 표준으로 채택하여 장시간 가공시에도 항상 일정한 주축온도를 유지할 수 있어 안정적인 가공능력을 보장 가능하다.

▶ 동시 5축 구현이 가능한 Rotary Table로 다양한 형상의 제품가공이 가능하다.

▶ 또한 Direct Drive Motor (DDM)에 의한 직접구동방식 채택으로 고정도, 고속성을 실현하여 생산성이 향상, A축 하우징을 베드 일체형으로 강성이 강화된다.

▶ 링타입 ATC 적용을 통한 공구교환 매커니즘 개선으로 4.5초의 동급 최고수준 공구교환시간 (Chip To Chip)

▶ ATC는 34Tool의 1단 매거진을 표준으로 적용하여 옵션으로 2단 68Tool, 3단 102 Tool을 선택할 수 있고 공구의 선택폭이 넓다.

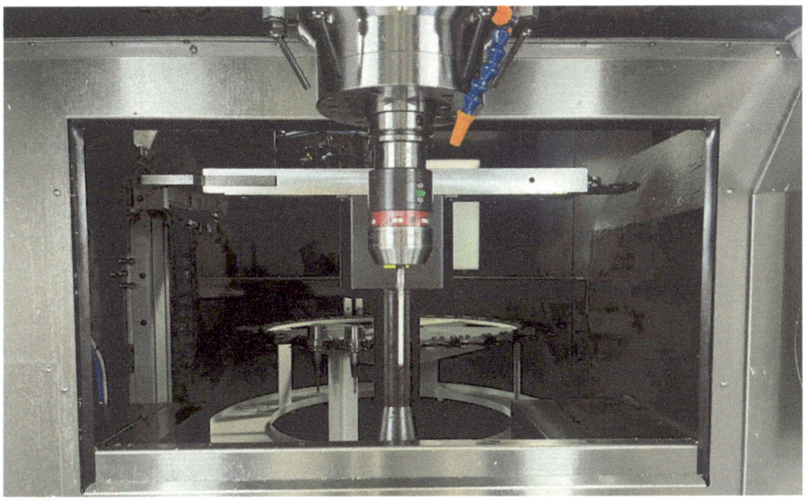

6.2 5축가공기 XF6300 장비 조작법

6.2.1 장비 전원ON

▶ 먼저, 공작물 및 공구 준비를 한다.

▶ 주변 환경 정리 후 5축가공기(XF6300) 뒤에 있는 메인 전원 스위치 ON으로 돌려 장비를 킨다.

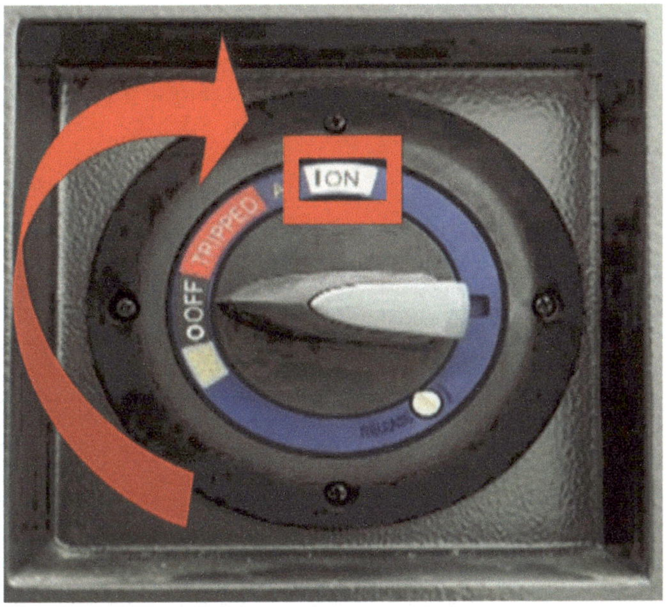

▶ 다음으로 전원 스위치 바로 밑에 위치해 있는 비상 정지 버튼을 꾹 눌러서 시계방향(오른쪽)으로 돌려서 해제한다.

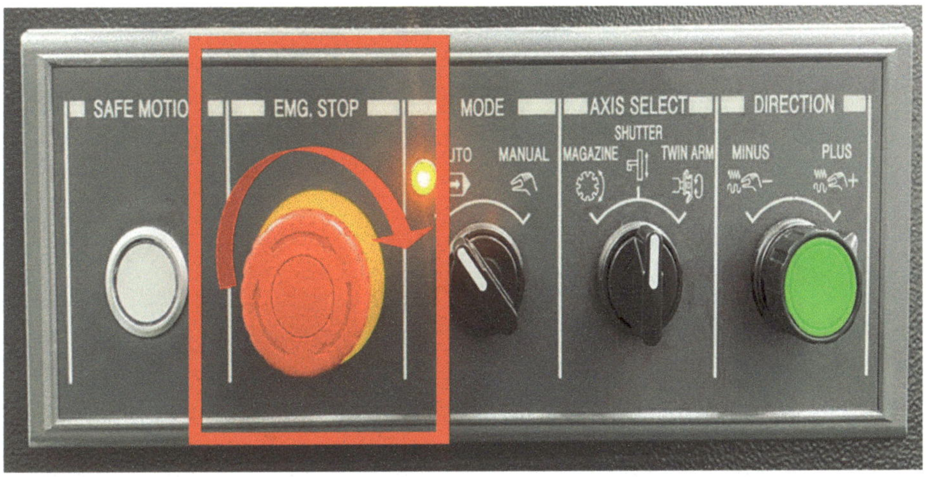

▶ SIMENS 컨트롤러에 있는 비상 정지 버튼 (입체적인 빨간색버튼) 을 꾹 누른 후 시계방향 (오른쪽)으로 돌린 후 비상 정지버튼 해제한다.

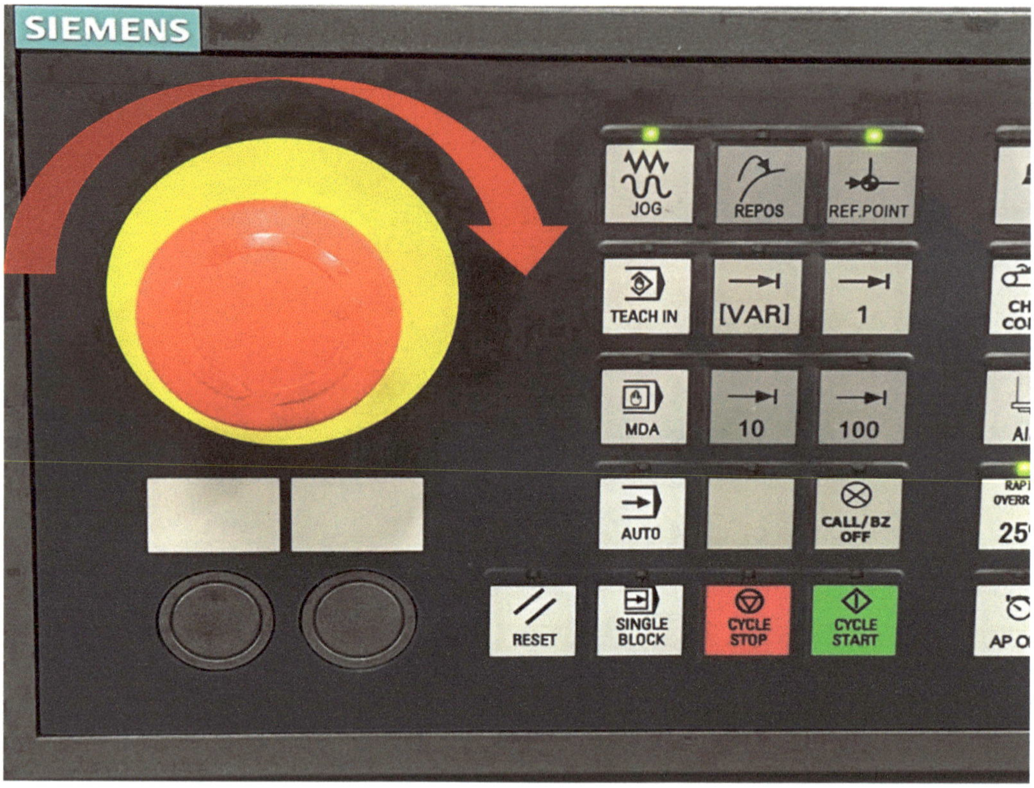

▶ 핸들에 있는 비상 정지버튼도 가볍게 누른 후 시계방향(오른쪽)으로 돌려 비상 정지버튼 해제한다.

▶ 5축가공기(XF6000)은 전원 스위치 밑에 있는 비상정지버튼, SIMENS 컨트롤러에 있는 비상 정지버튼과 핸들에 있는 비상 정지버튼을 해제시켜줘야한다.

▶ SIMENS 컨트롤러에 있는 초록색 버튼 MACHINE READY 눌러서 5축가공기(XF6300)을 실행시킨다.

6.2.2 원점복귀

▶ SIMENS 컨트롤러에 있는 REF.POINT 버튼을 눌러 원점복귀 모드를 활성화시킨다.

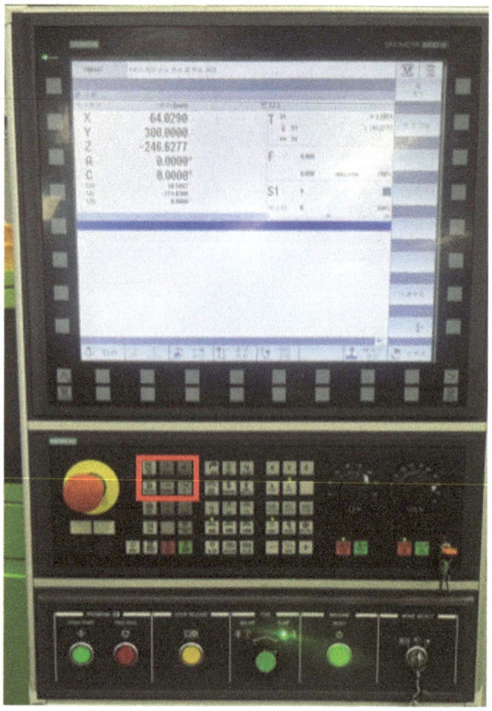

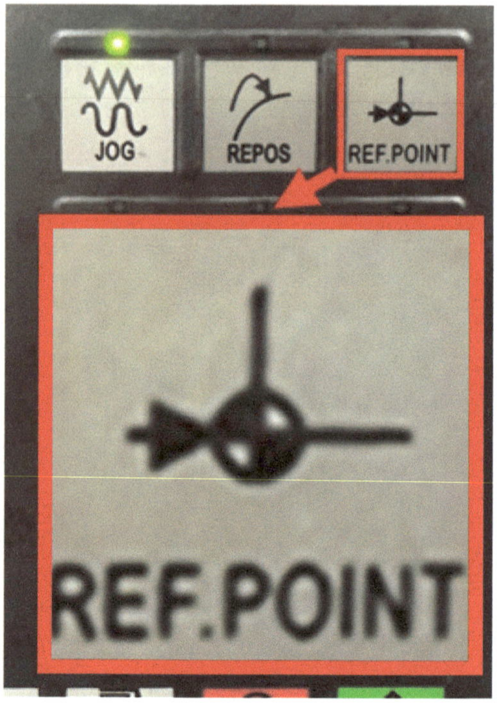

▶ CYCLE START버튼을 눌러 원점복귀를 실행한다.

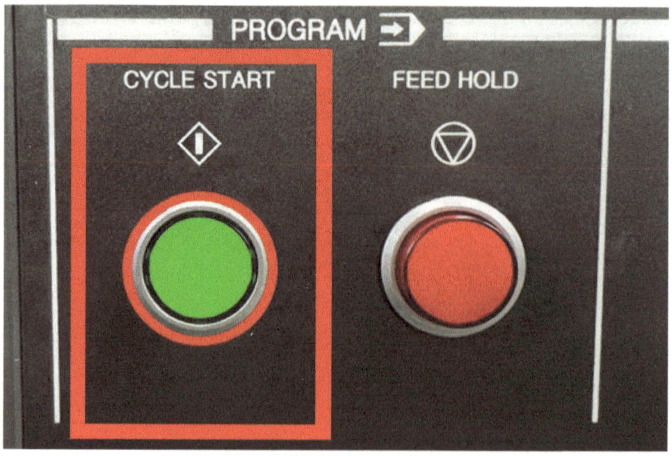

6.2.3 공구보정

▶ 원점복귀 이후 보정할 공구를 호출하기 위해 공구번호를 T.S.M칸에 입력한다.

- ▶ 보정할 공구번호를 T칸에 입력한다.
- ▶ 예를 들어 4번공구 호출시, SIMENS 컨트롤러에 적혀있는 숫자 버튼을 누른 후 INSERT노란색 버튼을 눌러야 보정할 공구번호가 입력된다.

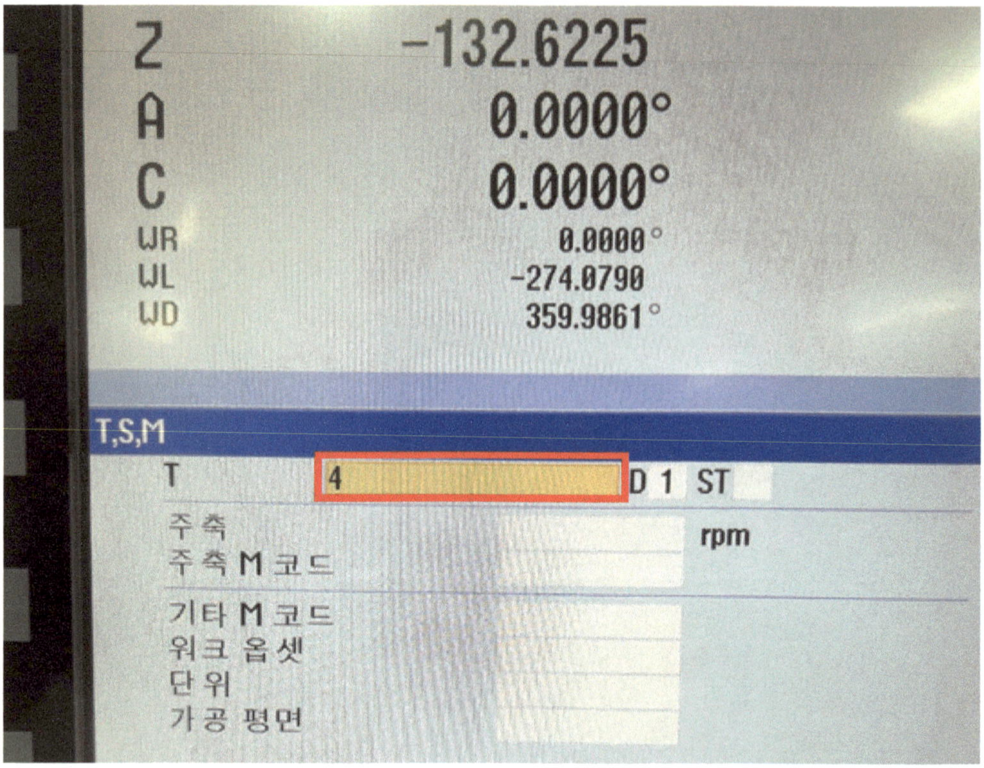

- ▶ 교환할 공구번호를 입력한 후 INPUT 버튼을 누르고 CYCLE START버튼을 눌러서 공구교환을 시킨다.

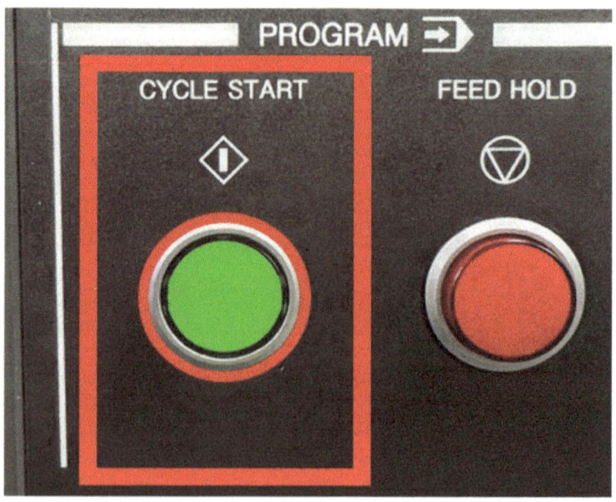

▶ 교환된 공구상태를 확인 한 후, 공구 길이측정을 하기 위해 스크린 밑에 있는 공구측정을 누른다.

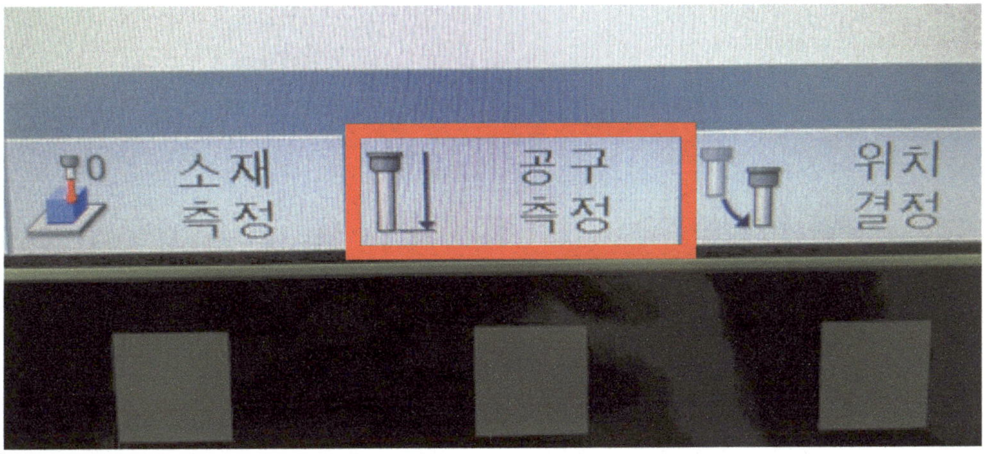

▶공구측정을 하기 위해서 BLUM 버튼을 누른다.

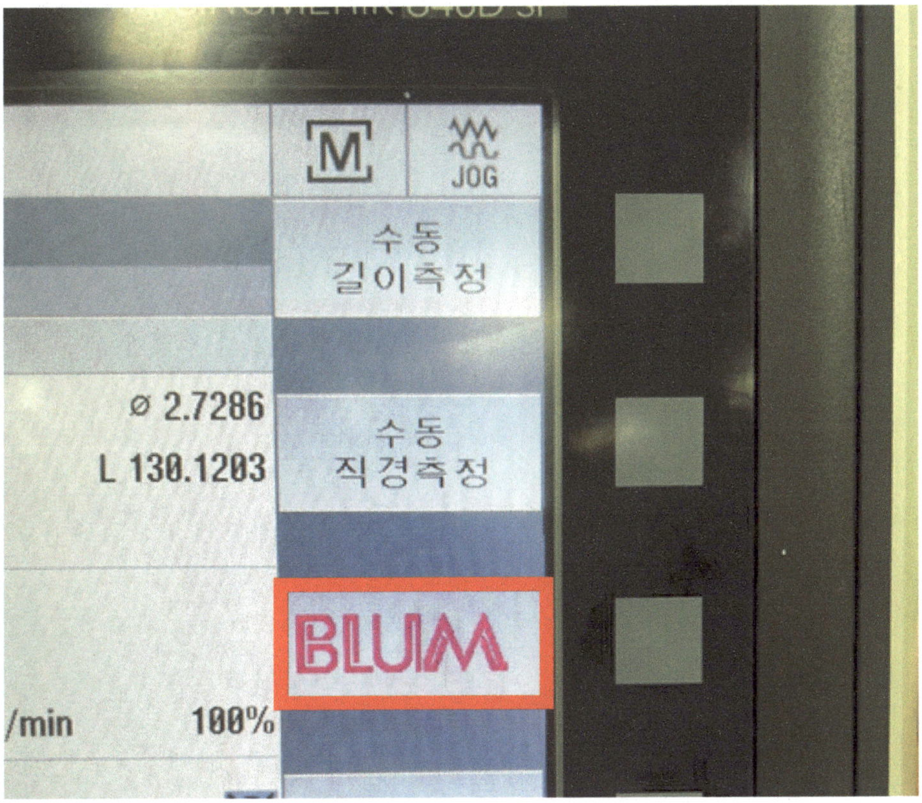

▶ 5축 가공기(XF6000)은 공구측정을 레이저로 측정한다. 따라서 레이저 모양으로 보이는 아이콘을 누르면 공구를 측정할 수 있다.

▶ L은 공구의 길이와 R은 공구반경을 의미한다. 공구 길이와 반경을 알아야 정확한 가공을 할 수 있기 때문에 꼭 L+R을 눌러준다.

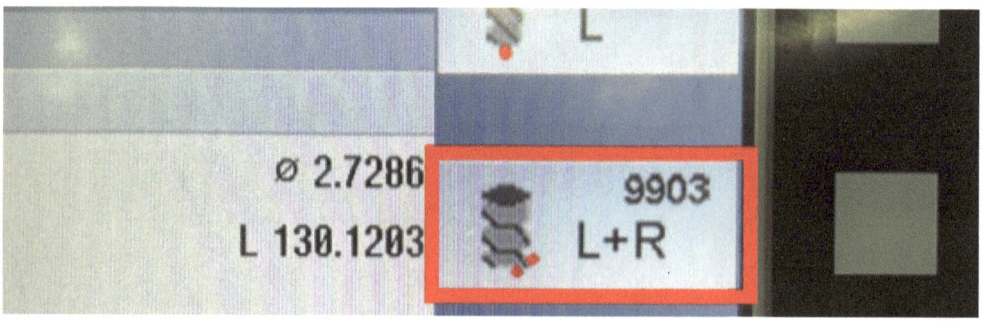

▶공구의 측정길이와 반경을 화면에서 확인 한 후, CYCLE START 버튼을 눌러 측정한다.

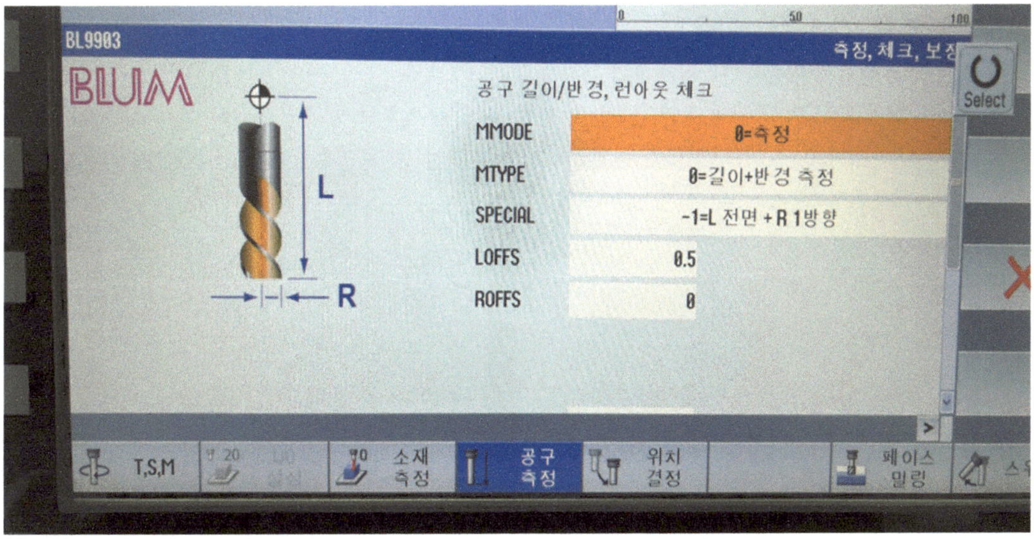

▶레이저로 공구가 보정되고 있는 것을 알 수 있다.

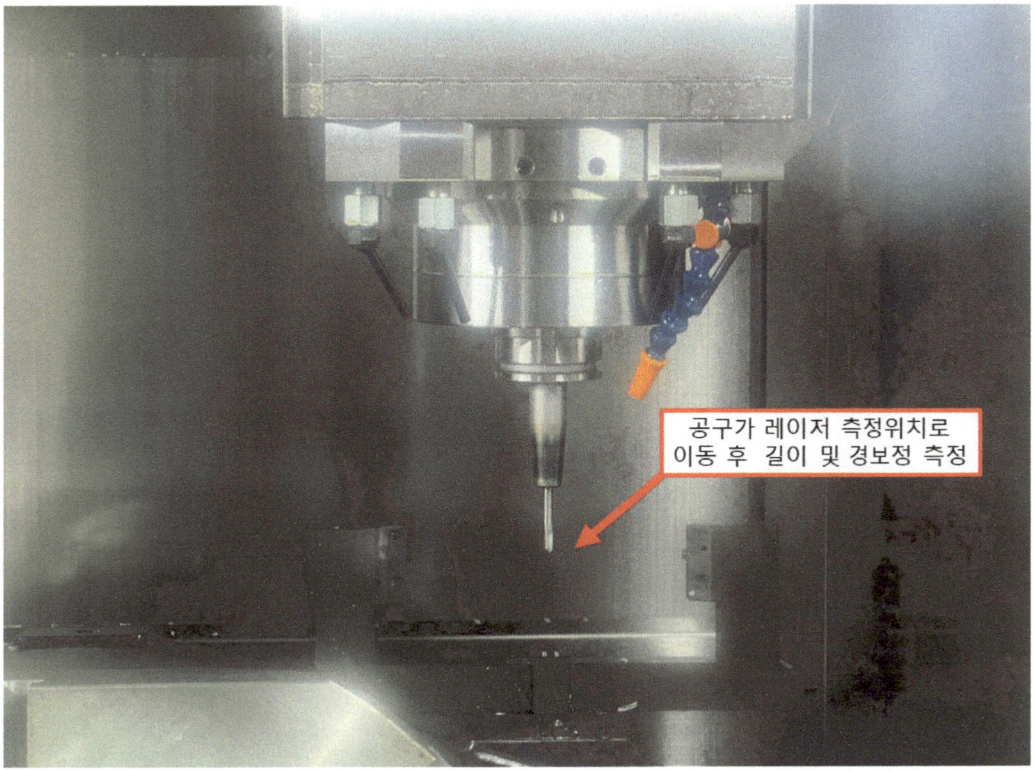

6.2.4 BLUM 프로브 기능

◆ BLUM 프로브 호출

▶T.S.M(종합기억장치관리) 선택한다.

▶TOOL칸에 프로브 공구번호인 34를 입력한다. ※프로브(공구번호:34)

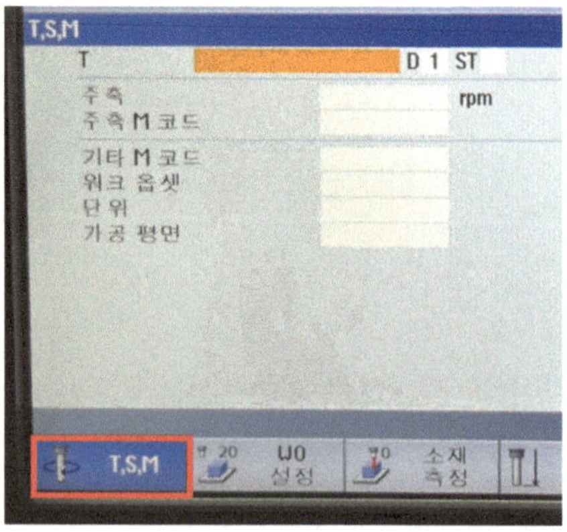

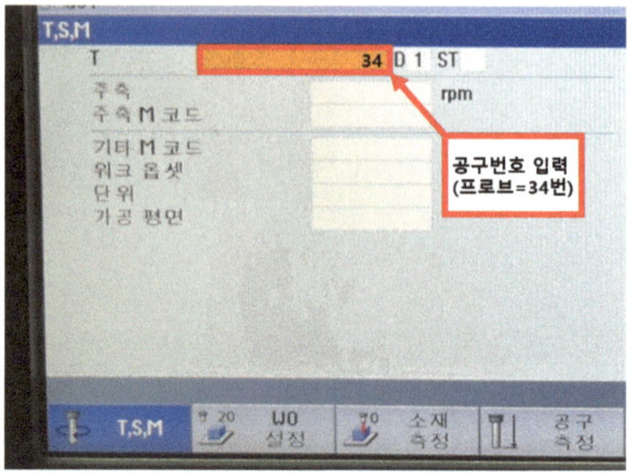

▶프로브(prove) 불러오기 완료.

▶원점복귀 후 공구측정.

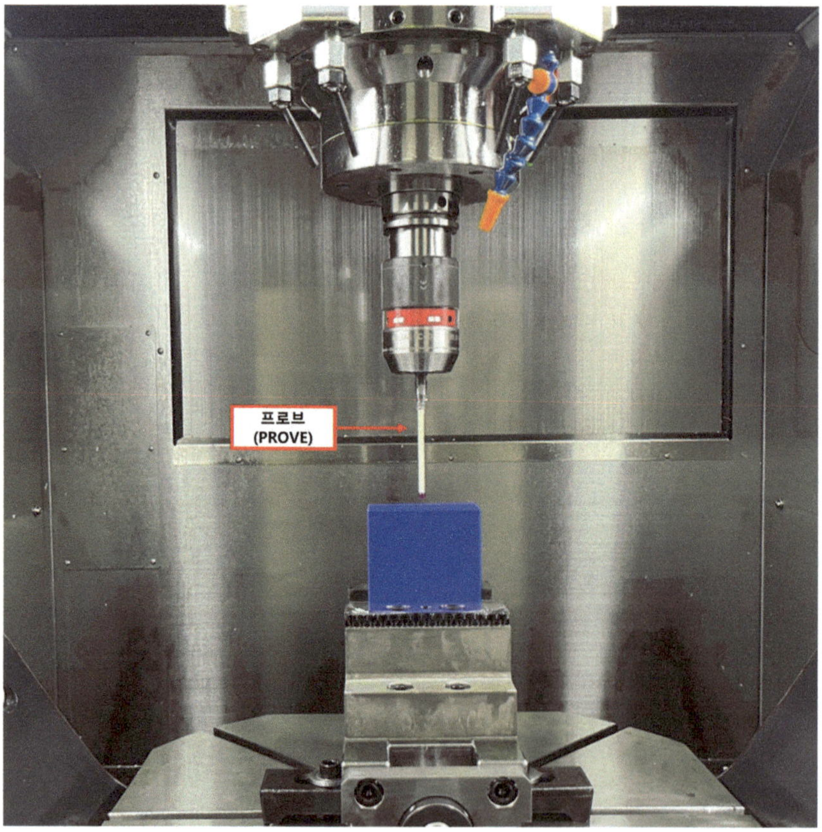

▶공구측정시 우측하단 MODE SELECT 상태.

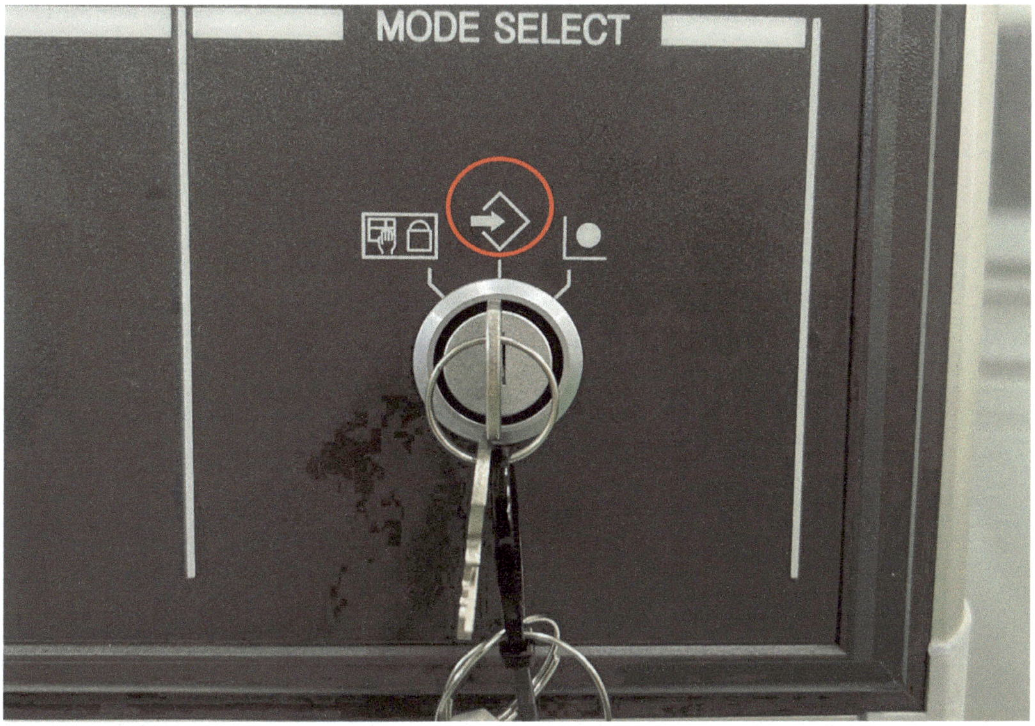

▶공구측정 화면

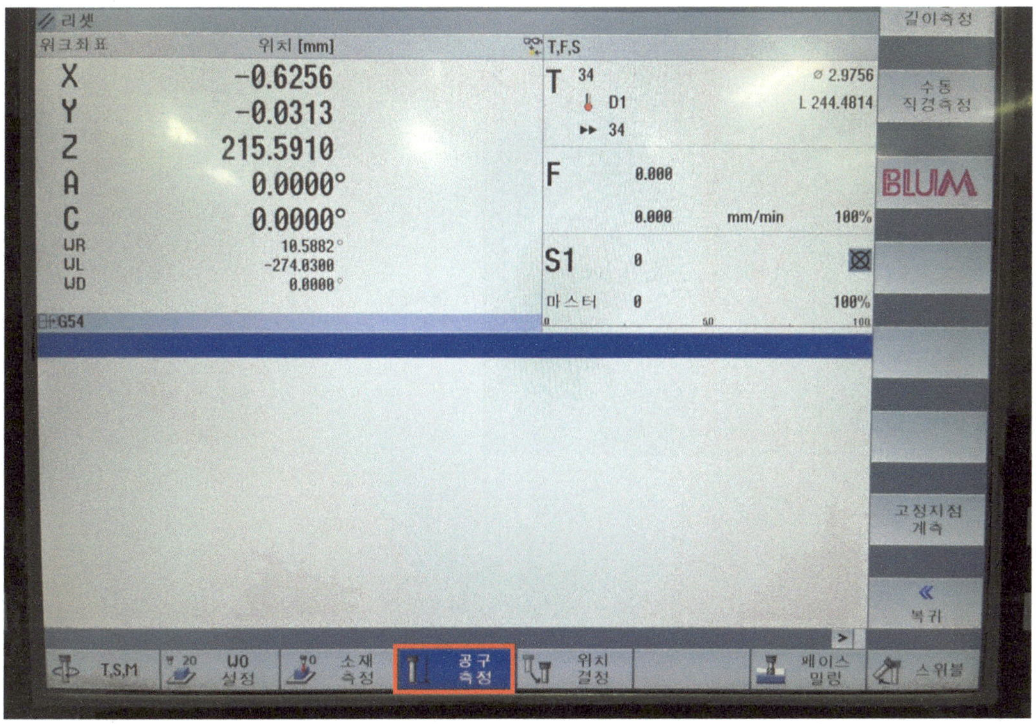

▶BLUM선택

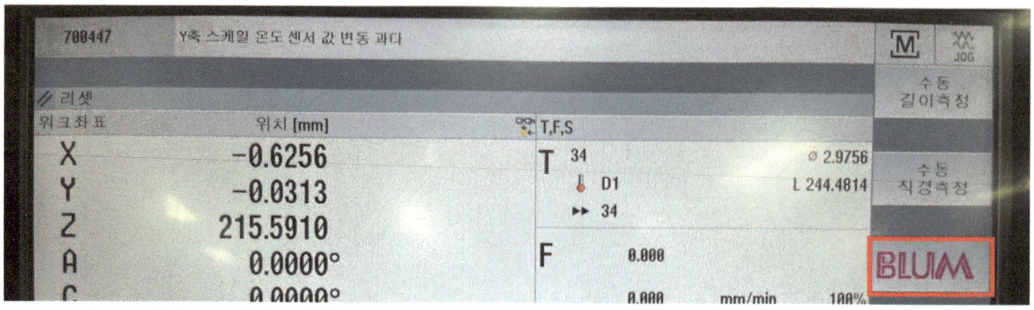

▶L (공구 길이) + R (공구반경) 선택.

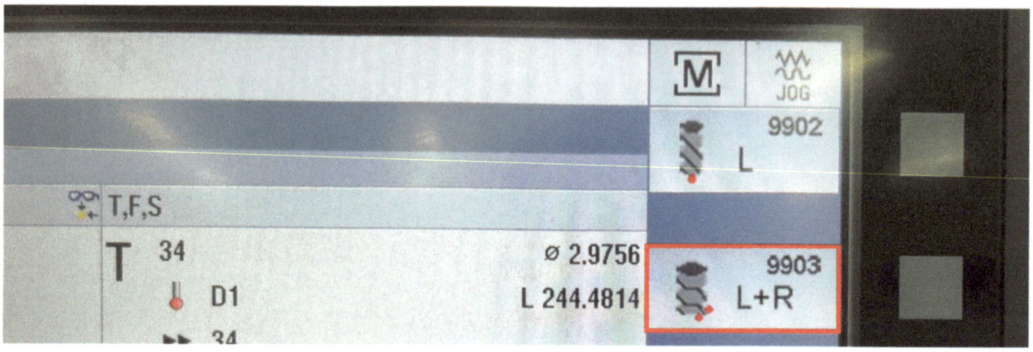

▶cycle start

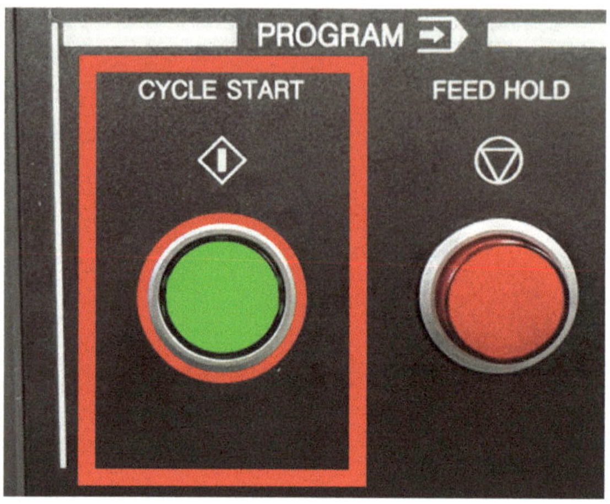

▶공구 측정.

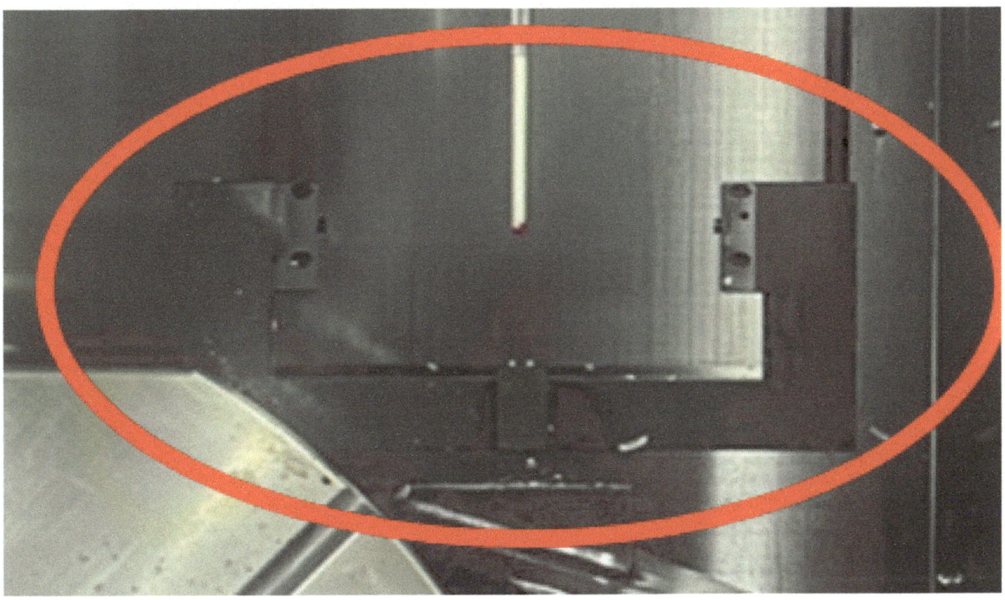

6.2.5 육면체 소재 원점

◆ 사각 스피곳

▶ 원점복귀 후 프로브를 JOG 모드로 변경한 후 Z축을 수동으로 내려서 공구가 공작물의 중심에 위치하도록 가까이 접근시킨다.

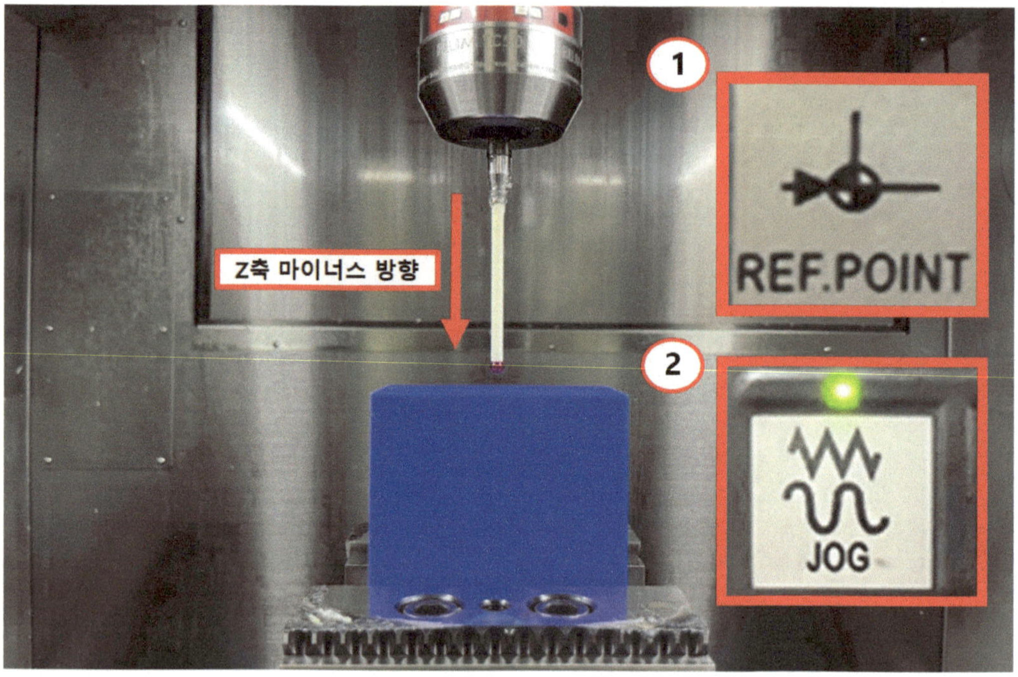

▶ 소재 측정으로 들어가 우측 상단에 측정버튼 누름

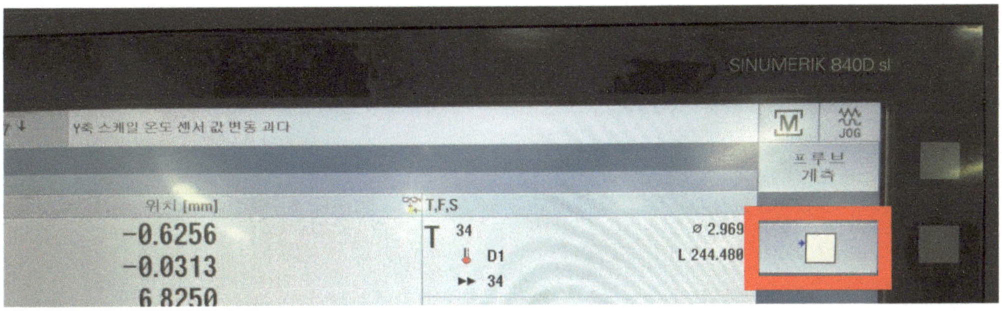

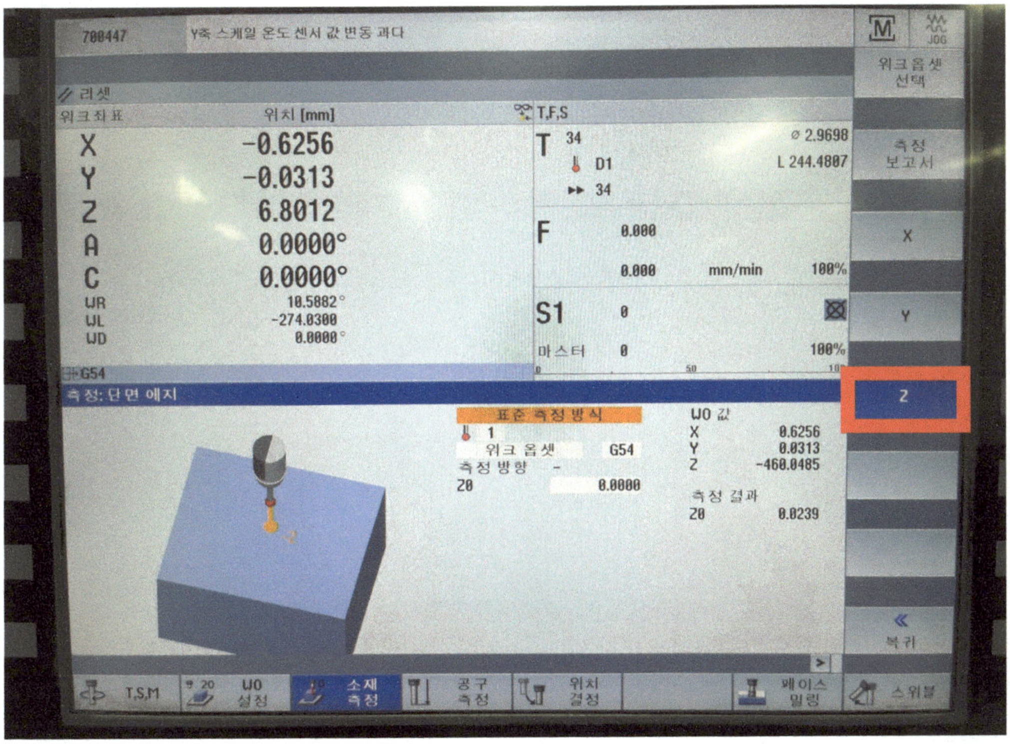

▶ Z측정 후 소재 측정으로 들어가 우측 상단에 X,Y 측정 버튼 누름

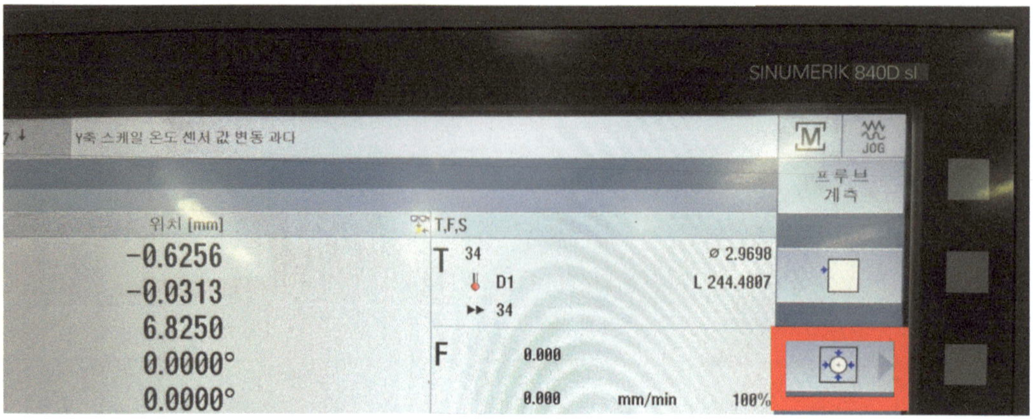

▶ 사각 스피곳 / 표준 측정 방식 / G54 세팅 후 Cycle start 버튼을 누른후 소재의 X,Y를 측정

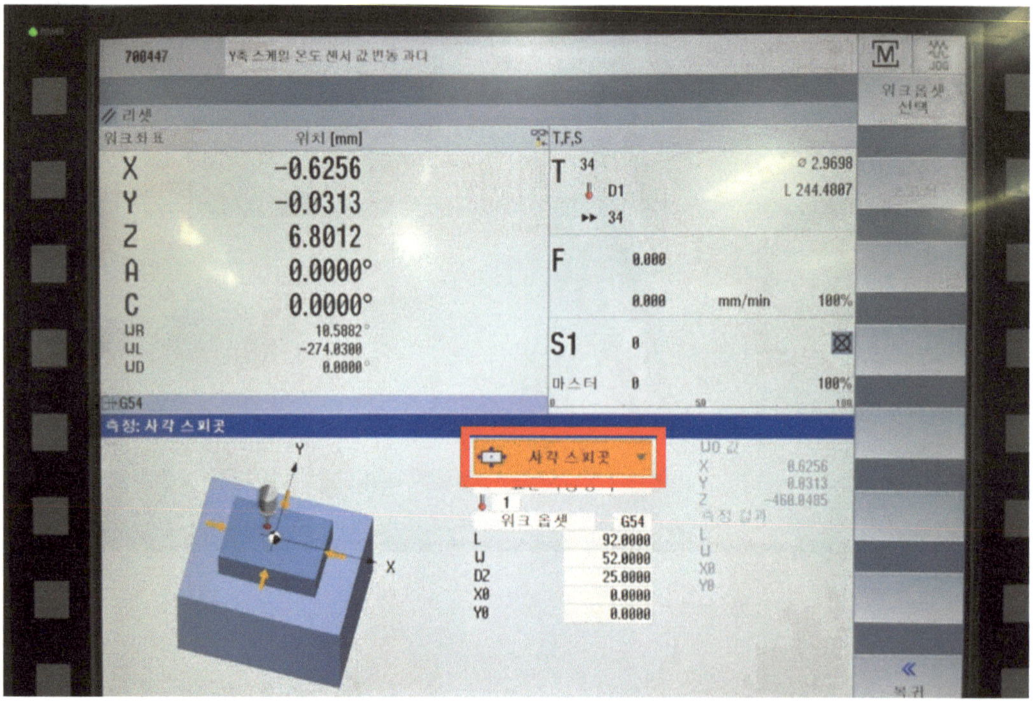

6.2.6 원형 스피곳((환봉)

▶ Z축을 프로브 공구로 원형 공작물에 중심에 가까이 위치 시킨 후 측정

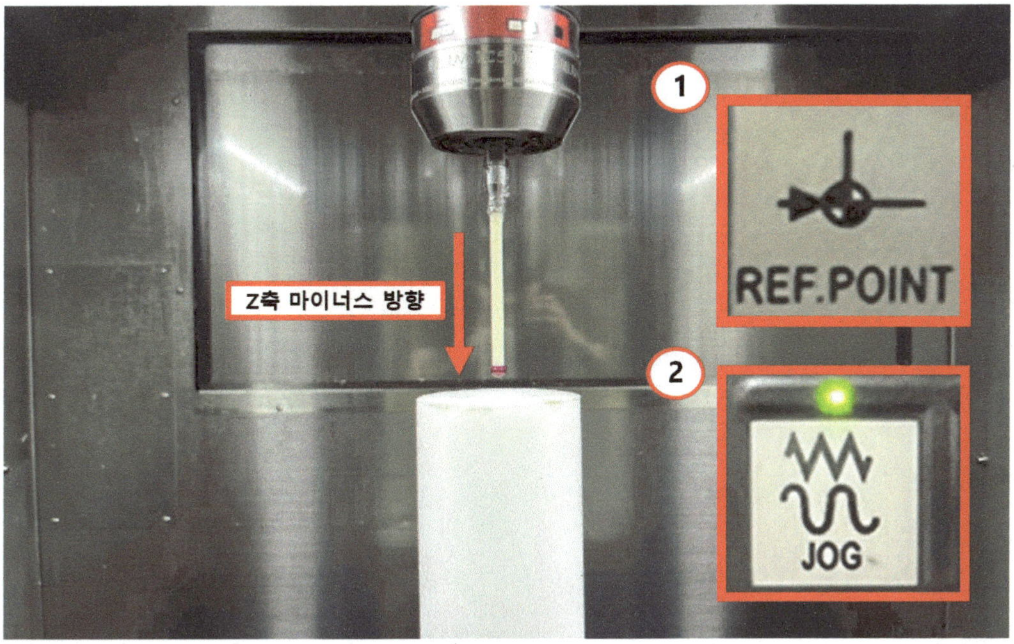

▶ 소재 측정으로 들어가 우측 상단에 측정 버튼 터치

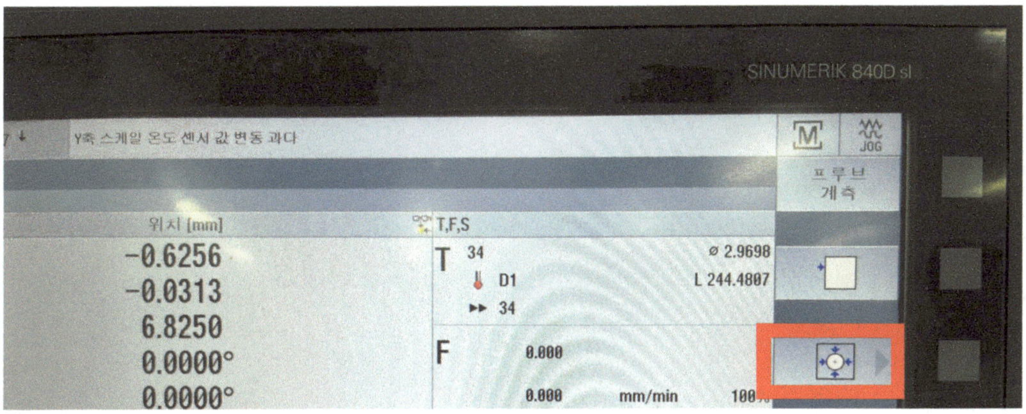

▶ 표준 측정 방식 / G54 세팅 후 우측에 Z를 누른 후 Cycle start 버튼을 눌러 Z측정

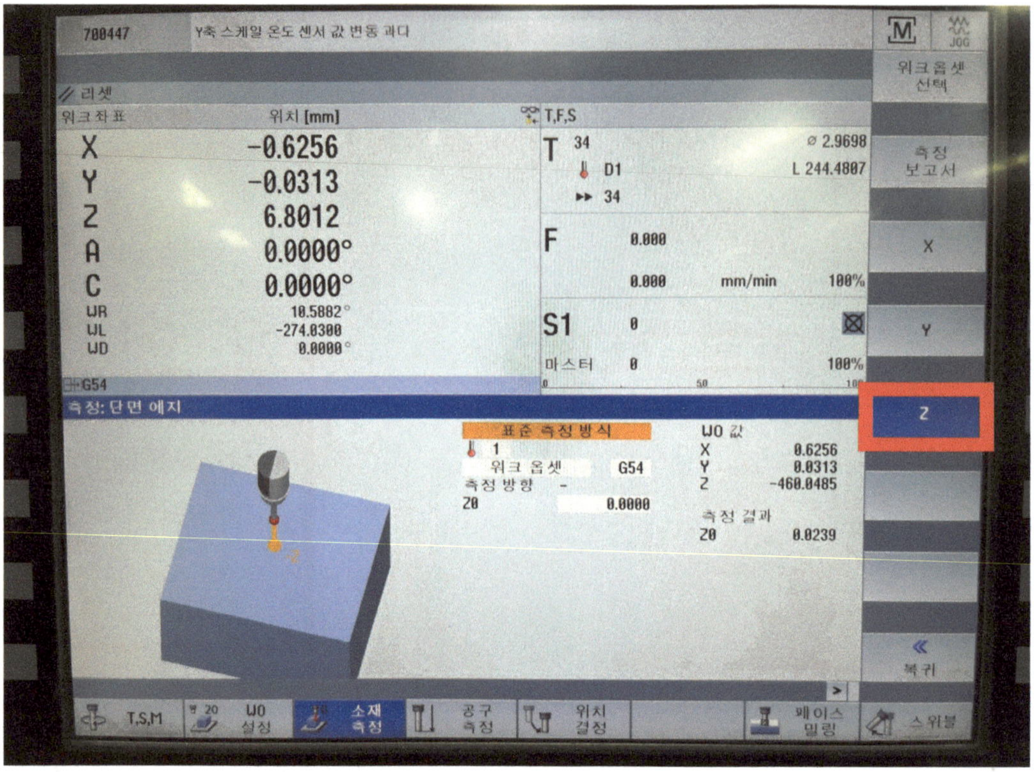

▶ Z측정 후 소재 측정으로 들어가 우측 상단에 X,Y 측정 버튼

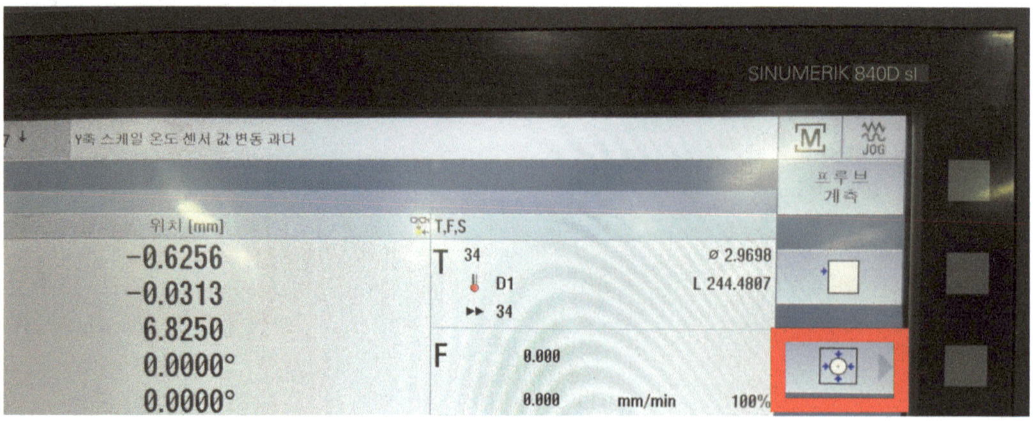

▶ 원형 스피콧 / 표준 측정 방식 / G54 세팅후 Cycle start 버튼을 누른후 소재의 X,Y를 측정

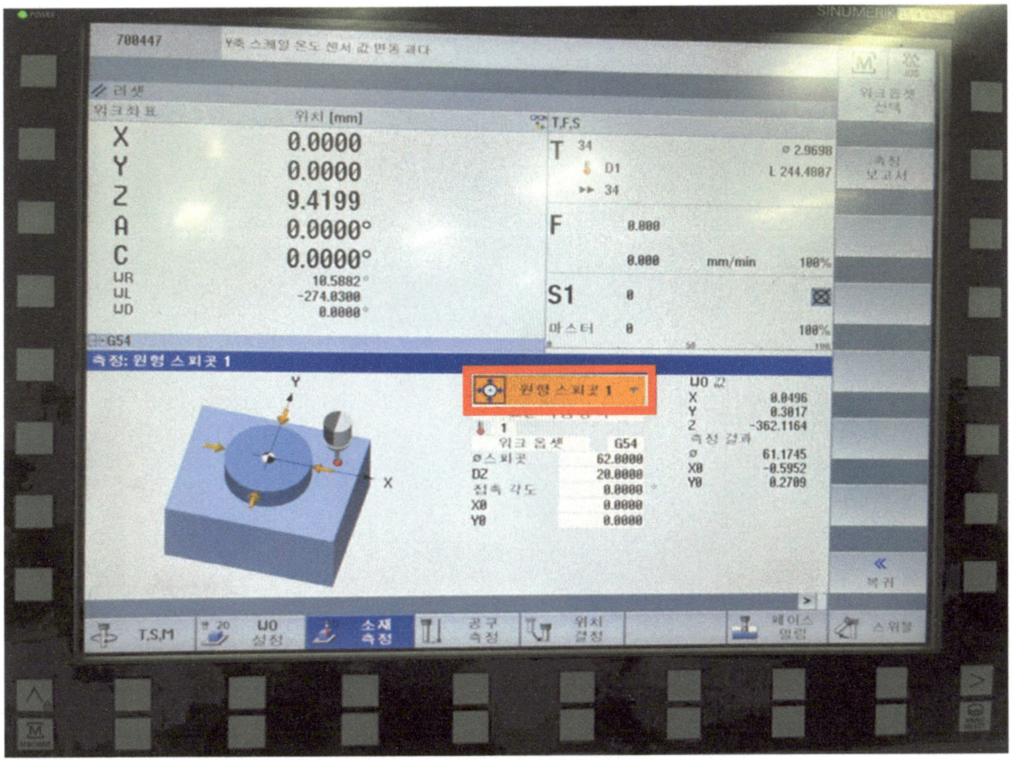

Chapter Ⅶ.

HyperMILL 5축 CAM

7.1 조각상 CAM작업

7.1 조각상 CAM작업

7.1.1 모델링 확인

◆ HyperMill 실행 및 파일 불러오기

▶ HyperMill 소프트웨어를 실행한다.

▶ 상단 메뉴에서 '파일'을 클릭한 다음, '열기'를 클릭한다.

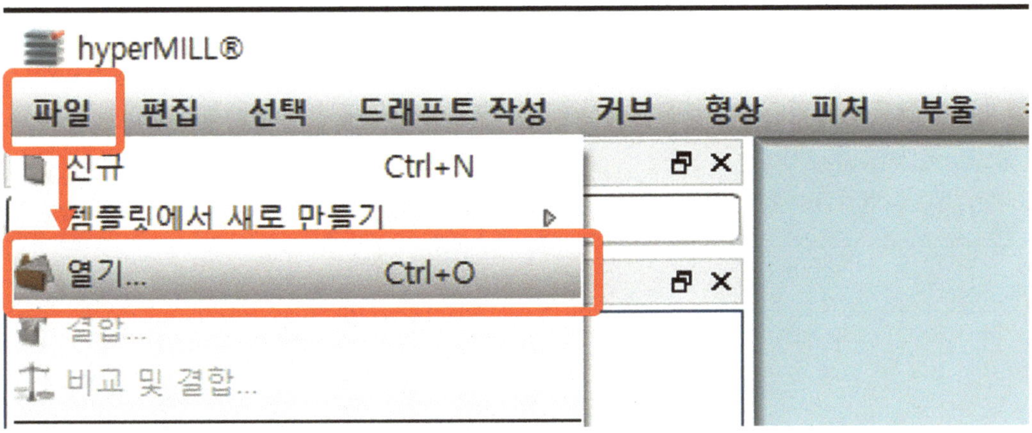

▶ 'example-1.hmc' 파일을 선택하고 '열기'를 클릭하여 파일을 불러온다.

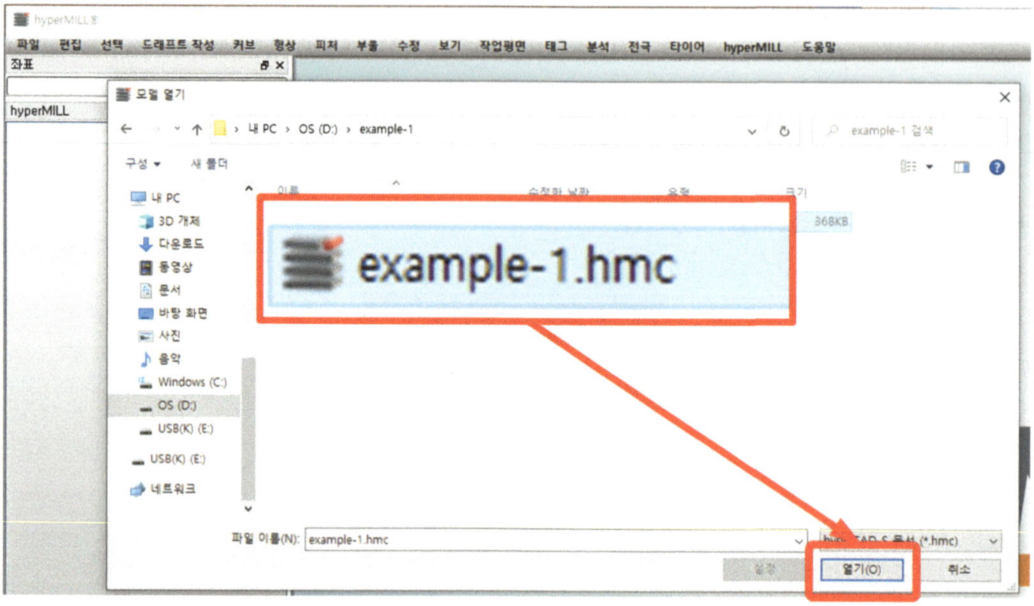

◆ 작업 화면 설정

▶ 작업 화면에서 모델을 효과적으로 보기 위해 상단 메뉴에서 '보기'를 연다. 그런 다음 '맞추기'를 클릭하면 불러온 모델을 작업공간 안에서 한눈에 볼 수 있도록 배치할 수 있다.

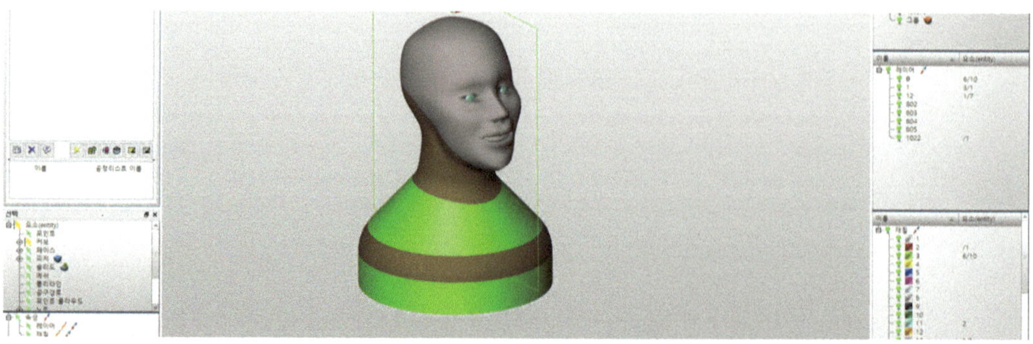

◆ 화면 조작

▶ 모델을 자세히 살피려면 마우스 휠을 돌려 확대와 축소가 가능하다.

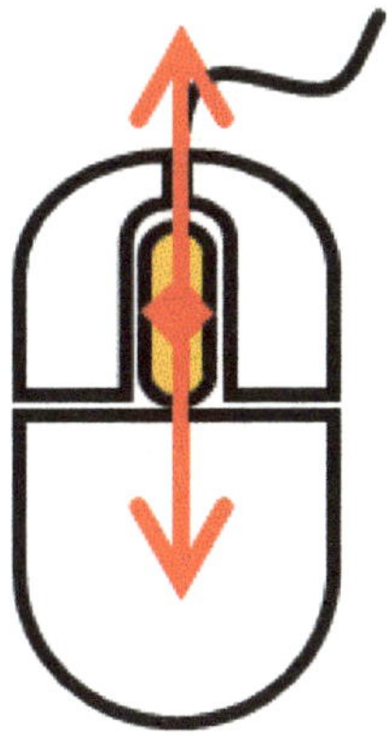

▶ 모델을 다양한 각도로 보려면 마우스 우클릭하여 누른 상태로 움직이면 회전할 수 있다.

▶ 모델을 원하는 위치로 이동하려면 마우스 휠을 누른 채로 움직인다.

◆ 가시성 창

▶ 가시성 창을 통해 '커브, 라인, 아크 등의 객체'를 확인할 수 있다.

▶ 이 창은 모델의 요소를 시각적으로 검토하고 관리할 수 있는 도구이다.

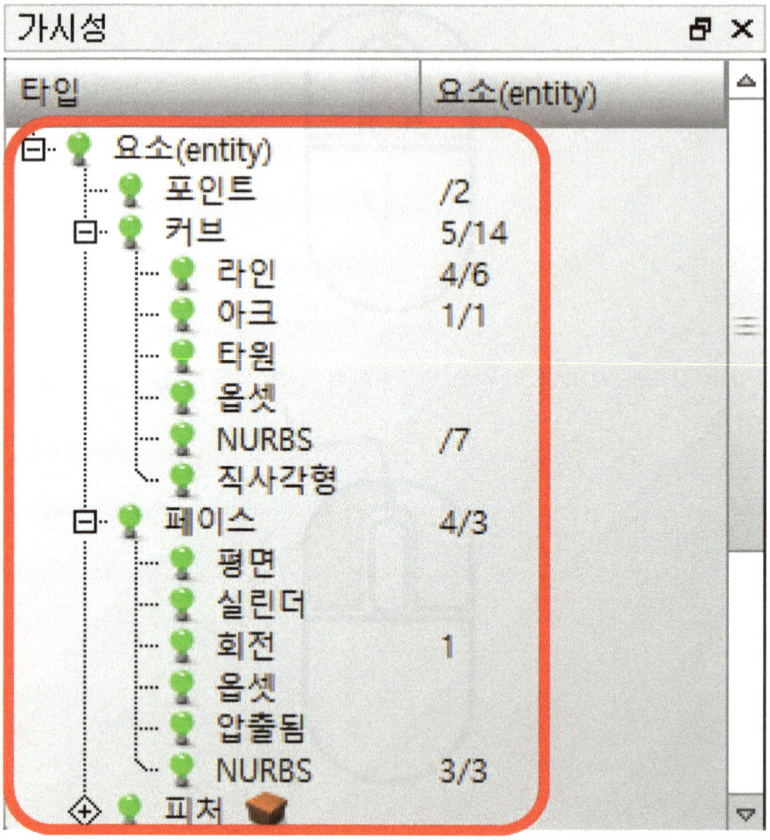

7.1.2 공정 및 프로그램 출력 설정

◆ 공정 리스트 생성

▶ 공정 리스트 설정에서는 공정의 이름과 공구 경로 데이터를 저장할 위치 등을 설정할 수 있다.

▶ HyperMill 창에서 '공정' 탭을 선택한다.

▶ 흰 바탕 영역에 마우스 우클릭하면 나타나는 메뉴에서 '신규-공정 리스트'를 순서대로 클릭한다.

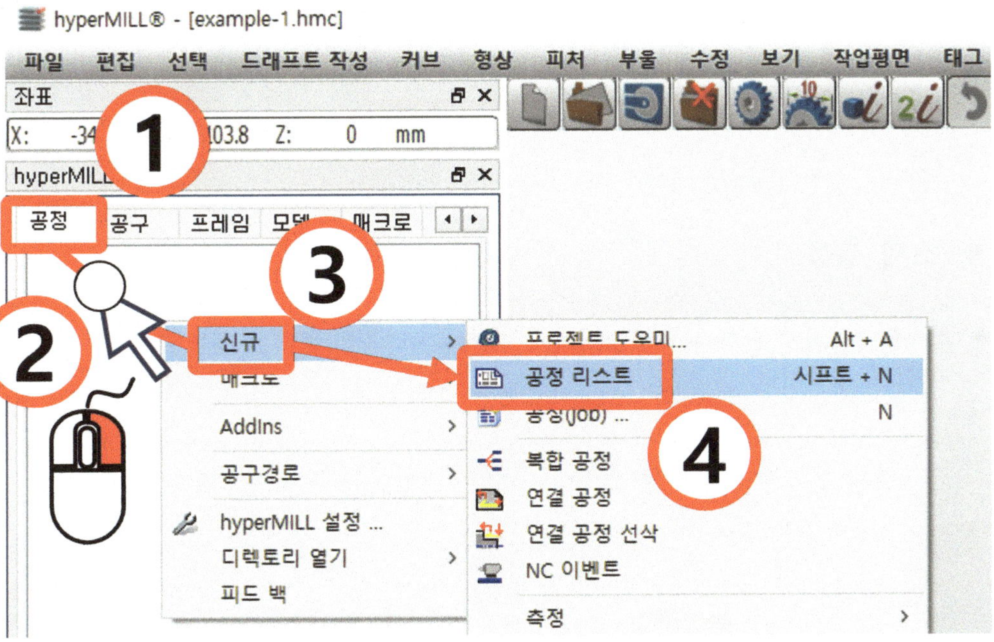

▶ '공정리스트' 창을 확인한다.

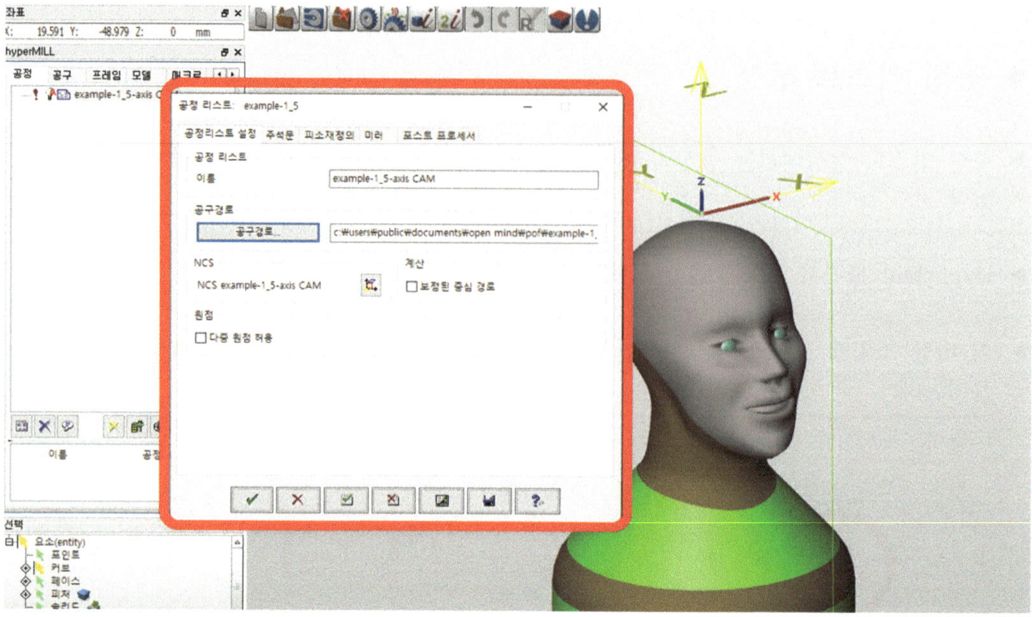

◆ 소재 생성

▶ 소재를 생성하기 위해 피소재 정의에서 '소재(stock)모델-설정'을 체크 후 '신규 소재' 아이콘을 클릭한다.

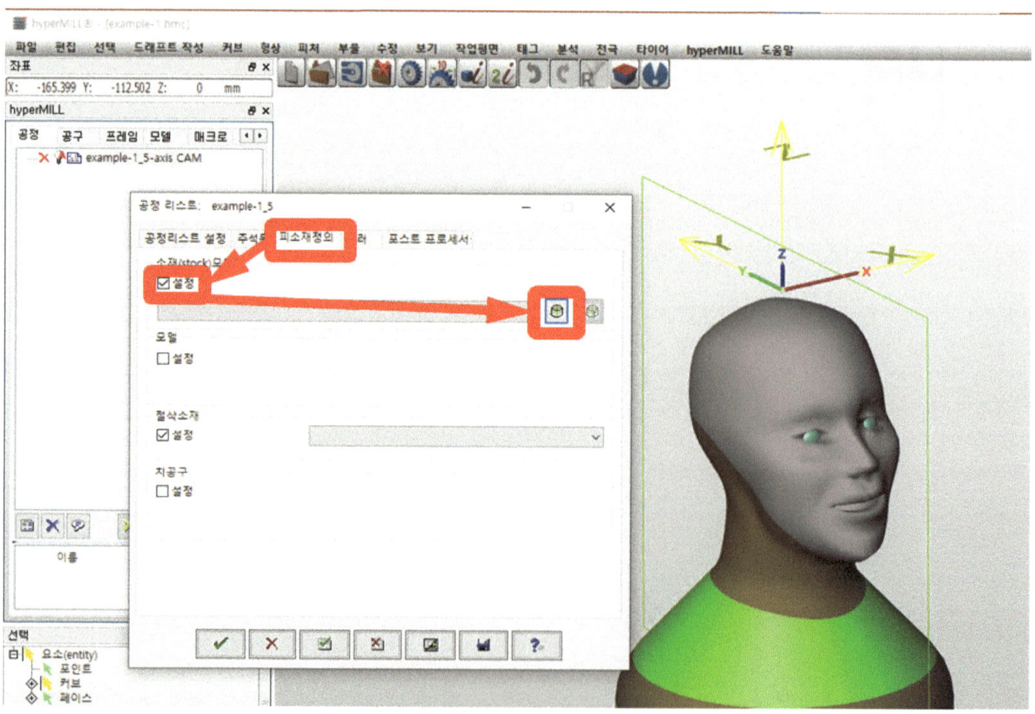

▶ '모드'에서 '자동계산'을 체크하고 자동계산 설정에서 '실린더'를 체크한다.

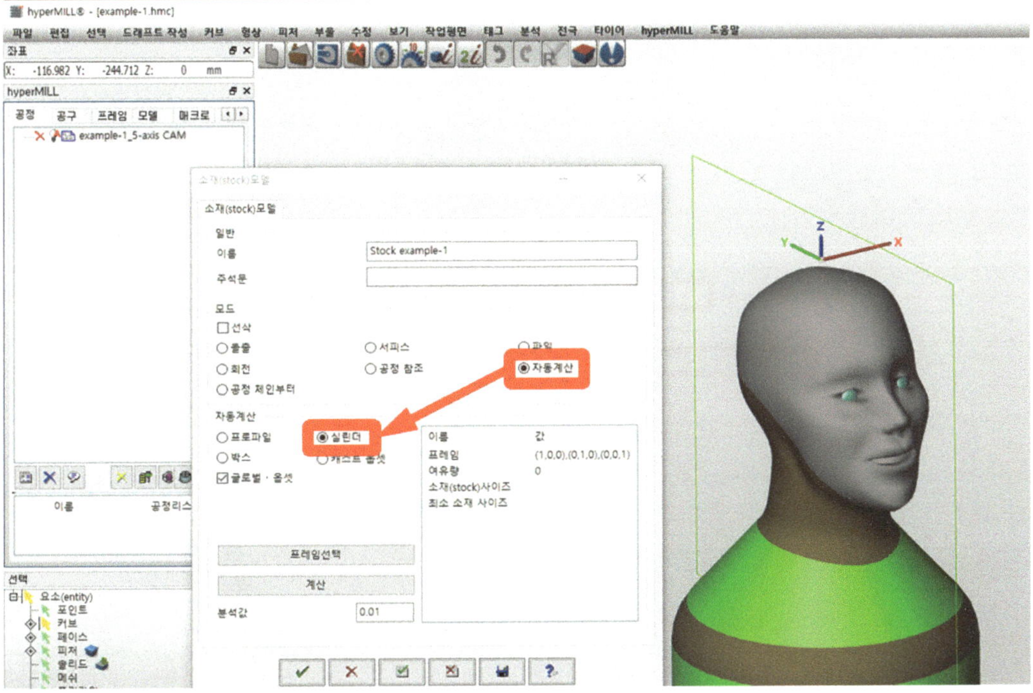

▶ '글로벌 옵셋'체크를 해제하고 '옵셋 최고점'에 2를 입력한다.

▶ '옵셋 쉘(shell)에 1을 입력하고 '분석값'에 0.01을 입력 후 '계산' 클릭.

▶ 이후 '적용'을 클릭하고 'Ok'를 눌러 설정을 완료한다.

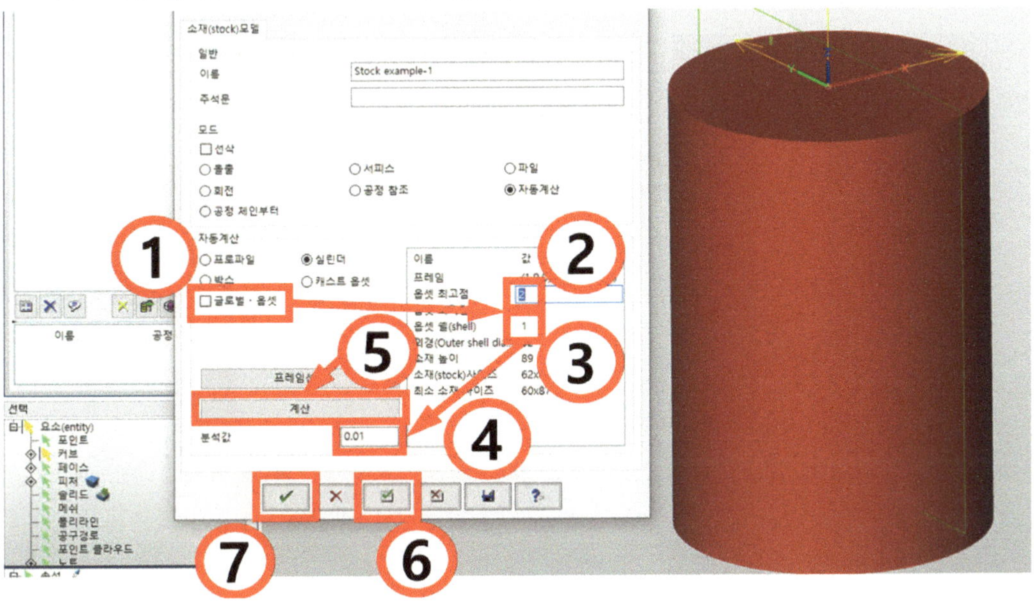

◆ 소재 확인하기

▶ '소재(Stock)모델'에 생성된 'Stock example-1'을 확인한다.

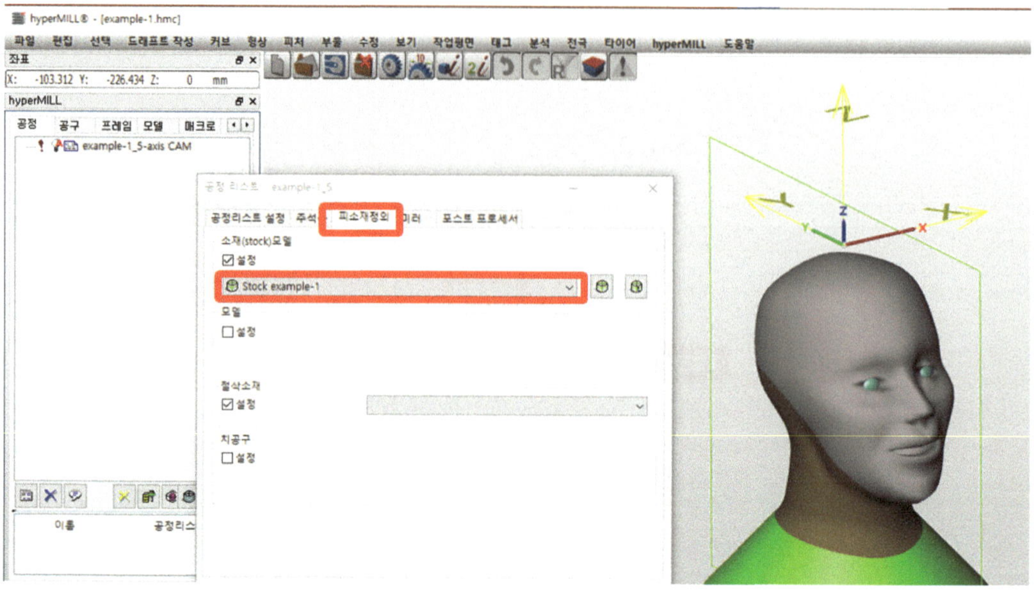

◆ 포스트 프로세서 설정

▶ '포스트 프로세서 창'에서 '공작기계'를 체크한다.

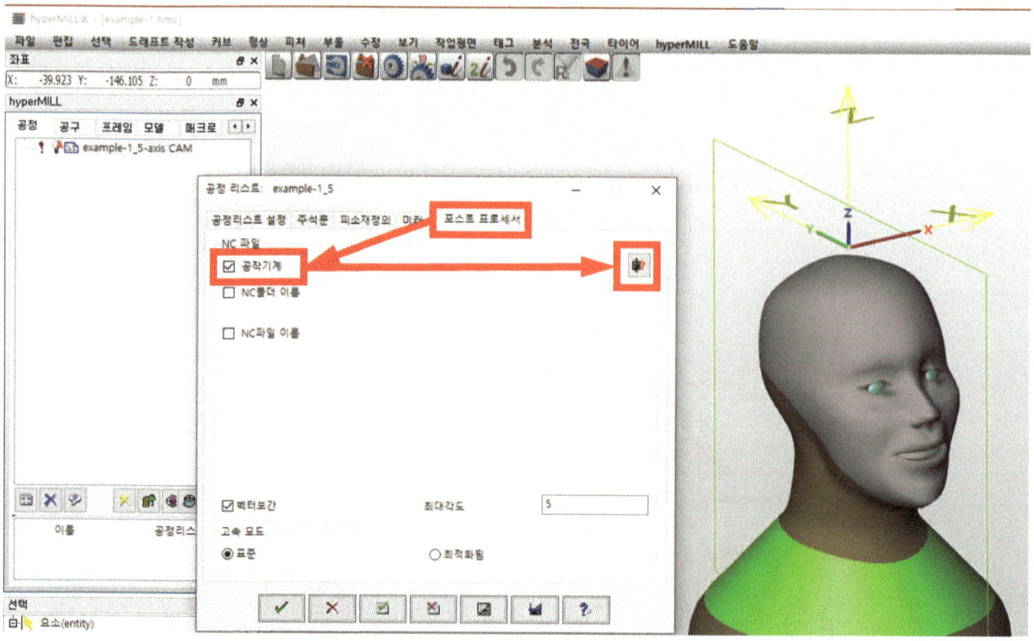

▶ 'Select machine'을 클릭하고 생성할 프로그램에 적용할 공작기계 'XF6300'을 선택한 후 'Ok'를 클릭한다.

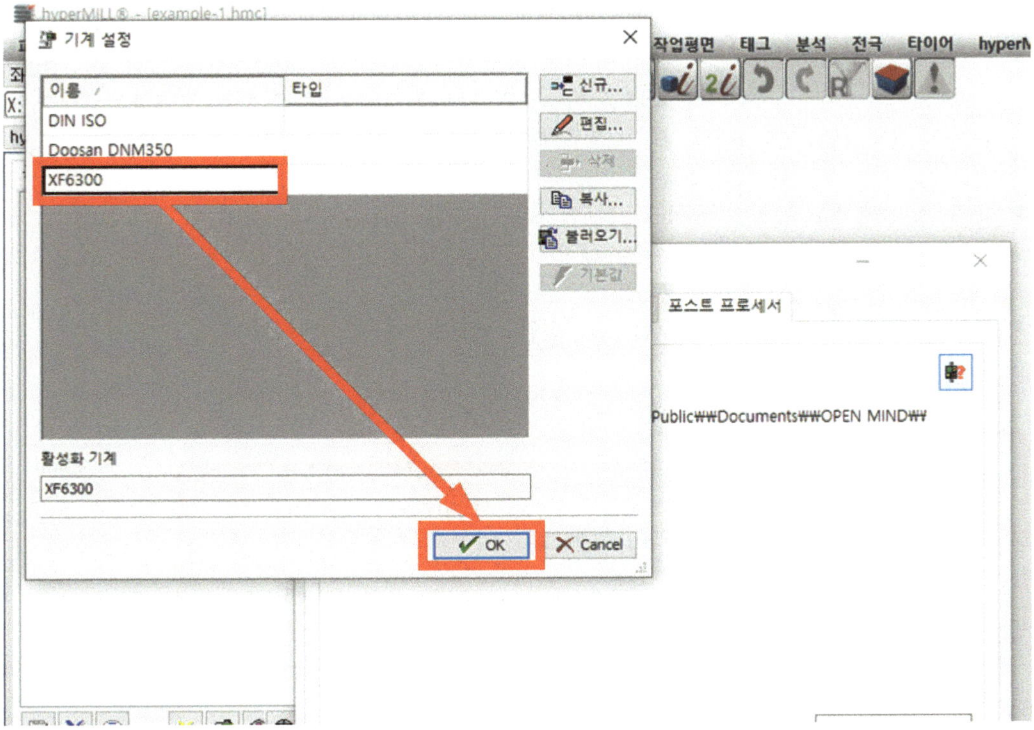

◆ 프로그램 저장 위치 설정

▶ 'NC폴더 이름'을 체크하고 '문서 설정 사용'을 체크 해제한다.

▶ 'Select path' 아이콘을 클릭하여 프로그램을 저장할 폴더의 위치를 지정한다.

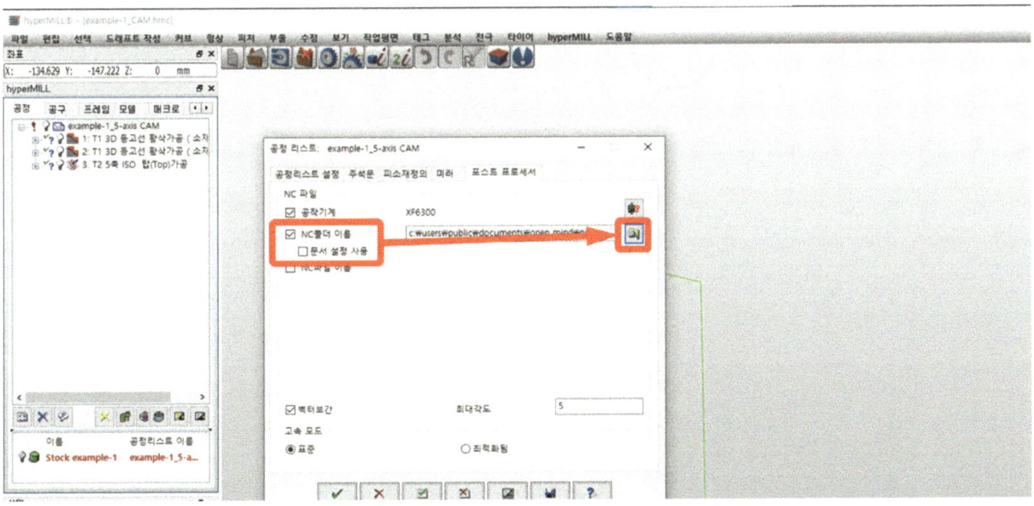

7.1.3 황삭 작업 좌표(프레임) 생성

◆ 좌측 프레임 생성

▶ CAM 작업 전 황삭 공구경로 생성을 위한 작업 중, C축 고정 제어를 위한 작업 프레임을 생성하는 작업이다. 작업자가 모델을 바라보았을 때를 기준으로, 왼쪽과 오른쪽으로 나누어 작업평면을 정의하고, 황삭 공구경로를 생성할 예정이다.

▶ 왼쪽 기준 평면으로 황삭 공구경로를 생성하기 위해 'hyperMILL' 창에서 '프레임'을 클릭한다.

▶ 프레임 창 흰색 배경에서 우클릭한 후 '신규 프레임...'을 클릭한다.

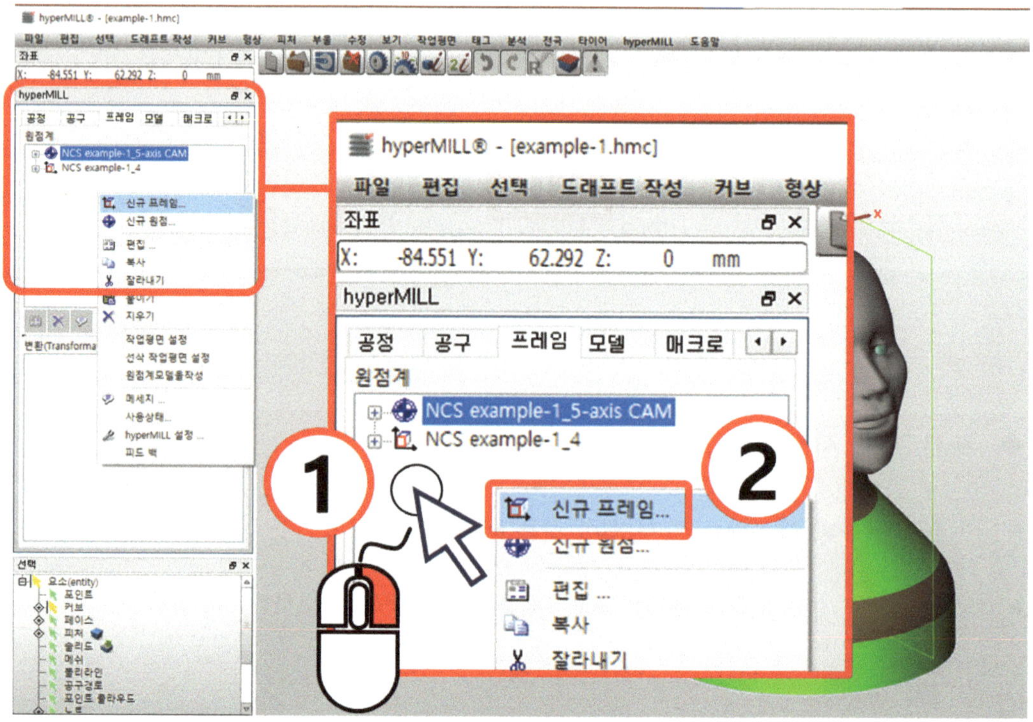

▶ '프레임 초기설정' 창을 확인한다.

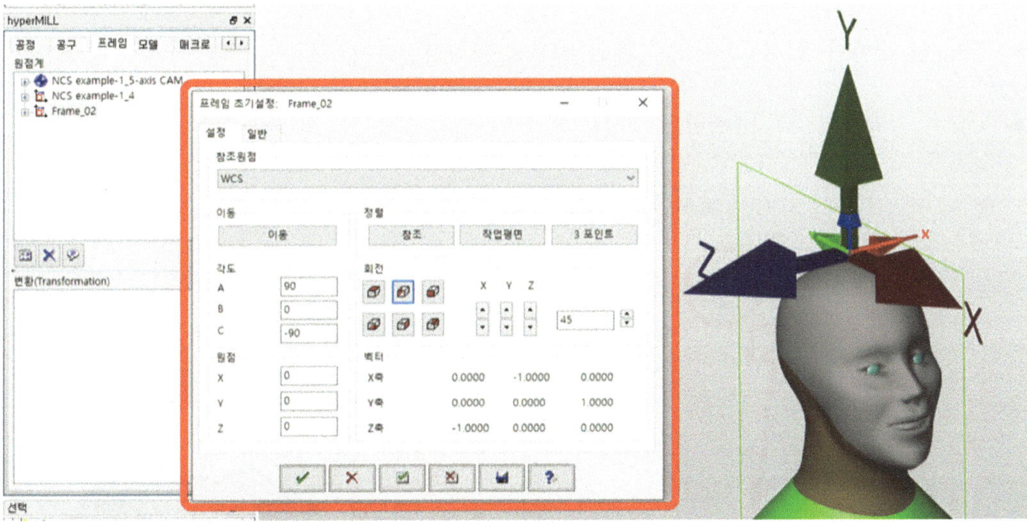

▶ '참조원점계 좌' 아이콘을 클릭한 후 '일반'으로 이동한다.

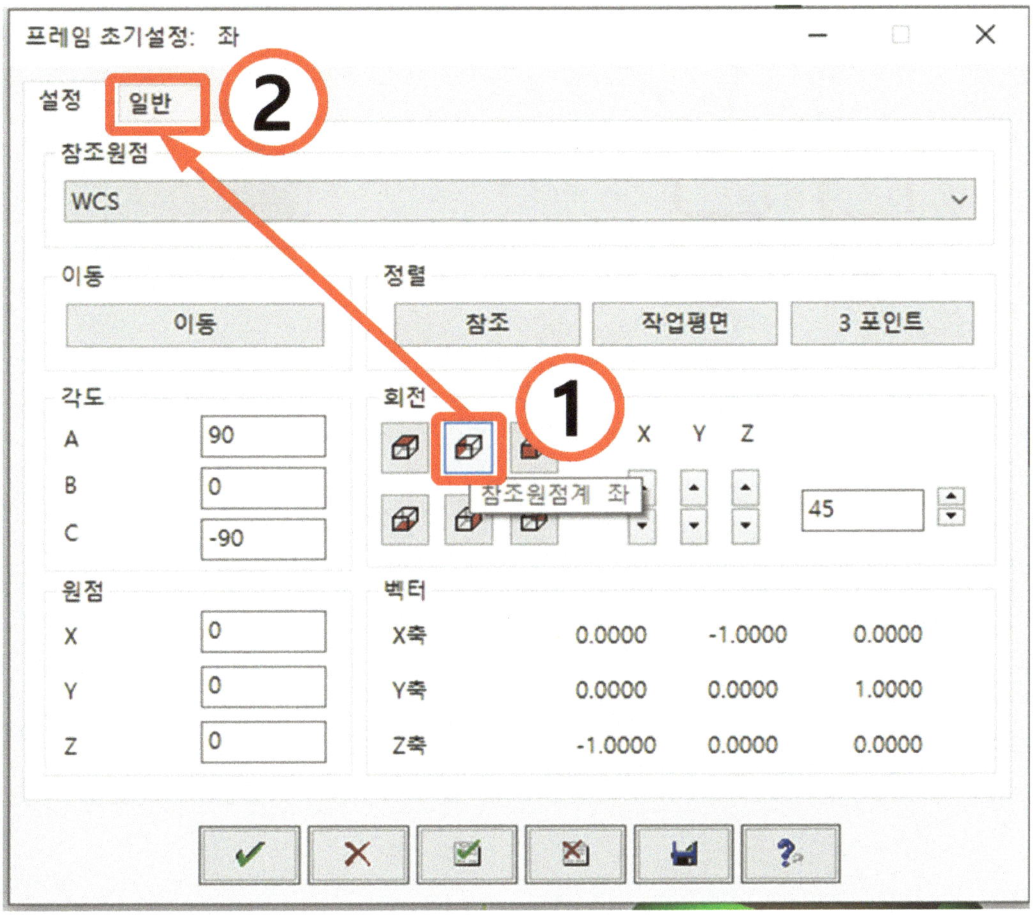

▶ '프레임 초기설정-일반' 창에서 '프레임 정보-이름'을 '좌'로 입력한다.

▶ '적용'을 클릭한 후 XYZ 좌표 프레임 방향을 확인한다.

▶ 'Ok'를 클릭하여 '좌' 프레임을 생성한다.

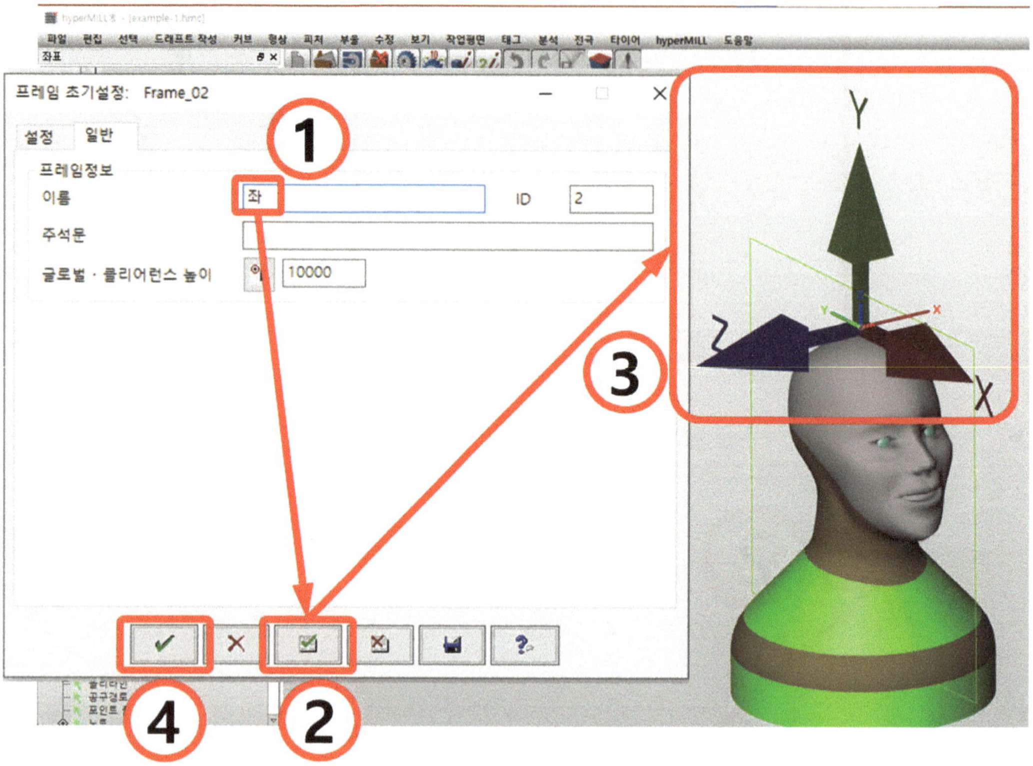

◆ 우측 프레임 생성

▶ 이제 오른쪽 기준 좌표에서 황삭 공구경로를 생성하기 위해, 프레임 창 흰색 배경에서 우클릭한 후 '신규 프레임...'을 클릭한다.

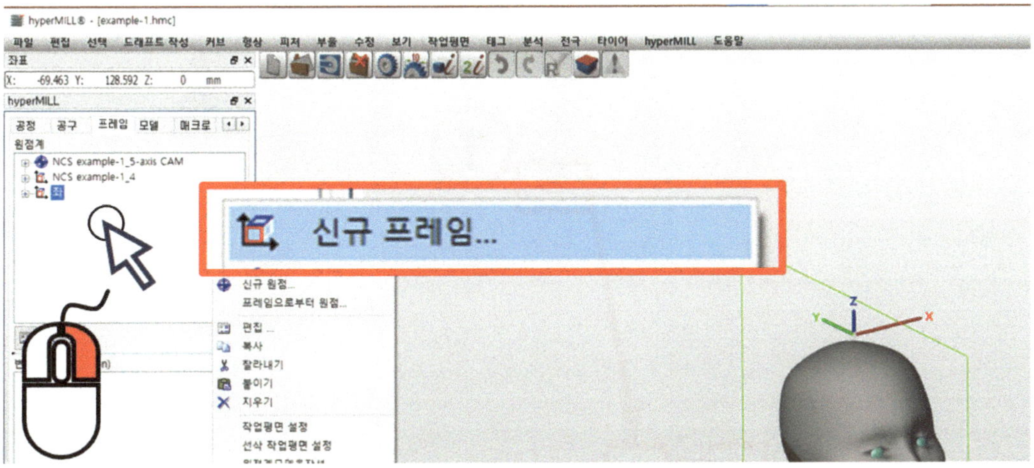

▶ '참조원점계 우' 아이콘을 클릭한 후 'XYZ 좌표 프레임 방향'을 확인하고 '일반'으로 이동한다.

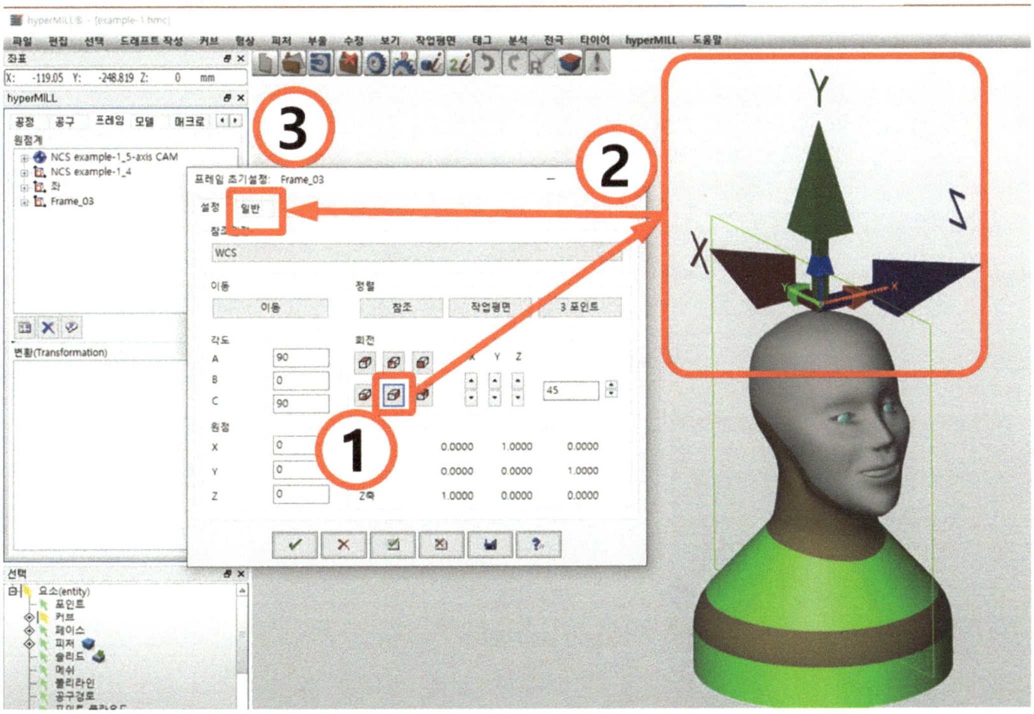

▶ '프레임 초기설정-일반' 창에서 '프레임 정보-이름'을 '우'로 입력한다.

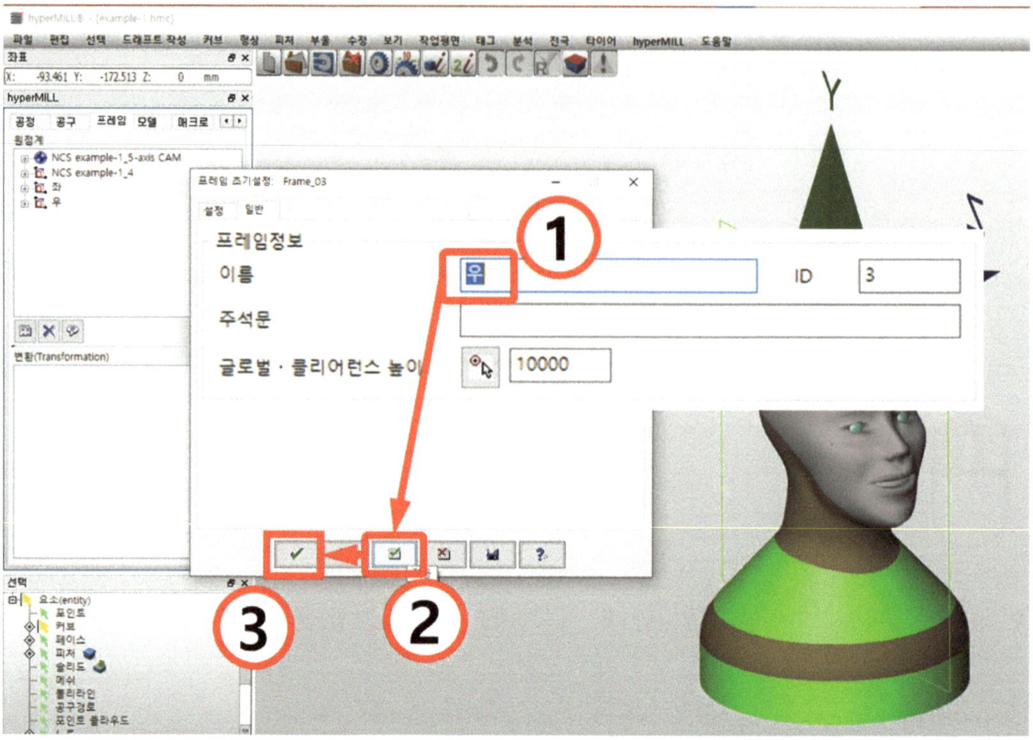

▶ '적용'을 클릭한 후 'Ok'를 클릭하여 '우' 프레임을 생성한다.

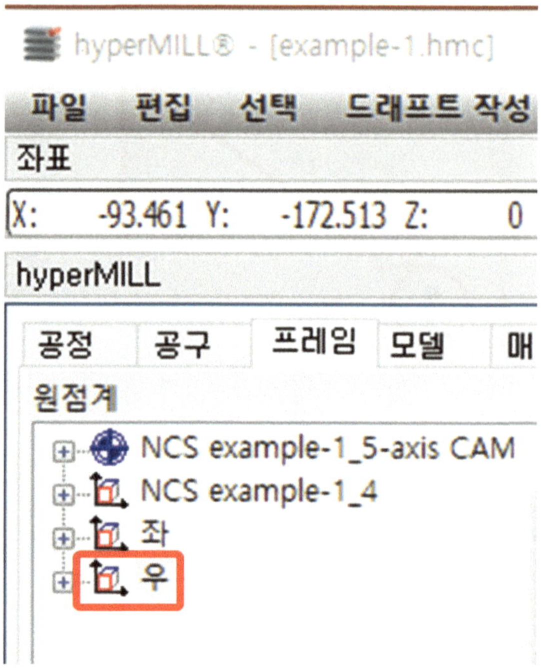

▶ 생성된 '좌', '우' 프레임을 확인한다.

7.1.4 절삭공구 생성 및 설정

▶ XF6300 장비에서 사용할 공구를 HyperMill에서 생성하고, 프로그램 내 시뮬레이션에서 구현하기 위한 작업이다. XF6300 장비는 'HSK A 63' 규격의 홀더를 사용한다.

◆ Ø10 앤드밀 생성 및 절삭조건 설정

▶ 'hyperMILL' 창에서 '공구'를 클릭한다.

▶ '공구' 창의 흰색 배경에서 우클릭한 후 '신규-End Mill(E)...'을 클릭한다.

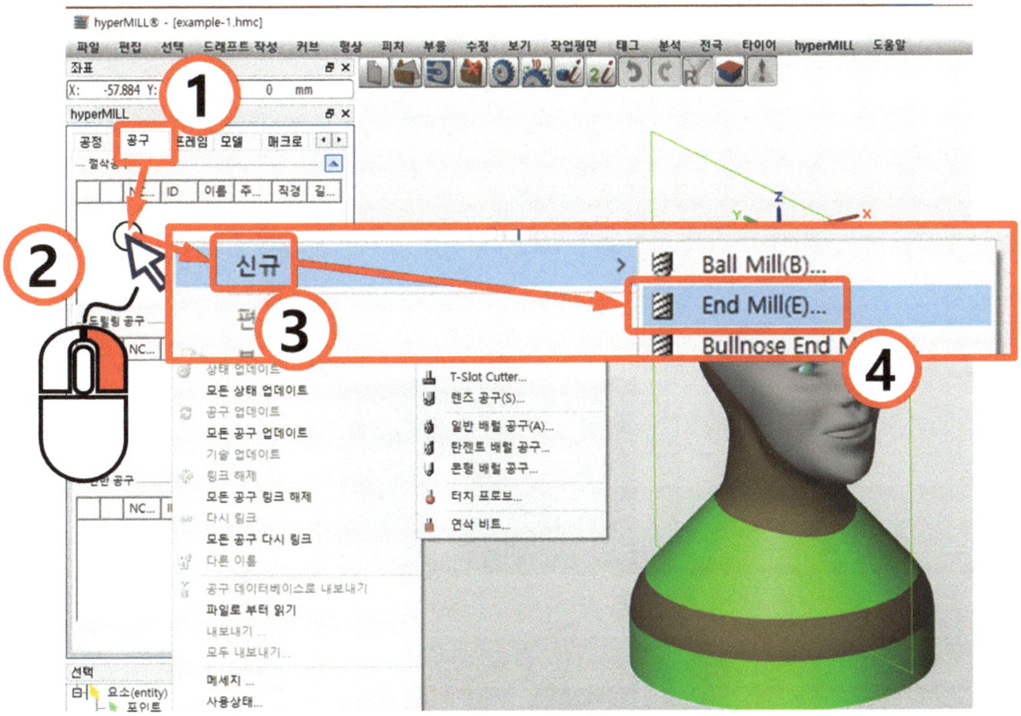

▶ '편집 End Mill (밀리 미터)' 창을 확인한다.

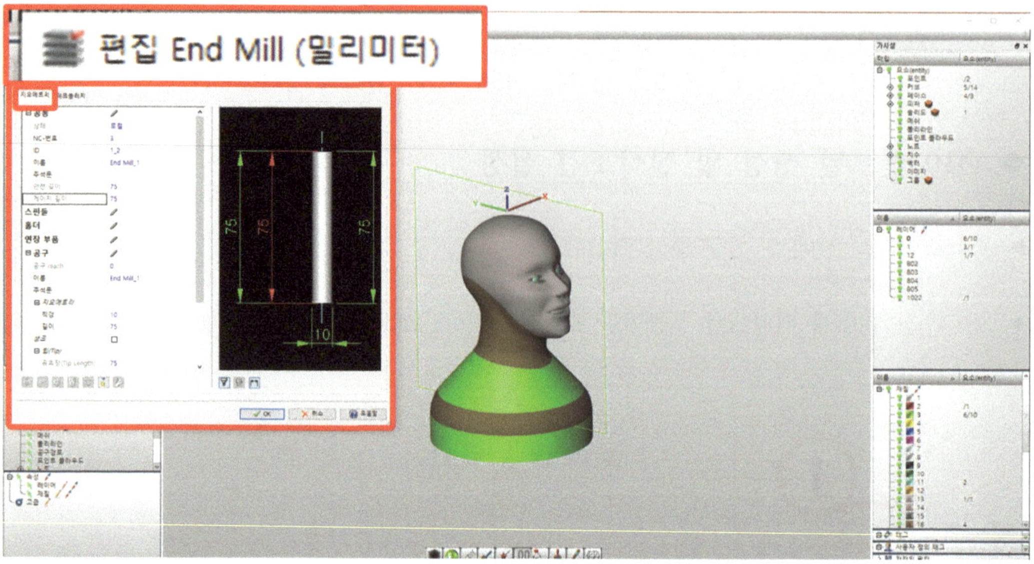

▶ '지오메트리' 메뉴에서 아직 초기값이 없는 '홀더'를 클릭하여 세부 아이콘이 나타나면, '홀더 선택' 아이콘을 클릭한다.

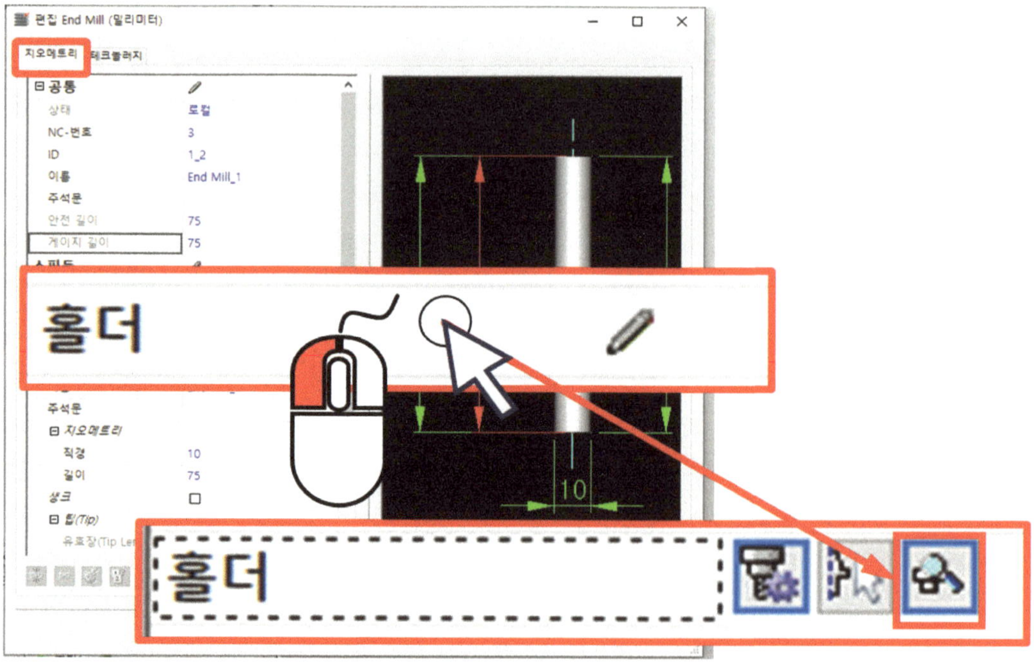

▶ '홀더 선택' 창에서 'HSK A 63 10×50' 홀더를 선택하고 'OK'를 클릭한다.

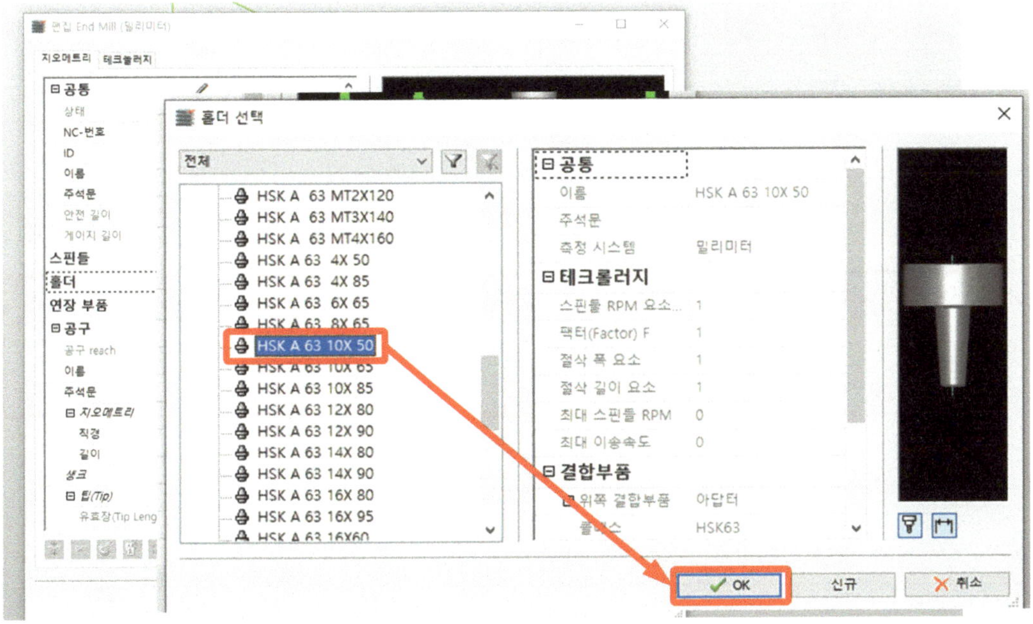

▶ 이어서 공구의 '직경'을 10으로, '공구 reach'를 40으로, '컷팅 길이'를 20으로 설정한 후 '테크놀러지' 메뉴를 클릭한다.

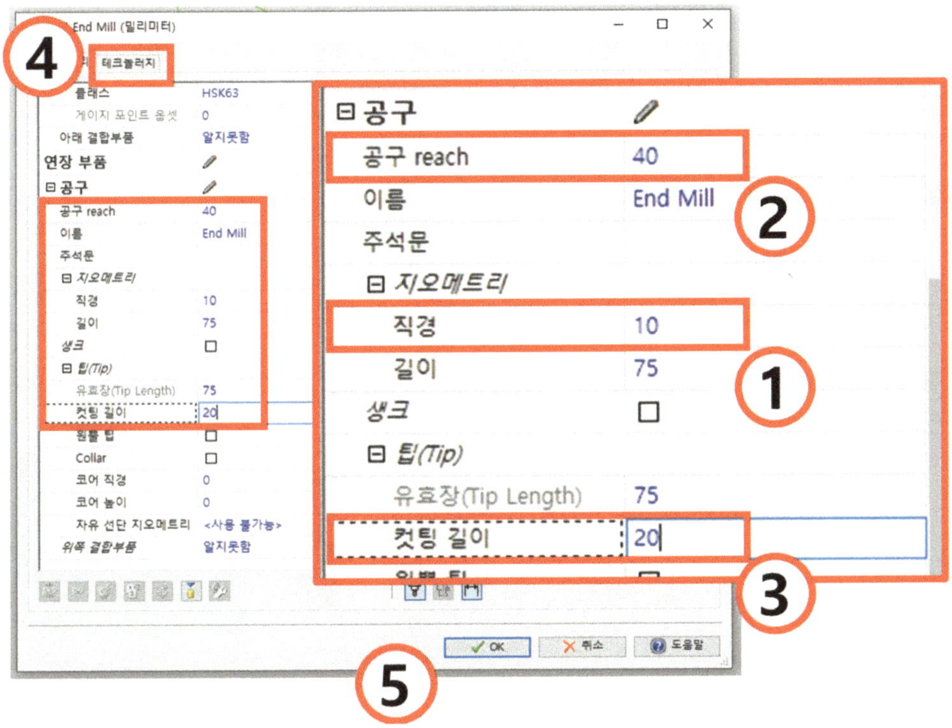

▶ '테크놀러지' 메뉴에서 스핀들 RPM (n), XY 이송 속도, 축 이송 속도, 감속 이송 속도를 가공 조건에 따라 입력해야 하며, 다음과 같이 입력한 후 'OK'를 클릭한다.

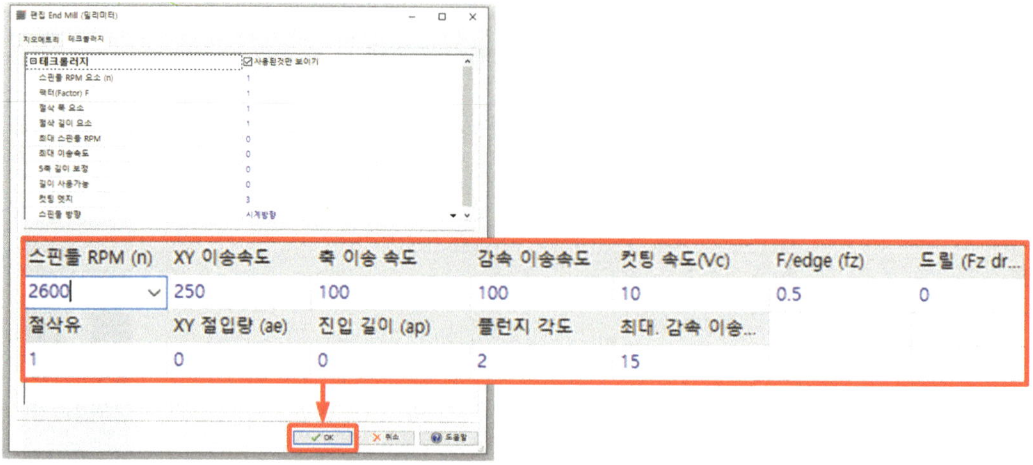

▶ '공구' 창에 생성된 End Mill 공구를 확인한다.

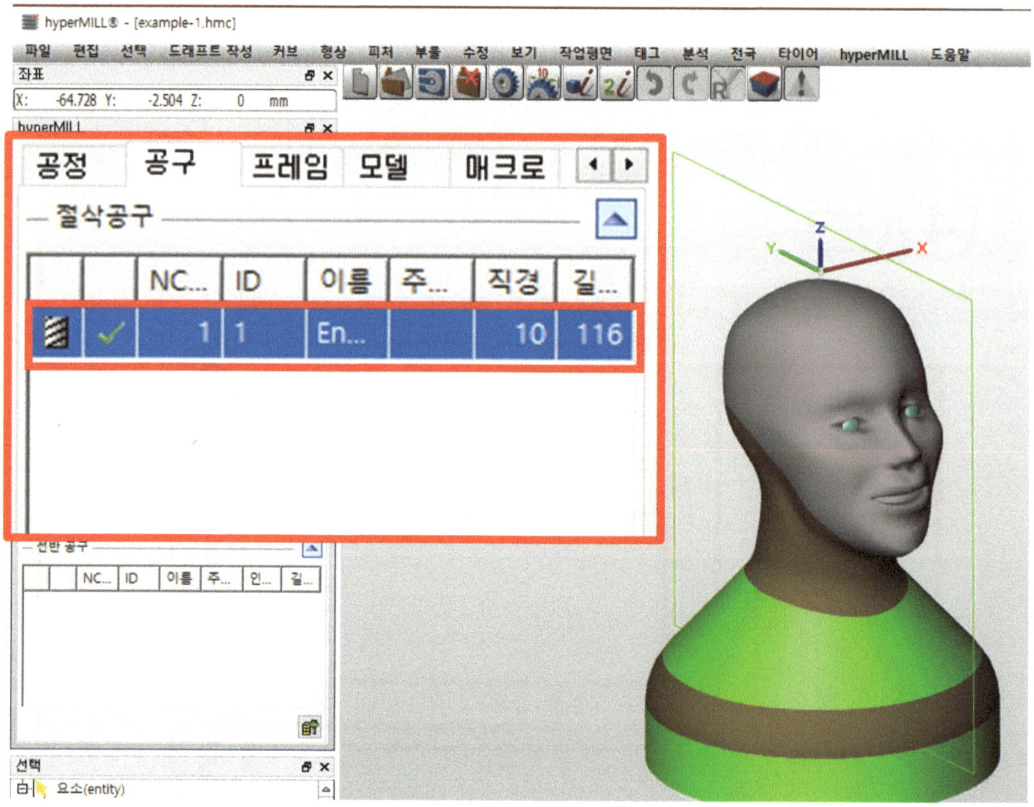

◆ Ø6 볼앤드밀 생성 및 절삭조건 설정

▶ 이제 정삭에 사용될 Ball Mill을 생성하기 위해 '공구' 창의 흰색 배경에서 우클릭한 후 '신규-Ball Mill(E)...'을 클릭한다.

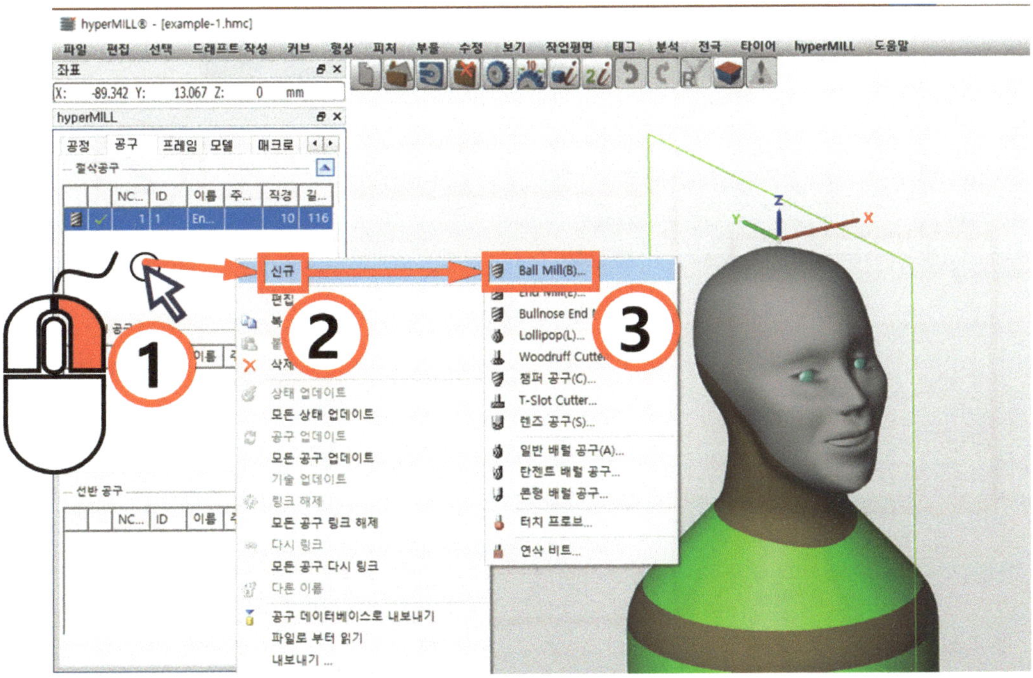

▶ '지오메트리' 메뉴에서 '홀더-홀더 선택-HSK A 6×109-OK' 순서로 클릭한다.

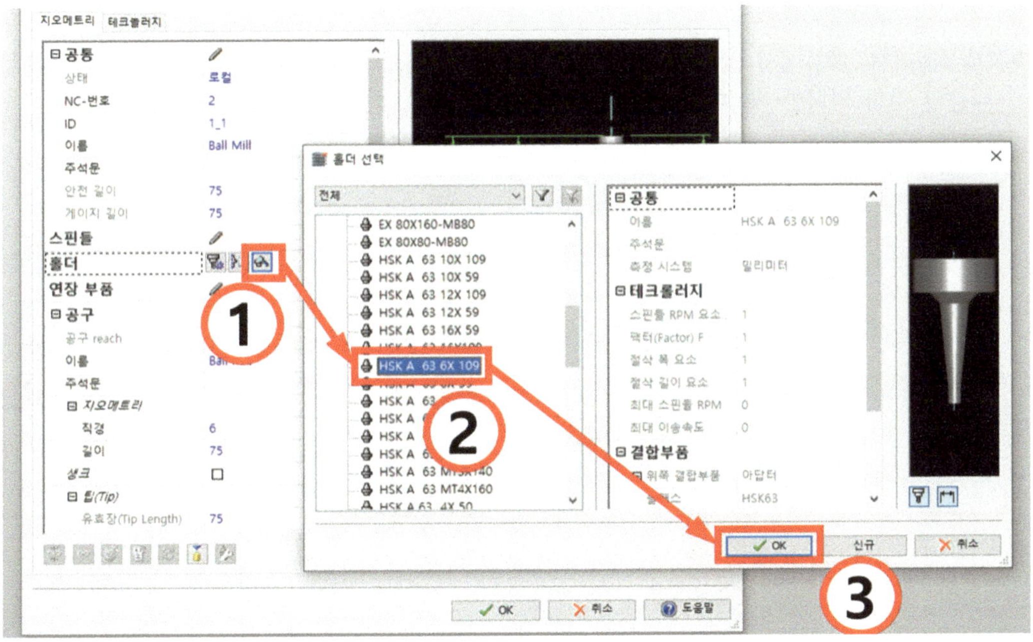

▶ 이어서 공구의 '직경'을 6으로, '공구 reach'를 30으로, '컷팅 길이'를 15로 설정한 후 '테크놀러지' 메뉴를 클릭한다.

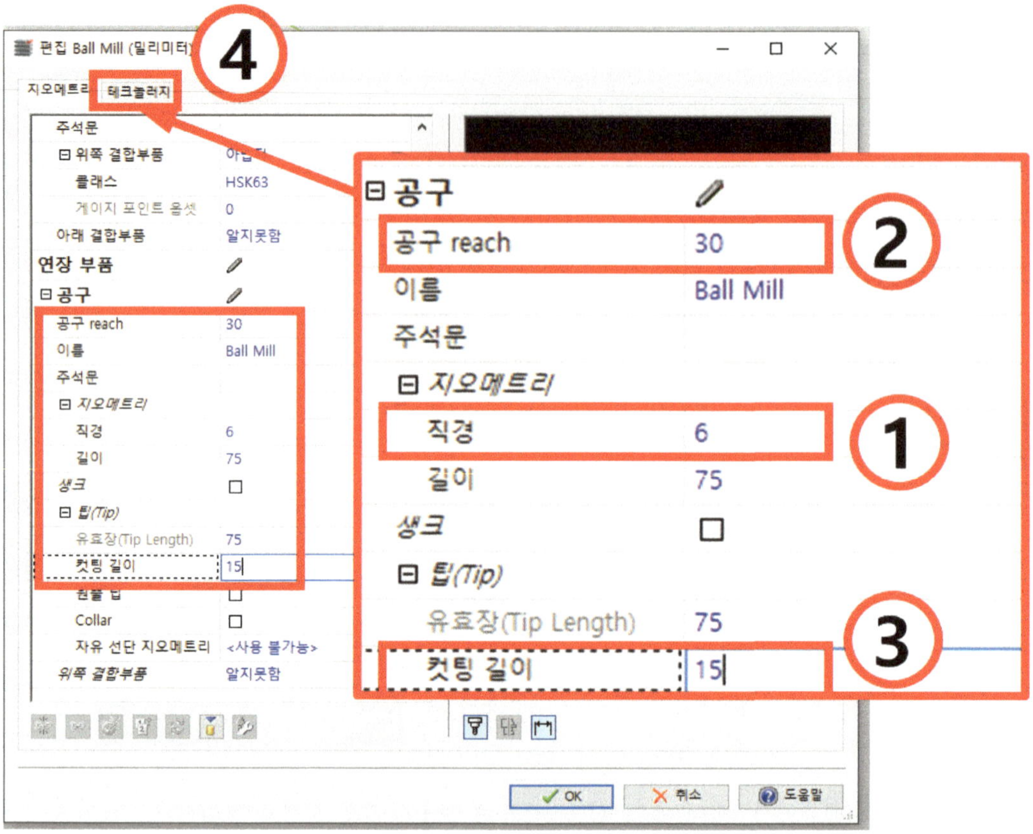

▶ '테크놀러지' 메뉴에서 스핀들 RPM (n), XY 이송 속도, 축 이송 속도, 감속 이송 속도를 다음과 같이 입력한 후 'OK'를 클릭한다.

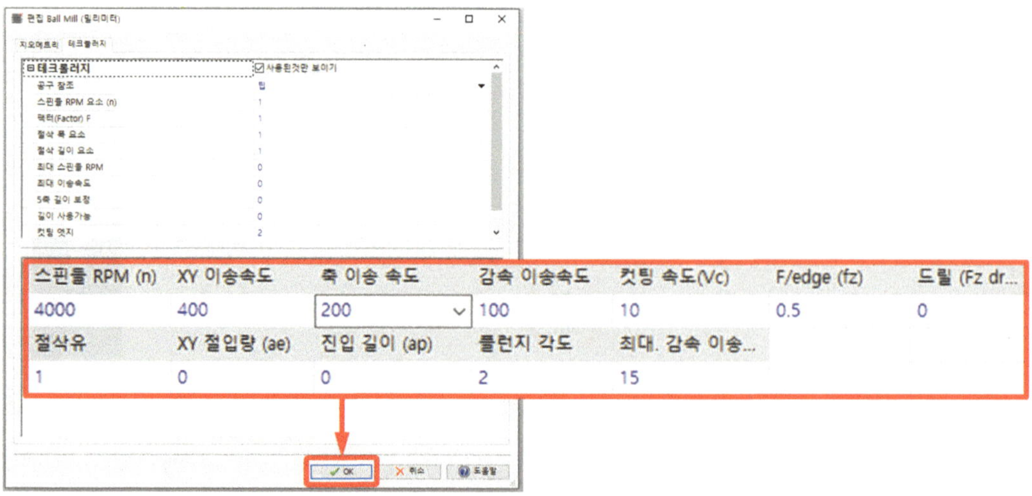

▶ 생성된 Ø10 앤드밀과 Ø6 볼앤드밀을 확인한다.

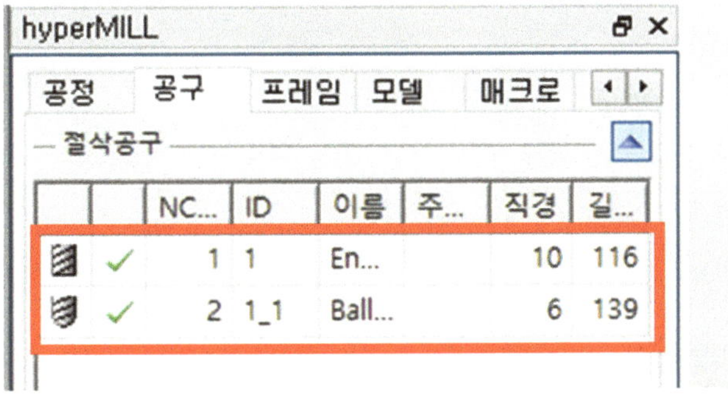

▶ 이렇게 하여 절삭공구 설정이 완료되었고. 해당 공구를 사용하여 공구경로를 생성할 수 있다.

7.1.5 절삭모델(가공형상) 설정

◆ 절삭모델 설정

▶ 'hyperMILL' 창에서 '모델'을 클릭한다.

▶ '모델' 창의 흰색 배경에서 우클릭한 후 '신규 절삭모델'을 클릭한다.

▶ '절삭모델' 창에서 '설정' 메뉴에 있는 '현재 선택-서피스 선택'에서 '신규선택' 아이콘을 클릭한다.

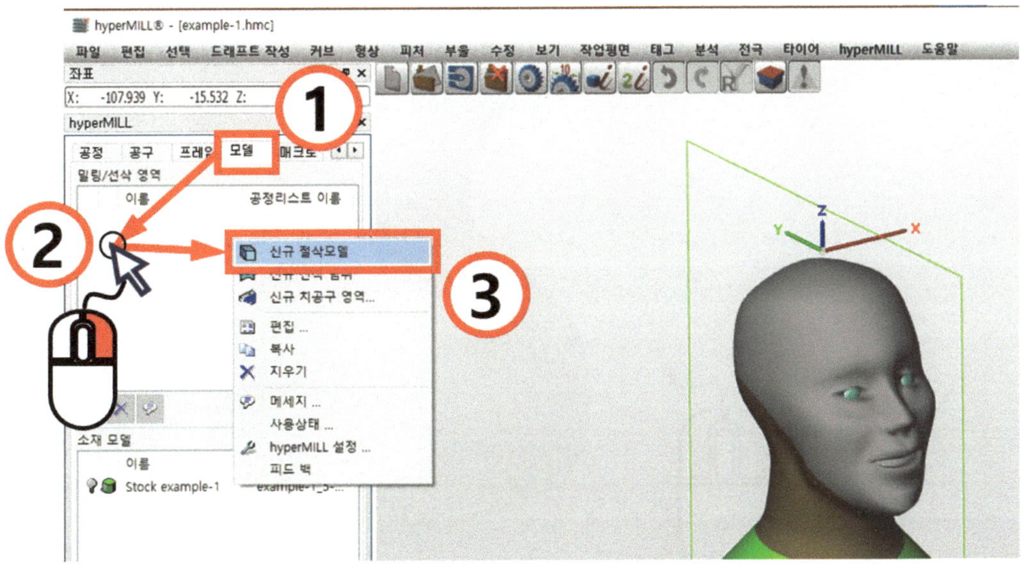

▶ '절삭모델' 창에서 '현재 선택-서피스 선택'에 있는 '신규 선택' 아이콘을 클릭한다.

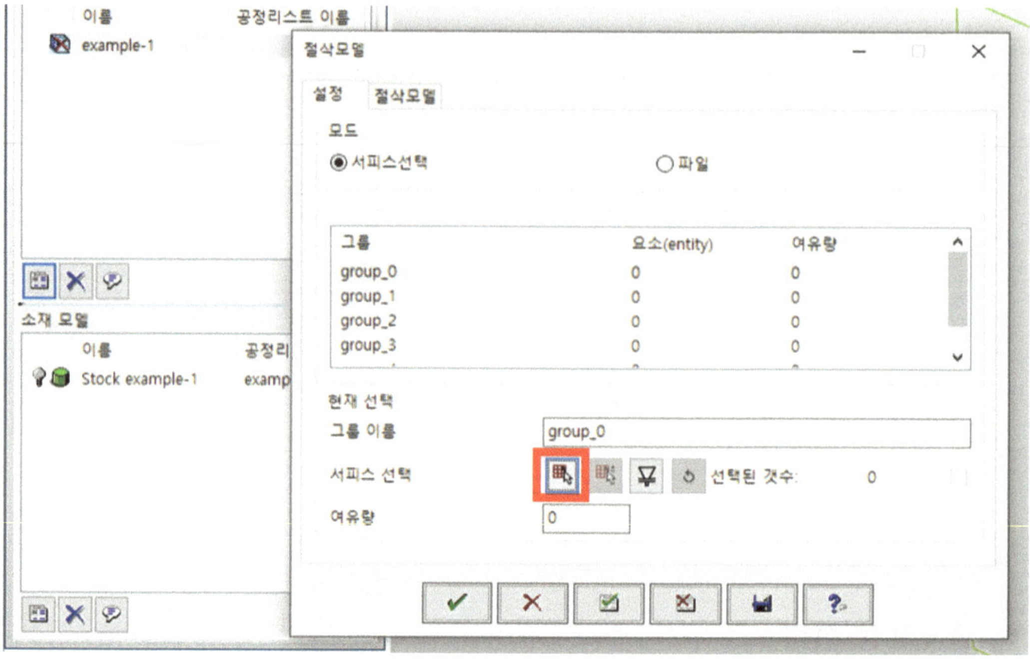

▶ 최종 가공 형상을 지정하기 위해 마우스 왼쪽 버튼을 누른 상태로 드래그하여 불러온 형상을 선택한다.

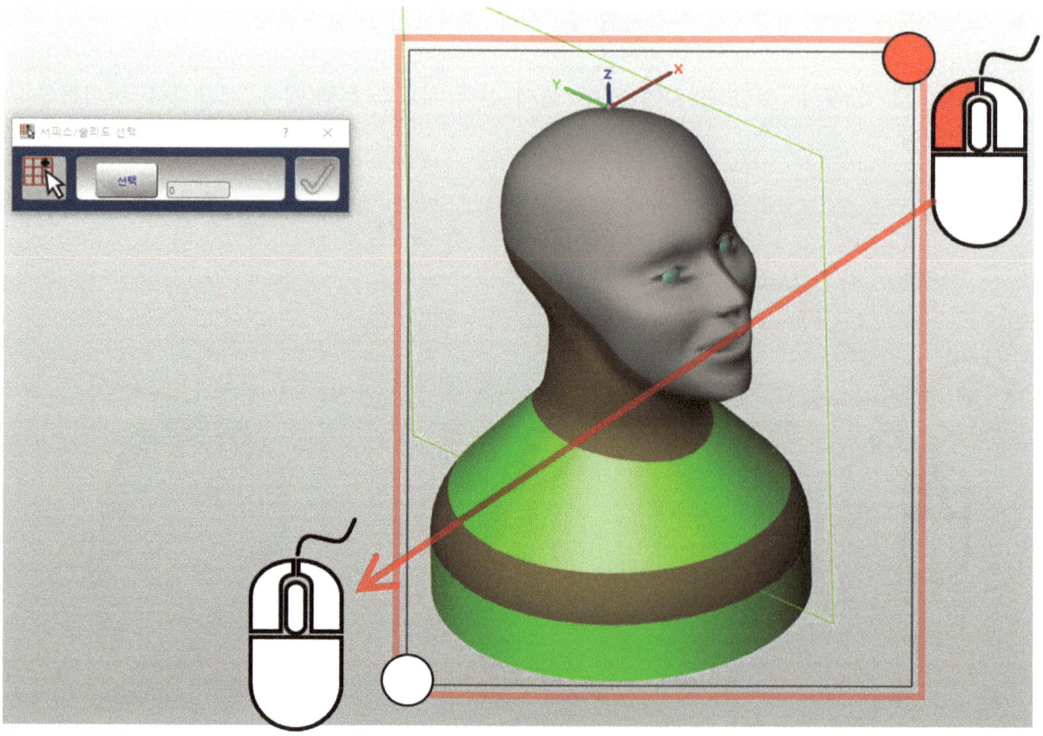

▶ 선택된 형상이 붉은색으로 표시된다. 이 객체를 확인하고 '체크'를 클릭한다.

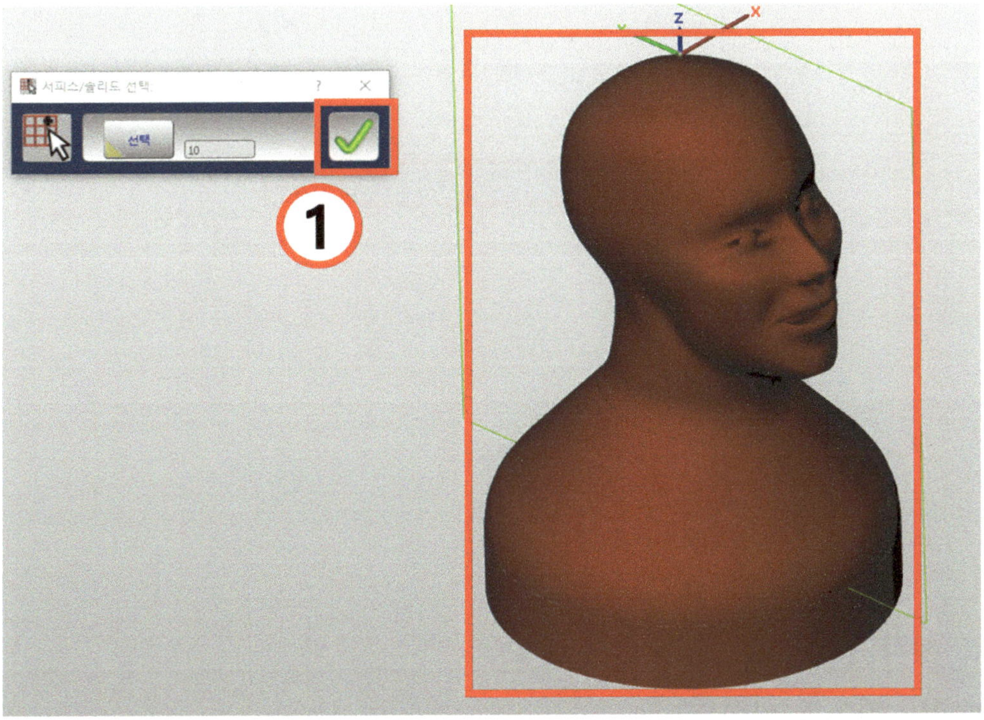

▶ '적용'을 클릭한 후 'OK'를 클릭하여 설정을 완료한다.

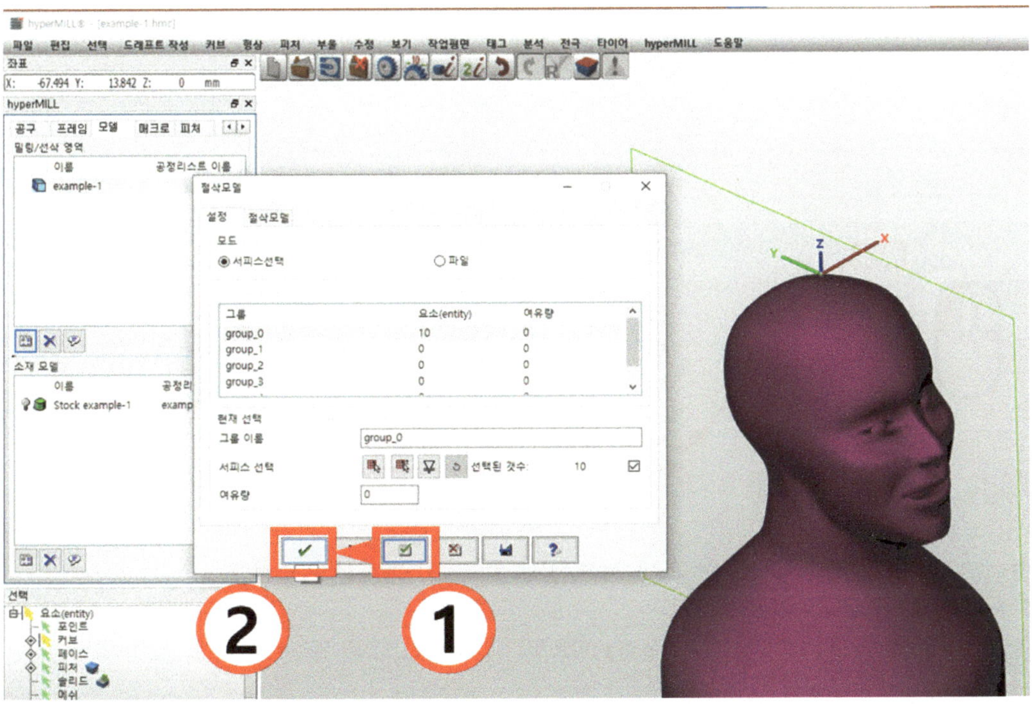

▶ 이제 가공하고자 하는 형상 'example-1'을 확인할 수 있다.

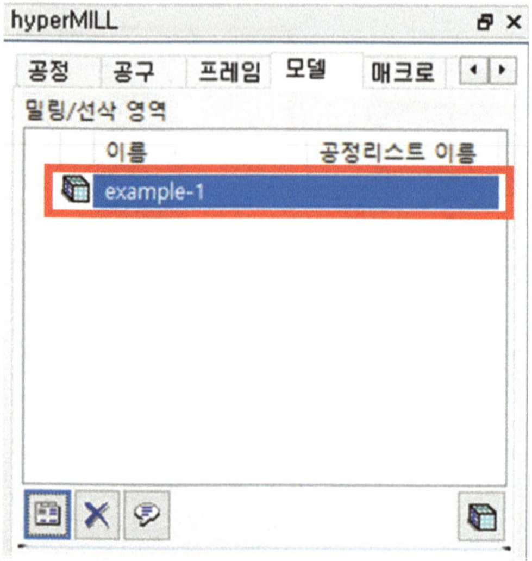

7.1.6 황삭 공구경로

◆ Ø10 앤드밀 설정

▶ 공정 창 흰 배경에서 마우스 우클릭한 후 '신규 - 3D 가공 - 3D 등고선 황삭가공 (소재지정) ...' 순서로 클릭한다.

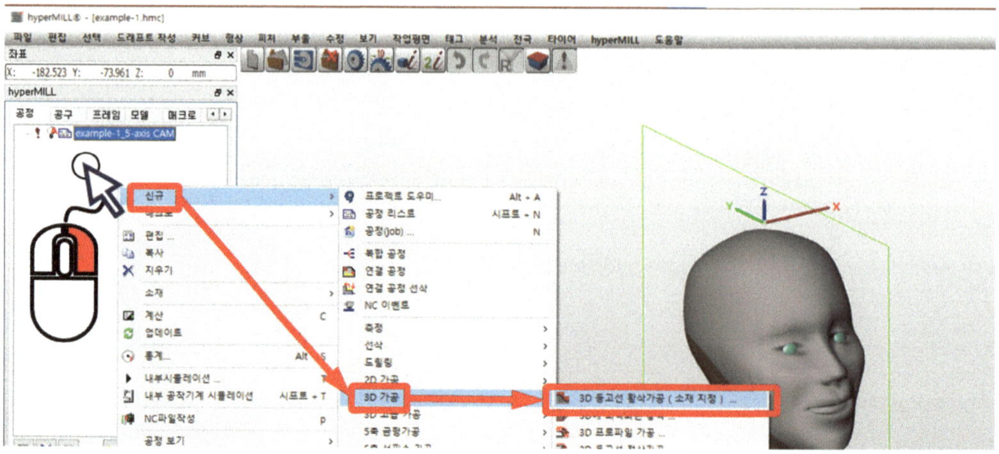

▶ 'ID 1: 30 등고선 황삭가공 (소재 지정)'창에서 '공구' 메뉴를 확인한다.

▶ 초기에 '불노이즈 앤드밀(Bullnose endmill)'로 선택된 칸을 클릭하여 '앤드밀(End mill)'을 선택할 수 있다.

▶ 그 후 아래의 화살표 [⌄]를 클릭하면 앞에 '공구'에 생성해둔 Ø10 앤드밀을 확인할 수 있으며 생성했던 'End Mill Ø10'을 선택한다.

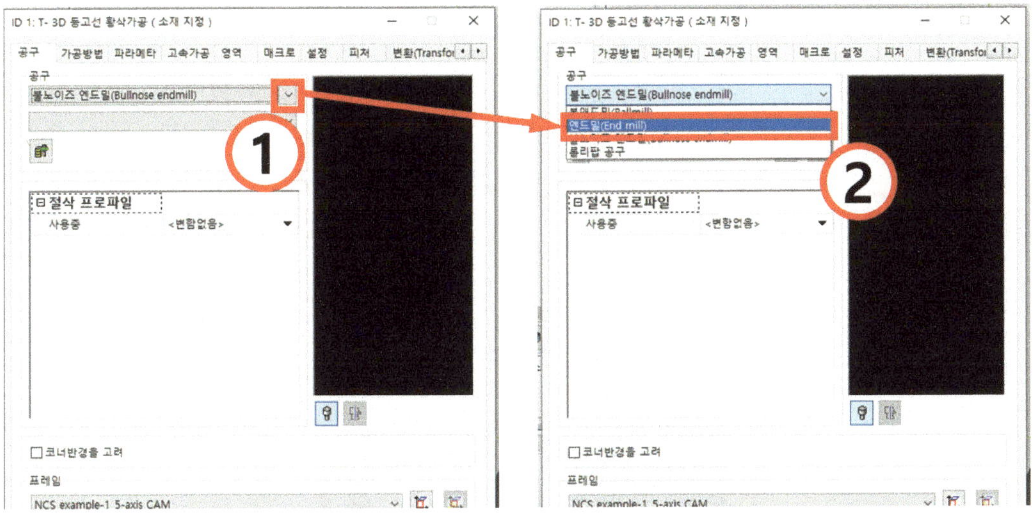

◆ 황삭 프레임 설정

▶ 생성한 좌표 프레임을 불러오기 위해 프레임 오른쪽의 화살표 [⌄]를 클릭한 후 '좌' 프레임을 선택한다.

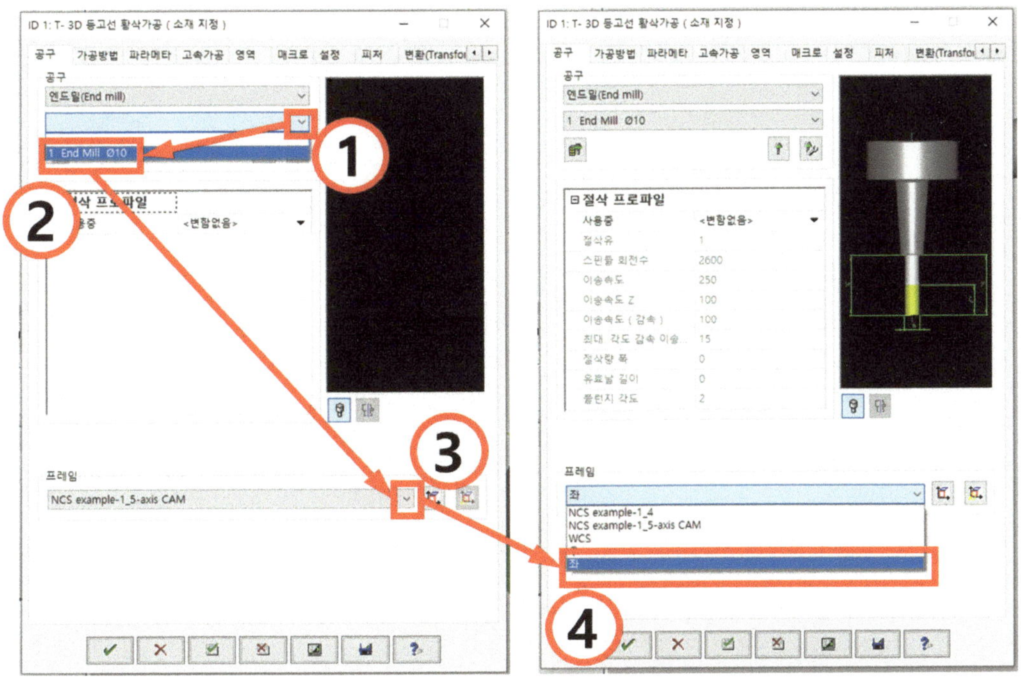

◆ 가공방법, 절삭조건 설정

▶ 공구와 프레임이 설정된 '공구' 메뉴를 검토한 후 '가공방법' 메뉴를 클릭한다.

▶ '가공방법' 메뉴에서 '윤곽에 평행', '포켓', '최적화됨', '하향 가공'을 체크한다.

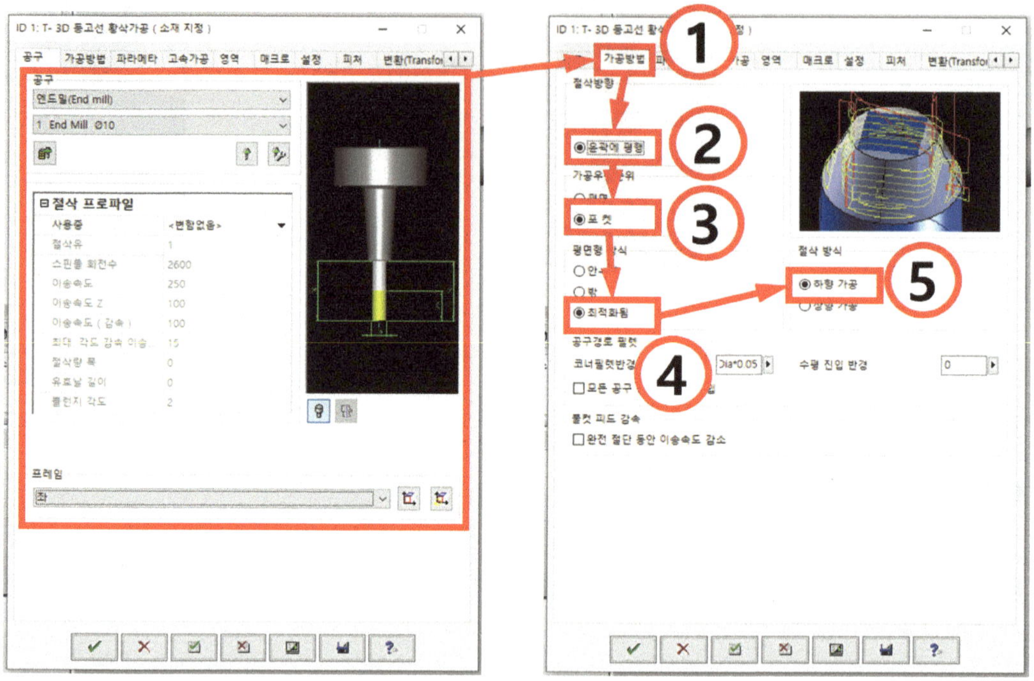

▶ 다음은 '파라메타' 메뉴 '가공영역' 설정이다. '최고점지점'을 체크하고 40 입력, '최저점지점'을 체크하고 -2를 입력한다.

▶ '진입' 설정에서 'XY절입량(공구직경,<1)'에 0.3을 입력하고, 'Z절입량'에 2를 입력한다. '여유량'에 0.5, 'XY가공여유의 추가'에 0.5를 입력한다.

▶ '진출 방식' 설정에서 '클리어런스 평면'을 체크하고, '안전성' 설정에서 '클리어런스 평면'에 50을 입력하고 '안전거리(상대)'에 5를 입력한다.

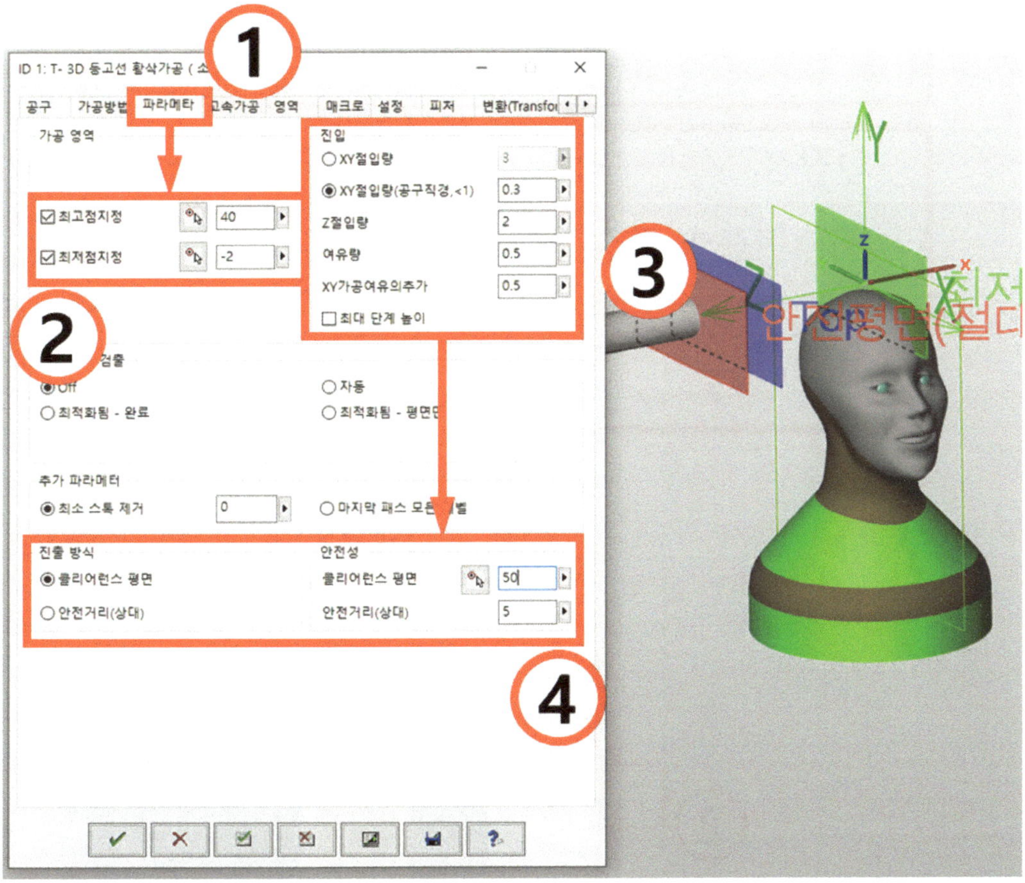

▶ (파라메타 입력 값 검토)

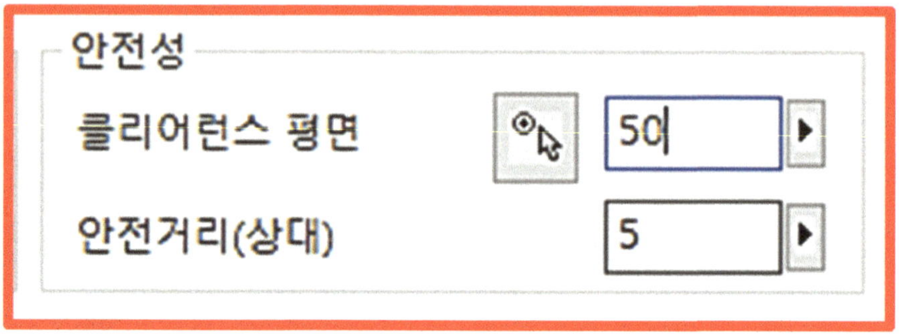

▶ 설정값을 확인하고 '영역' 메뉴에서 '바운더리 선택' 설정에 있는 '신규 선택' 아이콘을 클릭한다.

▶ 'example-1' 파일에 생성되어 있던 작업영역 4개 라인을 선택한 후 체크한다.

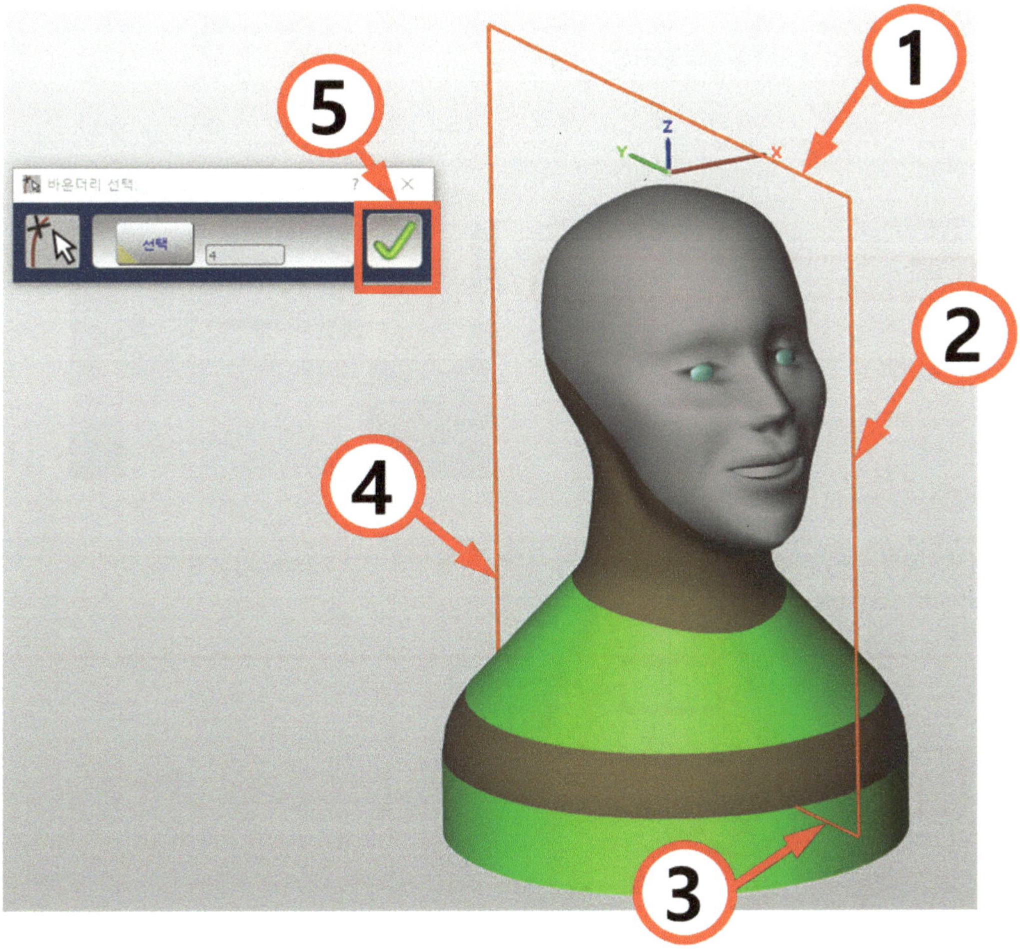

▶ '선택된 갯수: 1'과 체크 표시를 확인한 후 '공구 참조' 설정에서 '벗어남(Past)'를 체크한다.

▶ 이제 '설정' 메뉴에서 '모델'을 'example-1'로 지정하고, '소재(stock)모델' 설정에서 'Stock example-1'을 지정한다.

◆ 황삭 공구경로 생성

▶ '적용' 클릭 후 '계산'을 클릭하면 계산이 시작된다.

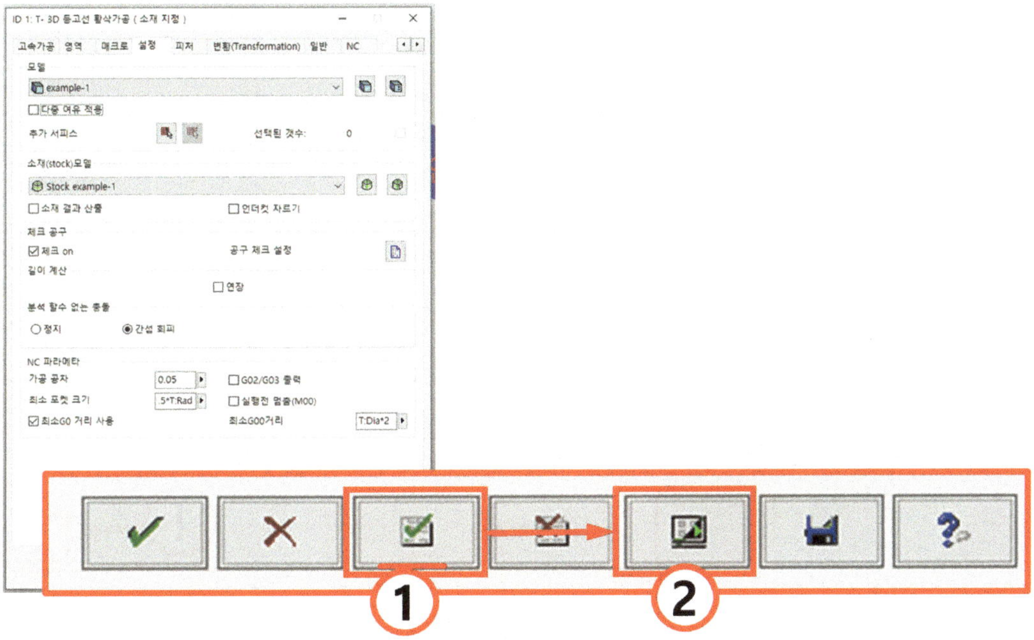

▶ (계산 중)

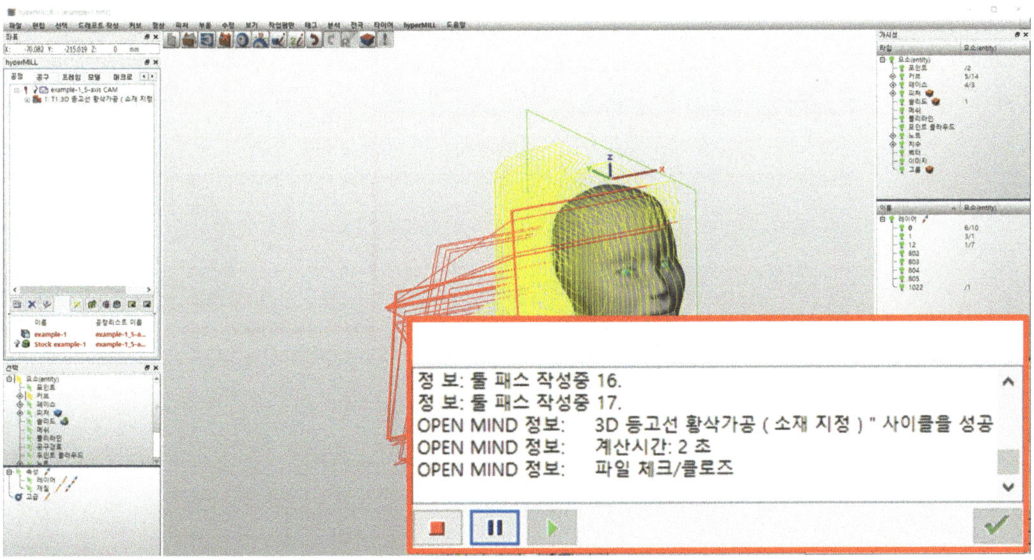

▶ 완료되면 '체크'를 클릭하여 확인한다. 이렇게 '좌' 프레임의 황상 공구경로가 생성되었다.

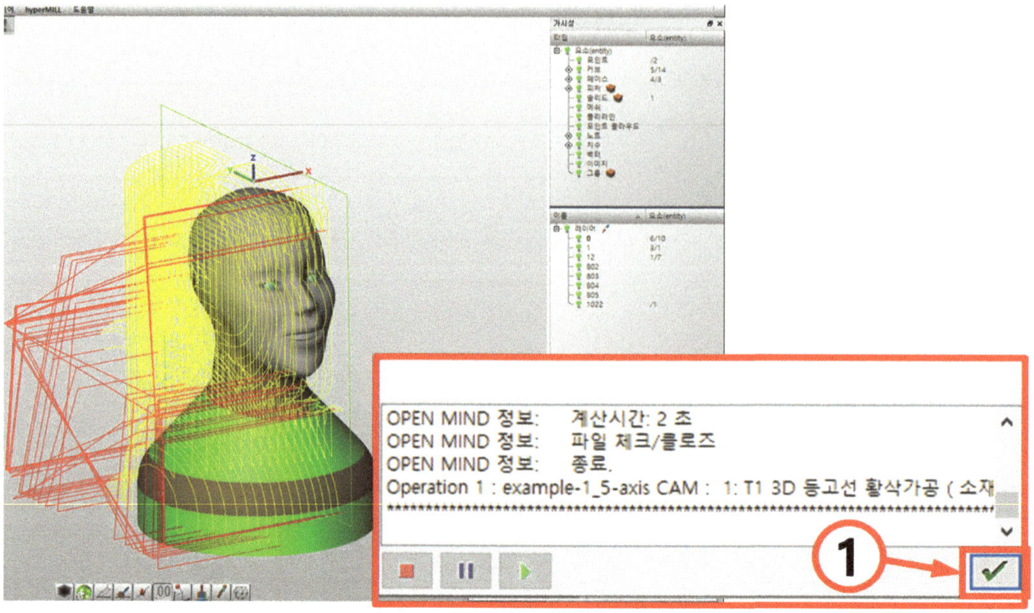

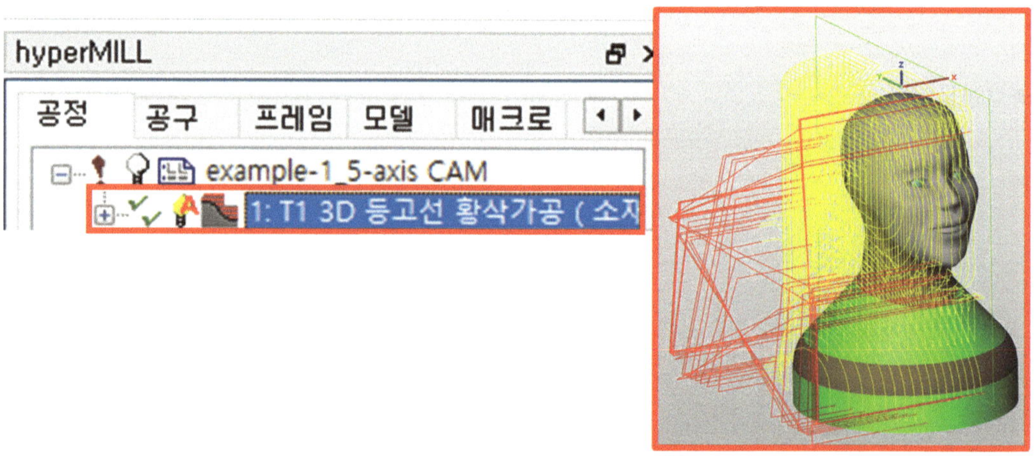

◆ 황삭 공구경로 복사

▶ 생성된 공구경로를 마우스 우클릭하여 나오는 메뉴에서 '복사'한다.

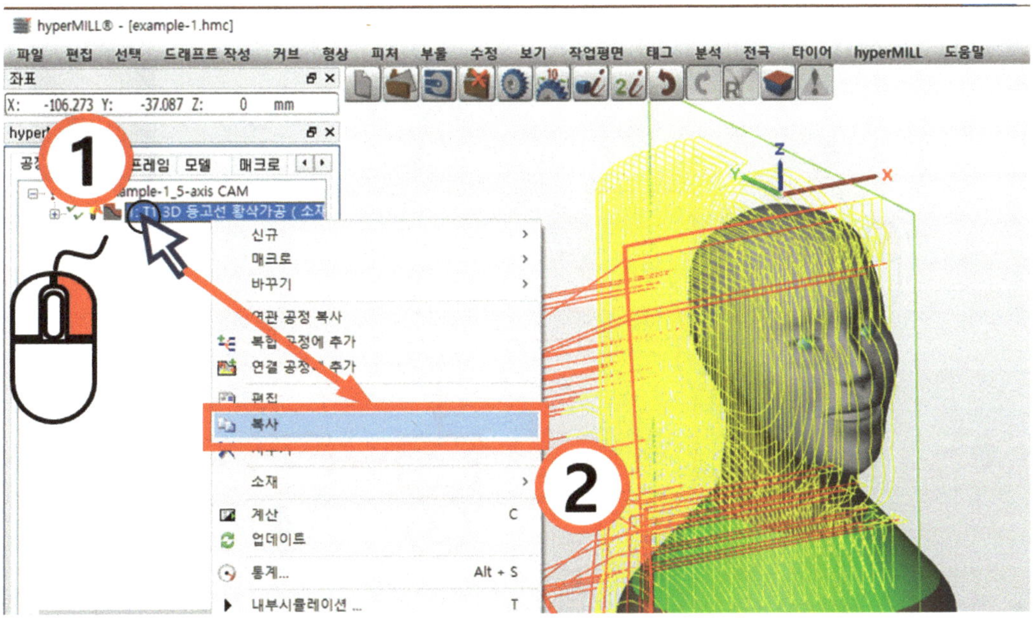

▶ 그리고 마우스 우클릭 후 '붙이기' 한다.

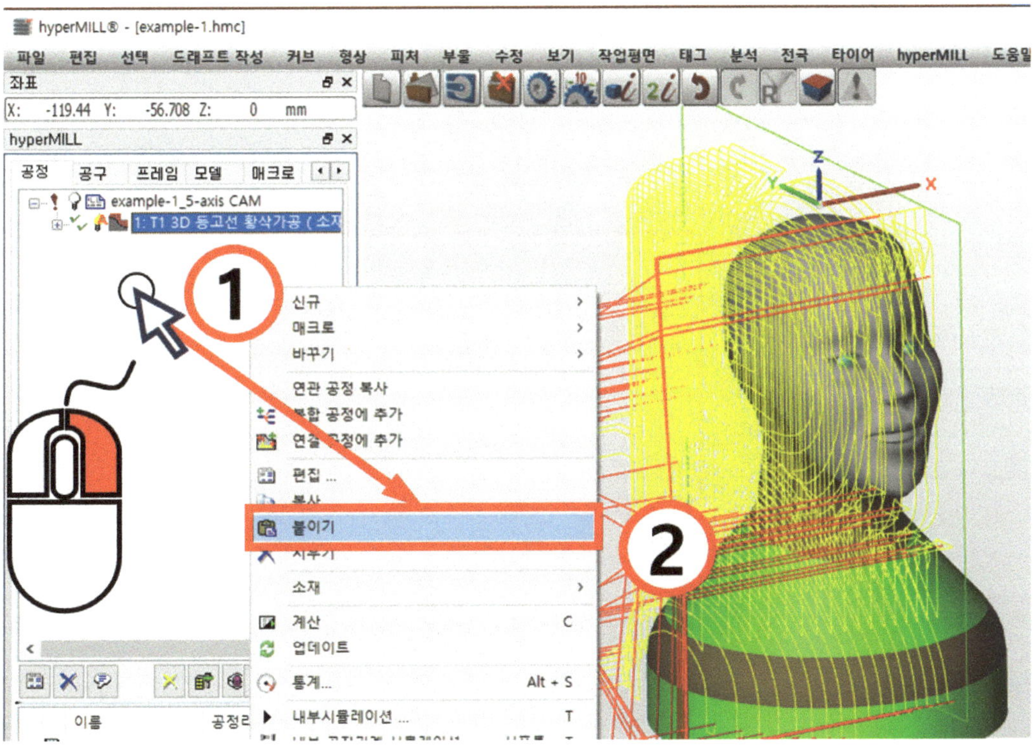

▶ 붙여 넣은 공구경로를 '더블클릭'하여 'ID 2: 30 등고선 황삭가공 (소재 지정)'창에서 '프레임' 설정만 '우'로 변경한 후 '적용' 및 '계산'을 클릭한다.

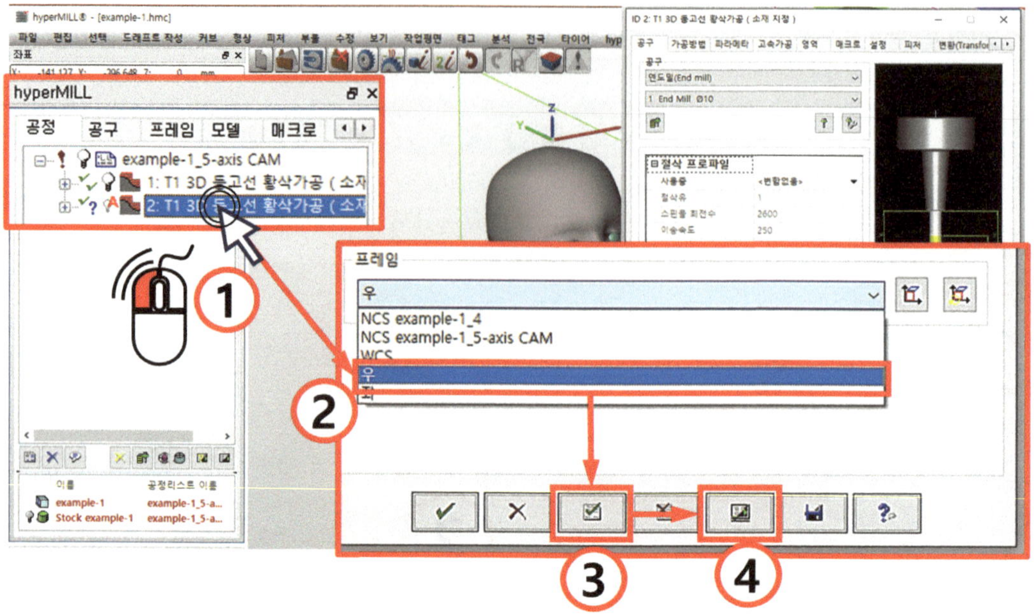

▶ 계산이 완료되면 '체크'를 클릭하여 생성된 황삭 공구경로를 확인할 수 있다.

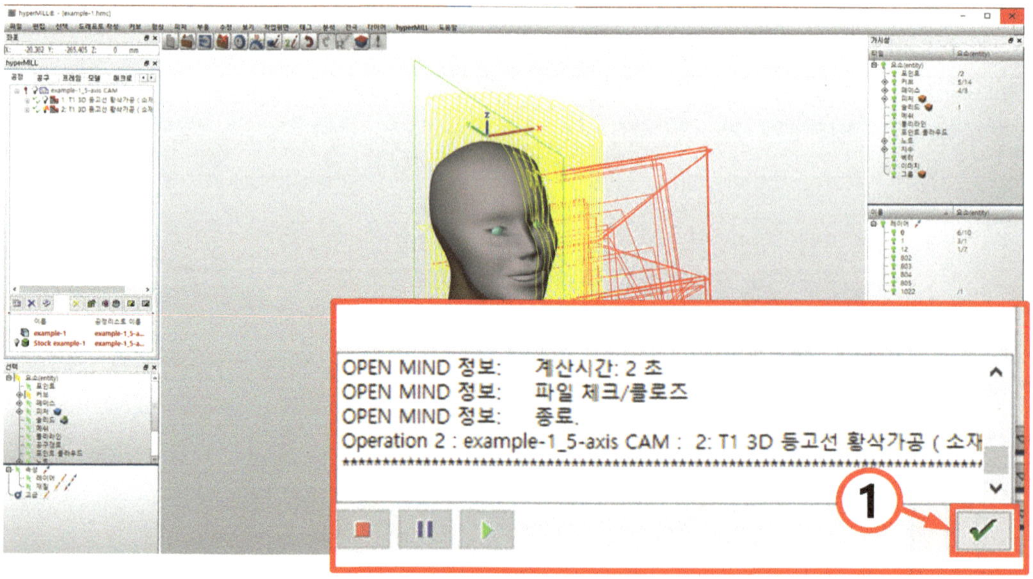

▶ 생성된 공구경로는 전구 모양의 아이콘을 활성화 또는 비활성화하여 공구경로를 표시하거나 숨길 수 있다.

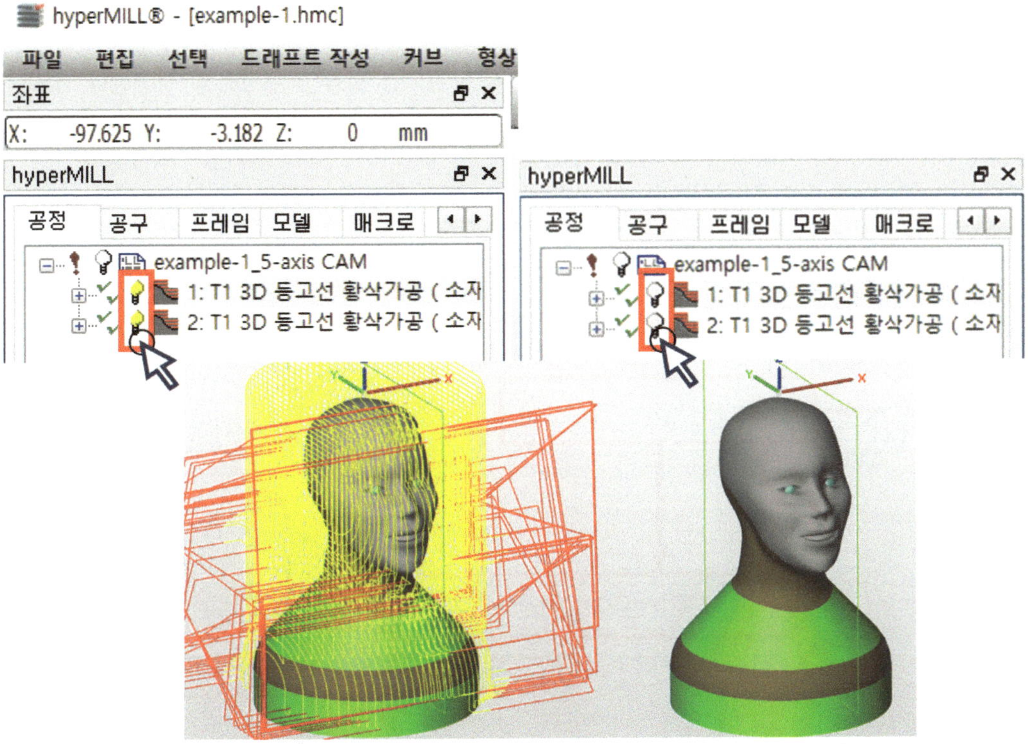

▶ 이렇게 하여 '좌', '우' 황삭 공구경로 생성이 완료되었다.

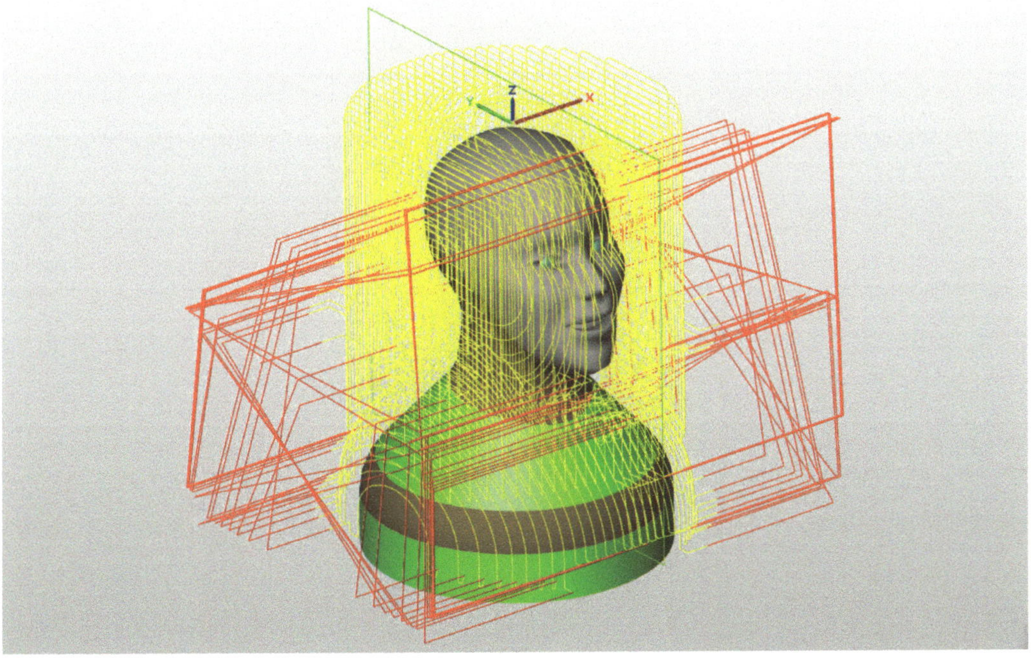

7.1.7 정삭 공구경로

◆ Ø6 볼앤드밀 설정

▶ Ø10 앤드밀 황삭 경로 생성하였으니, 이제 Ø6 볼앤드밀 정삭 공구경로를 생성한다.

▶ '공정' 메뉴의 흰 배경에서 마우스를 우클릭한 후 '신규-5축 서피스 가공-5축 ISO 탑(Top)가공'을 차례로 클릭한다.

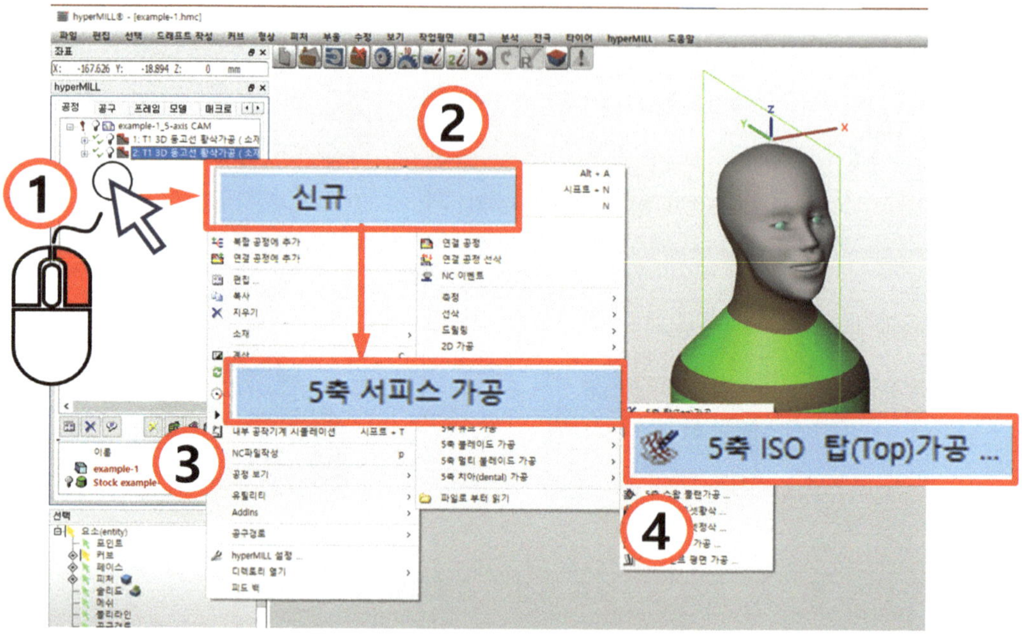

▶ 'ID 3: T- 5축 ISO 탑(Top)가공' 창에서 '공구' 메뉴를 선택한다. 공구 설정에서 '볼앤드밀(BallMill)'을 선택하고 '2 Ball Mill Ø6'를 선택한다.

▶ '프레임' 설정에서 기존 프레임 'WCS'를 선택한다.

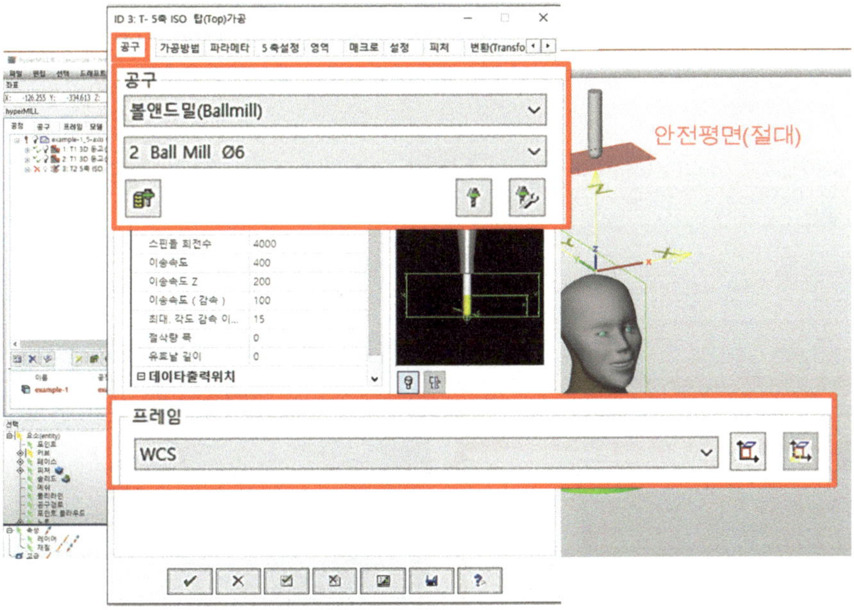

◆ 가공방법, 절삭조건 설정

▶ '가공방법' 메뉴에서 '글로벌 방향'을 체크한다. 그런 다음 오른쪽에 있는 '서피스 선택' 옆의 '신규 선택' 아이콘을 클릭하고 모델링 형상 하단에 있는 '실린더 서피스'를 클릭한 후 '체크'를 눌러 선택한다.

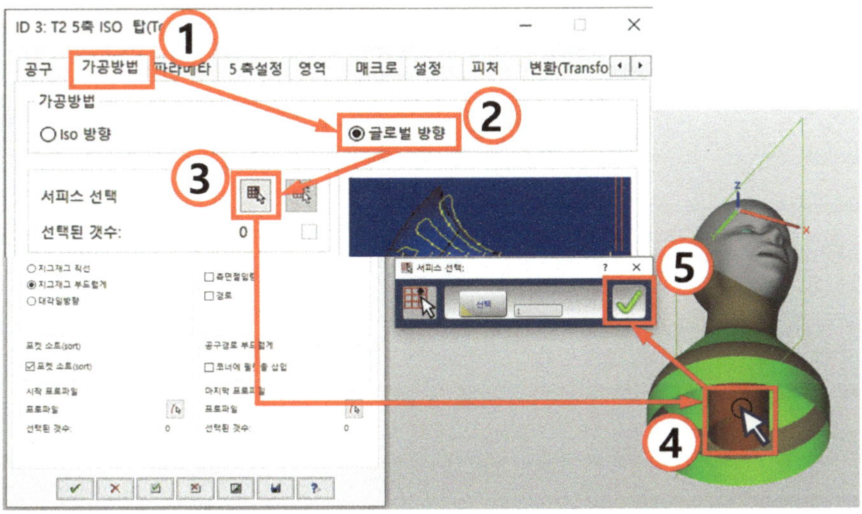

▶ '선택된 갯수' 1과 '체크' 표시를 확인한다.

▶ '절삭방향' 설정에 '플로우'를 선택하고, '프레임(Frame) 사용'을 체크한다.

▶ '진입모드' 설정에 '지그재그 부드럽게'를 체크한다.

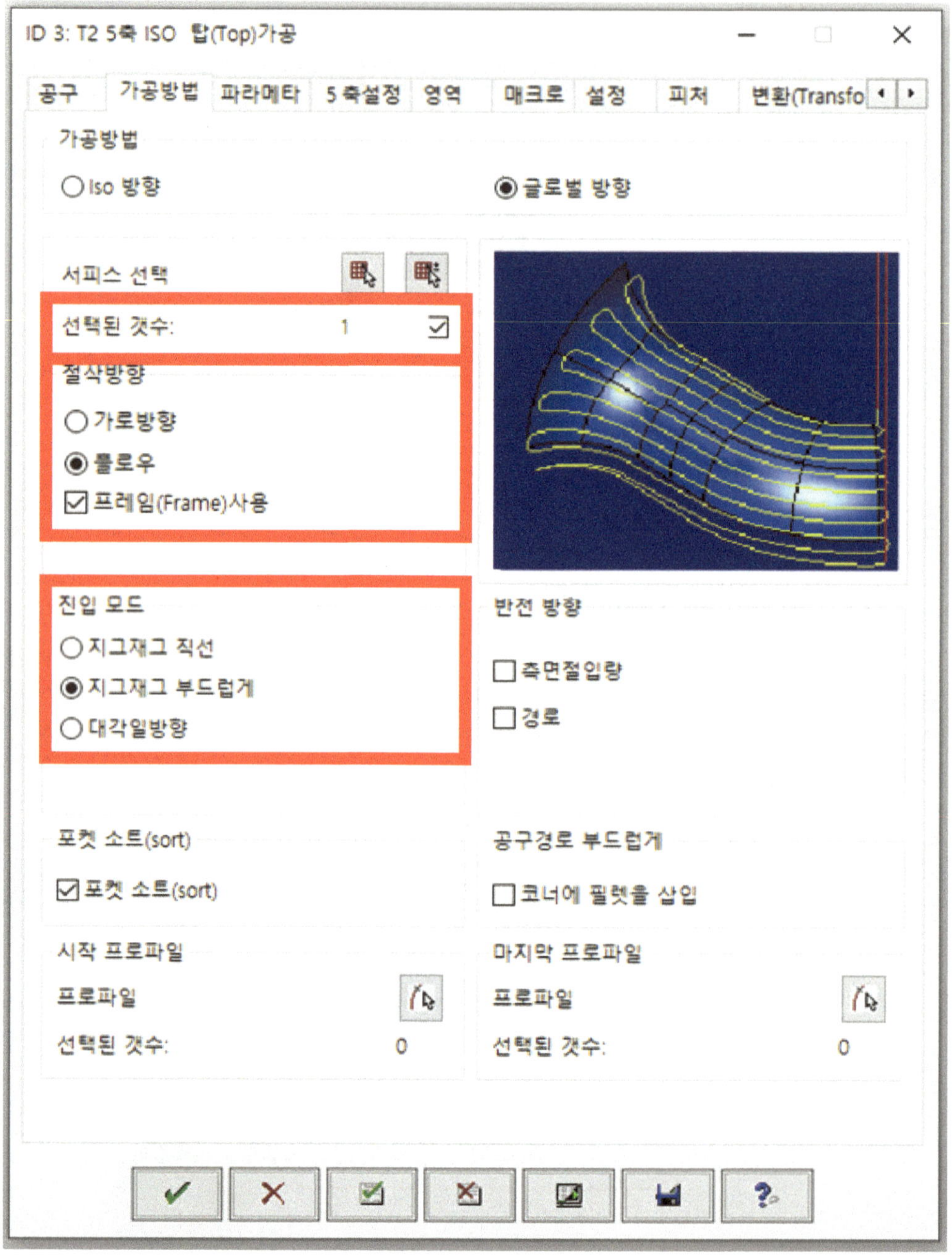

▶ '파라메타' 메뉴에서 '진입' 설정에서 'Z절입량'을 1로 입력하고, '측면절입량(Step Over)모드' 설정의 '스켈롭높이'를 체크하고 0.006을 입력한다.

▶ '진출 방식' 설정에서 '클리어런스 평면'을 체크하고, '안전성' 설정에서 '클리어런스 평면'에 20을 입력하고 '안전거리(상대)'에 5를 입력한다.

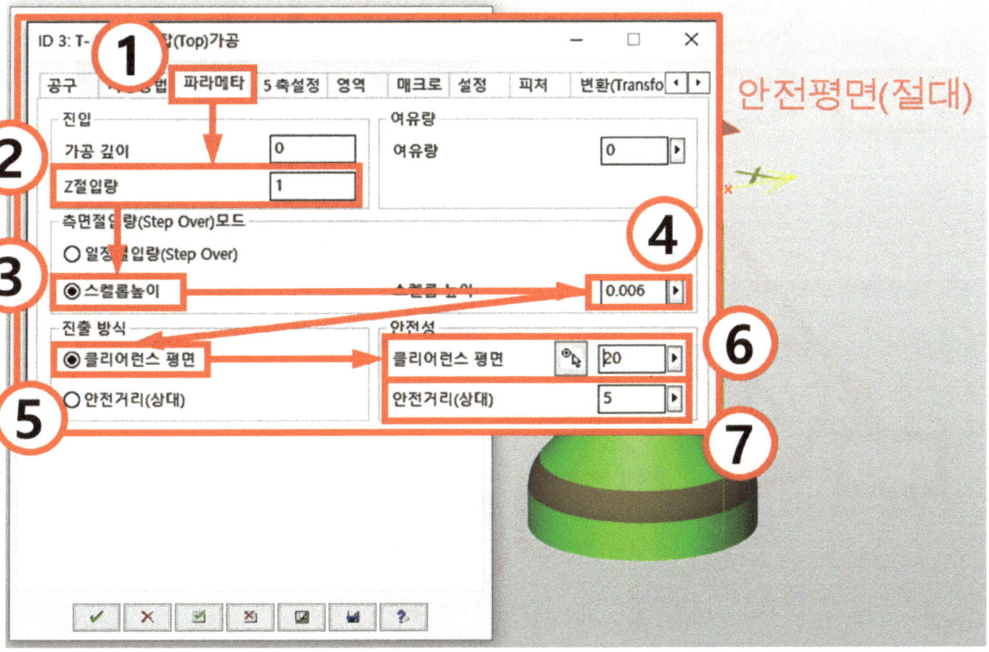

▶ '5축설정' 메뉴에서 '각도 고정' 체크를 해제한다.

▶ '매크로' 메뉴에서 '원형'을 체크하고 '반경' 값에 3을 입력한다. 진입 및 진출 매크로를 동일하게 설정한다.

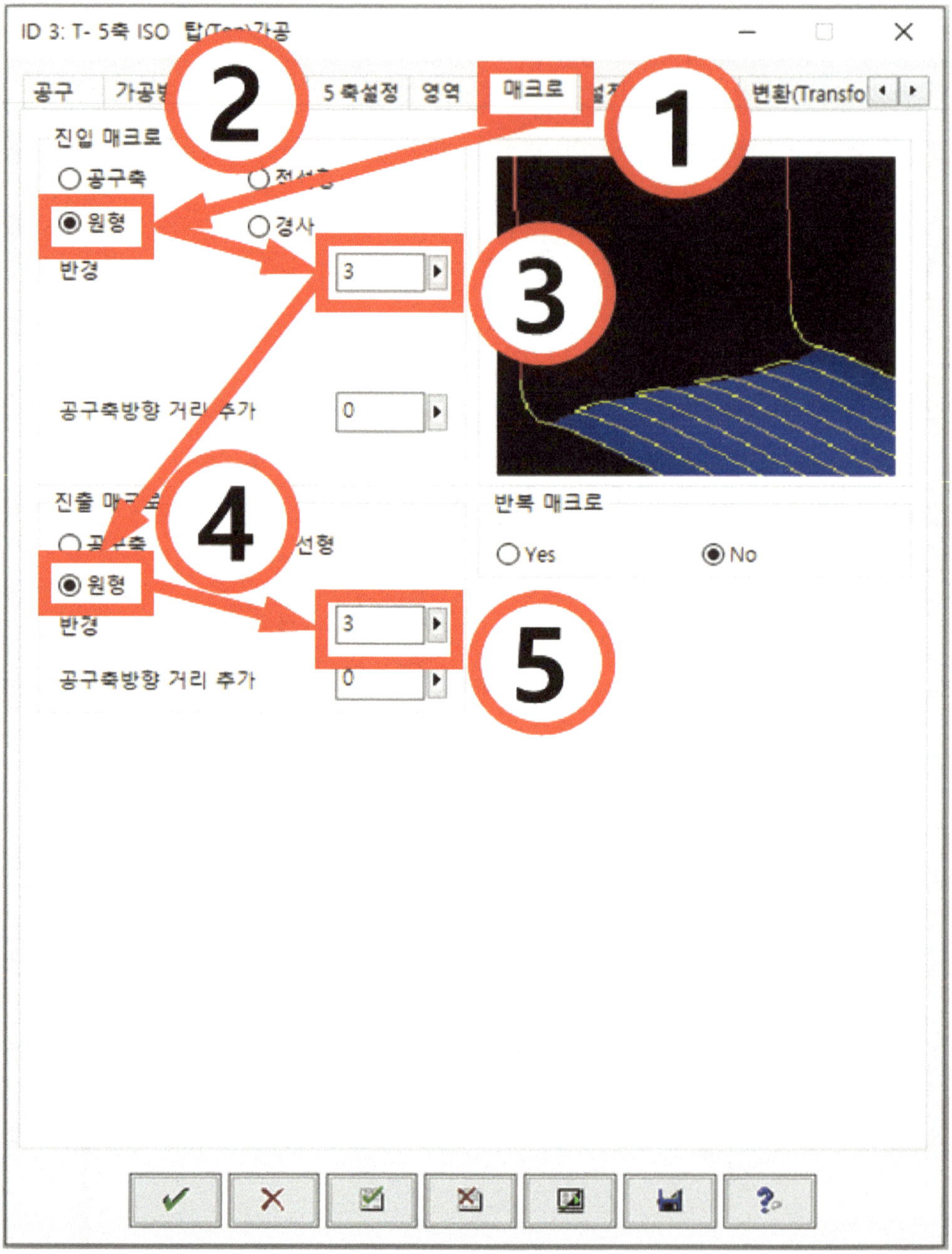

◆ 정삭 공구경로 생성

▶ '설정' 메뉴에서 '모델' 설정에 'example-1'을 선택하고 '적용'을 클릭한 후 '계산'을 클릭한다.

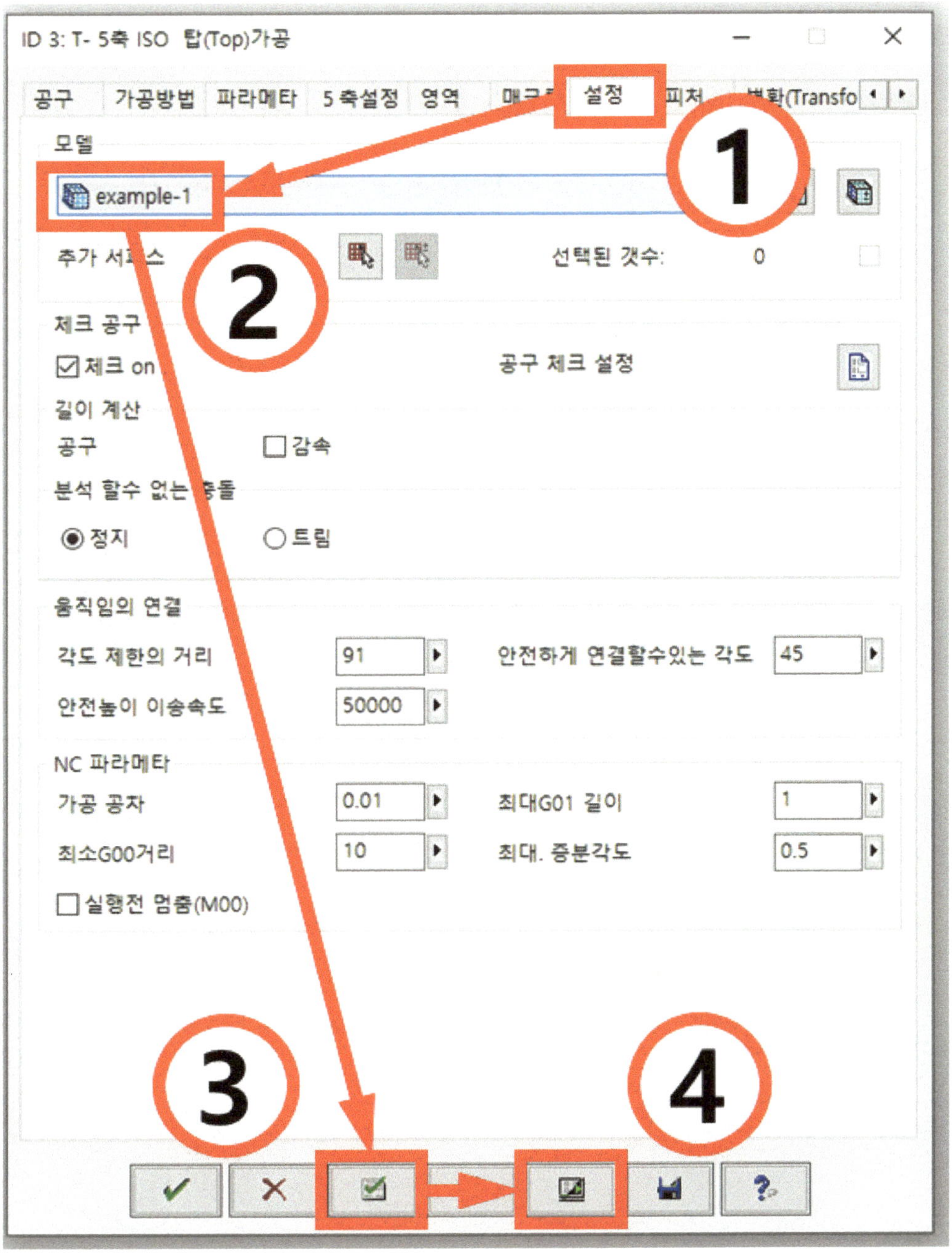

▶ 정삭 공구경로가 계산 중이다.

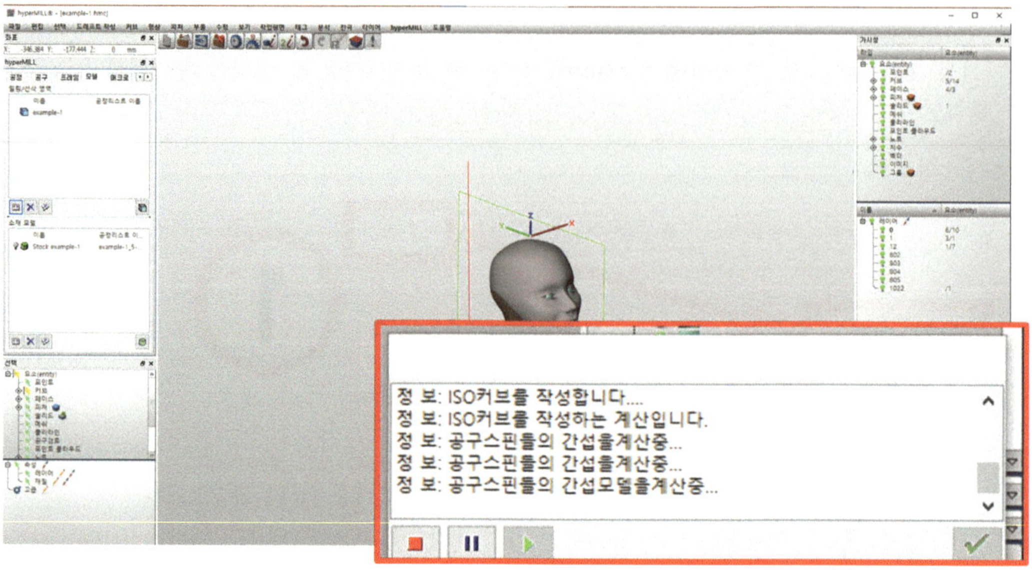

▶ 계산이 종료되면 '체크'를 클릭하여 생성된 공구경로를 확인한다.

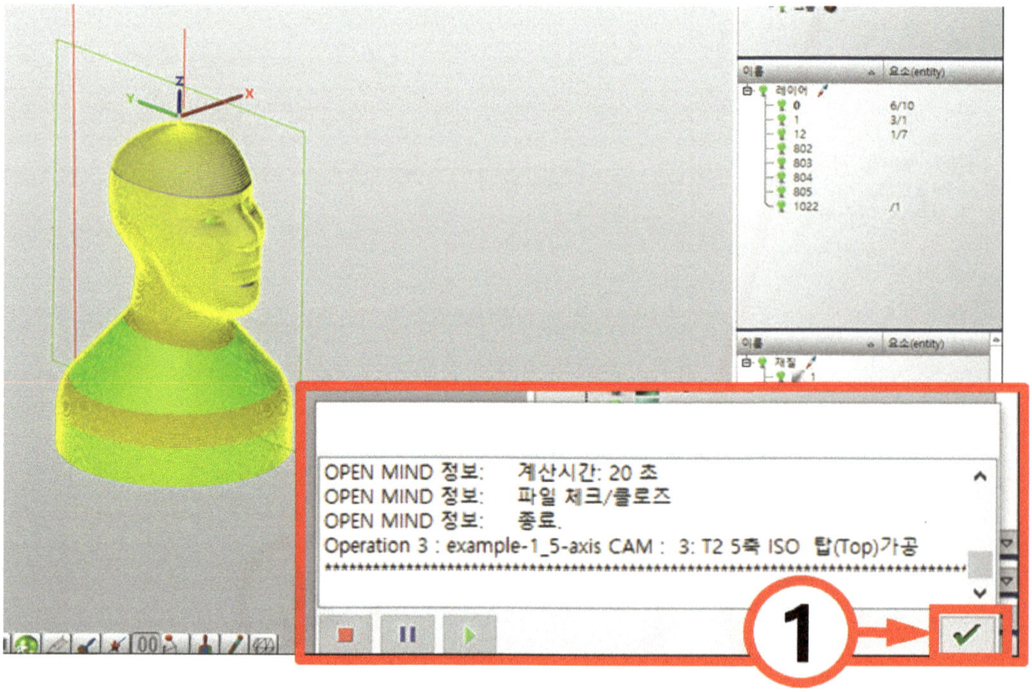

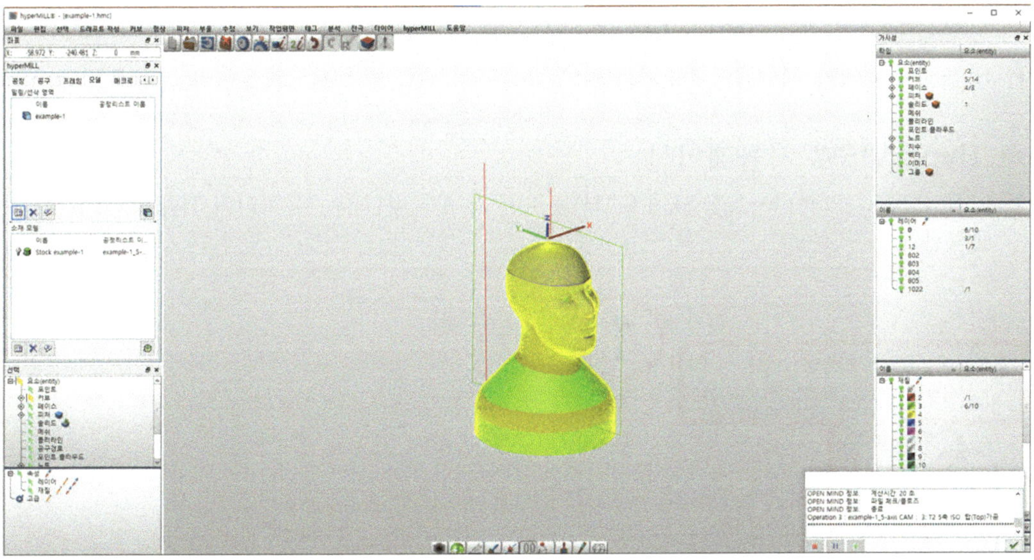

▶ 여기까지 Ø6 볼앤드밀 정삭 공구경로를 생성하여 황삭, 정삭 공구경로가 모두 생성되었다.

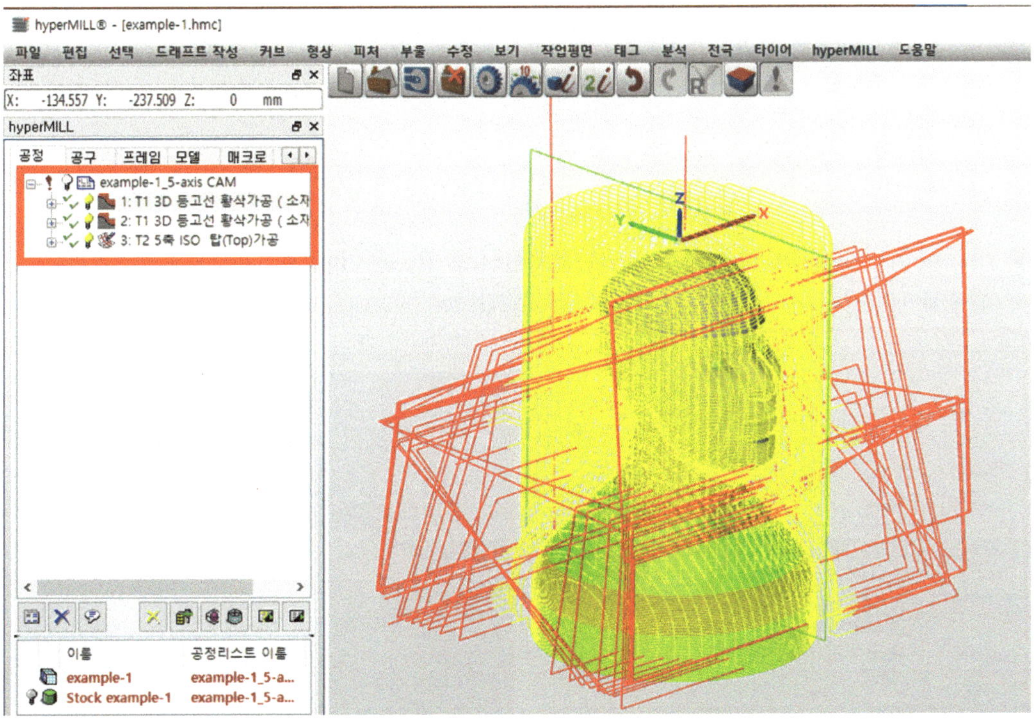

7.1.8 HyperVIEW 시뮬레이션 및 NC 출력

▶ HyperVIEW에서 시뮬레이션을 확인하고 NC 데이터를 출력하는 과정이다.

◆ HyperVIEW 시뮬레이션

▶ 공적리스트 'example-1_5-axis CAM'을 마우스 우클릭한 후 '유틸리티-HyperVIEW'를 클릭한다.

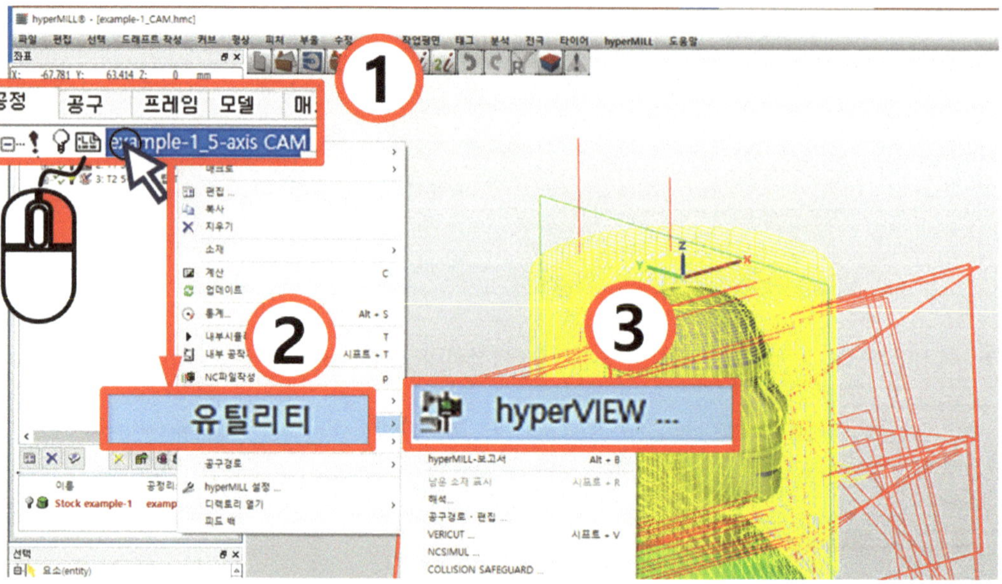

▶ 이동한 뒤, HyperVIEW 인터페이스가 표시됩니다. HyperVIEW는 생성한 공구경로를 시뮬레이션 검증 후 NC 데이터를 출력할 수 있다.

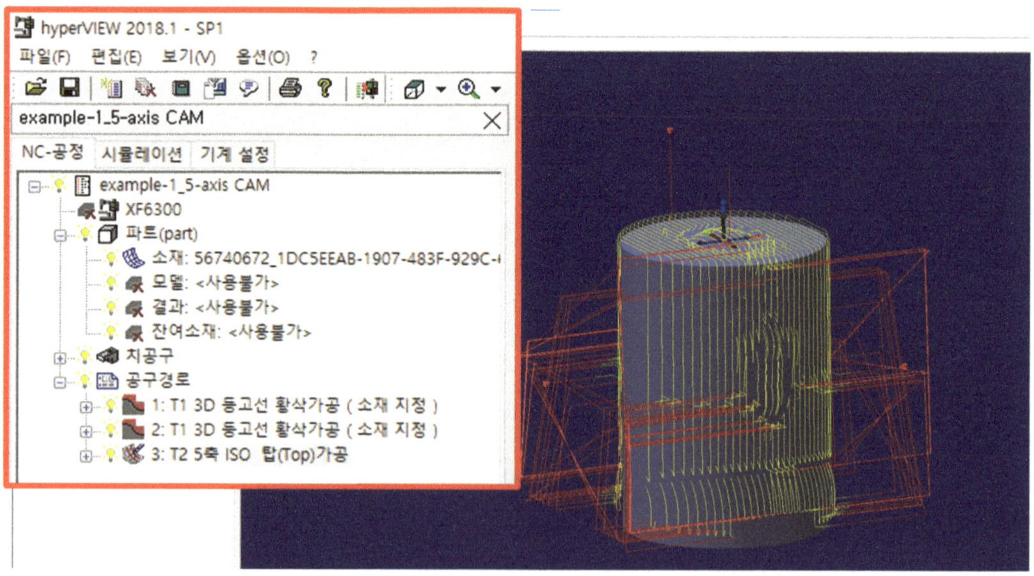

▶ '시뮬레이션' 메뉴에서 '고속 앞으로 이동'을 클릭하여 시뮬레이션을 시작할 수 있으며, '설정' 및 '속도 제어' 옵션을 사용하여 시뮬레이션 속도를 조절할 수 있다.

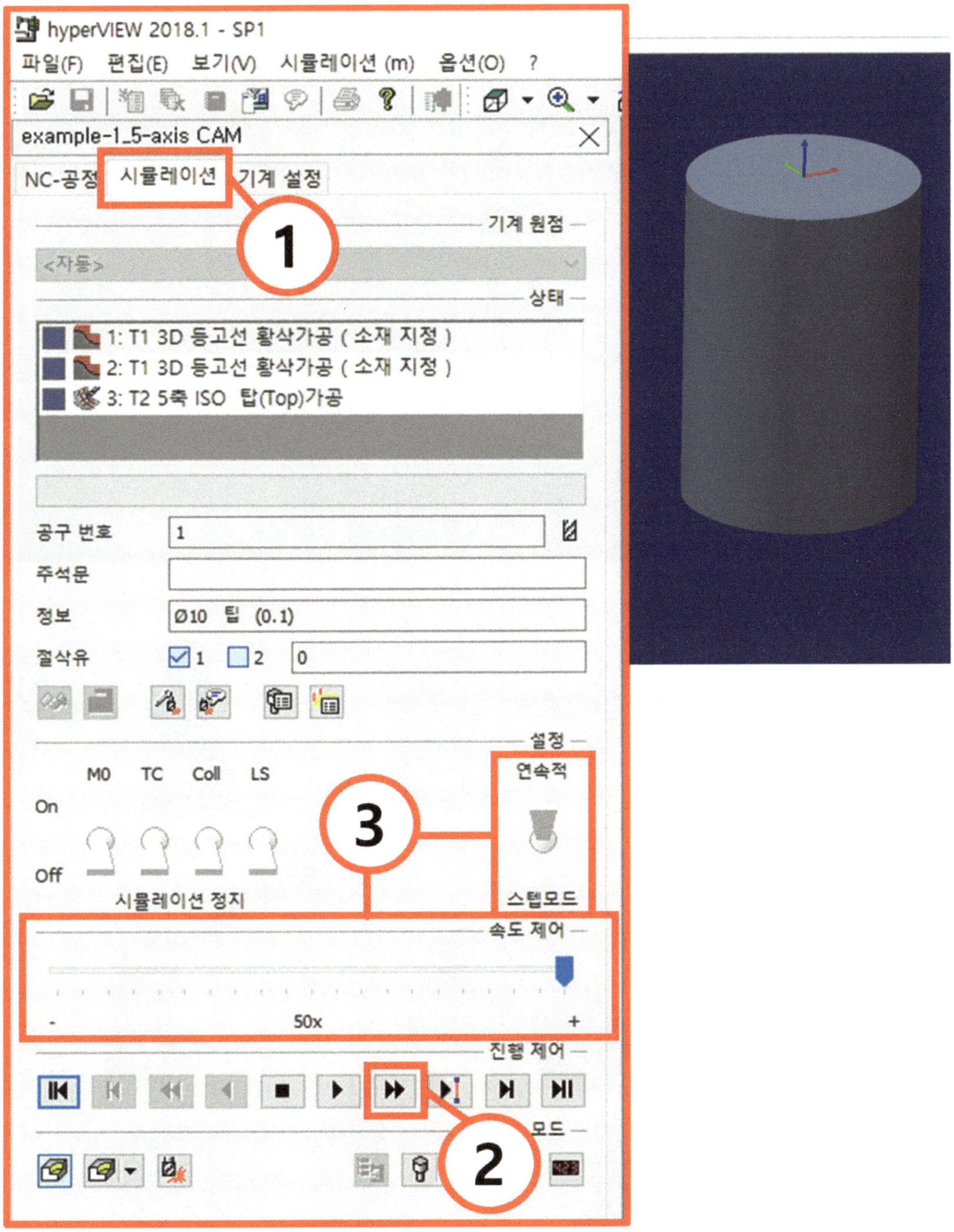

▶ 시뮬레이션 진행 중에는 가공 시 소재와 공구경로를 확인할 수 있으며, 시뮬레이션이 완료되면 가공형상을 확인한다.

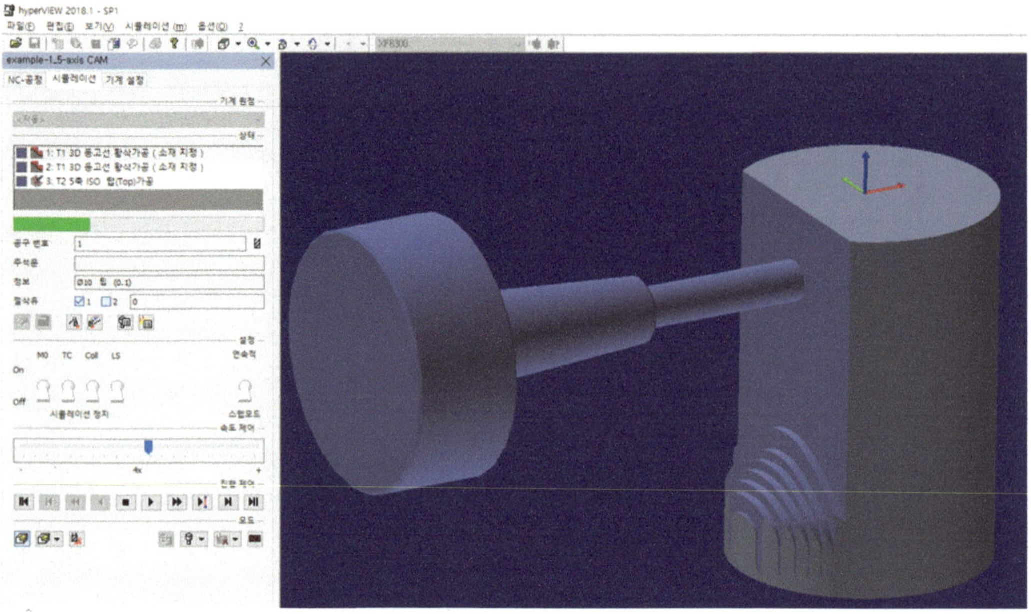

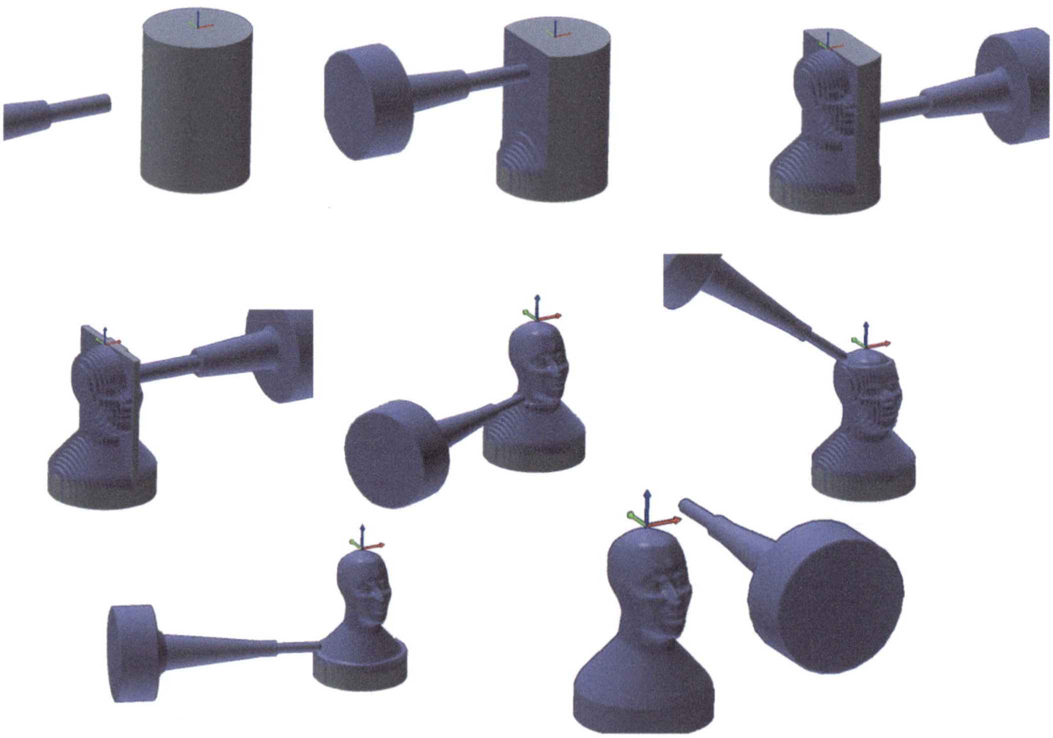

◆ NC 파일 출력

▶ 실제 가공할 공작기계 XF6300 장비에 사용할 수 있는 NC코드를 출력하기 위해 Post 설정이 필요한다. 처음 HyperMILL 시작 시 설정했지만, HyperVIEW에서 다시 수정하거나 지정할 수 있다.

▶ 'NC-공정' 메뉴에서 오른쪽 상단의 장비 설정에서 'XF6300'을 선택한다.

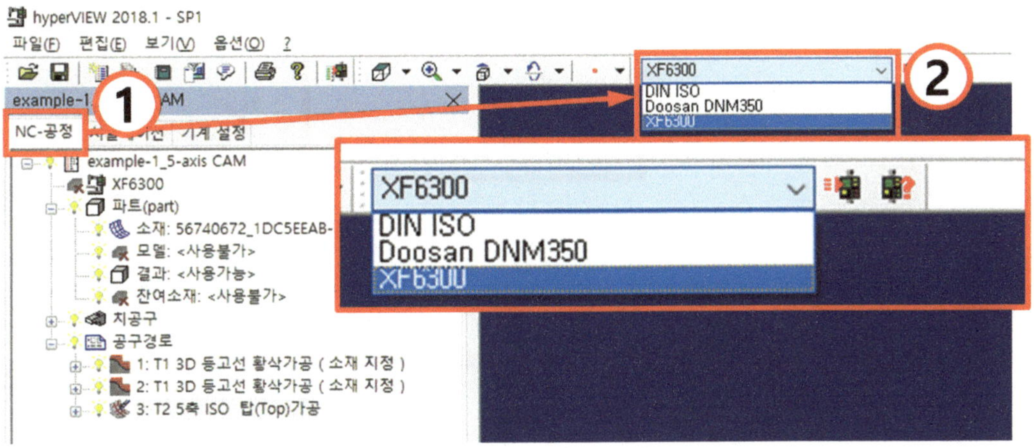

▶ 'NC 파일로 전환' 아이콘을 클릭한다.

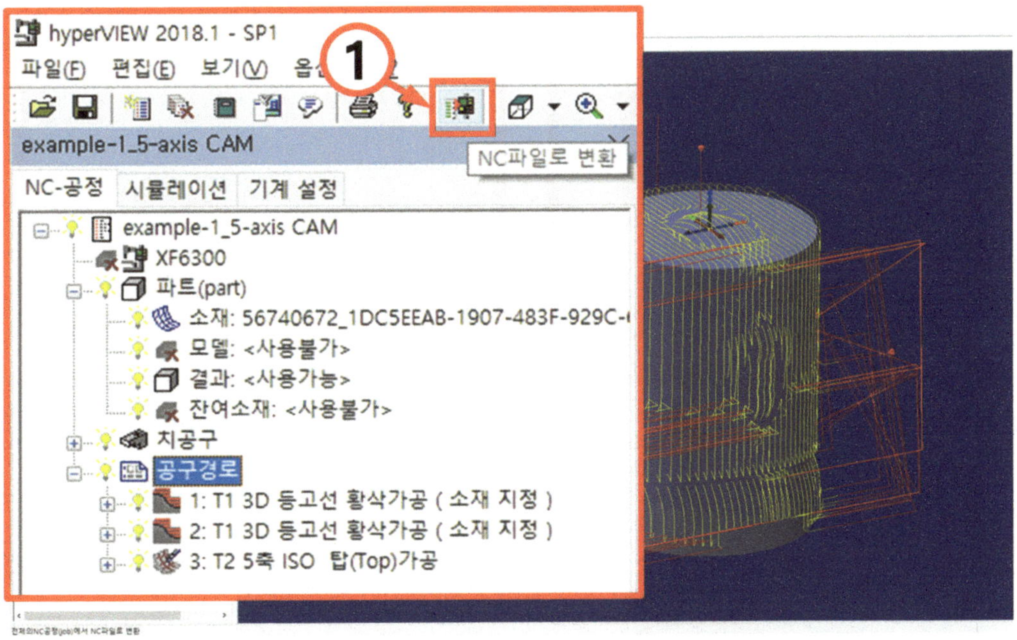

▶ 진행이 완료되면 'OK'를 클릭하고 출력된 파일을 확인할 수 있다.

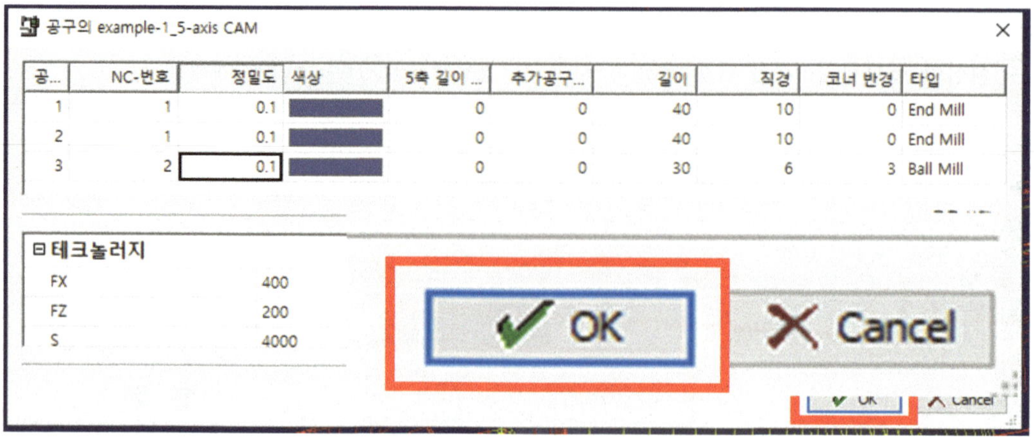

▶ 이 파일은 이동식 저장 장치나 DNC(Direct Numerical Control)를 통해 공작 기계에 전송하여 자동운전 시 실행하여 사용할 수 있다.

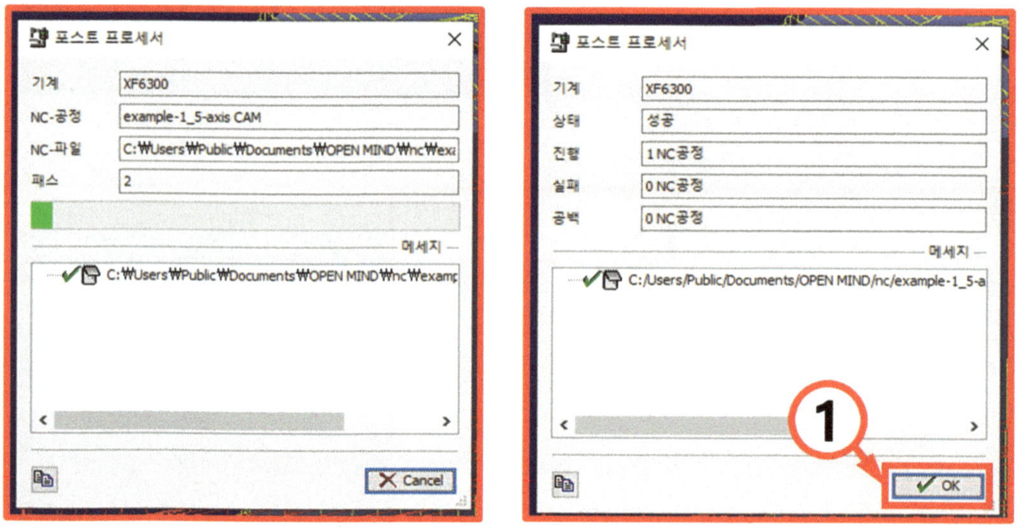

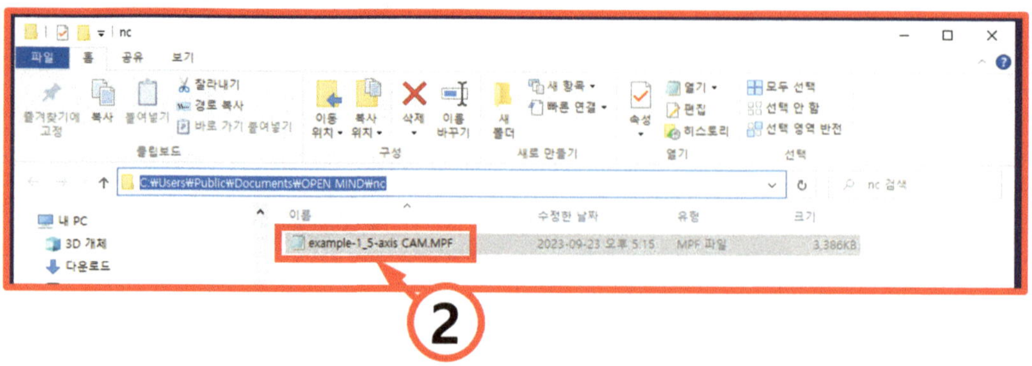

▶ 여기까지 NC 데이터 출력하는 과정이 완료되었다.

Chapter Ⅷ.

XF6300 장비 조작 5축 프로그램 가공

8.1 공작물 클램핑

8.2 공구보정 및 원점설정

8.3 Auto mode 가공

8.1 공작물 클램핑

8.1.1 공작물(환봉) 물림자리 가공

▶ 가공환경에 맞추어 원소재를 세팅한다.

▶ 환봉의 경우 세워서 가공할시 평 바이스에 물려야하기에 눕혀서 면삭을 먼저 진행한다.

▶ 면삭할 공구를 Z면에 터치후 Z값 오리진을 진행하기 위해 소재 측정에 진입.

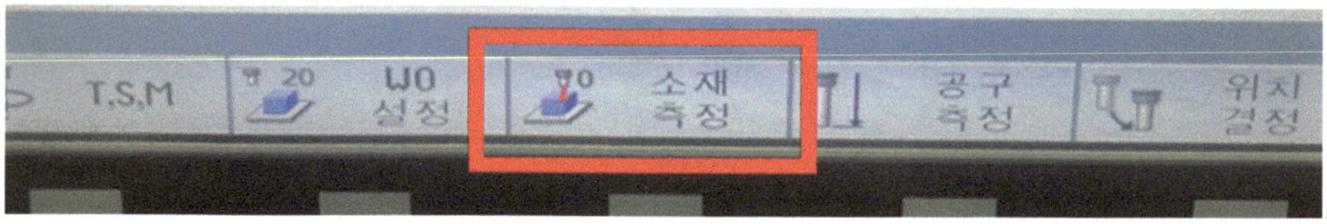

▶ 오른쪽 상단 화면에서 네모박스 터치.

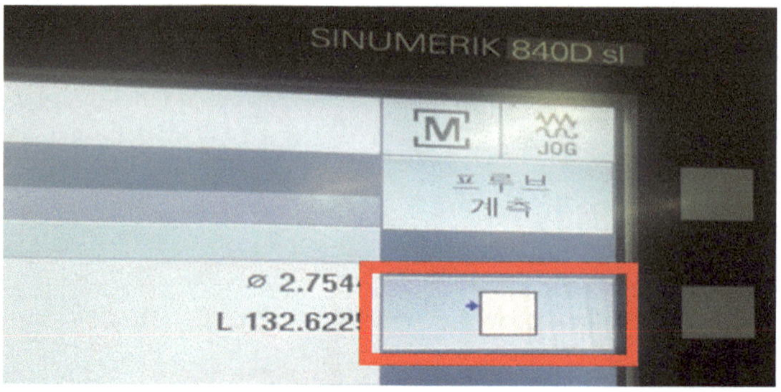

▶ Z값을 오리진 하기 위해 Z터치.

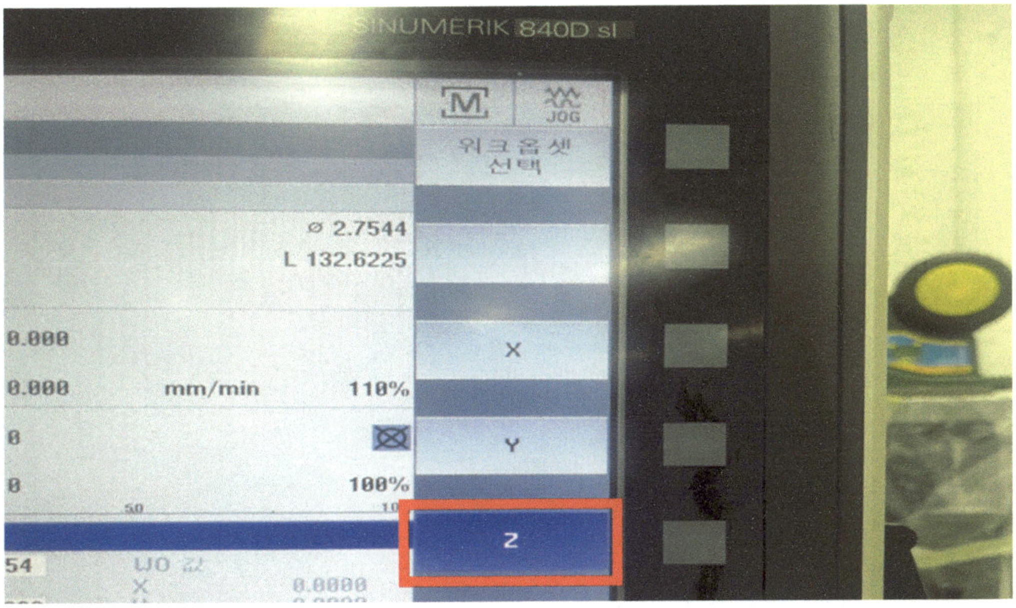

▶ W0설정을 진행하여 Z값을 0으로 만들고 원하는 절삭량 만큼 Z축을 -방향으로 내려 면삭을 진행한다.

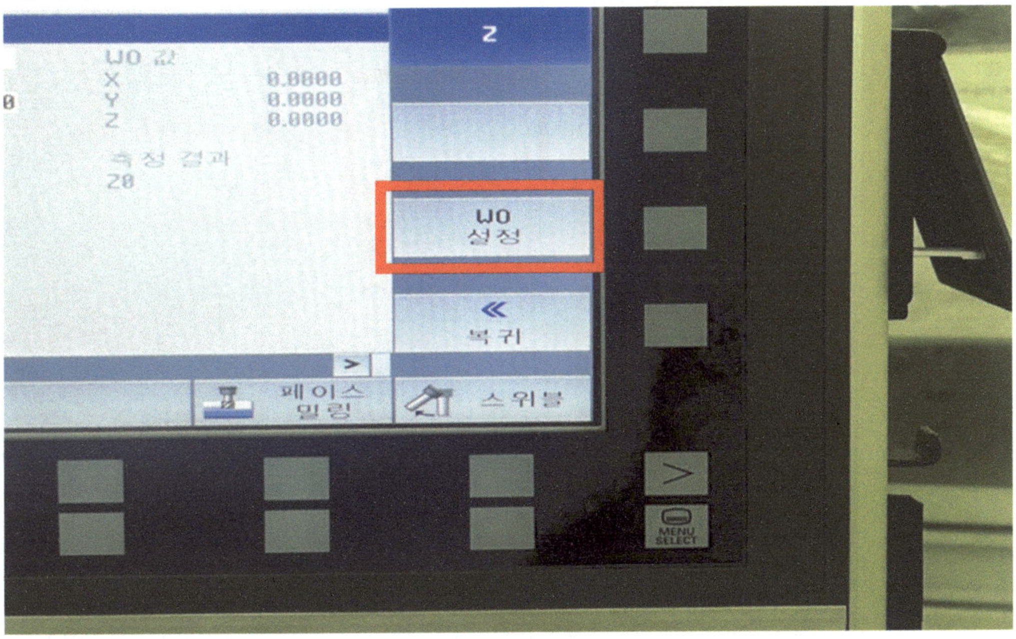

8.1.2 공작물 중심 맞추기

▶ 면삭가공한 소재를 바이스에 클램핑한 후 평행도를 맞추기 위해 다이얼테스트 인디케이터를 활용하여 중심을 잡는다.

8.2 공구보정 및 원점설정

8.2.1 공구 보정

▶ 프로그램 실행전에 프로그램에서 사용하는 공구들을 먼저 측정한다.

▶ 아래 예시 프로그램에선 1번,2번공구를 사용한다.

▶ T.S.M에 들어와 1번 공구 먼저 호출한다.

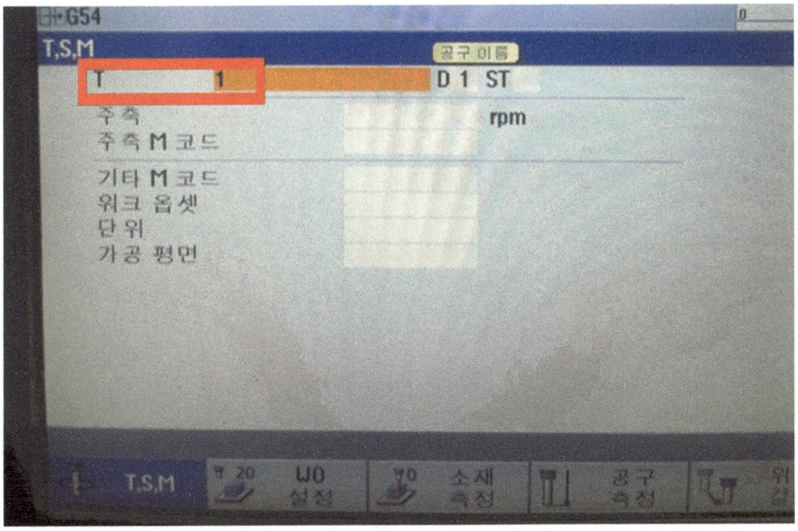

▶ INPUT을 눌러서 공구번호1번 입력. CYCLE START눌러 공구교체를 진행한다.

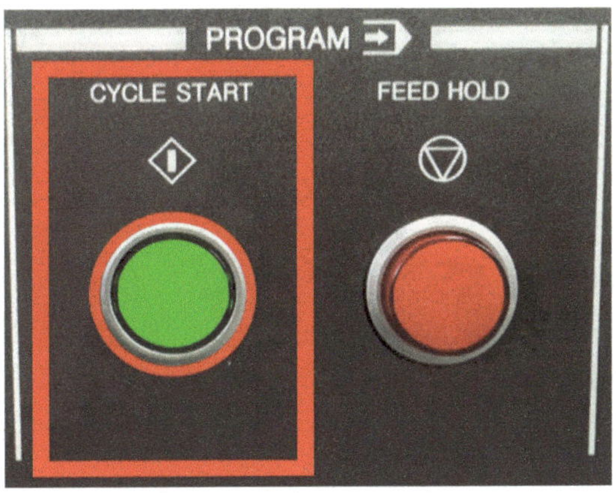

▶ 공구교환후 공구측정을 터치한다.

▶ BLUM을 터치한다.

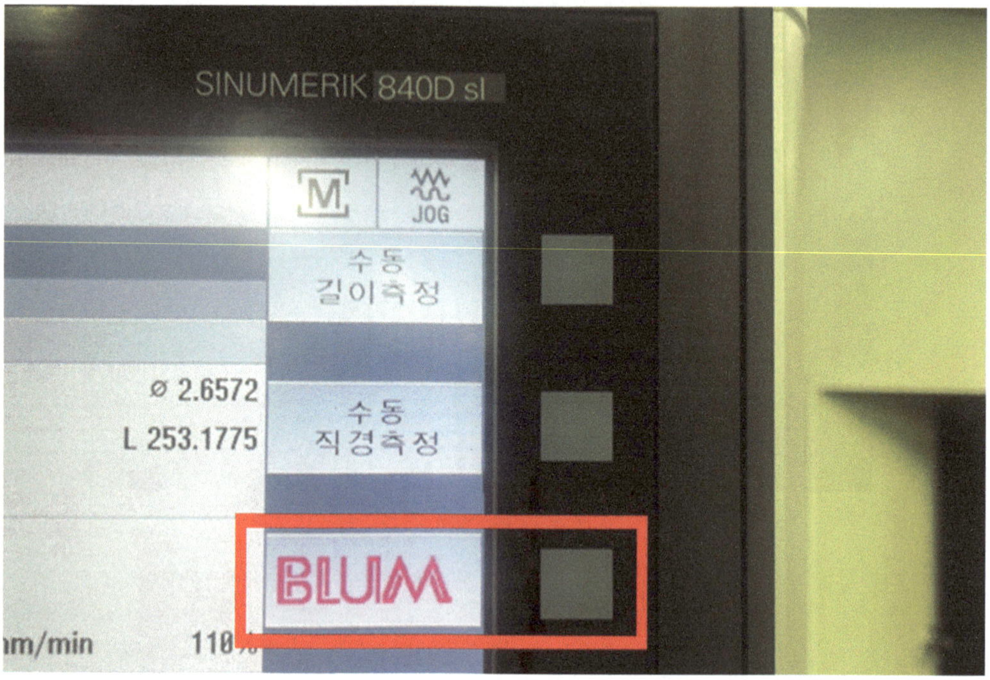

▶ 레이저측정 아이콘 터치한다.

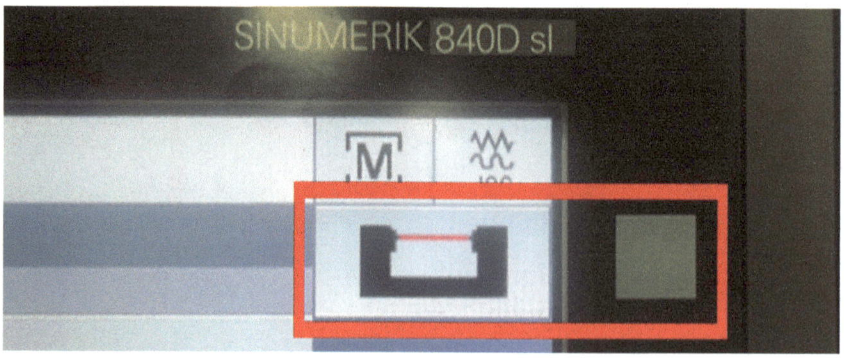

▶ L+R을 터치한 후 Cycle start 버튼을 눌러 공구의 길이와 반경을 보정한다.

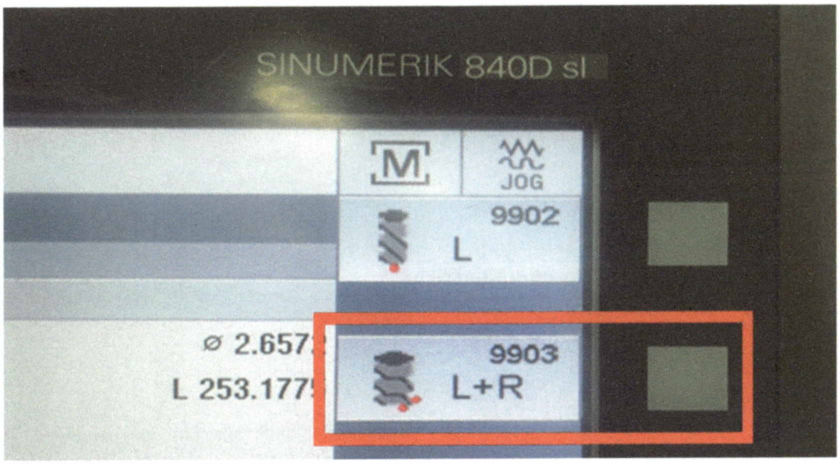

▶ 공구가 측정위치로 이동해서 측정을 진행한다.

▶ 2번 공구를 호출하기 위해 T(Tool) 빈칸에 2를 입력한 후 INPUT을 눌러서 공구번호 2번 입력, Cycle start

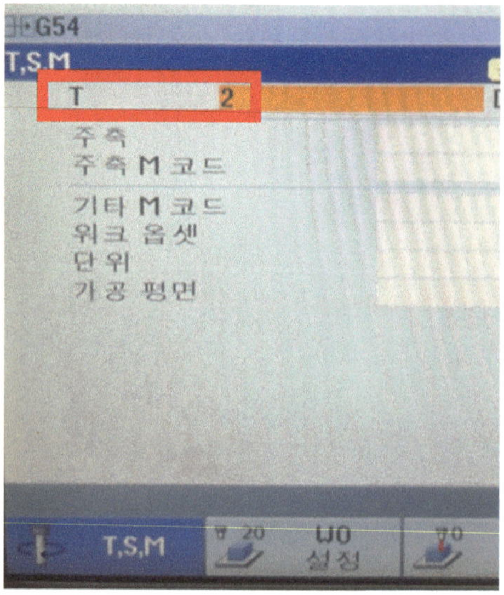

▶ CYCLE START를 눌러 공구교체를 진행한다.

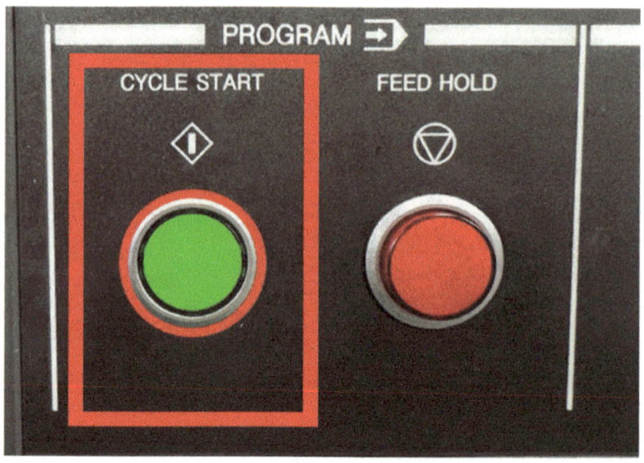

▶ 공구교환후 공구측정을 터치한다.

▶ BLUM을 터치한다.

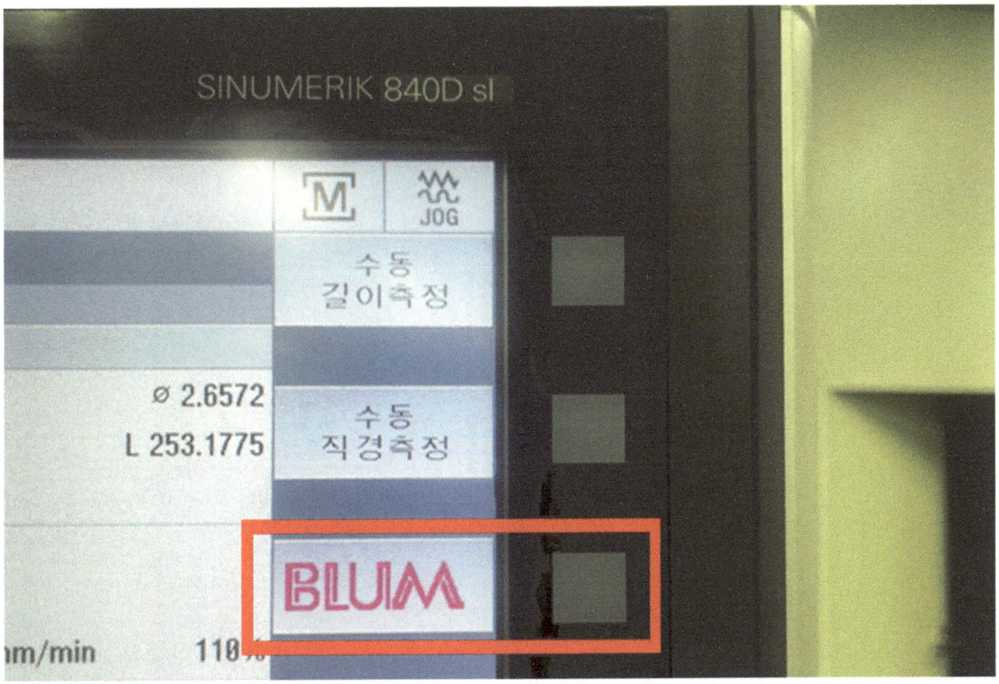

▶ 레이저측정 아이콘 터치한다.

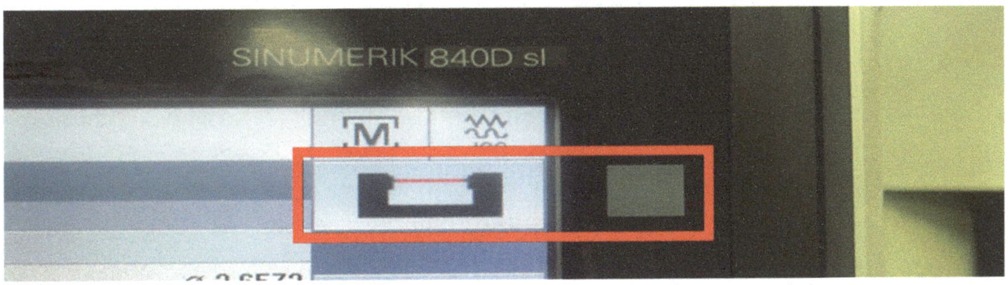

▶ 공구길이 및 공구경을 보정하기위해 L+R을 터치한다.

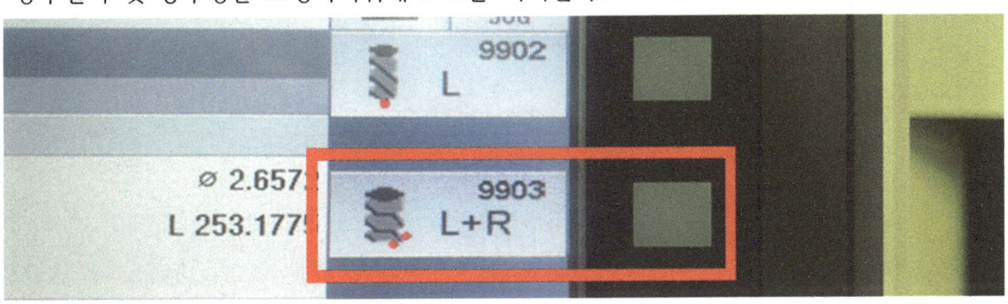

▶ 공구가 측정위치로 이동해서 측정을 진행한다.

▶ 34번공구 프로브를 호출하기위해 34입력한다.

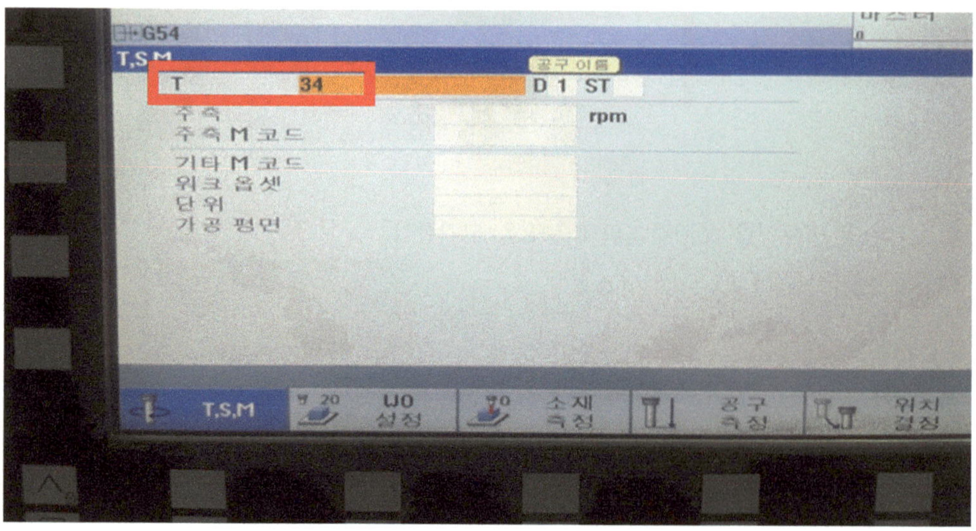

▶ INPUT을 눌러서 공구번호34번 입력, CYCLE START눌러 공구교체를 진행한다.

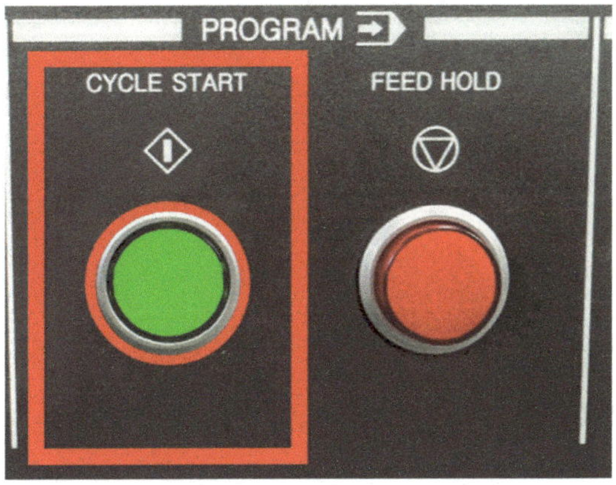

▶ 공구교환후 공구측정을 터치한다.

▶ BLUM을 터치한다. 레이저측정 아이콘 터치한다.

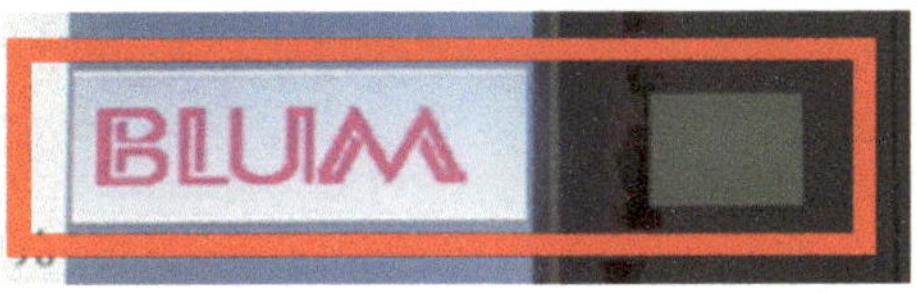

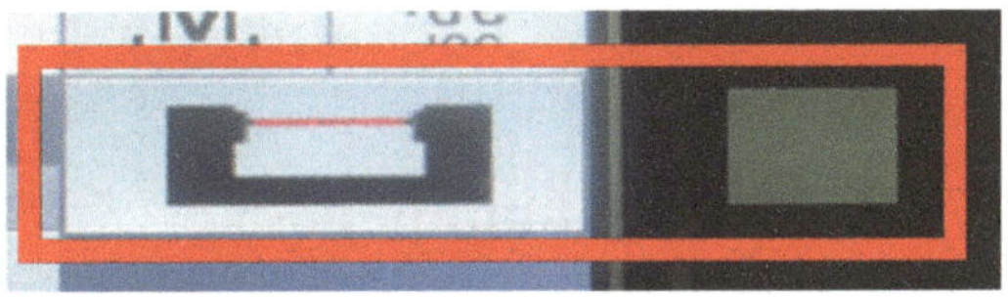

▶ 공구길이 및 공구경을 보정하기위해 L+R을 터치한다.

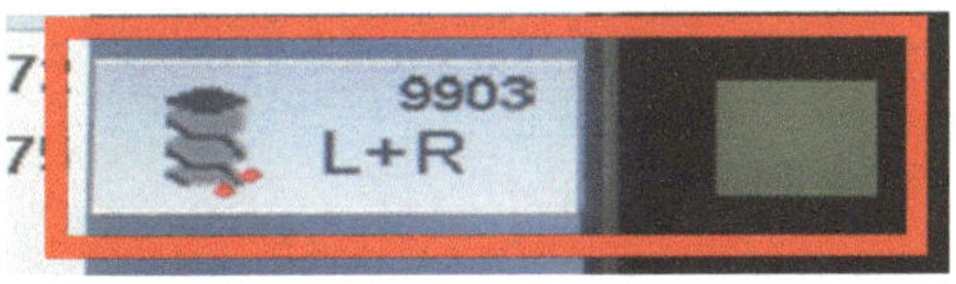

▶ 공구가 측정위치로 이동해서 측정을 진행한다.

8.2.2 공작물 원점설정

▶ 소재를 측정하기 위해 프로브를 Z축으로 가까이 가져간다.

▶ 소재측정 터치.

▶ 오른쪽 위 사각형을 터치한다.

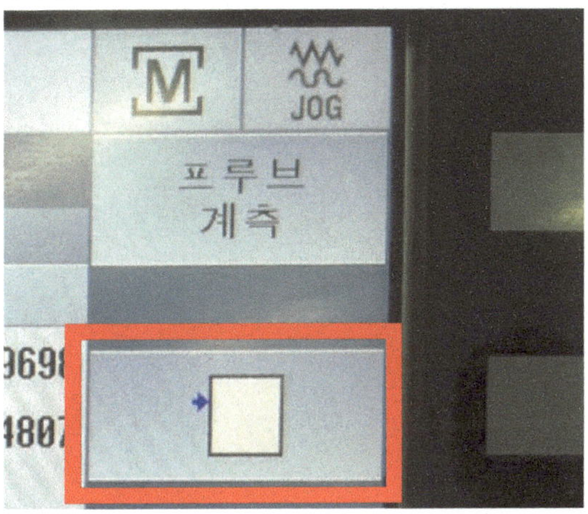

▶ Z를 터치후 CYCLE START를 눌러 Z 원점을 측정한다.

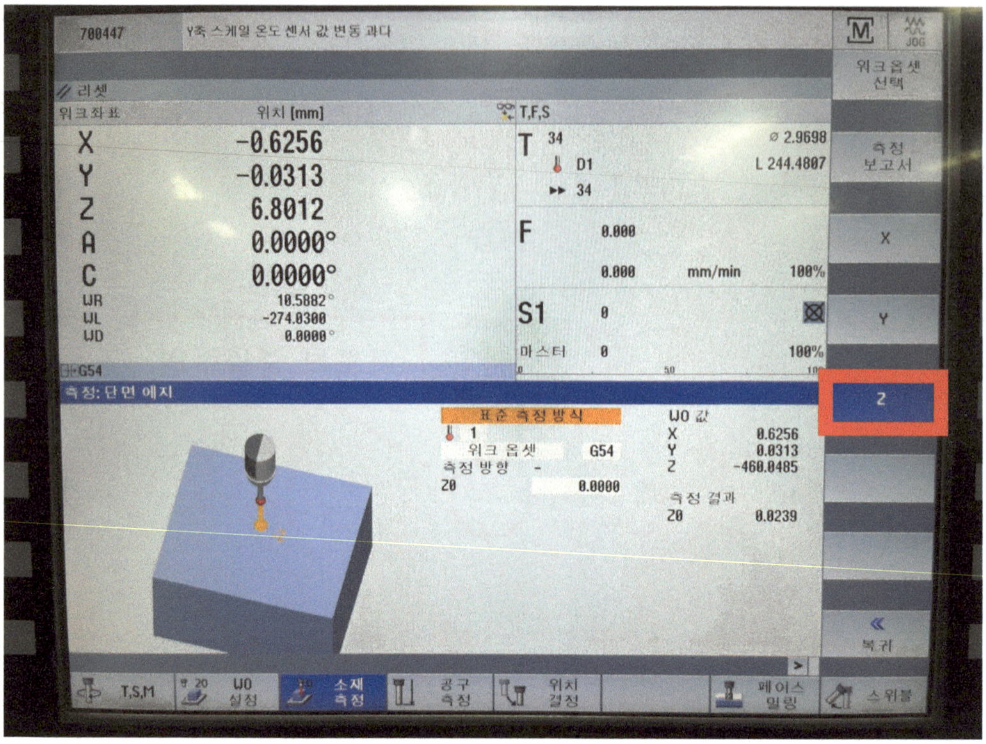

▶ Z값 측정후 환봉의 둘레를 측정하기 위해 원형스피곳을 실행하기 위해 해당 아이콘을 클릭한다.

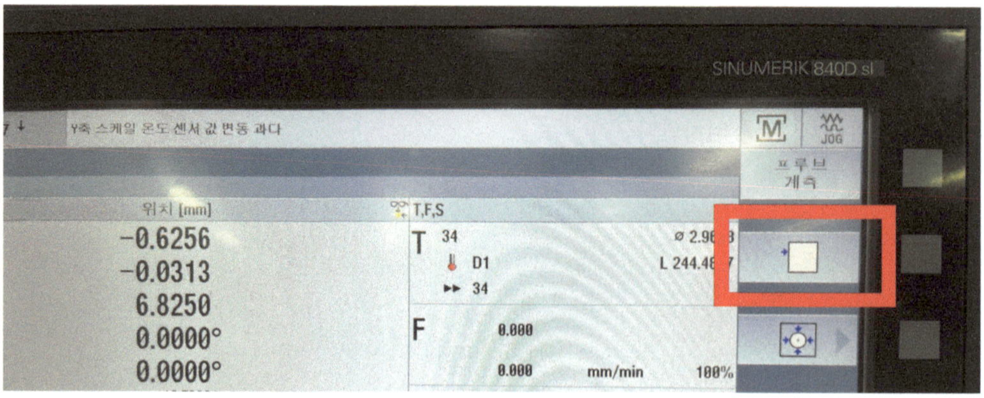

▶ 원형스피곳 G54, 소재 측정, 치수를 입력후 CYCLE START 실행.

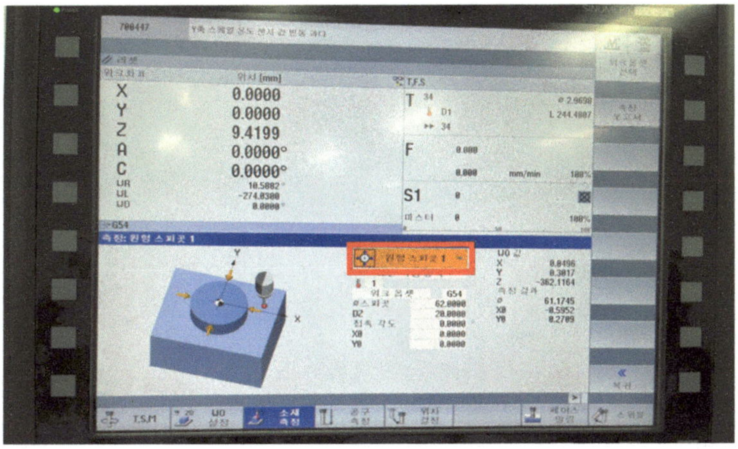

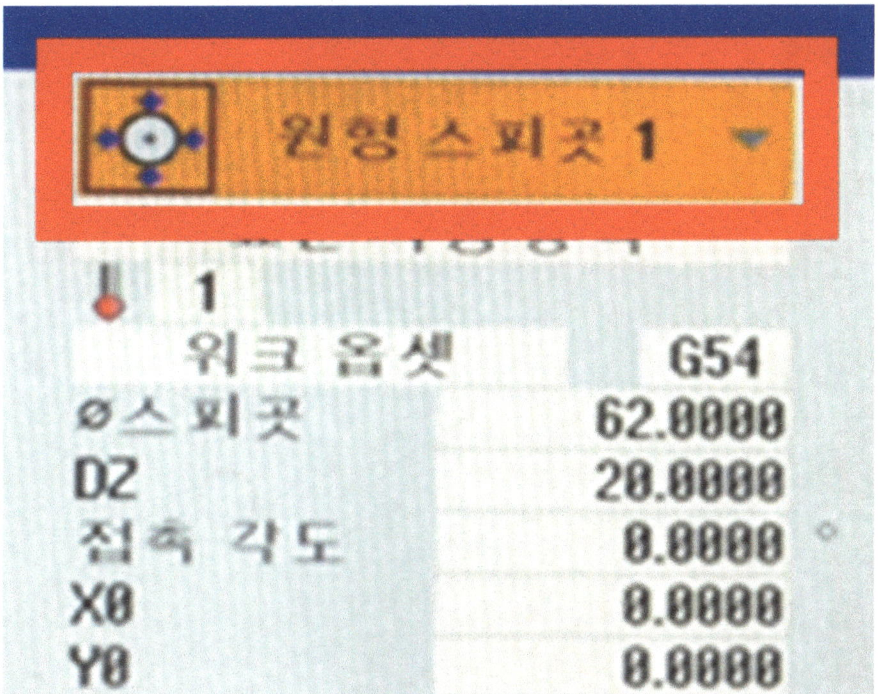

▶ X,Y 방향으로 프로브가 번갈아가면서 측정한다.

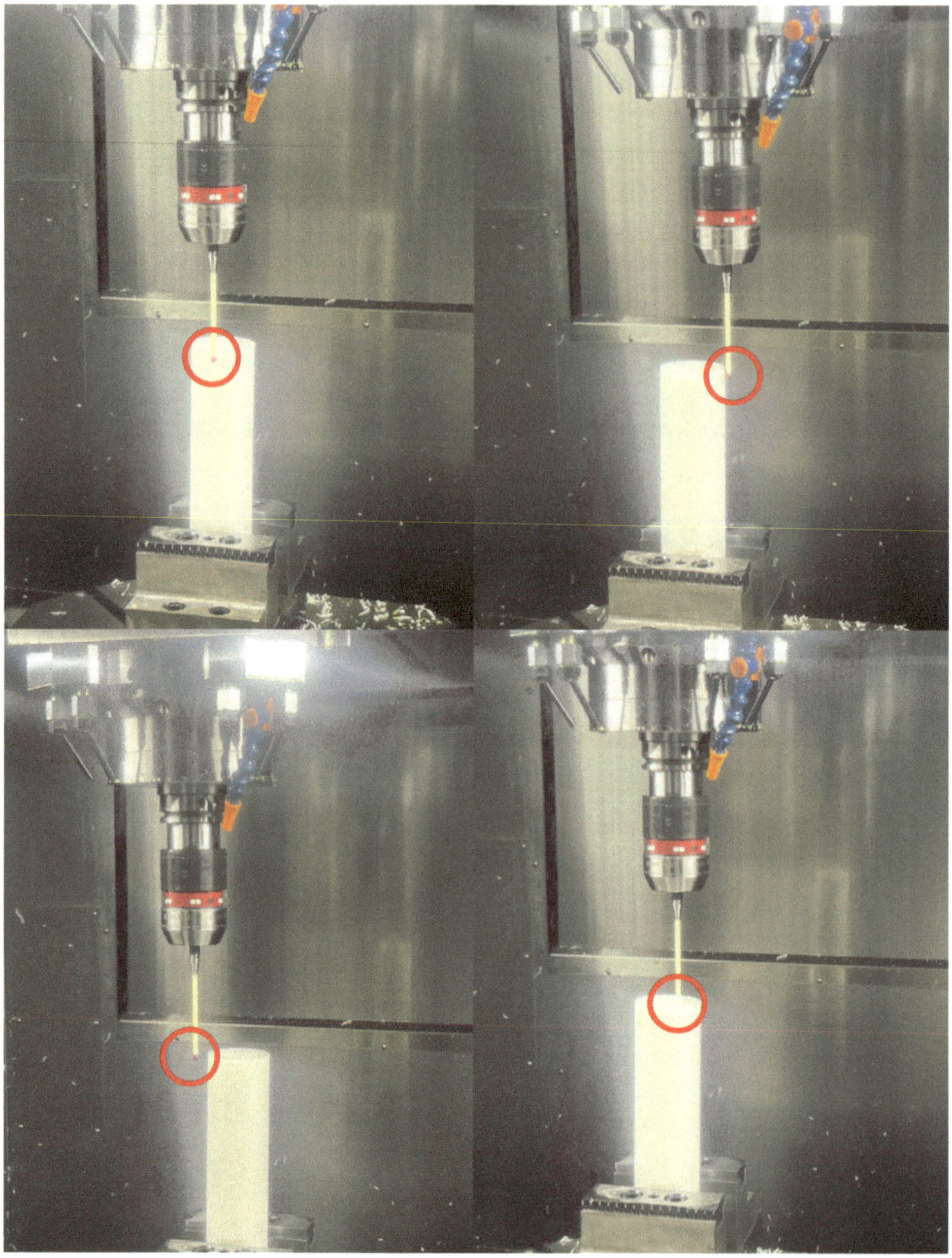

8.3 Auto mode 가공

8.3.1 프로그램 입력

▶ 세팅이 끝난후 조작반 오른쪽에 USB를 삽입한다. 화면 오른쪽하단에 MENU SELECT 터치한다.

▶ 프로그램관리자를 터치한다.

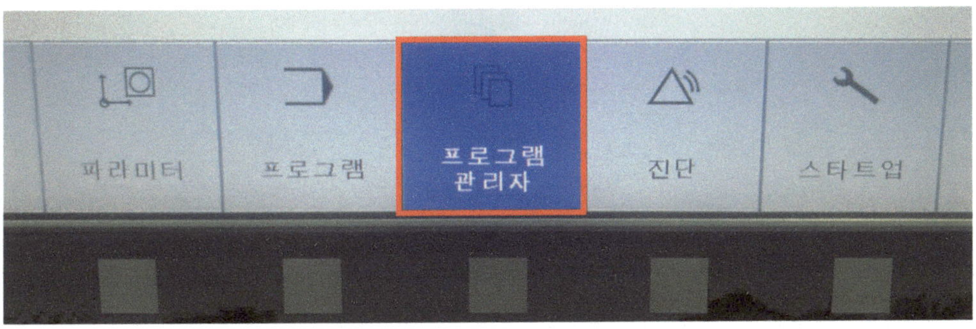

▶ 가공할 프로그램 확인한다.

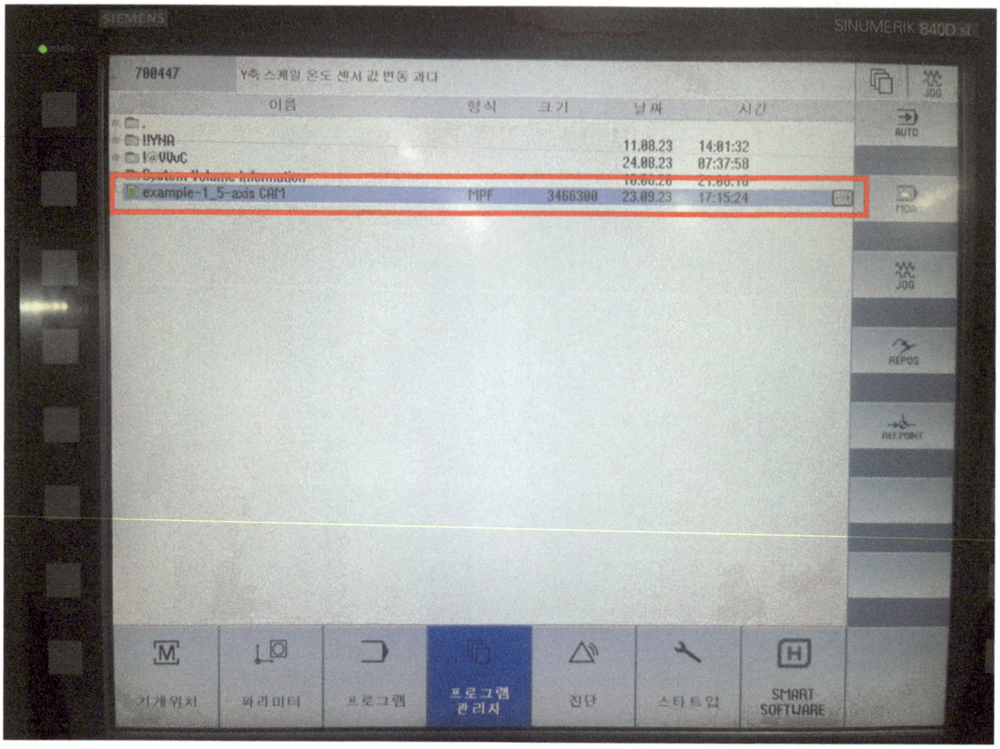

▶ 화면상단의 AUTO부분 터치한다.

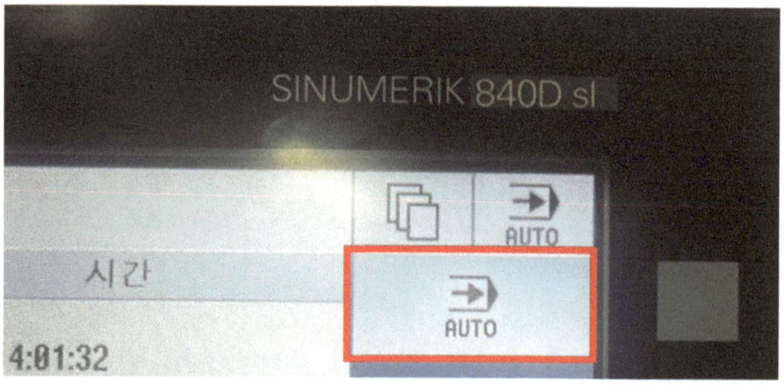

8.3.2 가공 실행

▶ 실행을 터치후 CYCLE START.

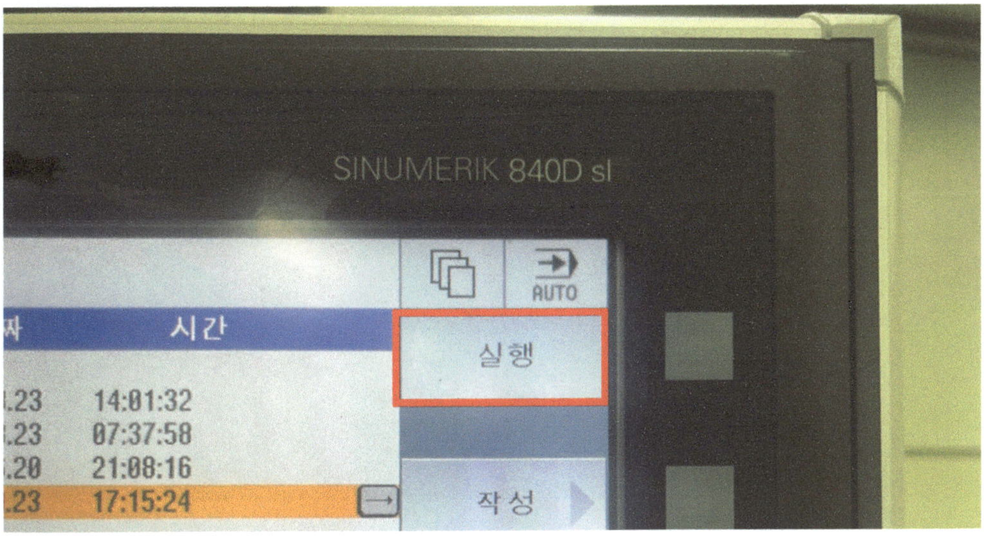

▶ 가공상황을 확인하며 진행한다.

▶ 이전 챕터에서 생성한 프로그램 대로 황삭과 정삭가공이 진행된다.

8.3.3 가공 결과 확인

▶ 가공 완료 후 최종형상을 확인한다.

“이 교재는 2023년도 산업통상부의 재원으로 한국산업기술진흥원의 지원을 받아 작성된 교재임”
(P0021195, 2023년 산업맞춤형 전문기술인력양성사업)

소부장 국산화를 위한

5축가공 실무

2023년 10월 31일 인쇄 발행

저 자 이상태, 황종대, 황승국
발 행 인 송기수
발 행 처 도서출판 GS인터비전
편 집 처 도서출판 GS인터비전
편 집 인 공예서
표 지 디 자 인 도서출판 GS인터비전
인 쇄 처 트윈벨미디어
등 록 번 호 제 25100-2016-000050호
I S B N 979-11-5576-458-9(93550)

주 소 서울 은평구 증산로 15길 69, 2층
전 화 02-976-7898, 02-3272-7898.
팩 스 02-6468-7898
홈 페 이 지 gsintervision.kr
E-Mail gsinter7@gmail.com

정 가 40,000원